COURS ÉLÉMENTAIRE

DE CHIMIE

—

TOME II

PARIS. — TYP. SIMON RAÇON ET COMP., RUE D'ERFURTH, 1.

COURS ÉLÉMENTAIRE

DE CHIMIE

PAR

M. V. REGNAULT

Ingénieur en chef des Mines ;
Directeur de la Manufacture impériale de Sèvres ;
Professeur au Collége de France et à l'École polytechnique ;
Membre de l'Académie des sciences, de la Société royale de Londres,
des Académies de Berlin, de Saint-Pétersbourg, de Madrid, de Stockholm, de Turin,
d'Upsal, de Philadelphie, de la Société italienne, etc., etc.

CINQUIÈME ÉDITION

TOME DEUXIÈME

PARIS

VICTOR MASSON	L. LANGLOIS
17, PLACE DE L'ÉCOLE-DE-MÉDECINE	RUE DES MATHURINS-SAINT-JACQUES, 10

1859

Droit de traduction réservé.

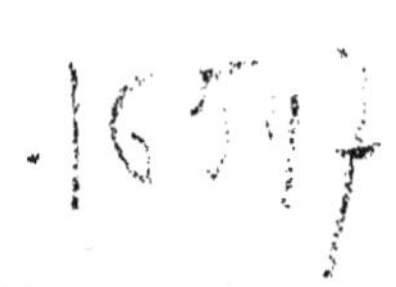

COURS

ÉLÉMENTAIRE

DE CHIMIE

DEUXIÈME PARTIE

MÉTAUX

§ 276. Nous avons vu (§ 55) que les métaux étaient des corps simples, bons conducteurs de la chaleur et de l'électricité, doués d'un éclat particulier qu'on appelle *éclat métallique*. Les métaux diffèrent beaucoup les uns des autres par leurs propriétés physiques et chimiques, et se prêtent, pour cette raison, aux applications les plus variées.

Certains métaux jouissent d'une grande malléabilité et de beaucoup de ténacité ; ce sont les seuls qui soient employés à l'état isolé ; les autres ne sont utilisés que par leurs combinaisons.

Quelques métaux ont pour l'oxygène une faible affinité ; ils ne s'altèrent pas promptement au contact de l'air atmosphérique à la température ordinaire, et ils s'y conservent presque indéfiniment si l'air n'est pas saturé d'humidité. D'autres, au contraire, se combinent promptement, même à froid, avec l'oxygène de l'air, et se changent bientôt en oxydes. Il est clair qu'aucun de ces derniers ne peut recevoir, à l'état métallique, d'application usuelle.

Ainsi, sous le rapport de leurs applications, nous pouvons diviser les métaux en deux grandes classes :

Première classe. — Métaux qui, à cause de leur grande affinité pour l'oxygène, s'altèrent promptement à l'air, et ne peuvent pas être employés dans les arts à l'état métallique. Ce sont :

Le potassium,	Le magnésium,	Le cérium,
Le sodium,	Le glucinium,	Le lantane,
Le lithium,	Le zirconium,	Le didyme.
Le baryum,	Le thorium,	L'erbium,
Le strontium,	L'yttrium,	Le terbium.
Le calcium,		

Ces métaux sont employés dans les arts à l'état de combinaisons avec les métalloïdes, lorsque toutefois ils sont abondants dans la nature, et que leur extraction des matières naturelles qui les renferment n'est pas trop coûteuse. Nous verrons, en effet, que le potassium, le sodium, le baryum, le calcium et le magnésium fournissent une foule de produits très-importants par leurs usages. Les autres métaux compris dans la liste précédente n'ont reçu jusqu'ici aucune application utile, et ne présentent qu'un intérêt purement scientifique.

Deuxième classe. — Métaux dont l'affinité pour l'oxygène est assez faible pour qu'ils soient peu altérables dans notre atmosphère à la température ordinaire. Ce sont :

L'aluminium,	Le cuivre,	L'antimoine,
Le manganèse,	Le plomb,	L'uranium,
Le fer,	Le bismuth,	L'argent,
Le cobalt,	Le mercure,	L'or,
Le nickel,	L'étain,	Le platine,
Le chrôme,	Le titane,	Le palladium,
Le tungstène,	Le tantale ou co-	Le rhodium,
Le molybdène,	lombium,	L'iridium,
Le vanadium,	Le niobium,	Le rhuténium,
Le zinc,	Le pélopium,	L'osmium.
Le cadmium,		

Les métaux qui forment cette seconde classe sont nombreux; mais, pour qu'ils puissent recevoir une application réelle dans les arts, il faut qu'ils satisfassent à plusieurs conditions qui en restreignent singulièrement le nombre. Ainsi deux conditions essentielles sont une certaine malléabilité et une certaine ténacité, sans lesquelles il est impossible de les travailler et de leur donner les formes convenables. Ces propriétés doivent même être assez développées pour que le travail du métal ne soit pas trop dispendieux. Il faut, en outre, que les matières naturelles, desquelles on extrait le métal, ne soient pas rares, ou trop difficiles à traiter; autrement, le métal acquiert une grande valeur commerciale, et il n'est plus employé qu'à des usages exceptionnels pour lesquels il ne peut être remplacé par aucun autre métal moins cher. Le fer, le manganèse, le nickel et le cobalt présentent, à l'état métallique, des propriétés à peu près semblables; mais le fer est beaucoup plus abondant dans la nature, plus facile à extraire de ses minerais, et il est naturellement préféré aux trois autres lorsqu'il peut servir aux mêmes usages. Le manganèse est plus oxydable que le fer, il s'altère beaucoup plus rapidement à l'air, c'est donc encore une raison pour lui préférer le fer. Le nickel et le cobalt sont, au contraire, moins oxydables; ils possèdent une ductilité et une ténacité comparables à celles du fer, et ils remplaceraient certainement ce dernier dans un grand nombre de ses applications, s'ils pouvaient être obtenus à des prix moins élevés.

Les métaux cassants ne sont pas employés à l'état métallique. Souvent on les combine avec des métaux malléables, et on obtient ainsi des alliages qui présentent des propriétés physiques particulières.

Les métaux qui jouissent d'une malléabilité assez grande pour pouvoir être employés à l'état métallique sont :

L'aluminium,	Le cadmium,	L'argent,
Le manganèse,	Le cuivre,	L'or,
Le fer,	Le plomb,	Le platine,
Le cobalt,	Le mercure,	Le palladium,
Le nickel,	L'étain,	L'iridium.
Le zinc,		

Mais, parmi ces métaux, il y en a plusieurs qui n'ont pas reçu d'application industrielle, parce que leurs minerais sont rares et d'un traitement difficile, ou qu'ils ne présentent que des propriétés semblables à celles d'autres métaux obtenus plus facilement et à moins de frais.

§ 277. *État des métaux dans la nature.* — Les métaux existent dans la nature sous divers états. Quelques-uns se rencontrent isolés, ou, comme on dit, à *l'état natif*. Tous ceux qui, ayant une très-faible affinité pour l'oxygène, ne s'altèrent pas sous l'influence des agents atmosphériques, sont dans ce cas. Tels sont : l'or, le platine, le rhodium, l'iridium, le palladium, l'argent, le mercure, le bismuth. Beaucoup d'autres se rencontrent en combinaison avec l'oxygène, le soufre ou l'arsenic. Ce sont l'aluminium, le manganèse, le fer, le cobalt, le nickel, le chrôme, le tungstène, le molybdène, le vanadium, le zinc, le cadmium, le cuivre, le plomb, le bismuth, le mercure, l'étain, le titane, l'antimoine, l'uranium, l'argent. Quelques-uns de ces derniers se rencontrent à l'état de sels insolubles, principalement à l'état de carbonates et de silicates. Les métaux de la première classe, qui, on se le rappelle, ont une grande affinité pour l'oxygène, se trouvent à l'état de sels, surtout à l'état de sels insolubles, silicates ou carbonates; quelquefois, cependant, on les rencontre à l'état de sels solubles, dissous dans les eaux de la mer ou dans celles des sources salées.

Le *gisement naturel* des différents métaux est très-important à connaître pour le chimiste et le métallurgiste; nous aurons soin de l'indiquer lorsque nous décrirons les propriétés de chaque métal en particulier. Mais, pour que nos indications présentent un certain caractère de précision, il est nécessaire que nous donnions quelques notions élémentaires de géologie, c'est-à-dire de la science qui traite de la nature et du mode d'association des divers matériaux qui composent notre globe.

NOTIONS GÉNÉRALES SUR LA CONSTITUTION DE LA CROUTE EXTÉRIEURE DU GLOBE.

§ 278. La partie de l'écorce du globe qui est accessible à nos observations se compose de substances minérales de nature variée. On donne le nom de *roches* à l'agrégation de ces minéraux. Les roches diffèrent entre elles, soit par la *nature chimique* des minéraux qui les composent, soit seulement par la manière dont ces minéraux se trouvent réunis; ce qui leur donne une structure différente.

Dans certaines roches, les minéraux sont distribués avec une sorte de régularité générale; ils sont *stratifiés* par couches parallèles que l'on peut suivre sur une grande étendue. Cette stratification se manifeste souvent par des fentes parallèles qui se sont formées dans les roches, et qui les séparent en *assises* analogues à celles que l'on remarque dans une construction en pierres de taille. D'autres fois, la stratification se reconnaît à la tendance que présente la roche à se diviser en feuillets parallèles, comme dans les ardoises. On donne à ces roches le nom de *roches stratifiées*.

D'autres roches ne présentent pas ce caractère; quand elles sont traversées par des fentes, celles-ci paraissent tout à fait irrégulières et l'aspect de leur cassure montre que les minéraux y sont disposés d'une manière quelconque, sans aucune apparence de symétrie. On donne à ces roches, par opposition aux premières, le nom de *roches compactes* ou de *roches non stratifiées*.

Les roches non stratifiées sont composées de minéraux cristallins;

leur aspect est semblable à celui que prend une masse de substances
minérales hétérogènes qui, après avoir été fondue, a été abandonnée
à un refroidissement lent. Les éléments chimiques qui composent
cette masse se sont groupés alors suivant leurs affinités réciproques,
et il en est résulté différents composés qui se sont séparés en cristallisant. La matière, après le refroidissement, présente l'aspect d'une
agglomération de cristaux différents, disséminés d'une manière ar-
bitraire, et sans apparence de disposition régulière. Les roches naturelles non stratifiées, présentant un aspect semblable, sont souvent
appelées, à cause de cette analogie, *roches plutoniques* ou d'*origine
ignée*. On admet alors, implicitement, que ces roches existaient primitivement à l'état liquide, et qu'elles ont pris leur apparence ac-
tuelle en se solidifiant pendant un refroidissement lent.

§ 279. Les roches stratifiées présentent, au contraire, un aspect
semblable à celui des dépôts qui se forment encore actuellement au
fond des mers et des rivières. La quantité considérable de débris
d'animaux aquatiques que la plupart de ces roches contiennent rend
l'analogie encore plus frappante. Aussi les géologues admettent-ils
que ces roches se sont déposées au fond des eaux, et ils leur donnent, pour cette raison, le nom de *roches de sédiment* ou de *roches
neptuniennes*.

Les dépôts qui se forment au fond des mers et des rivières prennent naturellement la forme de couches à peu près horizontales, et
il est évident que les couches inférieures sont celles qui se sont déposées les premières. Il a dû en être de même pour les roches de
sédiment que l'on trouve à la surface du globe; de sorte que l'ordre
suivant lequel ces roches sont superposées donne un indice certain
des époques de leur formation, de leur âge relatif. Il permet d'établir
une *échelle chronologique* de leur formation.

Dans les pays de plaine, les roches stratifiées sont à peu près horizontales (fig. 296) : mais, dans les pays de montagnes, on observe

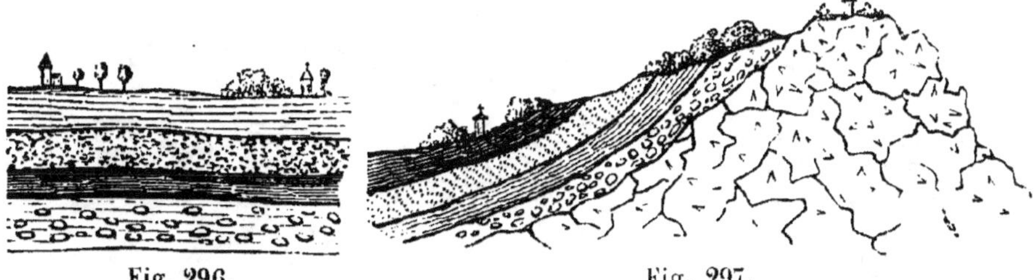

Fig. 296.   Fig. 297.

ordinairement que leurs couches sont très-inclinées (fig. 297),
elles atteignent souvent une direction verticale, quelquefois même

elles la dépassent et s'inclinent en sens contraire, comme dans la figure 298.

Il arrive souvent que les couches inclinées sont recouvertes de couches horizontales, dont la direction de stratification est par conséquent différente de celle des premières ; on dit alors que ces secondes couches reposent sur les premières à *stratification discor-*

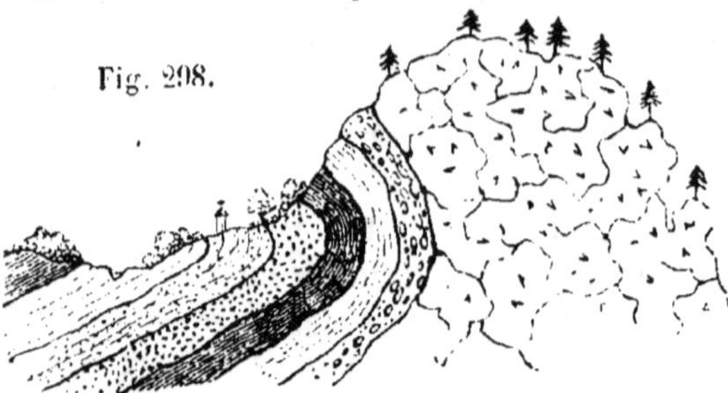

Fig. 298.

dante (fig. 299). Il est évident qu'entre le dépôt de ces deux ordres

Fig. 299.

de couches il s'est passé, à la surface du globe, quelque grand bouleversement qui en a notablement changé le relief primitif. Une étude attentive de la constitution du globe a montré que ce redressement des couches était toujours dû au *soulèvement* d'une masse plus ou moins considérable de roches non stratifiées. Quelquefois cette masse n'a pas été poussée jusqu'au jour, et les roches stratifiées ont seulement été soulevées et recourbées comme le montre la figure 299. Mais, souvent aussi, la roche non stratifiée s'est fait jour à travers les roches de sédiment, et elle est venue former l'arête

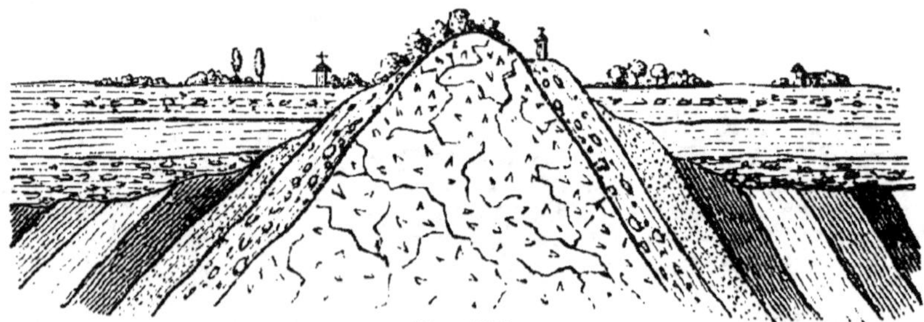

Fig. 300.

culminante d'une chaine de montagnes dont les flancs sont recouverts des deux côtés par les couches de sédiment redressées (fig. 300).

Dans les points où les roches de sédiment se sont trouvées en contact immédiat avec les roches ignées soulevées de l'intérieur, elles ont été souvent profondément modifiées. Leur texture est devenue cristalline, comme si les matériaux qui les composaient avaient éprouvé la fusion, ou au moins comme s'ils s'étaient assez ramollis pour permettre aux molécules de s'agréger sous forme de cristaux. Les roches ainsi modifiées prennent le nom de *roches métamorphiques*.

Ce soulèvement des roches a dû changer notablement la forme relative des continents et des mers qui existaient au moment où il a eu lieu. Il a pu changer entièrement la direction des courants marins qui transportaient les matières de sédiment; et les nouvelles couches, qui se sont déposées horizontalement sur les anciennes, plus ou moins déviées de leur position naturelle, sont souvent composées de matériaux d'une nature très-différente.

Le relèvement des anciennes couches n'est très-prononcé que dans le voisinage du soulèvement de la matière ignée. A une distance un peu considérable, les mêmes couches peuvent être restées horizontales et présenter, par conséquent, une stratification concordante avec les couches plus récentes.

Tout changement brusque dans la composition et dans la nature de deux couches superposées même à stratification concordante a dû coïncider avec quelque bouleversement survenu à la surface du globe, et qui a changé la direction des courants marins. Mais ce bouleversement a pu se passer à une grande distance de l'endroit où l'on observe ces couches, et il n'a alors exercé aucune influence sur leur direction.

On conçoit également que, dans les localités submergées où, à une certaine époque, les eaux étaient assez tranquilles pour y déposer les matériaux qu'elles tenaient en suspension, ces eaux aient pu, par suite d'une de ces révolutions, devenir très-agitées, et, loin

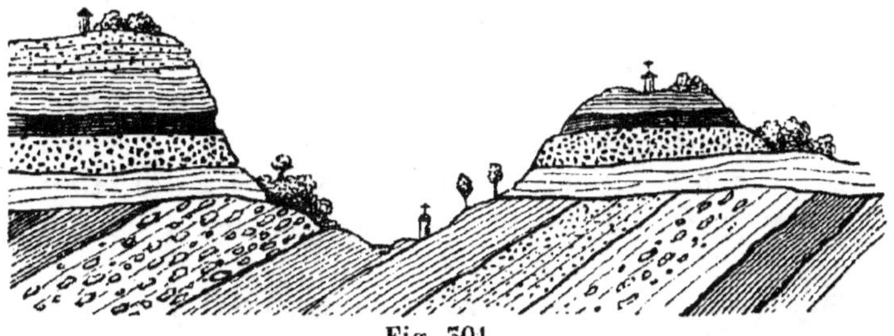

Fig. 501.

d'abandonner de nouveaux dépôts, entraîner, au contraire, les dépôts déjà formés, et les transporter dans d'autres localités où les courants étaient plus faibles. C'est ainsi qu'il s'est formé des excavations dans les roches anciennes (fig. 301). Quelquefois, les eaux étant devenues plus tranquilles, ces cavités ont reçu de nouveaux dépôts, et il s'est déposé des couches horizontales qui remplissent les espèces de bassins qui s'étaient formés dans les premières (fig. 302).

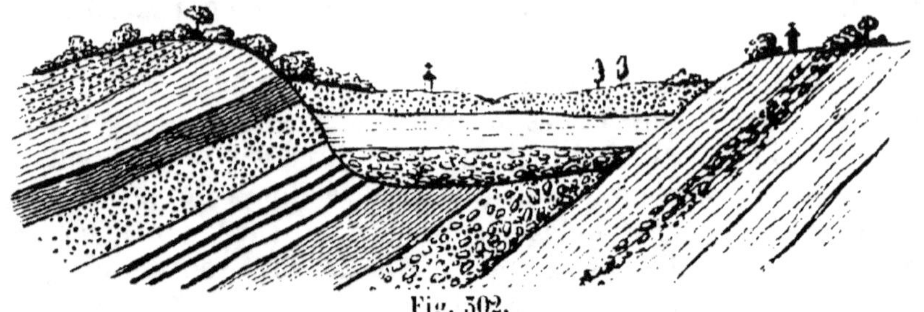

Fig. 302.

On voit donc que l'ordre suivant lequel les couches se sont déposées permet de préjuger l'époque à laquelle elles se sont formées, et établit, pour ainsi dire, leur âge géologique.

§ 280. Un caractère d'un autre ordre guide encore le géologue dans la détermination des époques de formation des couches sur lesquelles il établit ordinairement leur classification. La plupart des roches de sédiment renferment les débris ou les empreintes des animaux et des végétaux qui vivaient à la surface du globe au moment où ces roches se sont formées. Or les espèces animales et végétales ont éprouvé, à ces diverses époques géologiques, des changements fréquents, et souvent très-tranchés; l'étude comparée des animaux fossiles, étude à laquelle on a donné le nom de *paléontologie*, fournit donc encore au géologue des caractères précieux.

§ 281. La série des roches stratifiées n'est presque jamais complète dans une même localité. Il n'est pas rare d'en voir manquer un ou plusieurs termes, et des groupes, très-séparés dans l'échelle géologique, peuvent se trouver en contact immédiat. Ces lacunes, qui se répètent aux divers étages des terrains de sédiment, prouvent que ces couches ne se sont déposées que localement dans les parties qui étaient alors recouvertes par les eaux; elles démontrent que les continents ont subi, à diverses reprises, des immersions et des émersions partielles, avant d'arriver à l'état où nous les voyons actuellement.

Lorsque, dans une localité, on voit deux systèmes de couches reposer l'un sur l'autre à stratification discordante, on peut affirmer qu'un soulèvement a eu lieu entre le dépôt de ces deux systèmes. Si les deux systèmes discordants de couches se suivent immédiatement dans l'échelle géologique, l'époque du soulèvement se trouve fixée d'une manière nette; mais, s'ils sont au contraire très-éloignés dans l'échelle par suite de l'absence des couches intermédiaires, l'époque du soulèvement devient plus incertaine. Cependant, en général, une étude attentive du même soulèvement, sur tous les points où il a exercé son influence, fait reconnaître, dans d'autres localités, une partie au moins des couches manquantes, et l'incertitude qui existait sur l'époque du soulèvement se renferme dans des limites plus étroites.

Les soulèvements successifs qui ont modifié la forme primitive du globe ont produit les diverses chaînes de montagnes qui existent aujourd'hui. Les époques de formation de ces chaînes se trouvent ainsi rapportées à l'échelle chronologique que nous fournit la succession des roches stratifiées. Leur âge relatif peut donc être ainsi déterminé. Réciproquement, la série complète des assises sédimentaires peut être subdivisée en plusieurs groupes, dont chacun est séparé de celui qui le précède et de celui qui le suit par les apparitions de deux chaînes de montagnes qui ont soulevé les couches qui existaient au moment de leur formation ; de sorte que nos principales chaînes de montagnes forment des repères très-précieux pour établir dans les couches de sédiment des subdivisions nettes et déterminées.

§ 282. Quelles sont les causes physiques qui ont produit ces soulèvements successifs, et qui ont ainsi changé la forme des continents et des mers? L'imagination trouve ici un vaste champ pour s'exercer, aussi les théories n'ont-elles pas manqué. Sans entrer dans le développement des diverses hypothèses qui ont été proposées, nous nous contenterons d'indiquer une cause physique qui a exercé certainement une grande influence sur toutes ces révolutions, si elle ne les a pas produites à elle seule.

Les mesures géodésiques ont montré que la forme du globe terrestre est celle d'un sphéroïde aplati dans le sens de son axe de rotation. C'est précisément la forme que prendrait un globe liquide qui serait soumis à un mouvement de rotation ; et il est facile de concevoir dans ce liquide une variation de densité avec la distance au centre, telle que, sous l'influence du même mouvement de rotation, le globe liquide hétérogène prit un aplatissement égal à celui que nous présente le sphéroïde terrestre. Cette circonstance rend très-probable que le globe était primitivement à l'état de fusion, sous l'influence d'une très-haute température. Sa température s'est abaissée progressivement par le rayonnement de la chaleur vers les espaces célestes. Le refroidissement a été nécessairement plus rapide à la surface que dans l'intérieur, et, à un moment quelconque, les diverses couches solidifiées ont présenté des températures décroissantes du centre à la circonférence. Si notre hypothèse est exacte, cette circonstance doit se présenter encore aujourd'hui. Et, en effet, toutes les observations que l'on a faites jusqu'ici dans les mines, ou pendant le forage des puits artésiens, ont montré qu'à une certaine distance de la surface la température reste constante pendant toute l'année et n'est plus influencée sensiblement par la variation des saisons : tandis qu'à partir de cette couche de température annuelle invariable la température va en augmentant régulièrement, à mesure que l'on descend. Les observations les plus précises ont montré que l'élévation de température est d'environ 1° centigrade par 30 mètres. Or, si l'on suppose que cet accroissement de température continue de la même manière au-dessous des couches qui ont été accessibles à nos moyens d'observation, on trouve que la température doit être de 1,000° à une profondeur d'environ 30,000 mètres et de 2,000° à la profondeur de 60,000 mètres ; et, comme le rayon terrestre moyen a 6,366,200 mètres de longueur, on voit qu'à une profondeur qui n'atteint même pas $\frac{1}{100}$ du rayon terrestre, on doit trouver une température de 2,000°, température à laquelle toutes les substances qui forment la croûte superficielle du globe seraient en complète fusion. La masse intérieure, étant liquide, pourra présenter partout à peu près la même température. Nous n'attacherons pas aux nombres que nous venons d'indiquer plus de valeur qu'ils n'en méritent : ils ne sont probablement qu'approchés ; mais ils suffisent pour donner une grande probabilité à l'hypothèse que nous avons émise.

Tant que la température a été très-élevée à la surface du globe, l'eau des mers et une partie des substances qui entrent dans la constitution des terrains secondaires se trouvaient à l'état gazeux dans l'atmosphère. Mais, lorsque cette surface fut suffisamment refroidie pour que l'eau de l'atmosphère pût y séjourner, il s'est formé des mers, dont les eaux, fortement agitées, ont entamé les roches primitives et charrié leurs détritus à des distances plus ou moins considérables, pour les déposer, sous forme de couches stratifiées, dans les localités où les courants étaient moins rapides. C'est l'origine des premières roches stratifiées, lesquelles se sont nécessairement déposées en couches sensiblement horizontales.

Le globe continuant à se refroidir et, par suite, à se contracter, la croûte solide extérieure qui s'était formée pendant que la masse totale occupait un volume plus considérable, ne s'est plus trouvée soutenue en tous ses points et s'est fendillée suivant certains sens de moindre résistance. La matière liquide de l'intérieur est sortie par les fentes, et a produit, dans le voisinage de ces fentes, des soulèvements et des redressements des couches déjà formées. Ces soulèvements, qui ont eu lieu suivant la direction des fentes, ont formé des chaînes de montagnes dont les flancs sont recouverts par les couches redressées, et suivant les arêtes desquelles la matière liquide ou pâteuse de l'intérieur s'est souvent fait jour. Si les flancs de la chaîne se trouvent encore sous les eaux, il se formera de nouveaux dépôts sédimentaires, mais les couches horizontales ne seront pas parallèles à celles qui s'étaient déposées antérieurement, au moins dans les parties où ces dernières ont été relevées par le soulèvement. Il y aura donc, en ces points, discordance de stratification entre les deux systèmes de couches.

Après le dépôt de ces nouvelles couches, un nouveau fendillement du globe est survenu, le plus souvent suivant une autre direction ; il a opéré le redressement des deux premiers systèmes de couches suivant une direction différente de la première, et, si de nouvelles couches sont venues se déposer sur les anciennes, il y aura encore eu stratification discordante dans le voisinage du nouveau soulèvement.

Il est évident qu'il n'a pu exister d'êtres vivants sur la terre que lorsque la température de sa surface a été suffisamment basse ; on ne doit donc pas s'étonner de ne pas trouver leurs débris dans les premiers dépôts sédimentaires. Ces débris ne se montrent qu'un peu plus tard. On conçoit également que les grands bouleversements occasionnés à la surface du globe par le soulèvement d'une chaîne de montagnes ont dû faire disparaître presque instantanément les êtres qui y existaient, et enfouir leurs débris au milieu des dépôts sédimentaires. L'équilibre s'est rétabli au bout de quelque temps ; une nouvelle période de tranquillité a commencé ; la vie a reparu, mais sous d'autres influences ; de nouvelles espèces ont peuplé les continents et les mers, et de nouveaux sédiments se sont déposés au pied de nouveaux rivages. Cette période de tranquillité s'est terminée par une nouvelle catastrophe, qui a été suivie elle-même par une nouvelle période de calme. Les nouvelles espèces animales ou végétales qui ont remplacé celles que ces grandes révolutions ont fait disparaître présentent, en général, une organisation plus développée, plus perfectionnée. L'homme, dont on ne retrouve les restes dans aucune couche de sédiment proprement dite, paraît avoir été placé sur la terre à l'époque récente où toutes choses étaient à peu près dans l'état où nous les voyons encore, et n'avoir été témoin que des révolutions locales, beaucoup plus restreintes, dont nous apercevons encore les traces à la surface du globe, et dont les annales de tous les peuples ont conservé le souvenir.

§ 283. Les géologues donnent le nom de *roche* à toute agglomération de matières minérales, qu'elle soit dure et consistante comme les granits, les grès, les calcaires, ou incohérente comme les sables. Ils donnent le nom de *terrain* à tout système de roches superposées, auxquelles ils reconnaissent une certaine analogie de formation ; ils appliquent principalement ce nom à un ensemble de roches qui forme une de leurs grandes subdivisions géologiques.

On a divisé, d'abord, les différentes roches qui constituent la croûte extérieure du globe en deux grandes classes ou terrains : *terrain primitif* et *terrain secondaire*. Le terrain primitif était formé par les roches non stratifiées ; le terrain secondaire comprenait toutes les roches de sédiment. On a cherché ensuite à établir des subdivisions dans ces dernières roches, et on y a distingué le *terrain de transition*, le *terrain secondaire proprement dit*, et le *terrain tertiaire*. On a donné le nom de *roches de transition* aux couches stratifiées inférieures qui renferment, souvent encore, des minéraux cristallins ; on a nommé *roches tertiaires* les couches stratifiées les plus modernes, et on a conservé le nom de *roches secondaires* aux couches intermédiaires. Mais, les limites qui séparent ces différents terrains n'étant définies par aucun caractère précis, chacun les fixait à son gré, et il en résultait une grande confusion.

Aujourd'hui les géologues divisent les couches stratifiées en un certain nombre de groupes, dont les formations sont séparées par les soulèvements qui ont produit nos principales chaînes de montagnes, et qui se distinguent les uns des autres par la stratification discordante que leurs couches présentent dans le voisinage de ces soulèvements. Ils ont distingué ainsi 14 groupes de couches que nous énumérerons plus loin.

Principales espèces de roches.

§ 284. Les roches primitives sont formées par l'agglomération de différents minéraux cristallisés, dont les plus abondants sont le quartz, le feldspath, le mica, l'amphibole, le pyroxène, le péridot. Le quartz est de l'acide silicique. Le feldspath est un minéral composé de silicates d'alumine, de chaux, de potasse ou de soude. Le mica est composé de silicates d'alumine, de potasse, de chaux et d'oxyde de fer. L'amphibole, le pyroxène, le péridot, sont formés par des silicates d'alumine, de chaux, de protoxyde de fer.

Le *granit*, qui constitue la plus grande partie du terrain primitif, est formé par l'agglomération de trois minéraux : le feldspath, le mica et le quartz. Il présente différentes nuances, qui sont dues à ce que ces minéraux sont souvent colorés par la présence d'une petite quantité d'oxyde de fer ou de manganèse. La proportion des trois minéraux varie d'un granit à l'autre. Lorsque le feldspath domine beaucoup, la roche prend le nom de *granit porphyroïde*.

Les *porphyres* sont des granits dans lesquels le quartz et le mica manquent entièrement. Ils sont composés d'une pâte feldspathique dans laquelle se sont formés des cristaux de feldspath.

Les lames de mica disséminées dans le granit sont quelquefois disposées parallèlement à un même plan et donnent à la roche un aspect schisteux ou rubané. Cette roche prend le nom de *gneiss*.

Les *trachytes* sont des produits volcaniques, d'une époque ancienne, et qui paraissent ne pas avoir toujours coulé; ils se sont fréquemment élevés du sein de la terre à l'état pâteux et ont formé des montagnes arrondies. D'autres fois, les trachytes se sont répandus sur un sol horizontal sous forme de nappes épaisses. La pâte des trachytes est du feldspath; elle renferme beaucoup de cristaux de feldspath qui ont souvent pris un grand développement et présentent des faces cristallines très-nettes.

Les *basaltes* sont des éruptions volcaniques plus modernes que les trachytes. Ils sont composés de pyroxène (silicate de chaux, de magnésie et de fer) et de labrador (espèce de feldspath à base d'alumine, de chaux et de soude). Ces cristaux sont d'une extrême ténuité, ce qui donne à la roche une apparence de compacité.

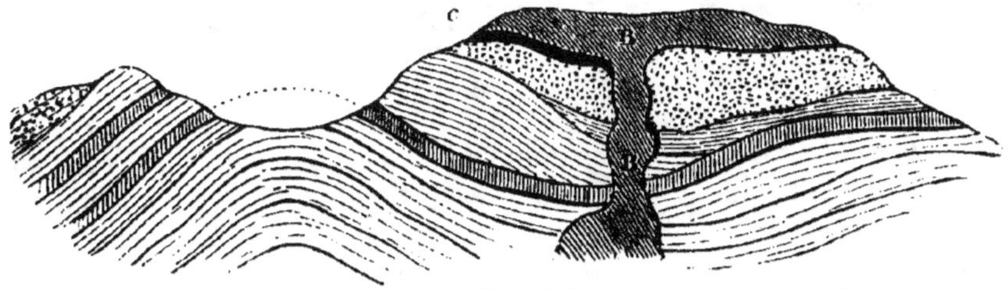

Fig. 303.

Quelquefois le basalte s'est fait jour à travers les couches de sédiment et s'est répandu à leur surface en nappes horizontales. On en voit un exemple dans la figure 303, qui représente une coupe du mont Meisner dans la Hesse. Le basalte, après avoir traversé les couches secondaires, sous la forme d'une colonne BB presque verticale, a formé une nappe au sommet de la montagne. Les roches secondaires sont fortement modifiées au contact ou dans le voisinage du basalte. Ainsi, dans la couche *c*, qui est formée par un combustible tertiaire, le *lignite*, ce combustible est changé en coke dans le voisinage du basalte.

Les basaltes forment ordinairement des prismes accolés, gigantesques, qui présentent une apparence de régularité. Cette circonstance tient à un fendillement qu'ils ont éprouvé pendant leur refroidissement. La disposition en colonnes prismatiques donne aux basaltes qui sont arrivés au jour un aspect tout particulier. La figure 504 montre les colonnes basaltiques de la fameuse grotte de Fingal, dans l'île de Staffa, au nord de l'Écosse.

Fig. 504.

On donne le nom de *laves* aux matières minérales liquides qui sont rejetées par nos volcans actuels; elles s'étendent en nappes minces sur les flancs des volcans.

On donne le nom de *schistes* à des roches qui présentent une texture feuilletée, analogue à celle de l'ardoise.

On appelle *poudingues* les roches qui sont formées par une agglomération de cailloux roulés, réunis par un ciment siliceux. Ces roches présentent souvent une consistance très-grande et une extrême dureté.

Les *sables* sont formées par de petits grains de quartz désagrégés.

Lorsque les grains de sable sont agrégés par un ciment quartzeux, la roche prend le nom de *grès*. Les grès sont souvent incolores; d'autres fois ils sont colorés en gris ou en rouge par la présence de certains oxydes métalliques.

Les *roches calcaires* sont formées par du carbonate de chaux; elles présentent des aspects variés, suivant l'état d'agglomération de la matière. Le carbonate de chaux est cristallisé dans le marbre, compacte et souvent fort dur dans le calcaire jurassique, et très-peu agrégé dans la craie.

L'*argile* est principalement formée de silicate d'alumine; elle renferme cependant presque toujours une petite quantité de silicate de potasse. Les roches argileuses se distinguent par leur imperméabilité à l'eau; elles retiennent toutes les eaux qui traversent les roches supérieures, de sorte qu'il se forme ordinairement, à leur surface, des nappes aquifères considérables.

Les argiles sont souvent mélangées avec des proportions considérables de carbonate de chaux; on leur donne alors le nom de *marnes*.

Le *sulfate de chaux anhydre*, ou *anhydrite*, et le *sulfate de chaux hydraté*, ou *gypse*, forment quelquefois de véritables couches dans les terrains secondaires; d'autres fois ces minéraux ne forment que des espèces de lentilles très-aplaties et intercalées au milieu d'autres roches.

§ 285. Les roches secondaires se sont formées aux dépens des terrains primitifs qui ont été désagrégés et charriés par les eaux; mais, en même temps, les substances qui les composaient se sont altérées par suite des réactions chimiques qu'elles ont dû éprouver au sein des eaux et au contact de l'atmosphère. C'est ainsi que le feldspath s'est changé en argile et en sels alcalins; le mica a donné de l'argile et des sels calcaires; le quartz a fourni les sables et les grès. La présence des êtres organisés, végétaux ou animaux, a exercé nécessairement une grande influence sur ces métamorphoses chimiques. Le carbone, que nous trouvons dans les combustibles minéraux, au sein de la terre, existait probablement à l'état d'acide carbonique dans l'atmosphère. Les végétaux ont décomposé cet acide carbonique, comme ils le font encore aujourd'hui; ils se sont assimilé le carbone, et ont dégagé l'oxygène. Les animaux ont fixé les sels calcaires, qu'ils ont transformés principalement en carbonate de chaux. Telle est probablement l'origine des couches calcaires qui sont si abondantes dans tous les terrains; elles ont été formées par les détritus, souvent complétement désagrégés, des tests de coquil-

lages. D'autres fois, les coquilles ont conservé leurs formes primitives, et certaines roches calcaires sont de véritables amas de coquilles dont on peut, encore aujourd'hui, déterminer les espèces avec
une précision parfaite.

On a reconnu, dans ces derniers temps, que plusieurs roches siliceuses sont entièrement formées par les carapaces siliceuses de certains insectes microscopiques.

Division géologique des terrains.

§ 286. Le tableau suivant présente la série des divisions de terrains admises aujourd'hui par les géologues, avec les indications des
principales roches qui les composent et le système de soulèvement
qui les caractérise. Les formations y sont rangées dans l'ordre descendant, c'est-à-dire en commençant par les plus modernes.

1er GROUPE. — **Formation contemporaine.**

TERRAIN DE FORMATION RÉCENTE.

Terrains d'alluvion qui remplissent les vallées des fleuves.
Volcans modernes éteints et brû-lants. Les grands volcans des An-des ont été soulevés pendant cette période.

2e GROUPE. — **Terrain tertiaire supérieur.**

Système de la chaîne prin-cipale des Alpes . . . .

Couches de sables et alluvions an-ciennes, tuf à ossements fossiles. Les éruptions de trachytes et de basaltes correspondent en grande partie à cette époque.

TERRAIN TERTIAIRE.

3e GROUPE. — **Terrain tertiaire moyen.**

Système des Alpes occiden-tales. . . . .

Calcaire d'eau douce avec meulières, contient souvent des lignites.
Grès de Fontainebleau.

4e GROUPE. — **Terrain tertiaire inférieur.**

Système des îles de Corse et de Sardaigne . . . .

Marnes avec gypse, ossements de mammifères.
Calcaire grossier.
Argile plastique avec lignites.

5ᵉ Groupe. — **Terrain crétacé supérieur.**

Système de la chaîne des Pyrénées et de celle des Apennins...........	Assise calcaire puissante, appelée *craie*, avec interposition de couches de silex.

6ᵉ Groupe. — **Terrain crétacé inférieur.**

Système du mont Viso....	Craie tuffeau de la Touraine. Grès ordinairement verdâtre, ce qui lui a fait donner le nom de *grès vert.* Sables ferrugineux.

7ᵉ Groupe. — **Terrain jurassique.**

Système de la Côte-d'Or..	Couches calcaires, plus ou moins compactes et marneuses, alternant avec des couches d'argile. On les divise en plusieurs étages. Les étages supérieurs portent le nom de *calcaire oolithique.* L'étage inférieur est appelé *lias.* Grès inférieur au lias.

8ᵉ Groupe. — **Terrain de trias.**

Système du Thuringerwald.	Marnes de couleurs variées que l'on appelle *marnes irisées*, renfermant souvent des amas de gypse et de sel gemme. Calcaire très-coquillier, auquel on donne le nom de *muschelkalk.* Grès de couleur variée, qui est appelé *grès bigarré.*

9ᵉ Groupe. — **Terrain du grès des Vosges.**

Système du Rhin........	Poudingues et grès.

10ᵉ Groupe. — **Terrain pénéen.**

Système des Pays-Bas et du pays de Galles.	Assise de calcaire mêlée de schiste que l'on appelle *zechstein.* Assise de poudingue et de grès, appelé *nouveau grès rouge.*

TERRAIN SECONDAIRE

11ᵉ Groupe. — **Terrain carbonifère.**

Système du nord de l'An-gleterre................ Grès, schistes avec couches de houille et de fer carbonaté. Calcaire carbonifère, ou calcaire bleu, avec couches de houille.

12ᵉ Groupe. — **Terrain devonien.**

Système des ballons des Vosges et des collines du Bocage de la Normandie.. Couches puissantes de grès, appelé *vieux grès rouge*, renfermant des couches d'anthracite.

13ᵉ Groupe. — **Terrain silurien.**

.... Calcaire, schiste ardoisier, grès à gros grains, appelé *grauwacke*.

14ᵉ Groupe. — **Terrain cambrien.**

Système du Westmoreland et du Hundsruck en Écosse. Calcaire compacte, schiste argileux. Ces roches ont souvent une texture cristalline.

15ᵉ Groupe. — **Roches primitives.**

.... Granits et gneiss formant la base principale de la partie intérieure du globe, accessible à nos moyens d'observation.

TERRAIN DE TRANSITION.

TERRAIN PRIMITIF.

Filons et amas.

§ 287. Nous avons vu que le refroidissement successif du globe a dû déterminer un grand nombre de fissures dans la croûte solidifiée. Ces fissures n'ont pas toujours été assez larges pour que la matière fluide de l'intérieur du globe pût s'y introduire et parvenir jusqu'à la surface. Les couches n'ont été souvent que fendillées dans différents sens, et les fentes se sont remplies postérieurement de matières très-diverses. Ces matières y sont arrivées, soit à l'état de vapeurs émanées de l'intérieur, soit en dissolution dans les eaux venant de la surface ou de l'intérieur.

Ces fentes remplies ont reçu le nom de *filons*. Les filons ne contiennent souvent que des matières terreuses : carbonate de chaux, sulfate de baryte, quartz; ils présentent alors peu d'intérêt. Souvent aussi ils sont remplis, en totalité ou en partie, de substances métallifères, et ils acquièrent alors une grande importance. Les filons métallifères se rencontrent généralement dans les terrains primitifs, ou dans les terrains stratifiés les plus anciens. Les terrains de transition renferment les principaux filons exploités.

Il est rare qu'un filon se rencontre isolé ; le plus souvent on en remarque un grand nombre dans la même localité, et ils présentent alors une direction à peu près parallèle. La figure 305 montre une coupe transversale d'un de ces systèmes de filons. La similitude des matières minérales qui remplissent les filons d'un même système démontre leur origine commune. Souvent un premier sys-

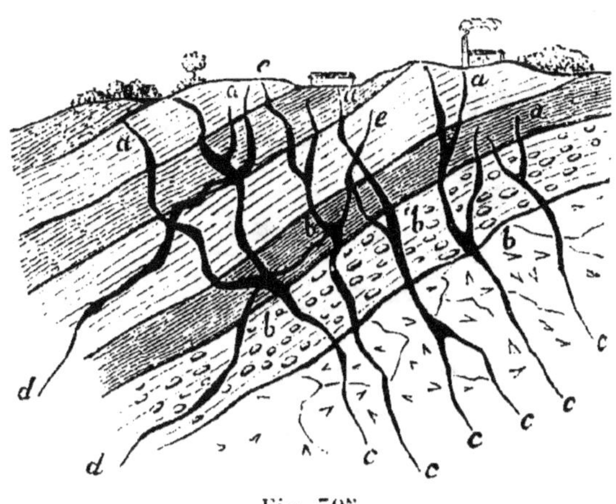

Fig. 305.

tème de filons est coupé par un second système (fig. 305), qui présente une constitution minérale très-différente de celle du premier. Ce second système de filons est alors appelé *filons croiseurs*.

Il est rare qu'un filon soit entièrement rempli de minerais métallifères. Le plus souvent ces dernières substances forment des filets *abcdefg*, plus ou moins irréguliers, au milieu d'une matière pierreuse cristalline qui remplit le filon (fig 306). L'épaisseur d'un filet métallifère varie dans les différents points du filon. Dans certains points elle est considérable ; dans d'autres elle devient très-petite : souvent même elle s'évanouit entièrement. Les minéraux pierreux qui séparent la substance métallifère des parois de la roche forment les *salles-bandes* du filon.

Lorsqu'un filon parvient jusqu'au jour, il se dessine à la surface du sol, soit par un mur qui fait relief, lorsque la matière qui le constitue est plus dure que la roche

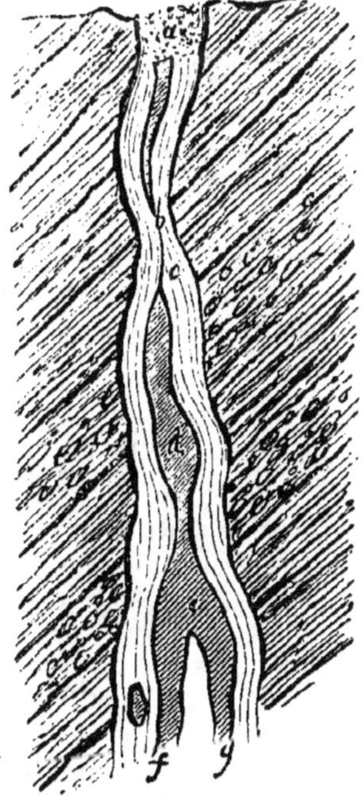

Fig. 306.

avoisinante ; soit par une dépression longitudinale, lorsque le contraire a lieu. La *tête* ou les *affleurements* d'un filon sont souvent modifiés par les altérations chimiques qu'ont subies les matières qui le composent.

§ 288. Des cavités nombreuses se sont formées au milieu de certains terrains stratifiés, probablement par l'action dissolvante des

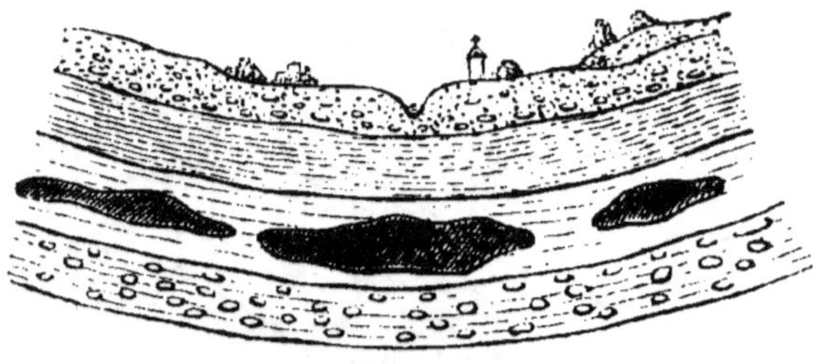

Fig. 507.

eaux souterraines. Ces cavités se rencontrent dans tous les étages des terrains stratifiés; elles se sont ordinairement remplies plus tard de nouvelles substances, qui sont très-différentes de la roche environnante. On appelle *amas* ces cavités remplies. C'est ainsi que l'on trouve des amas de sel gemme dans le muschelkalk et dans les marnes irisées (fig. 507).

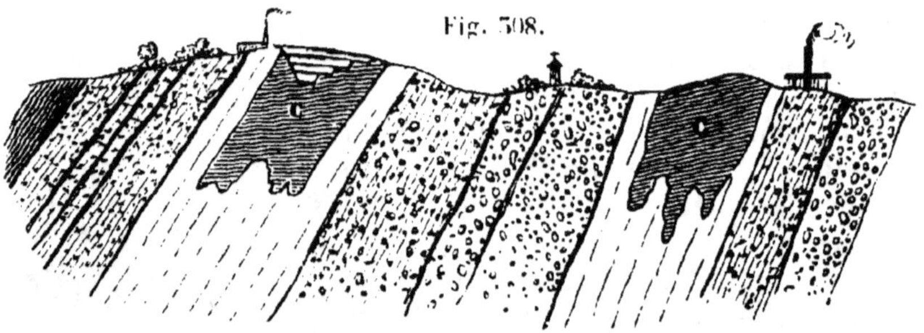

Fig. 508.

La figure 308 représente des amas C, C de carbonate de zinc qui se sont formés à la partie supérieure d'une couche de calcaire de transition.

---

§ 289. Avant de commencer l'étude de chaque métal en particulier, nous allons définir succinctement les propriétés générales physiques et chimiques des métaux et celles de leurs principales combinaisons. Cela nous permettra d'aller plus vite lorsque nous ferons l'histoire spéciale de chaque métal.

PROPRIÉTÉS PHYSIQUES DES MÉTAUX.

§ 290. Les propriétés physiques des métaux qu'il nous importe d'étudier sont : leur opacité, leur éclat, leur couleur, leur cristallisation, leur malléabilité et ductilité, leur ténacité, leur conductibilité et leur capacité pour la chaleur.

§ 291. *Opacité*. — Les métaux présentent une opacité très-grande, car ils ne laissent pas passer de lumière, même lorsqu'ils sont réduits en feuilles d'une épaisseur extrêmement petite. Cependant l'or, à l'état de feuilles très-minces, telles que celles que produit le batteur d'or, laisse traverser une quantité notable de lumière, d'une belle couleur verte. Les propriétés physiques particulières de cette lumière démontrent qu'elle a réellement subi une transmission à travers le métal, et qu'elle n'a pas passé simplement par les petites fentes que le battage a produites dans la feuille.

§ 292. *Éclat*. — Les métaux agrégés par la percussion ou par la fusion présentent un éclat particulier qu'il est difficile de définir, mais que tout le monde connaît. Lorsqu'ils sont réduits en poudre très-fine, ou à l'état de précipités chimiques, cet éclat disparaît, mais il reparaît immédiatement lorsqu'on frotte la matière pulvérulente avec un brunissoir, c'est-à-dire avec un corps dur et bien poli.

§ 293. *Couleur des métaux*. — La plupart des métaux ont une couleur grise plus ou moins foncée lorsqu'ils sont pulvérulents ; ils deviennent plus blancs quand ils sont agrégés et polis. Quelques métaux, cependant, ont des couleurs bien prononcées : ainsi le cuivre est rouge ; l'or est jaune. Les alliages formés par les métaux blancs ou gris sont eux-mêmes blancs ou gris. Ceux dans lesquels entre un métal coloré prennent une teinte approchant de celle de ce métal, lorsqu'il y entre en proportions considérables. Ainsi l'alliage formé de $\frac{2}{3}$ de cuivre et de $\frac{1}{3}$ de zinc, le laiton, a une belle couleur jaune ; l'alliage de 90 de cuivre et 10 d'étain, le bronze, a également une couleur jaune. Le métal des miroirs de télescope formé de 67 de cuivre et 33 d'étain, est sensiblement blanc.

Les métaux blancs réfléchissent les divers rayons simples du spectre dans des proportions qui sont sensiblement les mêmes que celles suivant lesquelles ces rayons composent la lumière blanche. Cependant, comme ces proportions ne sont pas rigoureusement les mêmes que dans la lumière blanche, et qu'elles varient avec l'incidence des rayons lumineux, ces métaux ne sont pas réellement blancs, ils présentent chacun une teinte particulière que l'on peut reconnaître par des expériences délicates.

Les métaux colorés réfléchissent plus abondamment que les autres certains rayons simples du spectre, et, les proportions des rayons simples réfléchis variant avec l'angle d'incidence de la lumière, il en résulte que les nuances de ces métaux changent, suivant qu'on les regarde plus ou moins obliquement.

Tous les métaux réfléchissent en même proportion les divers rayons simples qui tombent sous des incidences très-petites avec leur surface, de sorte qu'ils paraissent tous blancs sous l'incidence rasante; mais leur pouvoir réfléchissant pour les différents rayons simples varie de plus en plus, à mesure que l'angle d'incidence augmente, et ils se colorent alors sensiblement. Il est évident que leur coloration deviendra beaucoup plus marquée, si, au lieu de faire réfléchir le rayon de lumière une seule fois à leur surface, on le fait réfléchir plusieurs fois: les métaux qui paraissent ordinairement incolores se teintent alors d'une manière très-sensible. Pour faire cette expérience, il suffit de placer deux miroirs, formés par le métal, parallèlement l'un à l'autre, et d'observer un rayon de lumière qui s'est réfléchi successivement plusieurs fois à leurs surfaces sous un angle voisin de 90°.

Après une seule réflexion normale, le cuivre présente une couleur rouge orangé; mais les $\frac{9}{10}$ de lumière réfléchie forment de la lumière blanche, de sorte que la teinte paraît très-lavée. Après 10 réflexions successives, la couleur du cuivre est d'un beau rouge intense qui n'est plus mêlé que de $\frac{2}{10}$ de lumière blanche.

Le bronze des cloches a une teinte jaune orangé faible; après 10 réflexions successives, la lumière est d'un rouge intense et ne renferme plus que $\frac{2}{10}$ de la lumière blanche.

La lumière qui s'est réfléchie une seule fois à la surface du laiton poli présente une teinte jaune très-apparente; après 10 réflexions, elle a une couleur orangée, mais qui est encore mêlée avec $\frac{6}{10}$ de lumière blanche.

L'argent paraît d'un blanc parfait lorsque la lumière ne s'est réfléchie qu'une seule fois à sa surface; mais, après 10 réflexions, la lumière prend une teinte rouge prononcée, bien que faible, parce qu'elle est mêlée de $\frac{9}{10}$ de blanc; sa teinte est alors à peu près celle que présente le bronze des cloches après une simple réflexion normale.

Le zinc est blanc après une réflexion, mais il prend une teinte bleu indigo après 10 réflexions. Cette teinte est, cependant, toujours faible, parce qu'il reste $\frac{8}{10}$ de lumière blanche.

L'acier prend, après 10 réflexions, une teinte violette; mais toujours très-faible, parce qu'elle est mêlée avec 0,97 de lumière blanche.

Le métal des miroirs est blanc après une réflexion; il prend une teinte rouge très-apparente après 10 réflexions.

Les modifications de teinte que la lumière éprouve en se réfléchissant plusieurs fois à la surface des métaux sont importantes à connaître, parce qu'elles rendent compte des nuances variées que présente l'intérieur d'un vase métallique poli et un peu profond.

La teinte que prend la lumière blanche en se réfléchissant plusieurs fois à la surface des métaux polis nous permet aussi de conclure avec assez de certitude la couleur qu'ils présenteraient à la lumière transmise, si on parvenait à les réduire en lames assez minces pour qu'ils devinssent transparents. Cette couleur serait nécessairement la complémentaire de celle qui domine dans la lumière, lorsqu'elle s'est réfléchie un grand nombre de fois à leur surface. Ainsi la lumière réfléchie 10 fois à la surface de l'or poli présente une belle couleur rouge. La couleur complémentaire du rouge est le vert; et, en effet, l'or en feuilles très-minces est d'un beau vert à la lumière transmise.

§ 294. *Cristallisation des métaux.* — Tous les métaux sont susceptibles de cristalliser, mais il n'est pas toujours facile de les placer dans des conditions où ils prennent des formes régulières. Les métaux qui se rencontrent dans la nature à l'état natif sont souvent très-bien cristallisés; on trouve fréquemment sous cette forme l'or, l'argent, le cuivre.

Quelques métaux cristallisent lorsqu'on les laisse refroidir lentement après leur fusion. On peut mettre les cristaux à nu par le procédé que nous avons décrit (§ 125) pour le soufre. Le bismuth donne ainsi des cristaux très-réguliers. L'antimoine, le plomb et l'étain cristallisent également de cette manière, mais plus difficilement.

Quelquefois la cristallisation du métal a lieu au milieu d'une masse solide, lorsque celle-ci est soumise pendant longtemps à une haute température. Ainsi on trouve souvent des cristaux reconnaissables à l'intérieur des grosses masses de fer qui entrent dans la construction de nos fourneaux métallurgiques.

Un grand nombre de métaux cristallisent lorsqu'on détermine leur séparation lente d'une dissolution, principalement sous l'influence de forces électro-chimiques faibles. Si l'on plonge, par exemple, dans une dissolution de sulfate de cuivre, deux lames de cuivre qui communiquent avec les deux pôles de la pile, la lame du pôle négatif se recouvre de cristaux de cuivre métallique, tandis que la lame du pôle positif se dissout successivement. Quelquefois les cristaux sont tellement petits. qu'on ne les distingue qu'à la loupe; d'autres fois ils prennent plus de développement.

La structure cristalline des métaux influe beaucoup sur leur ténacité; ceux dans lesquels elle est très-prononcée n'ont ordinairement qu'une ténacité très-faible, et sont le plus souvent cassants.

Presque tous les métaux qui se sont refroidis lentement après leur fusion présentent, à l'intérieur ou à leur surface, des indices de cristallisation; mais leur texture se modifie beaucoup par le travail auquel on les soumet. Lorsqu'on les bat au marteau ou qu'on les lamine, on fait prendre aux molécules des positions forcées, et on fait varier leurs propriétés physiques d'une manière notable et souvent avec avantage pour leurs applications techniques.

La forme cristalline la plus ordinaire des métaux est l'octaèdre régulier ou le cube; cependant l'antimoine et le bismuth cristallisent en rhomboèdres. Nous aurons soin de donner la forme cristalline de chaque métal lorsque nous en ferons l'histoire.

§ 295. *Malléabilité et ductilité.* — Lorsqu'on soumet les métaux au choc du marteau, on reconnaît que les uns s'aplatissent en lames, et que les autres se réduisent en fragments : les premiers sont appelés *métaux malléables;* les seconds, *métaux cassants.*

On réduit les métaux en lames, soit par le battage au marteau, soit en les faisant passer au *laminoir.*

Le laminoir consiste en deux cylindres métalliques, placés horizontalement et superposés. On fait tourner ces cylindres avec des vitesses égales et dans les sens indiqués par les flèches de la figure 309. Les cylindres peuvent être placés à des distances différentes l'un de l'autre; mais, une fois réglés, ils conservent un écartement constant. On leur donne un écartement moindre que l'épaisseur de la plaque

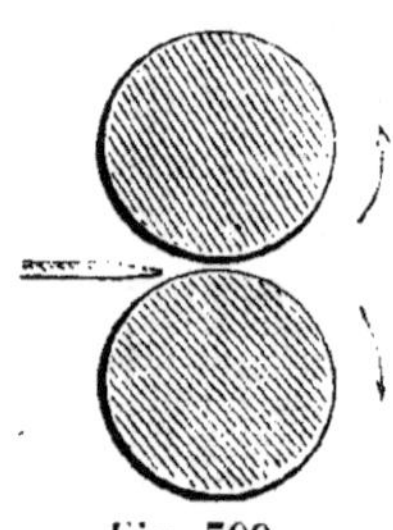

Fig. 309.

métallique que l'on veut étirer. On présente alors cette plaque aux cylindres, dans leur intervalle, après l'avoir amincie sur un de ses bords, afin qu'elle puisse s'introduire d'une petite quantité entre les deux cylindres. La plaque engagée entre les cylindres est obligée de suivre leur mouvement, et de s'étendre de manière à ne conserver que l'épaisseur égale à leur écartement. On la repasse ensuite de nouveau entre les cylindres que l'on a rapprochés davantage, et on obtient ainsi des feuilles de plus en plus minces.

Quelques métaux peuvent être étirés à froid, d'autres ont besoin d'être portés à une température élevée.

Pendant cet aplatissement forcé de la lame, le métal éprouve un changement notable dans sa disposition moléculaire, changement qui altère souvent beaucoup ses propriétés physiques et surtout sa malléabilité : il devient plus dur et plus cassant, et, si l'on voulait continuer le laminage, les feuilles se gerceraient ou se déchireraient infailliblement. On dit alors que le métal s'est *écroui.* On lui rend sa ductilité primitive en le chauffant au rouge et le laissant ensuite refroidir lentement; cette opération s'appelle *recuire* le métal. Les molécules reprennent sous l'influence de la chaleur leurs positions respectives normales, et on peut ensuite faire passer de nouveau les lames sous le laminoir.

La malléabilité n'a pu être constatée que sur les métaux que l'on a obtenus agrégés et à l'état de pureté ; car la présence de certaines matières étrangères, même en quantité très-petite, altère considérablement leur malléabilité.

Les métaux dont la malléabilité et la ductilité ont été bien constatées sont les suivants :

Aluminium,	Cuivre,	Mercure,	Potassium,
Argent,	Étain,	Nickel.	Rhodium,
Baryum,	Fer,	Or,	Sodium,
Cadmium,	Glucinium,	Palladium,	Strontium,
Calcium,	Lithium,	Platine,	Zinc.
Cobalt,	Manganèse,	Plomb.	

L'or et l'argent présentent une très-grande malléabilité : on peut s'en convaincre par les feuilles excessivement minces qu'obtient le batteur d'or. La minceur de ces feuilles est telle, qu'il en faudrait superposer plus de dix mille pour former l'épaisseur d'un millimètre.

§ 296. *Étirage à la filière.* — Certains métaux peuvent être obtenus sous la forme de fils très-fins. Les métaux malléables sont les seuls qui présentent cette propriété; mais ils doivent posséder, en outre, une certaine *ténacité*, afin de ne pas se rompre sous l'effort de la traction qu'il faut exercer pour les étirer en fils.

La filière consiste en une plaque d'acier dans laquelle sont pratiqués des trous circulaires de diamètres de plus en plus petits. Les bords de ces trous sont aiguisés. On donne à la tige métallique que l'on veut étirer un diamètre un peu plus grand que le trou le plus large, le trou n° 1 de la filière. L'une de ses extrémités est effilée en pointe de manière à passer par ce trou n° 1 ; on saisit cette extrémité avec une pince, et, en tirant avec force, on fait passer la tige tout entière à travers le trou. La tige sort nécessairement allongée et amincie; on la fait passer successivement à travers les trous n°ˢ 2, 3, 4, qui ont des diamètres de plus en plus petits.

Les métaux s'écrouissent pendant cette opération, comme dans le laminage, et on est obligé, de temps en temps, de les recuire pour leur rendre leur ductilité primitive.

Les métaux très-purs et certains alliages peuvent être ainsi étirés en fils très-fins. On ne peut cependant pas obtenir des fils d'une finesse extrême; il arrive un moment où ils ne présentent plus assez de ténacité et se rompent sous l'effort qu'on est obligé de leur appliquer pour les faire passer à la filière. Mais on peut fabriquer des fils beaucoup plus fins en employant divers artifices. Nous allons en donner un exemple en décrivant un procédé au moyen duquel on a obtenu des fils de platine aussi fins que des fils d'araignée.

On fore dans un cylindre d'argent, et suivant son axe, un trou de 1 à 2 millimètres de diamètre, dans lequel on engage un fil de platine de même diamètre, et on étire le cylindre à la filière. On peut obtenir ainsi, en opérant avec les soins convenables, un fil d'argent très-fin, dans l'axe duquel se trouve un fil de platine encore plus délié. On traite le fil complexe par l'acide azotique faible, qui ne dissout que l'enveloppe d'argent, et laisse intact le fil central en platine.

Le tableau suivant renferme les métaux usuels rangés dans l'ordre de leur plus grande facilité à passer :

Au laminoir.	À la filière.
1 Or.	1 Or.
2 Argent.	2 Argent.
3 Cuivre.	3 Platine.
4 Étain.	4 Fer.
5 Platine.	5 Nickel.
6 Plomb.	6 Cuivre.
7 Zinc.	7 Zinc.
8 Fer.	8 Étain.
9 Nickel.	9 Plomb.

On voit que les deux ordres diffèrent notablement l'un de l'autre.

§ 297. *Ténacité.* — La ténacité des métaux est la propriété qu'ils possèdent de résister à des efforts assez considérables sans se rompre ; elle varie beaucoup suivant les métaux. Pour apprécier la ténacité, on prépare avec les différents métaux des fils ayant exactement le même diamètre, c'est-à-dire ayant passé finalement par le même trou de la filière. On suspend des longueurs égales de ces fils à un point fixe, et on attache à l'autre extrémité un plateau que l'on charge successivement de poids de plus en plus forts. On peut alors déterminer exactement le plus faible poids qui opère la rupture. Il est clair que l'on pourra regarder ce poids comme mesurant leur résistance à la rupture, ou leur *ténacité.*

On trouve ainsi que les métaux ont des ténacités très-différentes. Le tableau suivant donne les poids les plus faibles qui ont déterminé la rupture de fils de **2** millimètres de diamètre. Ce tableau ne renferme que des métaux malléables : ils y sont rangés dans l'ordre de leurs ténacités décroissantes :

Fer.........	250 kil.	Or...........	68 kil.
Cuivre.......	157	Zinc..........	50
Platine.......	125	Étain.........	16
Argent.......	85	Plomb........	12

La ténacité des métaux est une des propriétés qui influent le plus sur leurs applications techniques; elle varie souvent beaucoup dans le même métal, suivant sa pureté et suivant la manière dont il a été travaillé. Aussi trouve-t-on des valeurs très-différentes pour la ténacité d'un même métal, lorsqu'on expérimente sur des fils de même diamètre, mais de qualités différentes.

Lorsqu'un fil métallique est tendu par des poids successivement croissants, il éprouve des allongements qui sont sensiblement proportionnels aux poids qu'il supporte, et, si l'on vient à supprimer successivement ces poids, le fil reprend la longueur qu'il présentait précédemment sous la même charge. Mais cette proposition n'est vraie pour chaque fil que jusqu'à une certaine valeur de la charge, à partir de laquelle le fil conserve un allongement permanent après que la charge a été supprimée. On dit alors que l'on a dépassé la *limite de son élasticité normale*. Cette charge maximum est souvent beaucoup plus faible que celle qui détermine la rupture du fil. Il ne faut jamais, dans les constructions, charger un fil ou une tige jusqu'à cette limite; car le fil s'altérerait promptement sous l'effort prolongé de la traction, et, au bout de quelque temps, il se romprait sous des charges beaucoup plus faibles que celles qu'il aurait supportées facilement dans les premiers moments.

§ 298. *Conductibilité par la chaleur.* — Les métaux conduisent plus ou moins facilement la chaleur. L'étude de cette propriété est importante pour certaines applications des métaux, par exemple, lorsqu'on s'en sert pour confectionner des chaudières destinées à évaporer des liquides. La quantité de liquide évaporée dans un temps donné dépend nécessairement du pouvoir conducteur du métal qui forme la chaudière; car, à épaisseur égale, des chaudières semblables, formées de métaux différents, laisseront traverser dans le même temps des quantités de chaleur d'autant plus grandes que le métal sera meilleur conducteur.

Le tableau suivant renferme les métaux rangés suivant l'ordre de leur conductibilité décroissante; nous avons écrit en regard les nombres qui sont approximativement proportionnels à cette faculté conductrice :

Or	200	Zinc	75
Argent	195	Étain	64
Cuivre	180	Plomb	36
Fer	75		

§ 299. *Capacité pour la chaleur.* — Il faut des quantités de chaleur très-différentes pour chauffer d'un même nombre de degrés des poids égaux des différents métaux. Ainsi, la quantité de chaleur nécessaire pour chauffer de 0° à 100° 1 kilogramme d'eau étant représentée par 1,000, celle qui produira la même élévation de température sur 1 kilogramme des divers métaux est représentée par les nombres suivants :

Magnésium....	0,2466	Argent.........	0,0570
Aluminium.. ...	0,2150	Cadmium......	0,0567
Manganèse.. ...	0,1207	Étain..........	0,0562
Fer...........	0,1158	Antimoine.	0,0508
Nickel....	0,1086	Mercure........	0,0335
Cobalt..........	0,1070	Platine........	0,0324
Zinc..........	0,0955	Or...........	0,0324
Cuivre.........	0,0952	Plomb.... ...	0,0314
Palladium......	0,0595	Bismuth........	0,0308
Rhodium..,.. ..	0,0580		

PROPRIÉTÉS CHIMIQUES DES MÉTAUX.

§ 300. Nous allons donner ici quelques notions sur la manière dont les métaux se comportent avec les métalloïdes, et sur les propriétés générales des combinaisons qu'ils forment avec ces corps.

Action de l'oxygène sur les métaux.

§ 301. Tous les métaux ont été obtenus combinés avec l'oxygène, mais leurs affinités pour ce corps sont très-différentes. Les uns, tels que le potassium et le sodium, se combinent directement avec l'oxygène, même aux températures les plus basses; les autres, tels que l'or et le platine, ont une affinité pour l'oxygène tellement faible, qu'ils ne se combinent directement avec ce corps dans aucune circonstance et qu'on n'obtient leurs oxydes que par des moyens détournés. Les premiers retiennent l'oxygène aux plus hautes températures, tandis que les seconds l'abandonnent facilement quand on chauffe leurs oxydes.

L'affinité des métaux pour l'oxygène peut être appréciée par plusieurs moyens :

1° Par la manière dont ils se comportent avec l'oxygène gazeux, aux diverses températures;

2° Par la facilité plus ou moins grande avec laquelle on ramène leurs oxydes à l'état métallique;

3° Par l'action décomposante qu'ils exercent sur un même oxyde dans diverses circonstances. L'eau est l'oxyde sur lequel on les fait agir ordinairement. Certains métaux décomposent l'eau, même à la température de 0°; d'autres ne la décomposent d'une manière notable qu'à des températures supérieures à 50 ou 60°; quelques-uns exigent pour cela une température de 100°; d'autres ne réagissent sur la vapeur d'eau qu'à la chaleur rouge, ou même à des températures encore plus élevées; il en est, enfin, qui ne décomposent l'eau à aucune température réalisable dans les fourneaux de nos laboratoires;

4° Par l'action décomposante que les métaux exercent sur l'eau en présence des acides énergiques. Un grand nombre de métaux décomposent l'eau, à froid, en présence de l'acide sulfurique : d'autres, au contraire, ne la décomposent pas dans cette circonstance, même quand on élève la température. Cette propriété ne dépend pas seulement de l'affinité, plus ou moins puissante, que les métaux possédaient pour l'oxygène; elle dépend surtout de l'affinité basique de l'oxyde métallique pour l'acide (§ 69).

5° En présence des bases.

On a divisé les métaux, sous ce point de vue, en six sections.

Première section. — Métaux qui ont la propriété d'absorber l'oxygène à toutes les températures, même aux plus élevées, et de décomposer l'eau, même aux températures les plus basses, en produisant un dégagement abondant de gaz hydrogène. Ce sont :

Le potassium,	Le lithium,	Le strontium,
Le sodium,	Le baryum,	Le calcium.

Les trois premiers métaux sont appelés *métaux alcalins;* les trois derniers, *métaux alcalino-terreux.*

Deuxième section. — Métaux qui absorbent l'oxygène à la température la plus élevée, et dont les oxydes sont indécomposables par la chaleur seule; ces métaux ne décomposent plus sensiblement l'eau aux températures très-basses, mais facilement au-dessus de 50°. Ce sont :

Le magnésium,	L'aluminium,	Le manganèse,

auxquels il faut joindre, probablement, les métaux suivants, dont l'action décomposante sur l'eau n'a pas encore été étudiée avec assez de soin :

Le glucinium,	Le thorium,	Le didyme,
Le zirconium,	Le cérium,	L'erbium,
L'yttrium,	Le lantane,	Le terbium.

Troisième section. — **Métaux** absorbant l'oxygène à la chaleur rouge, dont les oxydes sont indécomposables par la chaleur seule, et qui ne décomposent l'eau qu'à des températures supérieures à 100°, mais inférieures à la chaleur rouge. Ces métaux décomposent l'eau à froid en présence des acides énergiques. Ce sont :

Le fer,	Le vanadium,
Le nickel,	Le zinc,
Le cobalt,	Le cadmium,
Le chrôme,	L'uranium.

La température à laquelle ces métaux se combinent avec l'oxygène gazeux, et celle à laquelle ils décomposent l'eau, dépendent beaucoup de leur état de division. Le fer agrégé, même à l'état de limaille, ne se combine avec l'oxygène sec que si on le chauffe au rouge sombre; tandis que le même métal très-divisé, que l'on obtient en réduisant les oxydes de fer par le gaz hydrogène à la plus basse température possible, prend feu quand on le projette dans l'air, et s'oxyde, par conséquent, à la température ordinaire. Le fer agrégé ne décompose la vapeur d'eau qu'à la chaleur rouge; tandis que le fer pulvérulent la décompose à une température de 200° environ.

Quatrième section. — Métaux absorbant l'oxygène à la chaleur rouge et dont les oxydes sont indécomposables par la chaleur seule. Ces métaux décomposent la vapeur d'eau avec facilité à la chaleur rouge, mais ils ne décomposent plus l'eau en présence des acides énergiques. Cette dernière circonstance tient à ce que ces métaux ne forment avec l'oxygène que des bases faibles. Ils forment, au contraire, avec ce corps, des acides qui se comportent comme des acides puissants par rapport aux bases énergiques; aussi la plupart de ces métaux décomposent-ils l'eau en présence de la potasse avec dégagement de gaz hydrogène. Cette quatrième section comprend :

Le tungstène,	Le titane,
Le molybdène,	L'étain,
L'osmium,	L'antimoine,
Le tantale,	

auxquels il faut joindre probablement :

Le niobium,	Le pélopium.

Cinquième section. — **Métaux** absorbant l'oxygène au rouge, dont les oxydes ne sont pas décomposés par la chaleur seule; ils ne décomposent l'eau qu'à une température très-élevée, et toujours très-faiblement. Ces métaux ne décomposent l'eau, ni en présence des acides forts, ni en présence des bases puissantes. Ce sont :

Le cuivre,   Le bismuth.
Le plomb,

Sixième section. — Métaux dont les oxydes se réduisent par la chaleur seule à une température plus ou moins élevée, et qui, dans aucune circonstance, ne décomposent l'eau pour s'emparer de son oxygène. Ce sont :

Le mercure,   Le palladium,
L'argent,   Le platine,
Le rhodium,   Le ruthénium,
L'iridium,   L'or.

§ 302. Il est utile de remarquer que tous les métaux dont les oxydes sont indécomposables par la chaleur seule peuvent décomposer l'eau à une température plus ou moins élevée. Cette circonstance tient à ce que l'eau elle-même se décompose en ses deux éléments, à une température extrêmement élevée. Si l'on chauffe, en effet, jusqu'à une vive incandescence, au chalumeau à gaz oxygène et hydrogène, une petite boule de platine fixée à l'extrémité d'une tige de même métal et qu'on la plonge rapidement dans l'eau, on voit se dégager de petites bulles de gaz qui sont formées d'un mélange d'hydrogène et d'oxygène. L'eau a donc été décomposée par la chaleur seule, car le métal ne s'est emparé d'aucun de ses principes constituants. Une décomposition semblable a lieu quand on chauffe jusqu'à une vive incandescence un fil de platine plongé dans l'eau, en le faisant traverser par le courant électrique produit par une pile puissante.

Action de l'oxygène sec sur les métaux.

§ 303. La combinaison directe d'un métal avec l'oxygène est une véritable combustion qui a lieu avec dégagement de chaleur. Lorsque cette combinaison se fait rapidement, la température s'élève assez pour que la matière devienne incandescente. La combustion est plus active quand le métal est très-divisé, parce qu'il présente alors une plus grande surface à l'action de l'oxygène. Si le métal est, au contraire, en masse agrégée, et si l'oxyde ne fond pas à la température à laquelle l'oxydation a lieu, la combustion s'arrête promptement, parce que le métal se recouvre d'une couche d'oxyde qui le préserve du contact de l'oxygène. C'est ainsi que le cuivre, très-divisé, brûle facilement dans l'oxygène et se change complétement en oxyde, s'il est préalablement chauffé au rouge sombre ; tandis qu'une lame de cuivre, placée dans les mêmes circonstances, se couvre seulement d'une couche d'oxyde. Le fer, chauffé au rouge, brûle vivement dans l'oxygène, même quand le métal est sous la forme de fils d'un gros diamètre, parce que l'oxyde produit, fondant à la température qui se développe pendant la combustion, la surface du métal reste toujours à nu.

Lorsque le métal est volatil, il peut se brûler également avec beaucoup d'énergie et même avec flamme, s'il a été porté préalablement à une température convenable. Ainsi le zinc chauffé au rouge dans un creuset, brûle avec une flamme blanche très-brillante. Dans ce cas, c'est la vapeur de zinc qui brûle : et, comme l'oxyde de zinc est fixe, ses particules solides, en suspension dans la flamme, deviennent incandescentes et lui donnent un grand éclat.

Action de l'oxygène humide sur les métaux.

§ 304. Les métaux qui ne se combinent pas à froid avec l'oxygène sec s'oxydent souvent promptement quand ils sont exposés à l'air humide. Le fer conserve indéfiniment sa surface brillante dans l'oxygène sec, tandis qu'il s'altère promptement à l'air humide et se recouvre d'une couche ocreuse qui est de l'hydrate de sesquioxyde de fer. Beaucoup d'autres métaux sont dans le même cas ; mais, pour quelques-uns, l'altération n'est que superficielle, tandis que, pour d'autres, elle se continue jusqu'à ce que le métal soit transformé entièrement en oxyde. Un barreau de fer exposé à l'air humide se détruit complétement par la rouille ; tandis qu'une lame de zinc se couvre promptement d'une pellicule d'oxyde qui préserve de l'altération le métal intérieur.

La présence des vapeurs acides dans l'air facilite beaucoup l'oxydation des métaux. Le fer, qui, placé dans du gaz oxygène sec, se conserve indéfiniment sans altération et se conserve de même dans de l'eau privée d'air par l'ébullition, s'altère, au contraire, promptement, quand il est en contact, à la fois, avec l'oxygène et l'eau. Il se trouve alors en présence de l'oxygène dissous dans l'eau, c'est-à-dire dans des circonstances qui favorisent la combinaison. De plus, l'oxyde de fer a pour l'eau une certaine affinité basique qui facilite encore la formation de cet oxyde, d'après le principe que nous avons énoncé (§ 69). C'est par la même raison que le fer et le zinc, qui, seuls, ne décomposent pas l'eau à froid, la décomposent vivement en présence des acides énergiques, comme si la présence de l'acide avait augmenté leur affinité pour l'oxygène. La présence des vapeurs acides dans l'air facilite beaucoup l'oxydation du métal, car elles exaltent son affinité pour l'oxygène plus que ne peut le faire l'eau, qui n'agit jamais que comme un acide très-faible.

Les métaux, dont certains oxydes jouent le rôle d'acides par rapport aux bases énergiques, s'oxydent plus rapidement à l'air, quand ils sont mouillés par une dissolution alcaline, ou placés au milieu d'une atmosphère humide qui renferme des vapeurs ammoniacales.

§ 305. On remarque souvent, lorsqu'une certaine quantité d'oxyde s'est développée à la surface du métal, que l'altération marche ensuite beaucoup plus rapidement, comme si la présence de l'oxyde augmentait l'affinité du métal pour l'oxygène. Cette particularité se remarque surtout sur le fer, et l'expérience suivante la met en évidence d'une manière très-nette.

Si l'on expose au contact de l'air de la limaille de fer mouillée, l'oxydation marche d'abord lentement ; mais elle s'accélère bientôt et la limaille se rouille avec une grande rapidité. Il se dégage, en même temps, l'odeur fétide que présente le gaz hydrogène quand on dissout le fer ordinaire dans l'acide sulfurique étendu. De l'hydrogène se dégage, en effet, en quantité assez notable, pour qu'on puisse le recueillir au bout de quelque temps, si l'expérience est faite dans un appareil convenable.

L'oxydation du métal s'opère dans les premiers moments par l'absorption de l'oxygène de l'air dissous par l'eau qui mouille la limaille, mais bientôt la couche d'oxyde qui recouvre le métal forme avec celui-ci un couple voltaïque dans lequel le fer est l'élément électro-positif. Le fer isolé est déjà électro-positif par rapport à l'oxygène ; s'il forme l'élément électro-positif d'une pile, il devient encore plus électro-positif qu'il ne l'est naturellement, son affinité pour l'oxygène s'en trouve accrue, et l'expérience montre que cette affinité peut alors devenir assez grande pour décomposer l'eau à la température ordinaire.

Si, au contraire, on met en contact avec le fer un corps qui devienne l'élément électro-positif du couple voltaïque, le fer, moins électro-positif qu'il ne l'était à l'état isolé, perd de son affinité pour l'oxygène. Le métal est devenu moins oxydable, et il peut être préservé de l'oxydation dans des circonstances où elle aurait lieu inévitablement, s'il se trouvait isolé. On a utilisé cette propriété dans les arts pour rendre les objets en fer moins altérables au contact de l'air. On recouvre ce métal d'une couche très-mince de zinc, qui devient l'élément électro-positif du couple, et préserve le fer de l'oxydation. Le zinc, au contraire, s'oxyde rapidement, mais cette oxydation n'est que superficielle ; la petite pellicule d'oxyde développée à la surface forme un vernis imperméable qui préserve les couches intérieures. Le fer ainsi préservé par une couche de zinc est appelé *fer galvanisé.*

On a utilisé le même principe pour garantir de l'oxydation quelques autres métaux, par exemple, le cuivre qui sert pour le doublage des vaisseaux. Malheureusement, on a reconnu que les coquillages s'attachent alors en beaucoup plus grande quantité sur le doublage du navire, dont la vitesse de marche se trouve diminuée, parce qu'il éprouve plus de frottement contre le liquide.

Action du soufre sur les métaux.

§ 306. Tous les métaux sont susceptibles de se combiner directement avec le soufre lorsqu'on les chauffe avec ce métalloïde, ou qu'on fait passer celui-ci en vapeur sur le métal chauffé.

Quelques-uns, tels que le cuivre, brûlent dans la vapeur de soufre avec une vive incandescence. D'autres se combinent avec le soufre, même à la température ordinaire, s'il y a de l'eau en présence. Un mélange de limaille de fer et de fleur de soufre, arrosé d'un peu d'eau, donne bientôt un dégagement considérable de chaleur dû à la combinaison du fer avec le soufre.

Action du chlore sur les métaux.

§ 307. Le chlore agit sur les métaux encore plus énergiquement que l'oxygène ; il les transforme facilement et complétement en chlorures. Le plus grand nombre des métaux se combinent avec le chlore, même à froid. Pour quelques-uns, la combinaison se fait avec une énergie telle, qu'il se produit une grande élévation de température, et qu'il y a souvent incandescence de la matière. Plusieurs métaux en poussière prennent feu quand on les projette dans un flacon rempli de chlore gazeux.

Action du brôme et de l'iode sur les métaux.

§ 308. L'action du brôme et de l'iode sur les métaux est, en général, semblable à celle du chlore ; mais les affinités sont plus faibles.

Action du phosphore sur les métaux.

§ 309. Les métaux de la première section se combinent facilement avec le phosphore, lorsqu'on les chauffe avec ce corps ; mais les métaux des autres sections ne s'altèrent pas dans ce cas ; le phosphore se volatilise avant que la température soit assez élevée pour qu'une réaction puisse avoir lieu. Quelques métaux de la troisième et de la cinquième section peuvent se combiner avec une certaine quantité de phosphore lorsqu'on les chauffe à une très-haute température dans la vapeur de ce métalloïde.

Action de l'arsenic sur les métaux.

§ 510. L'arsenic se combine beaucoup plus facilement avec les métaux que le phosphore; plusieurs arséniures s'obtiennent directement en chauffant un mélange pulvérulent de métal et d'arsenic.

Action du bore, du silicium et du carbone sur les métaux.

§ 511. Quelques métaux sont susceptibles de se combiner directement avec le bore, le silicium et le carbone; nous aurons occasion d'indiquer, par la suite, plusieurs de ces combinaisons.

COMBINAISONS DES MÉTAUX ENTRE EUX, ou ALLIAGES.

§ 512. La plupart des métaux peuvent se combiner entre eux et donnent des alliages présentant des propriétés métalliques qui participent à la fois de celles des deux métaux combinés. En alliant les métaux les uns aux autres, on crée, pour ainsi dire, de nouveaux métaux, qui jouissent de propriétés spéciales et conviennent mieux à certains besoins des arts que les métaux simples.

Les métaux employés dans les arts à l'état isolé sont :

Le fer,	L'argent,
Le cuivre.	L'or,
Le zinc,	Le platine.
Le plomb.	Le mercure.
L'étain,	

Parmi ces métaux, le platine et le fer sont les seuls qui soient exclusivement employés à l'état de pureté. Les autres sont souvent utilisés à l'état isolé; mais très-souvent aussi on les allie entre eux ou avec quelques autres métaux, tels que l'antimoine et le bismuth, qui ne sont jamais employés isolés, parce qu'ils sont trop cassants.

Le cuivre est un métal très-malléable, facile à travailler au marteau, mais qui ne présente pas une grande dureté. On augmente beaucoup sa dureté, tout en lui conservant une ductilité suffisante, en alliant $\frac{2}{3}$ de cuivre à $\frac{1}{3}$ de zinc. On obtient ainsi un alliage, le *laiton*, qui présente une couleur jaune agréable et se prête à une foule d'usages. Mais le laiton ainsi composé ne se laisse pas limer facilement ; il s'attache à la lime, il la *graisse*. On remédie à cet inconvénient en faisant entrer dans l'alliage 2 à 3 centièmes de plomb ou d'étain.

§ 313. Pour les bouches à feu, on a besoin d'un métal qui soit dur sans être cassant, et puisse être moulé et travaillé au tour. Le cuivre pur satisfait en partie à ces conditions ; mais il est trop mou ; le boulet, avant de sortir du canon, ricoche plusieurs fois dans l'âme de la pièce, et, si le métal en est mou, il forme bientôt des cavités qui nuisent beaucoup à la précision du tir. Un alliage de 90 parties de cuivre et de 10 d'étain présente plus de dureté et possède encore une ténacité suffisante. C'est cet alliage, appelé *bronze*, qui est employé pour les canons et pour beaucoup d'objets d'ornement, tels que statues, candélabres, etc. En augmentant la proportion d'étain, on obtient des alliages encore plus durs, mais qui sont en même temps beaucoup plus cassants. L'alliage de 80 de cuivre et 20 d'étain est extrèmement dur et très-sonore ; on l'emploie à la confection des cloches, des cymbales et des tam-tams. L'alliage formé de 67 de cuivre et 33 d'étain est d'un blanc légèrement jaunâtre ; il est susceptible de prendre un très-beau poli. On l'emploie pour les miroirs de télescopes.

On voit par là qu'en alliant deux métaux en différentes proportions on peut obtenir des alliages qui diffèrent beaucoup entre eux par leurs propriétés physiques et se prêtent aux usages les plus variés.

§ 314. Pour les caractères d'imprimerie, il faut un métal qui satisfasse à bien des conditions. Il doit être facilement fusible, car ces caractères se fabriquent par moulage ; il doit prendre exactement l'empreinte du moule, afin que les caractères soient très-nets ; enfin, il doit jouir d'une certaine dureté, sans être trop cassant, car, si le métal est trop mou, les caractères s'écrasent à la presse ; ils se brisent, s'il est dur et cassant.

Le fer et le cuivre ne sont pas assez fusibles. L'argent, l'or et le platine ne fondent qu'à une température très-élevée, ils sont d'ailleurs beaucoup trop chers. Le zinc, l'antimoine et le bismuth sont trop cassants. Le plomb et l'étain sont trop mous. Mais on obtient un alliage parfaitement convenable en fondant ensemble 80 de plomb et 20 d'antimoine.

§ 315. Beaucoup de métaux semblent pouvoir se combiner entre eux suivant des proportions quelconques. Mais, en général, lorsqu'on laisse refroidir lentement des alliages fondus, ils se séparent en plusieurs autres qui présentent des compositions définies, et souvent même cristallisent. Cette décomposition d'un même alliage homogène en plusieurs autres qui se séparent plus ou moins complétement a lieu quelquefois lorsque l'alliage est exposé pendant longtemps à une température élevée, quoique inférieure à celle qui détermine sa fusion. Nous en verrons plus tard des exemples.

On peut reconnaître facilement ces séparations, pour les alliages fusibles à une température peu élevée, en suivant la marche descendante d'un thermomètre dont le réservoir plonge dans une certaine quantité d'alliage fondu qu'on laisse refroidir à l'air. Si l'on fait cette expérience sur de l'étain fondu que l'on a chauffé à 50 ou 60° au-dessus de son point de fusion, on reconnaît que la température s'abaisse d'abord rapidement, mais avec une vitesse décroissante, parce que la vitesse de refroidissement d'un corps dans l'air est à peu près proportionnelle à l'excès de sa température sur celle du milieu ambiant. Mais, lorsque la température est devenue de 225°, le thermomètre s'arrête brusquement et reste stationnaire pendant un temps plus ou moins long, suivant la masse du métal sur laquelle on opère, puis il reprend de nouveau sa marche descendante. Le point d'arrêt du thermomètre correspond à la solidification de l'étain. Le métal, en se solidifiant, abandonne sa chaleur latente de fusion, qui compense à chaque instant la perte de chaleur opérée par le rayonnement et par le contact de l'air froid, le refroidissement ne recommence qu'après que le métal s'est solidifié entièrement. Le même phénomène se présente pour tous les corps homogènes, simples et composés, dont la constitution ne change pas pendant qu'ils se refroidissent lentement après avoir été fondus.

Mais, si l'on fait la même expérience sur certains alliages très-fusibles, et principalement sur les alliages ternaires de plomb, d'étain et de bismuth, qui, fondant à des températures peu élevées, se prêtent très-bien à ce genre d'observation, on reconnaît, en général, plusieurs points d'arrêt pendant leur refroidissement; on peut souvent en observer jusqu'à trois ou quatre. Chacun de ces arrêts correspond à la solidification d'un alliage particulier à proportions définies, qui se forme aux dépens des éléments de l'alliage homogène primitif, et se sépare à l'état d'une poudre cristalline. Après la séparation d'un ou de plusieurs de ces composés, la matière présente la consistance d'une *pâte sablonneuse;* elle ne devient complétement solide qu'après la cristallisation de l'alliage, qui reste le dernier liquide.

Ainsi, bien que l'on puisse fondre les trois métaux ensemble en proportions quelconques, et obtenir, par une solidification rapide, des alliages en apparence homogènes, les métaux ont une tendance à se combiner suivant des proportions définies, comme tous les autres corps de la nature ; il se forme des combinaisons définies toutes les fois que, pendant un refroidissement lent, les molécules ont le temps d'obéir à leurs affinités électives.

§ 316. Le point de fusion d'un alliage est souvent inférieur à celui du métal le plus fusible qui entre dans sa composition.

Ainsi   le plomb fond à.. .. 325°,
                 le bismuth à....... 265°,
                 l'étain à.......... 228°.

L'alliage formé de 5 parties de plomb, 5 d'étain et 8 de bismuth fond à 95°, c'est-à-dire à une température beaucoup plus basse que le métal le plus fusible.

Nous n'insisterons pas maintenant sur les autres propriétés des alliages ; nous aurons occasion de les décrire lorsque nous nous occuperons de chaque alliage usuel en particulier.

DES OXYDES MÉTALLIQUES.

§ 317. Les oxydes métalliques présentent les propriétés les plus variées. Les uns sont des bases plus ou moins énergiques, qui se combinent avec les acides et forment des sels bien caractérisés ; d'autres jouent, au contraire, le rôle d'acides et se combinent avec les bases puissantes ; enfin, il en est qui ne se combinent ni avec les acides ni avec les bases.

On divise ordinairement, sous ce point de vue, les oxydes en cinq classes :

1° Les *oxydes basiques*, c'est-à-dire ceux qui se combinent facilement avec les acides et donnent des sels définis, cristallisables. Les protoxydes de potassium, de sodium, de calcium, de fer, de plomb, etc., etc., sont des oxydes basiques.

2° Les *oxydes acides*, qui ne se combinent pas, ou du moins très-rarement avec les acides, et qui forment, au contraire, des sels bien définis avec les bases puissantes. L'acide chromique, CrO^3, l'acide manganique, MnO^3, l'acide stannique, SnO^2, l'acide plombique, PbO^2, l'acide antimonique, Sb^2O^5, sont de véritables acides métalliques, qui forment des sels cristallisables avec plusieurs bases puissantes, notamment avec la potasse.

3° Les *oxydes indifférents*, qui sont capables de jouer à la fois le rôle d'acides avec les bases puissantes, et le rôle de bases avec les acides énergiques. L'alumine, Al^2O^3, est un oxyde de cette espèce.

4° Les *oxydes singuliers*. Ces oxydes ne s'unissent ni aux acides ni aux bases. Sous l'influence des acides, ils abandonnent une portion de leur oxygène ou de leur métal, et se transforment en protoxydes, qui se combinent avec l'acide. Le peroxyde de manganèse, MnO^2, est un oxyde de cette classe. Quand on le chauffe avec de l'acide sulfurique, il abandonne la moitié de son oxygène, et il se forme du sulfate de protoxyde de manganèse, $MnO.SO^3$. Le suboxyde de plomb, Pb^2O, se transforme, au contact des acides, en plomb métallique, Pb, et en protoxyde de plomb, PbO, qui se combine avec l'acide. Souvent ces oxydes subissent des décompositions analogues avec les bases. Ainsi le bioxyde de manganèse, MnO^2, fondu avec de la potasse caustique, se transforme en sesquioxyde de manganèse, Mn^2O^3, et en acide manganique, MnO^3, qui se combine avec la potasse :

$$3MnO^2 + KO = Mn^2O^3 + KO.MnO^3.$$

5° Les *oxydes salins*. Ces oxydes résultent de la combinaison d'un oxyde métallique basique avec un oxyde supérieur du même métal. Ce sont de véritables sels, dans lesquels les éléments électro-positifs de l'acide et de la base sont formés par le même métal. Les oxydes de fer, Fe^3O^4, de manganèse, Mn^3O^4, de chrôme, Cr^3O^4, appartiennent à cette classe ; on doit écrire leurs formules $FeO.Fe^2O^3$, $MnO.Mn^2O^3$, $CrO.Cr^2O^3$. L'oxyde brun de chrôme, CrO^2, appartient à la même classe, il doit s'écrire $Cr^2O^3.CrO^3 = 3CrO^2$. Il en est de même de l'acide antimonieux, SbO^2, dont la formule doit être écrite $Sb^2O^3.Sb^2O^5 = 4SbO^2$.

§ 318. Certains métaux forment, avec l'oxygène, un grand nombre de combinaisons qui viennent se ranger dans les cinq classes que nous avons définies. Le manganèse nous en fournit un exemple remarquable .

Le protoxyde de manganèse, MnO, est une base puissante.

Le sesquioxyde, Mn^2O^3, est une base très-faible, mais on ne connaît pas encore de combinaisons dans lesquelles il joue le rôle d'acide. Cet oxyde est la limite des oxydes indifférents.

Le bioxyde de manganèse, MnO^2, est un oxyde singulier.

L'oxyde Mn^3O^4 est un oxyde salin dont la véritable formule est $MnO.Mn^2O^3$.

Les acides manganique, MnO^3, et hypermanganique, Mn^2O^7, sont des acides métalliques puissants.

§ 319. En général, l'oxyde de la formule RO est la base la plus puissante parmi celles que peut former un même métal.

Les oxydes R^2O^3 sont des bases très-faibles ; souvent même ils jouent le rôle d'acides avec les bases puissantes ; dans ce dernier cas, ils se rangent parmi les oxydes indifférents.

Les oxydes RO^2 sont souvent des acides métalliques, exemple : les peroxydes de plomb, PbO^2, d'étain, SnO^2. Tantôt ce sont des oxydes singuliers, comme le bioxyde de manganèse, MnO^2, tantôt enfin, on doit les regarder comme des oxydes salins ; tel est l'oxyde brun de chrôme, $CrO^2 = \frac{1}{3}(Cr^2O^3.CrO^3)$.

Enfin, les oxydes qui ont des formules plus complexes, tels que les oxydes Fe^3O^4, Mn^3O^4, sont des oxydes salins qui doivent être écrits $FeO.Fe^2O^3$, $MnO.Mn^2O^3$.

§ 320. On prépare les oxydes métalliques par des procédés très-variés.

1° On chauffe le métal au contact de l'air ou dans l'oxygène. Nous avons développé avec détail (§ 303) les diverses circonstances de cette oxydation. On change aussi, par le grillage, des oxydes inférieurs en oxydes supérieurs. Le protoxyde de manganèse, MnO, chauffé à l'air, se change en sesquioxyde. Le protoxyde de baryum, BaO, ou baryte, absorbe l'oxygène lorsqu'on le chauffe à 400° dans un courant de gaz oxygène, et il se change en bioxyde de baryum, BaO^2. La chaleur rouge décompose, au contraire, le bioxyde de baryum et le ramène à l'état de protoxyde.

2° On oxyde le métal en le calcinant avec une matière qui abandonne facilement son oxygène. En chauffant de l'antimoine avec de l'azotate de potasse, on obtient de l'antimoniate de potasse ; et, en traitant ce sel par un acide, on isole l'acide antimonique. On emploie souvent ce même procédé pour changer des oxydes inférieurs en oxydes supérieurs, et surtout en acides métalliques. Ainsi, en fondant de l'oxyde de chrôme, Cr^2O^3, avec de l'azotate de potasse, on change cet oxyde en acide chrômique, CrO^3, et on obtient du chrômate de potasse.

3° On oxyde le métal, ou un de ses oxydes inférieurs, par l'acide azotique, et on évapore l'excès d'acide ajouté. Quelques métaux se changent ainsi en oxydes supérieurs qui restent libres. L'étain et l'antimoine sont transformés par l'acide azotique en acide stannique, SnO^2, et en acide antimonique, Sb^2O^5. Le plus souvent il se forme des azotates ; mais il suffit de calciner ces sels pour les décomp.ser, et il reste l'oxyde qui se forme lorsque le métal est chauffé dans l'oxygène à la température à laquelle la décomposition de l'azotate a lieu.

4° On obtient quelques peroxydes en oxydant les oxydes inférieurs par le bioxyde d'hydrogène (§ 90). C'est ainsi qu'on prépare le bioxyde de calcium et plusieurs peroxydes métalliques que l'on ne peut obtenir par d'autres moyens.

5° La chaleur seule change quelques oxydes supérieurs en oxydes inférieurs. Les sesquioxydes de cobalt et de nickel, Co^2O^3 et Ni^2O^3, se transforment à la chaleur rouge en protoxydes, CoO et NiO. Le bioxyde de plomb, PbO^2, se change en protoxyde, PbO. Le bioxyde de manganèse, MnO^2, passe à l'état d'oxyde salin, $MnO.Mn^2O^3$:

$$5MnO^2 = MnO.Mn^2O^3 + 2O.$$

6° L'hydrogène à la chaleur rouge réduit un grand nombre d'oxydes à l'état de métal; mais il n'amène quelques oxydes supérieurs qu'à l'état de protoxydes. Le sesquioxyde de manganèse, Mn^2O^3, chauffé dans un courant de gaz hydrogène, se change en protoxyde MnO.

7° On précipite, par une base alcaline, ou par l'ammoniaque, la dissolution d'un sel métallique ou du chlorure correspondant. En versant une dissolution de potasse ou d'ammoniaque dans une dissolution de sulfate de protoxyde de fer, ou de protochlorure de fer, on obtient un précipité d'hydrate de protoxyde de fer :

$$FeO.SO^3 + KO + HO = KO.SO^3 + FeO.HO ;$$
$$FeCl + KO + HO = KCl + FeO.HO.$$

La même liqueur alcaline donne, avec les dissolutions de sulfate de sesquioxyde de fer ou de sesquichlorure de fer, un précipité de sesquioxyde de fer hydraté :

$$Fe^2O^3.3SO^3 + 3KO + HO = 3(KO.SO^3) + Fe^2O^3.HO ;$$
$$Fe^2Cl^3 + 3KO + HO = 3KCl + Fe^2O^3.HO.$$

On remplace souvent la potasse par l'ammoniaque, quelquefois même par le carbonate de potasse, lorsque l'oxyde du sel ne se combine pas avec l'acide carbonique.

Les oxydes qu'on prépare ainsi par voie humide se précipitent ordinairement à l'état d'hydrates ; mais la chaleur suffit pour transformer la plupart de ces hydrates en oxydes anhydres. Les hydrates des oxydes formés par les métaux de la première section sont seuls indécomposables par la chaleur.

8° Tous les carbonates, excepté ceux des métaux de la première section, se décomposent par la chaleur et laissent l'oxyde libre. Ainsi, en calcinant à une haute température les carbonates de baryte, de strontiane et de chaux, on obtient de la baryte, de la strontiane et de la chaux. Le carbonate de plomb, $PbO.CO^2$, abandonne son acide carbonique à une température plus basse que les carbonates précédents, et il reste du protoxyde de plomb, PbO.

Lorsque le protoxyde qui forme la base du sel a une grande affinité pour l'oxygène, il arrive souvent qu'il décompose l'acide carbonique et s'empare d'une partie de son oxygène. Ainsi le carbonate naturel de protoxyde de fer, $FeO.CO^2$, que les minéralogistes appellent *fer spathique*, donne, par la chaleur, l'oxyde salin $FeO.Fe^2O^3$, et il se dégage un mélange d'acide carbonique et d'oxyde de carbone :

$$3(FeO.CO^2) = FeO.Fe^2O^3 + 2CO^2 + CO.$$

Action des corps métalloïdes sur les oxydes.

§ 321. *Action de l'oxygène.* — Les oxydes qui ne sont pas au maximum d'oxydation peuvent se combiner directement avec une nouvelle proportion d'oxygène. Quelquefois la combinaison se fait à froid au contact de l'air ; elle a lieu plus facilement s'il y a de l'eau en présence, si l'oxyde est combiné ou seulement mouillé avec de l'eau, par exemple. Les hydrates de protoxyde de fer et de manganèse absorbent très-promptement l'oxygène de l'air et se changent en hydrates de sesquioxyde. D'autres oxydes ne se combinent avec l'oxygène que lorsqu'on les chauffe à une température modérée au contact de l'air ; ainsi le protoxyde de plomb, chauffé à une température de 400° environ, absorbe l'oxygène de l'air et se change en un nouvel oxyde, le *minium*. Une température plus élevée décompose, au contraire, le minium et le ramène à l'état de protoxyde.

§ 322. *Action de l'hydrogène.* — Un grand nombre d'oxydes sont décomposés par le gaz hydrogène, qui s'empare de leur oxygène pour former de l'eau ; cette réaction exige, en général, une certaine élévation de température.

Les oxydes des métaux des deux premières sections ne sont décomposés par l'hydrogène à aucune température. Les oxydes des métaux des autres sections sont tous ramenés à l'état métallique par l'hydrogène, à des températures plus ou moins élevées. Ceux de la sixième section sont tous décomposés par l'hydrogène, à des températures peu supérieures à celle de l'ébullition de l'eau ; les autres exigent la chaleur rouge.

L'hydrogène réduit les oxydes de fer à la chaleur rouge, et il se forme de la vapeur d'eau. D'un autre côté, nous avons vu (§ 68) que le fer, chauffé au rouge au milieu d'un courant de vapeur d'eau, s'oxyde en décomposant cette eau et dégage du gaz hydrogène. Nous voyons ici deux effets tout à fait opposés se produire dans des circonstances identiques en apparence. D'après la décomposition des oxydes de fer par l'hydrogène, on pourrait conclure qu'à la chaleur rouge l'hydrogène a plus d'affinité pour l'oxygène que n'en a le fer ; tandis que, de la décomposition de la vapeur d'eau opérée par le fer à la chaleur rouge, on déduirait, au contraire, que le fer a plus d'affinité pour l'oxygène que l'hydrogène. Nous verrons, par la suite, plusieurs phénomènes analogues. Les chimistes expliquent ces contradictions apparentes, en disant que les corps n'agissent pas seulement en vertu de leurs affinités électives, mais encore suivant les quantités respectives qui se trouvent en présence. De sorte que, si deux corps sont en présence d'un troisième pour lequel ils ont des affinités peu différentes, c'est celui qui se trouve en plus grande quantité dans la sphère d'activité qui chasse l'autre. Dans les deux expériences que nous venons de décrire, nous avons en présence, à la chaleur rouge, du fer, de l'oxyde de fer, de la vapeur d'eau et de l'hydrogène. Dans celle où l'on fait passer de la vapeur d'eau sur le fer chauffé, on peut considérer le fer comme dominant par rapport à l'hydrogène, parce que ce gaz, à mesure qu'il se développe, est emporté par le courant de vapeur et ne se trouve qu'en très-petite proportion au milieu de la vapeur d'eau ; le fer s'oxydera par conséquent. Au contraire, dans l'expérience où l'on chauffe l'oxyde de fer dans un courant de gaz hydrogène, chaque molécule d'oxyde de fer se trouve dans la sphère d'activité d'un grand nombre de molécules de gaz hydrogène, et, par suite, c'est ce dernier corps qui s'empare alors de l'oxygène.

Il est évident, d'après cela, que, pour une température donnée, il existe une certaine proportion d'hydrogène et de vapeur d'eau, qui ne doit pas exercer d'action réductrice sur l'oxyde de fer, ni d'action oxydante sur le fer métallique. Si la proportion de vapeur d'eau est plus grande, il y aura oxydation du métal ; si elle est plus petite, il y aura réduction de l'oxyde. Ces proportions dans lesquelles doivent se trouver l'hydrogène et l'oxygène pour n'exercer d'action ni sur le fer métallique, ni sur l'oxyde de fer, varient probablement avec la température.

§ 323. *Action du carbone.* — Le charbon réduit tous les oxydes métalliques qui sont décomposés par l'hydrogène. A une température très-élevée, il décompose quelques oxydes qui résistent à l'action de l'hydrogène. Ainsi les oxydes de potassium et de sodium sont complétement décomposés par le charbon à la chaleur blanche, et les métaux sont mis en liberté.

Lorsque la réduction de l'oxyde se fait à une basse température, il se dégage de l'acide carbonique. Si elle n'a lieu qu'à une température élevée, il se dégage de l'oxyde de carbone. Beaucoup de métaux décomposent, en effet, l'acide carbonique à la chaleur rouge et le font passer à l'état d'oxyde de carbone ; le charbon produit une décomposition semblable.

§ 324. *Action du soufre.* — Le soufre agit, à une haute température, sur la plupart des oxydes métalliques. Lorsqu'on le chauffe avec les oxydes des métaux de la première section, il se forme un mélange de sulfate et de sulfure. Si l'on ajoute du charbon, il ne se produit que du sulfure.

Les oxydes des métaux de la seconde section ne sont pas altérés quand on les chauffe avec du soufre ; mais plusieurs d'entre eux produisent des sulfures lorsqu'on chauffe les oxydes mélangés de charbon à une très-haute température, au milieu d'un courant de vapeur de soufre.

Les oxydes des métaux des quatre dernières sections sont changés par le soufre en sulfures, et il se dégage de l'acide sulfureux ; mais il est souvent nécessaire, pour cela, de faire passer le soufre en vapeur sur l'oxyde fortement chauffé ; quelquefois même de mélanger préalablement celui-ci avec du charbon.

§ 325. *Action du chlore.* — Le chlore agit de diverses manières sur les oxydes, suivant qu'il est sec ou humide, et suivant la température à laquelle la réaction a lieu.

A froid, ou sous l'influence de la chaleur, le chlore sec change presque tous les oxydes en chlorures. Il faut en excepter cependant les oxydes de quelques métaux de la seconde section, lesquels résistent à l'action du chlore, même aux températures les plus élevées. Mais, si l'on a soin de mélanger préalablement l'oxyde avec du charbon et de chauffer le mélange au milieu du courant de chlore sec, l'affinité du carbone pour l'oxygène, combinée avec celle du chlore pour le métal, détermine toujours la décomposition de l'oxyde ; il se dégage de l'oxyde de carbone, et il se forme un chlorure métallique.

Lorsque les oxydes sont en dissolution ou en suspension dans l'eau, l'action du chlore est, en général, très-différente de celle que nous venons d'indiquer.

Si l'on fait passer un courant de chlore dans une dissolution de potasse, la réaction est différente, suivant que la liqueur est étendue ou concentrée, et suivant la température. Si la dissolution est étendue et si l'on empêche la température de s'élever, il y a réaction entre 2 équivalents de potasse et 2 équivalents de chlore ; il se forme de l'hypochlorite de potasse et du chlorure de potassium. La réaction est exprimée par l'équation suivante :

$$2KO + 2Cl = KCl + KO.ClO.$$

Si la dissolution est concentrée, et si on laisse la température s'élever, la réaction a lieu entre 6 équivalents de potasse et 6 équivalents de chlore, et on obtient un mélange de chlorate de potasse et de chlorure de potassium. On a alors :

$$6KO + 6Cl = KO.ClO^5 + 5KCl.$$

Si l'on maintient constamment à l'ébullition la dissolution alcaline concentrée, il se forme encore du chlorure de potassium et du chlorate de potasse ; mais la proportion du chlorate formé est plus faible, et il se dégage du gaz oxygène.

Les oxydes de tous les métaux de la première section se comportent de la même manière.

Les oxydes de la plupart des métaux de la deuxième section ne sont pas altérés par le chlore sous l'influence de l'eau, même à la température de 100° : il faut en excepter l'oxyde de magnésium et le protoxyde de manganèse. L'oxyde de magnésium se change, dans ce cas, en chlorure de magnésium et hypochlorite de magnésie ; le protoxyde de manganèse se comporte, sous l'influence du chlore humide, comme les protoxydes des métaux de la troisième section.

Les protoxydes des métaux de la troisième section, en suspension dans l'eau, sont transformés par le chlore en chlorures et en sesquioxydes. Avec le protoxyde de fer on a :

$$3FeO + Cl = FeCl + Fe^2O^3.$$

Mais, comme le protochlorure se change en perchlorure par l'action du chlore, on a, en dernier résultat :

$$3FeO + \tfrac{5}{2} Cl = \tfrac{1}{2} (Fe^2Cl^3) + Fe^2O^3.$$

Si l'on a soin de mettre l'oxyde en suspension dans une liqueur alcaline, le protoxyde se transforme complétement en sesquioxyde, et il se produit du chlorure de potassium :

$$2FeO + KO + Cl = Fe^2O^3 + KCl.$$

Le chlore n'exerce pas d'action sur les sesquioxydes des métaux de la troisième section en suspension dans l'eau, à moins que la liqueur ne renferme une grande quantité de potasse. Dans ce cas, l'oxyde de fer peut passer à l'état d'une combinaison renfermant plus d'oxygène que le sesquioxyde, l'acide ferrique, lequel forme, avec la potasse en excès, du ferrate de potasse ; on a :

$$Fe^2O^3 + 5KO + 3Cl = 2(KO.FeO^3) + 3KCl.$$

Les oxydes des métaux des trois dernières sections se changent en chlorures par l'action du chlore en présence de l'eau.

L'action du brôme et de l'iode sur les oxydes métalliques est, en général, analogue à celle du chlore.

§ 326. *Action des métaux sur les oxydes métalliques.* — L'action des métaux sur les oxydes métalliques peut être souvent prévue, lorsqu'on a une idée bien nette de l'affinité des métaux pour l'oxygène. Mais il est difficile de dire quelque chose de général sur cette action ; car l'affinité relative des métaux pour l'oxygène change beaucoup avec la température. Ainsi le potassium décompose l'oxyde de fer à la chaleur rouge ; tandis qu'à une température plus élevée, à une forte chaleur blanche, c'est le fer qui décompose, au contraire, l'oxyde de potassium.

DES CHLORURES MÉTALLIQUES.

§ 527. Un grand nombre de métaux se combinent directement avec le chlore.

Les métaux, chauffés dans un courant de chlore, se transforment promptement en chlorures d'une manière complète. Cette propriété doit être attribuée, en partie, à leur grande affinité pour le chlore, en partie aux propriétés physiques des chlorures. Les chlorures sont, en effet, tous facilement fusibles, et beaucoup d'entre eux sont volatils. De sorte que, lorsqu'un métal est chauffé dans un courant de chlore, sa surface est toujours exposée librement à l'action de ce corps, soit parce que le chlorure fondu s'écoule à mesure qu'il se forme, soit parce qu'il se volatilise.

Les chlorures métalliques sont, en général, indécomposables par la chaleur seule ; il faut en excepter, cependant, les chlorures d'or, de platine, et, probablement, ceux de plusieurs autres métaux de la sixième section. Ces chlorures sont ramenés à l'état métallique par une température élevée.

On obtient beaucoup de chlorures métalliques en dissolvant les métaux dans l'acide chlorhydrique ; on prépare ainsi très-facilement les protochlorures des métaux de la troisième section. L'acide chlorhydrique est décomposé, il se forme un chlorure métallique, et de l'hydrogène se dégage :

$$Fe + HCl = FeCl + H.$$

Les métaux de la cinquième section ne décomposent pas l'acide chlorhydrique, même à la température de l'ébullition ; mais il se forme un chlorure métallique lorsqu'on ajoute de l'acide azotique à l'acide chlorhydrique ; c'est-à-dire lorsqu'on traite le métal par l'eau régale. Les métaux de la troisième section se changent, dans ce cas, en perchlorures.

Action des métalloïdes sur les chlorures métalliques.

§ 528. *Action de l'oxygène.* — L'oxygène est sans action sur les chlorures des métaux de la première section ; il change, au contraire, facilement en oxydes les chlorures des métaux des deuxième, troisième, quatrième et cinquième sections, lorsque ces chlorures sont chauffés dans un courant d'oxygène. Les chlorures des métaux de la sixième section, qui ne se décomposent pas par la chaleur, ne sont pas non plus altérés quand on les chauffe au milieu de l'oxygène. Ceux, au contraire, qui se décomposent par la chaleur seule, abandonnent leur chlore sans se combiner avec l'oxygène.

§ 329. *Action de l'hydrogène.* — Les chlorures des métaux des premières sections ne sont décomposés à aucune température par l'hydrogène; mais ceux qui sont formés par les métaux des quatre dernières sont décomposés par l'hydrogène, à des températures plus ou moins élevées. C'est un procédé commode pour obtenir plusieurs de ces métaux à l'état de pureté; mais il est difficile à appliquer sur quelques autres, parce que la décomposition n'a lieu qu'à la température la plus élevée. On remarque, d'ailleurs, ici, une inversion d'action tout à fait semblable à celle sur laquelle nous avons insisté (§ 322) lorsque nous avons exposé l'action de l'hydrogène sur les oxydes. Ainsi le chlorure de fer est décomposé, à la chaleur rouge, par l'hydrogène; il se dégage du gaz acide chlorhydrique, et il reste du fer métallique. D'un autre côté, le fer métallique décompose, à la même température, le gaz chlorhydrique; il se forme du chlorure de fer et il se dégage de l'hydrogène. L'explication de cette anomalie a été donnée (§ 322).

§ 330. *Action du carbone.* — Le carbone n'exerce pas d'action sensible sur les chlorures métalliques.

DES BROMURES ET IODURES MÉTALLIQUES.

§ 331. Les brômures et iodures métalliques se préparent comme les chlorures correspondants. Les corps métalloïdes exercent sur ces composés des réactions analogues à celles qu'ils exercent sur les chlorures.

DES SULFURES MÉTALLIQUES.

§ 332. Nous avons vu (§ 306) que tous les métaux peuvent se combiner avec le soufre lorsqu'on les fond avec ce métalloïde, ou mieux quand on les chauffe à une haute température, au milieu de la vapeur de soufre. On peut obtenir également un grand nombre de sulfures métalliques en chauffant les oxydes avec du soufre ou en calcinant, dans un creuset brasqué, un mélange d'oxyde métallique, de carbonate de potasse ou de soude et de soufre. Le carbonate alcalin se change alors en polysulfure, qui transforme lui-même l'oxyde métallique en sulfure, tandis que l'oxygène se dégage à l'état d'oxyde de carbone. Si le métal peut former un sulfure électronégatif, comme cela arrive pour les métaux de la quatrième section, ce sulfure se combine avec une portion du sulfure alcalin qui est passée à l'état de monosulfure, et il se forme un sulfosel, dans lequel le monosulfure alcalin joue le rôle de base.

Les oxydes métalliques chauffés dans un courant de vapeur de sulfure de carbone se transforment en sulfures, et leur oxygène se dégage à l'état d'oxyde de carbone.

On peut préparer aussi un grand nombre de sulfures métalliques en faisant passer un courant d'hydrogène sulfuré à travers la dissolution des sels métalliques. On obtient ainsi des sulfures insolubles avec les métaux de la cinquième et de la sixième section.

On prépare encore par voie humide les sulfures des métaux de la troisième section en versant une dissolution de sulfure alcalin dans les dissolutions salines des métaux. Ainsi, avec le sulfate de protoxyde de fer et le monosulfure de potassium, on a la réaction suivante :

$$FeO.SO^3 + KS = KO.SO^3 + FeS.$$

Si l'on verse un excès de sulfure alcalin dans la dissolution d'un sel formé par un métal de la quatrième section, il se forme, dans le premier moment, un précipité de sulfure métallique; mais ce sulfure se dissout ensuite dans l'excès de sulfure alcalin, en produisant un sulfosel dans lequel il joue le rôle d'acide.

Les sulfures des métaux de la troisième et de la cinquième section ont un éclat métallique très-prononcé.

Les sulfures métalliques résistent très-bien à l'action de la chaleur; il n'y a que certains sulfures de la sixième section qui se décomposent à une température très-élevée.

Action des corps métalloïdes sur les sulfures métalliques.

§ 553. *Action de l'oxygène.* — L'oxygène agit énergiquement sur tous les sulfures métalliques, à une température plus ou moins élevée.

Les sulfures des métaux de la première section, chauffés au contact de l'oxygène, se changent en sulfates. Le métal et le soufre se combinent tous les deux avec l'oxygène, et les produits de la combustion restent combinés. Le sulfure de magnésium, qui appartient à la seconde section, présente une réaction semblable.

Les sulfures de la troisième et de la cinquième section, et le sulfure de manganèse, qui appartient à la seconde, sont décomposés par l'oxygène; mais les produits de la décomposition sont différents suivant la température. Lorsque celle-ci est très-élevée, il se dégage de l'acide sulfureux, et le métal reste à l'état d'oxyde. A une température plus basse, au rouge sombre, par exemple, il se forme toujours une certaine quantité de sulfate; de sorte que l'on obtient un mélange d'oxyde et de sulfate.

Les sulfures des métaux de la quatrième section sont changés en oxydes, et le soufre se dégage à l'état d'acide sulfureux.

Enfin, les sulfures des métaux de la sixième section, chauffés dans un courant d'oxygène, sont réduits à l'état métallique, et le soufre se dégage à l'état d'acide sulfureux.

L'oxygène peut également agir à froid sur la plupart des sulfures, principalement sous l'influence de l'eau; un grand nombre d'entre eux se changent, alors, finalement, en sulfates.

DES PHOSPHURES MÉTALLIQUES.

§ 334. Les métaux de la première section sont les seuls qui se combinent facilement avec le phosphore. On obtient les phosphures de plusieurs autres métaux en faisant passer un courant de gaz hydrogène phosphoré à travers les dissolutions salines; il se précipite un phosphure insoluble. On peut préparer de cette manière les phosphures de cuivre, de plomb, d'étain. Mais le meilleur procédé pour préparer les phosphures consiste à chauffer les phosphates mélangés de charbon.

Les phosphures des métaux de la première section se décomposent au contact de l'eau et dégagent du gaz hydrogène phosphoré. Ce caractère permet de les reconnaître facilement.

DES ARSÉNIURES MÉTALLIQUES.

§ 335. On peut préparer un grand nombre d'arséniures métalliques en chauffant ensemble le métal et l'arsenic réduits en poudre fine. On les prépare aussi en décomposant les arséniates par le charbon, à une haute température. Les arséniures sont, en général, doués de l'éclat métallique. Chauffés avec de l'acide chlorhydrique, ils dégagent de l'hydrogène arsénié.

GÉNÉRALITÉS SUR LES SELS.

§ 336. Je donne le nom de *sel* à toute combinaison de deux composés binaires, dont l'un joue le rôle d'élément électropositif ou de base, et l'autre celui d'élément électronégatif ou d'acide.

Les bases ou composés binaires électropositifs résultent toujours de la combinaison d'un métal avec un métalloïde. Ainsi le protoxyde et le protosulfure de potassium sont des bases. Les acides, ou composés binaires électronégatifs, sont le plus souvent des combinaisons de deux métalloïdes, comme les acides sulfurique, azotique, phosphorique, etc., etc., les acides sulfocarbonique et sulfarsénieux. Mais, quelquefois aussi, ils résultent de la combinaison d'un métal avec un métalloïde, comme les acides chrômique, manganique, stannique, etc., etc., les sulfures d'antimoine et d'étain.

Le plus grand nombre des bases connues sont des composés d'un métal avec l'oxygène ; la plupart des acides connus sont des combinaisons de l'oxygène avec un métalloïde, ou avec un métal. Ainsi, les sels les plus nombreux, et de beaucoup les plus importants, sont les *oxysels*.

On connaît, cependant, aujourd'hui, un nombre assez considérable de *sulfosels*, c'est-à-dire de sels formés par la combinaison d'un sulfure métallique électropositif, ou *sulfobase*, avec un sulfure métalloïde ou métallique électronégatif, ou *sulfacide*.

On connaît aussi quelques chlorures doubles, que l'on peut considérer comme résultant de la combinaison d'un chlorure métallique électropositif, ou *chlorobase*, avec un chlorure métalloïde ou métallique électronégatif, ou *chloracide*. Ces combinaisons, qu'on appelle *chlorosels*, sont encore peu nombreuses ; mais il n'est pas douteux qu'on en trouvera d'autres lorsque l'attention des chimistes se sera particulièrement dirigée de ce côté.

Il est possible qu'un oxacide puisse se combiner avec une sulfobase ou avec une chlorobase, et qu'un sulfacide ou un chloracide puisse entrer en combinaison avec une oxybase de manière à former un sel ; mais, jusqu'à présent, aucune combinaison de cette nature n'est connue avec certitude.

§ 357. Les oxysels sont donc, et de beaucoup, les plus importants ; ce sont les seuls qui aient été étudiés jusqu'ici avec les soins convenables. Tout ce que nous dirons dans ce chapitre de général sur les sels se rapportera principalement aux oxysels. Nous aurions probablement des généralités semblables à exposer sur les autres classes de sels, si celles-ci nous étaient mieux connues.

On distingue les oxysels en *sels neutres*, *sels acides* et *sels basiques*. Les caractères sur lesquels cette distinction est fondée sont faciles à définir pour les sels formés par la combinaison des bases puissantes avec les acides énergiques ; mais ils deviennent moins nets quand il s'agit des sels que les bases puissantes forment avec les acides faibles, ou de ceux que les bases faibles forment avec les acides énergiques, ou enfin des sels que les acides forment avec les bases faibles. La difficulté devient encore plus grande quand l'a-

cide, ou la base, ou le sel résultant de leur combinaison, sont insolubles dans l'eau.

On constate ordinairement la nature des sels neutres, acides ou
basiques par les changements de couleur qu'ils produisent sur certaines matières colorantes d'origine végétale, que l'on appelle des
réactifs colorés. Le plus important de ces réactifs est la *teinture de
tournesol*.

§ 538. La teinture bleue de tournesol est un véritable sel, résultant
de la combinaison d'une base minérale avec un acide végétal qui est
rouge. Lorsqu'on traite cette teinture par un acide fort, on lui enlève sa base et on met en liberté l'acide végétal ; cet acide manifeste
alors sa couleur propre, un rouge clair. Mais, si on la traite par un
acide faible, on ne lui enlève qu'une partie de sa base, et il reste un
sel avec excès d'acide végétal, lequel a une couleur vineuse. Une base
soluble bleuit, au contraire, la teinture rougie du tournesol, c'est-à-
dire celle dans laquelle l'acide coloré est libre, parce qu'elle se combine avec l'acide et forme un sel bleu. Pour que la teinture bleue
soit aussi sensible que possible par rapport aux acides, il faut nécessairement qu'elle ne soit pas mêlée avec un excès de base libre :
car, dans ce dernier cas, les premières portions d'acide ajoutées se
combineraient simplement à la base libre, et il n'y aurait de réaction exercée sur la teinture qu'après que la base libre aurait été
complétement saturée. De même, pour que la teinture rouge de
tournesol présente son maximum de sensibilité, par rapport aux
bases, il faut que l'on ait décomposé la teinture bleue par une quantité d'acide, tout juste suffisante pour isoler l'acide végétal rouge et
qu'il n'existe pas d'autre acide libre dans la liqueur.

Le sulfate de potasse ne réagit pas sur la teinture de tournesol,
parce que l'acide sulfurique et la potasse sont combinés avec une
telle affinité, qu'ils ne peuvent se combiner isolément, ni avec l'a-
cide, ni avec la base de la teinture colorée ; celle-ci reste donc intacte
et conserve sa couleur primitive. Mais, s'il existait une matière colorante dont l'acide fût assez énergique pour enlever la potasse au
sulfate de potasse, il est clair que cette matière manifesterait en présence du sulfate de potasse la réaction alcaline.

Les indications des réactifs colorés ne présentent donc rien d'absolu ; elles ne sont que relatives. Il pourra même arriver qu'une
substance présente la réaction acide avec une matière colorante, et
la réaction alcaline avec une autre. C'est ainsi que l'acide borique
produit le rouge vineux avec la teinture bleue de tournesol et manifeste ainsi la réaction d'un acide faible ; tandis qu'il bleuit l'hématine et présente, par rapport à cette dernière matière colorante, une

réaction basique. De même, l'azotate et l'acétate de plomb rougissent la teinture de tournesol et bleuissent l'hématine. La base de la teinture de tournesol enlève l'acide aux deux sels de plomb ; l'acide coloré est mis en liberté, et, par suite, la teinture bleue se colore en rouge. L'acide rouge de l'hématine enlève, au contraire, l'oxyde de plomb à l'azotate et à l'acétate de plomb, et il se produit un sel bleu.

§ 559. Occupons-nous d'abord des sels que l'acide sulfurique forme avec les diverses bases.

L'acide sulfurique rougit fortement la teinture bleue de tournesol; cette réaction est tellement sensible, qu'un dix-millième d'acide sulfurique, jeté dans l'eau, la manifeste encore d'une manière très-marquée. La potasse bleuit, au contraire, la teinture de tournesol préalablement rougie par un acide, et cette réaction est aussi sensible que celle qui est exercée par l'acide sur la teinture bleue, pourvu que le tournesol n'ait été rougi que par la quantité d'acide la plus faible possible.

Si l'on verse avec précaution une dissolution faible d'acide sulfurique dans une dissolution de potasse, en essayant avec le plus grand soin la réaction de la liqueur à l'aide de la teinture de tournesol, on peut obtenir une liqueur qui ne manifeste plus la réaction alcaline sur la teinture, sans cependant présenter la réaction acide ; mais cette liqueur est telle, que l'addition d'une seule goutte de la liqueur acide manifesterait immédiatement la réaction acide. On dit alors que les propriétés alcalines de la potasse ont été rigoureusement neutralisées par les propriétés acides de l'acide sulfurique; qu'il y a eu *saturation* ou *neutralisation* de l'acide par la base dans leur action sur la teinture de tournesol. Si l'on évapore la liqueur à sec, il reste un sel cristallin, le sulfate de potasse.

L'analyse de ce sel montre qu'il contient des quantités de potasse et d'acide sulfurique telles, que l'acide renferme 3 fois plus d'oxygène que la base ; et, comme on est convenu d'appeler *équivalent du potassium* la quantité de ce métal qui se combine avec 100 d'oxygène pour former la potasse, il est clair que la formule du sulfate de potasse doit s'écrire $KO.SO^3$.

Si l'on sature de la même manière la soude ou la lithine par l'acide sulfurique, et si l'on évapore la liqueur neutre aux teintures de tournesol, on obtient de même un sel, le sulfate de soude ou de lithine. Dans ces deux sels, *la quantité d'oxygène contenue dans l'acide sulfurique est encore exactement triple de celle qui est renfermée dans la base.*

Si l'on fait la même expérience sur des dissolutions de baryte et de strontiane, lesquels bleuissent énergiquement la teinture rougie du tournesol, on verra que les premières gouttes d'acide ajoutées produiront un trouble dans la liqueur et qu'il se formera un précipité blanc. Ce composé insoluble continuera à se déposer jusqu'à ce que la liqueur commence à exercer une légère réaction acide. La dissolution filtrée ne laissera aucun résidu après son évaporation. Le sulfate insoluble qui s'est formé n'exerce aucune réaction sur la teinture de tournesol ; mais nous ne pouvons pas en conclure que ce produit est réellement neutre. Car, pour qu'une substance puisse agir sur la teinture de tournesol, il faut qu'elle se dissolve dans l'eau, afin que les molécules du sel arrivent en contact avec celles de la teinture.

L'analyse des sulfates de baryte et de strontiane ainsi produits montre encore que *l'oxygène de l'acide est égal à trois fois celui de la base*. Les chimistes sont convenus de considérer ces sulfates comme des sels neutres, bien que leur neutralité sur les réactifs colorés ne puisse pas être vérifiée directement.

Tous les oxydes basiques des métaux des autres sections sont insolubles dans l'eau ; il est donc impossible de déterminer leur action propre sur les réactifs colorés. En les combinant avec l'acide sulfurique, on obtient encore des sulfates ; et, lorsque ceux-ci sont solubles, ils rougissent, en général, la teinture de tournesol. Néanmoins, dans tous ces sulfates, *l'oxygène de l'acide sulfurique est triple de celui de la base*, comme dans les sulfates neutres de potasse, de soude et de lithine.

Les chimistes sont convenus de considérer comme sulfates neutres tous les sulfates dans lesquels l'oxygène de l'acide est triple de celui de la base, quelle que soit d'ailleurs leur réaction sur les couleurs végétales.

La potasse, la soude et la lithine peuvent former, avec l'acide sulfurique, des sels qui renferment plus d'acide sulfurique que les sulfates neutres. Si l'on dissout ces bases dans un excès d'acide sulfurique et que l'on évapore la dissolution, on obtient des sulfates cristallisés dans lesquels l'oxygène de l'acide est sextuple de celui de la base. Ces sels seront donc des *sulfates acides*, des *bisulfates*.

§ 340. Une dissolution de potasse, saturée exactement par de l'acide azotique, donne, par l'évaporation, un sel cristallisé dans lequel l'oxygène de l'acide est quintuple de celui de la base. Si l'on sature de même, par l'acide azotique, les dissolutions des oxydes métalliques de la première section, on obtient des sels solubles, parfaitement neutres aux teintures colorées et qui cristallisent après l'évaporation de la liqueur. Dans tous ces azotates, l'oxygène de l'acide est quintuple de celui de la base.

Mais, si l'on dissout dans l'acide azotique les oxydes métalliques des autres sections, on obtient des azotates qui cristallisent après l'évaporation de la liqueur. Tous ces azotates présentent le même rapport de 5 : 1 entre la quantité d'oxygène de l'acide et celle qui existe dans la base, mais leurs dissolutions manifestent une réaction fortement acide.

On considère comme azotate neutre tout azotate dans lequel l'oxygène de l'acide est quintuple de celui de la base, quelle que soit sa réaction sur la teinture de tournesol.

§ 341. L'eau joue le rôle de base par rapport aux acides puissants. L'acide sulfurique monohydraté pourra donc être considéré comme un véritable sel, et même comme un sulfate neutre ; car le rapport entre l'oxygène de l'acide et celui de l'eau est de 3 : 1. Par la même raison, l'acide azotique monohydraté sera un azotate neutre d'eau. On peut donc dire que, lorsqu'on combine l'acide sulfurique ou l'acide azotique avec les bases, on fait réagir ces bases sur des sels déjà tout formés, sur des sulfates ou azotates d'eau, et que la base ne fait que se substituer à la place de l'eau basique, en vertu de son affinité plus puissante.

§ 342. Dans les deux exemples que nous avons choisis, nous avons fixé la composition des sels neutres, en déterminant les quantités de potasse, de soude et de lithine qui saturent exactement, par rapport aux réactifs colorés, un même poids d'acide sulfurique ou d'acide azotique. Or on trouve que ces quantités sont telles, qu'elles renferment précisément le même poids d'oxygène. La même relation s'observe dans les sels cristallisés que les mêmes acides forment avec les autres oxydes métalliques. Nous pouvons donc énoncer cette loi très-remarquable : *Les quantités pondérales des diverses bases qui forment des sels neutres avec un même poids d'acide sulfurique ou d'acide azotique renferment exactement la même quantité d'oxygène.* Si l'on rapporte ces quantités des diverses bases aux poids d'acide sulfurique et d'acide azotique que l'on a choisis pour représenter leurs équivalents, et si on les désigne par a, b, c, d..., on pourra dire : *Si l'équivalent A d'acide sulfurique forme des sels neutres avec les poids* a, b, c, d.... *de potasse, de soude, de baryte, de chaux, etc., etc., l'équivalent B d'acide azotique formera de même des sels neutres avec les mêmes poids* a, b, c, d.... *de ces bases* ; de sorte que ces poids a, b, c, d, qui *s'équivalent* par rapport au poids A d'acide sulfurique, *s'équivalent* également par rapport au poids B d'acide azotique.

§ 343. Examinons maintenant les combinaisons que les acides faibles forment avec ces bases, et voyons d'après quelles considérations les chimistes parviennent à fixer la constitution des sels neutres.

Avec les acides faibles, tels que les acides sulfureux, carbonique, borique, etc., etc., la saturation des propriétés alcalines de la potasse, par rapport aux réactifs colorés, n'a jamais lieu d'une manière complète, quelle que soit la quantité d'acide ajoutée. La liqueur conserve toujours une réaction alcaline, et le caractère de la saturation, constaté par les réactifs colorés, ne peut plus être invoqué pour définir les sels neutres.

§ 344. Si l'on fait passer un courant de gaz acide sulfureux à travers une dissolution concentrée de potasse, jusqu'à ce que celle-ci ne puisse plus en dissoudre, il se dépose, au bout de quelque temps, un sel cristallisé dans lequel l'oxygène de l'acide est égal à 4 fois celui de la base. Si l'on redissout ce sel dans l'eau, et si on lui ajoute une quantité de potasse égale à celle qu'il renferme déjà, on obtient, en évaporant la liqueur, un nouveau sel cristallisable dans lequel l'oxygène de l'acide est le double de celui de la base.

Quel est celui de ces deux sels que nous prendrons pour sel neutre? Les chimistes se guident dans ce choix par les considérations suivantes.

Si l'on cherche à former des sulfites avec les divers oxydes métalliques, on obtient, avec les métaux de la première section, deux séries de sels qui correspondent aux deux sulfites que forme la potasse ; mais, avec les métaux des autres sections, on n'obtient qu'une seule série de sels, savoir, celle dans laquelle l'oxygène de l'acide est double de celui de la base. *Ce sont ces sulfites, qui existent pour la plupart des oxydes métalliques, que les chimistes sont convenus de regarder comme les sulfites neutres.* Par suite, le sulfite neutre de potasse prend la formule

$$KO.SO^2,$$

et le sulfite qui renferme une quantité double d'acide sulfureux est considéré comme un *sulfite acide*, comme un *bisulfite*, et sa formule devient

$$KO.2SO^2.$$

§ 345. Une circonstance toute semblable se présente pour les carbonates. Si l'on sature d'acide carbonique une dissolution concentrée de potasse, il se dépose, au bout de quelque temps, un sel cristallisé dont l'acide renferme 4 fois plus d'oxygène que la base. Si l'on redissout ce sel dans l'eau, et qu'on ajoute une quantité de potasse égale à celle qu'il renferme déjà, on peut obtenir, en évaporant la liqueur, un nouveau carbonate cristallisé, dans lequel l'acide ne contient plus qu'une quantité d'oxygène double de celle de la base. Les deux sels ont, d'ailleurs, tous deux, une réaction alcaline sur les teintures colorées. La soude et la lithine donnent deux carbonates semblables. La baryte, la strontiane, la chaux, la magnésie, forment des carbonates que l'on rencontre abondamment dans la nature en beaux cristaux. Dans tous ces carbonates, le rapport entre l'oxygène de l'acide et celui de la base est de 2 à 1. Ces carbonates sont insolubles dans l'eau; ils se dissolvent, au contraire, en petite quantité dans l'eau chargée d'acide carbonique. On peut regarder cette dernière dissolution comme renfermant des carbonates dans lesquels l'oxygène de l'acide carbonique est égal à 4 fois celui de la base; mais on n'a pas réussi jusqu'ici à les obtenir cristallisés. La liqueur ne dépose jamais par évaporation que des carbonates dans lesquels l'oxygène de l'acide est le double de celui de la base. Les métaux des autres sections ne donnent aussi que cette première série de carbonates.

Cette considération a déterminé la plupart des chimistes à regarder comme carbonates neutres ceux dans lesquels l'oxygène de l'acide est le double de celui de la base. La formule du carbonate neutre de potasse est alors $KO.CO^2$, et le second sel devient un bicarbonate, dont on écrit la formule $KO.2CO^2$.

Quelques chimistes, cependant, regardent encore aujourd'hui ce dernier sel comme le carbonate neutre, parce qu'il s'approche plus que le premier de la neutralité constatée par les réactifs colorés. Ils écrivent sa formule $KO.C^2O^4$; et le premier sel devient un *sous-carbonate*, un *carbonate bibasique*, dont on écrit la formule $2KO.C^2O^4$. Dans cette manière de voir, la formule de l'acide carbonique est C^2O^4, et le poids de son équivalent est le double de celui que nous avons admis (§ 262).

§ 346. L'acide borique forme avec les alcalis deux sels, qui ont tous deux la réaction alcaline. Si l'on dissout de l'acide borique dans une dissolution de soude et qu'on évapore la liqueur, on obtient un sel dans lequel l'acide borique renferme 6 fois plus d'oxygène que la base. Si l'on fond ce sel dans un creuset de platine avec une quantité de soude égale à celle qu'il renferme déjà, on obtient un nouveau sel qui se dissout dans l'eau et cristallise après évaporation de la liqueur. Dans ce dernier sel, l'acide borique renferme seulement 3 fois plus d'oxygène que la soude. Quel est celui de ces deux sels que nous choisirons pour *sel neutre?* L'embarras est ici encore plus grand que pour les sulfites et pour les carbonates, parce que les borates ont été moins bien étudiés jusqu'ici que ces derniers sels. Aussi les chimistes ne sont-ils pas d'accord sur ce point. Les uns regardent comme le sel neutre le premier borate dont nous avons parlé, et lui donnent la formule $NaO.BoO^6$; le second borate devient alors un sel bibasique, et sa formule s'écrit $2NaO.BoO^6$. Les autres regardent, au contraire, le second borate comme sel neutre; ils écrivent sa formule $NaO.BoO^3$. Le premier sel devient alors un biborate dont la formule s'écrit $NaO.2BoO^3$.

§ 347. La définition du sel neutre présente des difficultés toutes particulières pour certains acides, même très-énergiques, que les chimistes regardent comme *polybasiques;* c'est-à-dire, comme jouissant de la propriété de former des sels neutres, non pas avec un équivalent, mais avec plusieurs équivalents de base. Nous donnerons une idée de ces difficultés en prenant pour exemple l'acide phosphorique. Nous avons vu (§ 211) que l'acide phosphorique pouvait être obtenu sous trois états différents. L'acide phosphorique que l'on prépare en dissolvant le phosphore dans l'acide azotique diffère notablement, par ses propriétés, de l'acide que l'on obtient par la combustion directe du phosphore dans l'oxygène; ces deux modifications de l'acide phosphorique produisent des classes de sel parfaitement distinctes. On connaît même une troisième modification de l'acide phosphorique, laquelle donne une troisième série de phosphates différente des deux premières. Nous aurons soin de développer ces faits avec les détails convenables lorsque nous nous occuperons des phosphates de soude. Il nous suffira, pour le moment, de considérer les sels formés par l'acide phosphorique, obtenu par la dissolution du phosphore dans l'acide azotique.

Si l'on verse un grand excès d'une dissolution d'acide phosphorique dans une dissolution de soude et que l'on évapore convenablement la liqueur, on obtient un sel cristallisé, dans lequel l'acide phosphorique renferme 5 fois plus d'oxygène que la soude.

Si l'on redissout ce sel dans l'eau, et qu'on ajoute une quantité de soude égale à celle qu'il renferme déjà, on obtient, en évaporant la liqueur, un nouveau sel cristallisé dans lequel l'oxygène de l'acide est à celui de la base comme 5 est à 2. Enfin, si l'on dissout ce dernier sel dans l'eau et qu'on ajoute à la liqueur un excès de soude, on peut obtenir, par l'évaporation, un troisième phosphate de soude cristallisé, dans lequel l'oxygène de l'acide est à celui de la base comme 5 est à 3.

Le premier de ces deux phosphates a une réaction acide sur le tournesol; les deux autres ont, au contraire, une réaction alcaline.

La même modification de l'acide phosphorique donne donc trois phosphates de compositions très-différentes; comment décider quel est celui de ces phosphates qui sera considéré comme le phosphate neutre? Les chimistes ont été amenés, par un ensemble de considérations que nous développerons à l'occasion des phosphates de soude, à admettre que ces trois phosphates ont le même mode de constitution; ils les regardent comme formés tous trois par 1 équivalent d'acide phosphorique combiné avec 5 équivalents de base. Dans le troisième phosphate de soude, les 5 équivalents de base sont 5 équivalents de soude; dans le second phosphate, il y a 2 équivalents de soude et 1 équivalent d'eau basique; enfin, dans le premier phosphate, les 5 équivalents de base sont formés par 1 équivalent de soude et 2 équivalents d'eau basique. Ainsi les trois phosphates, bien que l'un ait une réaction acide et les deux autres une réaction alcaline, sont considérés tous trois comme ayant la même constitution : et, si l'on regarde l'un quelconque de ces phosphates comme sel neutre, les autres le seront également.

§ 348. La considération de l'eau qui peut jouer le rôle de base dans les sels a beaucoup modifié les idées des chimistes sur la classification de ces sels. La plupart des sels acides peuvent être considérés comme des sels neutres, l'excès d'acide pouvant être regardé comme combiné avec de l'eau basique. Ainsi le bisulfate de potasse cristallisé renferme 1 équivalent d'eau qu'il n'abandonne pas, par l'action seule de la chaleur, sans se décomposer. On peut donc, avec raison, regarder ce sel comme résultant de la combinaison de deux sulfates neutres, sulfate de potasse et sulfate d'eau, et écrire sa formule $KO.SO^3 + HO.SO^3$. Cette manière de voir peut être étendue à la plupart des autres sels acides. En la généralisant, on est conduit à ne considérer, pour un même acide, qu'une seule série de sels qui présentent tous le même mode de constitution, et qui ne diffèrent que par la nature des bases combinées avec l'acide.

§ 349. Nous avons dû insister sur la définition de la neutralité des sels et sur leur division en sels neutres, acides et basiques, parce que cette division est encore généralement adoptée. La discussion un peu étendue à laquelle nous venons de nous livrer montre combien ces définitions sont vagues et pleines de contradictions; il serait à désirer qu'elles fussent entièrement abandonnées par les chimistes.

§ 350. Si l'on met en présence une oxybase avec un hydracide, il n'y a pas simple combinaison des deux corps, mais décomposition réciproque. L'hydrogène de l'hydracide se combine avec l'oxygène de la base pour former de l'eau, et l'élément électropositif de la base, le métal, se combine avec l'élément électronégatif de l'hydracide pour former un autre composé binaire qui correspond par sa com-

position à l'oxybase employée. Ainsi, avec la potasse et l'acide chlorhydrique, on a de l'eau et du chlorure de potassium :

$$KO + HCl = HO + KCl.$$

Avec le sesquioxyde de fer et l'acide chlorhydrique, on a de l'eau et
du sesquichlorure de fer :

$$Fe^2O^3 + 3HCl = 3HO + Fe^2Cl^3.$$

La saturation de l'hydracide par la base, constatée au moyen des
réactifs colorés, se fait souvent aussi complétement que celle d'un
oxacide puissant par la même base. Ainsi la dissolution d'acide chlorhydrique, qui rougit fortement la teinture de tournesol, peut être
amenée à une neutralité parfaite sur cette teinture par une addition convenable de potasse; et, si l'on évapore alors la liqueur, on
n'obtient que de l'eau et du chlorure de potassium.

§ 551. Plusieurs chimistes ont admis que, dans la dissolution,
l'hydracide et l'oxybase sont simplement combinés et que la décomposition réciproque n'a lieu qu'au moment de la cristallisation. On
a fait valoir beaucoup de raisons pour ou contre cette manière de
voir. Nous ne nous y arrêterons pas, et nous admettrons, avec le
plus grand nombre des chimistes, que la décomposition réciproque
de l'hydracide et de l'oxybase a lieu au moment même où ces deux
corps sont mis en contact.

Les combinaisons binaires des métaux avec les métalloïdes susceptibles de former des hydracides avec l'hydrogène, présentent des
propriétés physiques analogues à celles des sels; et, dans un grand
nombre de réactions chimiques opérées dans l'eau, elles se comportent comme de simples combinaisons de l'oxybase avec l'hydracide. Ainsi, quand on chauffe du chlorure de potassium avec de
l'acide sulfurique hydraté, il se forme du sulfate de potasse, et il se
dégage de l'acide chlorhydrique. La réaction est donc tout à fait
semblable à celle qui aurait lieu si l'acide sulfurique décomposait un
sel formé par la combinaison directe de l'hydracide avec l'oxybase,
et chassait simplement ce dernier acide pour se combiner avec la
base. Mais, dans la réalité, la réaction est plus complexe; l'eau,
combinée à l'acide sulfurique, est décomposée, son oxygène se
combine avec le métal du composé binaire, l'hydrogène se combine
avec son élément électronégatif, enfin l'oxybase formée se combine
avec l'oxacide :

$$KCl + SO^3.HO = KO.SO^3 + HCl.$$

A cause de la grande ressemblance que cette classe de composés
binaires présente avec les sels proprement dits, dans leurs proprié-

tés physiques et même dans un grand nombre de réactions chimiques, beaucoup de chimistes les considèrent comme une espèce particulière de sels, auxquels ils donnent le nom de *sels haloïdes*; et ils appellent *corps halogènes* les corps, simples ou composés, qui forment des hydracides avec l'hydrogène, et, par suite, des sels haloïdes avec les métaux. Nous n'adopterons pas cette manière de voir; elle est incompatible avec la définition que nous avons donnée du mot *sel*, définition qu'il nous paraît convenable de conserver avec toute sa précision. D'ailleurs, les composés binaires qui nous occupent en ce moment ne présentent d'analogie avec les sels que lorsqu'ils sont solubles dans l'eau, et qu'on les soumet aux réactions chimiques au milieu de ce liquide.

§ 552. Les sels sont presque tous solubles à la température ordinaire. Ceux qui résultent de la combinaison d'un acide incolore avec une base incolore sont eux-mêmes incolores. Les sels qu'une même base colorée forme avec les diverses acides incolores sont, au contraire, colorés; et ils présentent tous à peu près la même couleur, lorsqu'ils ont cristallisé dans l'eau. Les sels formés par les bases incolores avec un même acide coloré se rapprochent, en général, de la couleur de l'acide libre.

La saveur des sels solubles dépend le plus souvent de la base : ainsi les sels de soude ont une saveur franchement salée, analogue à celle de notre sel de cuisine; les sels de potasse ont une saveur salée un peu amère; les sels de magnésie présentent une amertume insupportable; les sels d'alumine sont sucrés et astringents, etc., etc. Il arrive cependant souvent que la saveur du sel est fortement influencée par la nature de l'acide, comme dans les sulfites, les sels formés par les acides métalliques, les sulfosels, etc., etc.

§ 553. Beaucoup de sels peuvent être obtenus, soit à l'état anhydre, soit en combinaison avec une certaine quantité d'eau. Un grand nombre de sels solubles, en se déposant de leurs dissolutions, retiennent de l'eau en combinaison; cette eau est appelée *eau de cristallisation*. La quantité d'eau de cristallisation que prend un même sel, lorsqu'il cristallise *à la même température* dans une dissolution *identique*, est toujours la même; elle présente un rapport simple en équivalent avec les équivalents de l'acide et de la base qui entrent dans la constitution du sel. Ainsi *l'eau de cristallisation des sels suit la loi des combinaisons à proportions définies que nous avons observée dans toutes les autres combinaisons chimiques.*

§ 554. Un même sel se combine souvent avec des quantités d'eau très-différentes, quand il se dépose d'une même dissolution, mais à des températures différentes. Ainsi le sulfate de soude prend

10 équivalents d'eau, lorsqu'il cristallise dans une dissolution aqueuse, à une température inférieure à 33°; tandis qu'il se dépose à l'état anhydre, si la température de la liqueur est supérieure à 33°. Le sulfate de protoxyde de manganèse, cristallisé dans une dissolution aqueuse, à une température inférieure à + 6°, a pour formule $MnO.SO^3+7HO$. Le même sel, cristallisé entre + 6° et + 20°, a pour formule $MnO.SO^3+6HO$. Enfin, lorsqu'il cristallise entre + 20° et + 30°, il ne prend plus que 4 équivalents d'eau, et sa formule est $MnO.SO^3+4HO$. Dans ces différents états d'hydratation, les cristaux de sulfate de manganèse présentent des formes cristallines très-différentes et incompatibles : ce qui montre que l'eau de cristallisation influe sur la forme cristalline de la même manière que les autres éléments du sel. Le sulfate de manganèse $MnO.SO^3+7HO$ perd promptement sa transparence : à une température de + 10°, il se désagrége par efflorescence et tombe en poussière. Au bout de quelque temps, la matière ne renferme plus que 6 équivalents d'eau. Ainsi le sel, même à l'état solide, a pris la composition qui lui convient à cette température, et avec laquelle il se serait déposé s'il avait cristallisé dans une dissolution qui fût à la température de + 10°. De même, le sulfate $MnO.SO^3+6HO$, exposé pendant long-temps à une température de + 30°, se désagrége, abandonne 2 équivalents d'eau, et prend la composition $MnO.SO^3+4HO$. Si on chauffe ce dernier sel à une température de 100° environ, il perd encore 3 équivalents d'eau ; mais il retient le dernier équivalent, qu'on ne parvient à lui enlever qu'en le chauffant à une température supérieure à 250°. Ainsi le même sulfate de manganèse a été obtenu jusqu'ici avec les compositions suivantes :

$MnO.SO^3$ sulfate anhydre, sel cristallisé, chauffé à 300° ;

$MnO.SO^3+$ HO sulfate cristallisé, chauffé à 120° ;

$MnO.SO^3+4HO$ sulfate qui a cristallisé entre + 20° et + 30° ;

$MnO.SO^3+6HO$ sulfate cristallisé entre + 6° et + 20" ;

$MnO.SO^3+7HO$ sulfate cristallisé au-dessous de + 6°.

§ 355. Les sels hydratés sont donc susceptibles d'abandonner successivement leur eau de cristallisation à des températures de plus en plus élevées. Il est naturel de penser que l'eau qui se dégage à la plus faible température est retenue dans la combinaison par une affinité plus faible que celle qui résiste. On conçoit d'après cela qu'il y a un grand intérêt à étudier avec soin ces déshydratations successives des divers sels, afin d'attribuer à chaque portion d'eau le rôle qui lui appartient véritablement. Nous aurons même occasion de remarquer, par la suite, qu'un sel hydraté ne peut pas toujours perdre complétement son eau sans se modifier d'une manière complète dans sa constitution et dans l'ensemble de ses propriétés chimiques. Ainsi le phosphate de soude ordinaire, cristallisé à une basse température, a pour formule $(2NaO).PhO^5 + 25HO$. Ce sel est efflorescent à l'air ; il perd alors une partie de son eau. Si on le fait cristalliser à 30° environ, il cristallise avec moins d'eau ; les cristaux qui ne sont plus efflorescents à l'air présentent la formule $(2NaO).PhO^5 + 17HO$. Si on chauffe le même sel à une température d'environ 150°, on obtient un phosphate $(2NaO).PhO^5 + HO$, qui ne renferme plus que 1 équivalent d'eau. Mais, si l'on redissout ces divers sels hydratés dans l'eau et qu'on les fasse cristalliser de nouveau à une basse température, il se dépose le même sel primitif $(2NaO).PhO^5 + 25HO$. Ainsi les déshydratations successives que l'on a fait subir au sel ne l'ont pas modifié assez pour que, mis en présence de l'eau, il ne reprenne pas sa constitution primitive. Mais, si l'on chauffe le phosphate de soude jusqu'au rouge sombre, il perd son dernier équivalent d'eau, et sa constitution se trouve alors complétement changée ; car, en le redissolvant dans l'eau et le faisant cristalliser, on n'obtient plus les phosphates ordinaires hydratés, mais des sels complétement différents par leurs formes et par leurs réactions chimiques. Le dernier équivalent d'eau joue donc dans ce sel un rôle beaucoup plus important que les autres, puisqu'on ne peut pas le chasser sans changer complétement la nature du sel. Nous dirons que cet équivalent d'eau est de l'*eau de constitution*, tandis que tous les autres sont de l'*eau de cristallisation*.

§ 356. Un grand nombre de sels perdent une partie de leur eau de cristallisation quand on les expose à l'air à la température ordinaire, si cet air n'est pas saturé d'humidité. Ils la perdent plus facilement quand l'air est complétement sec. On peut souvent amener trèsloin la déshydratation d'un sel en l'exposant dans le **vide**, sous une cloche, à côté d'une capsule renfermant de l'acide sulfurique concentré. Si l'on veut déterminer rigoureusement la quantité d'eau que le sel perd dans cette circonstance, on pèse dans une petite capsule une certaine quantité du sel réduit en poudre fine, et on place la capsule sous le récipient de la machine pneumatique, audessus d'une large capsule renfermant de l'acide sulfurique concentré. Après vingt-quatre heures de séjour dans le vide, la capsule est pesée de nouveau ; la différence de poids représente l'eau perdue. On la replace dans le vide et on la repèse au bout de douze heures ; si elle n'a pas subi une nouvelle perte de poids, on est sûr que le sel avait abandonné, pendant son premier séjour dans le vide, toute la quantité d'eau qu'il pouvait perdre dans ces conditions. S'il y a eu, au contraire, une diminution de poids, il faut remettre une troisième fois la capsule dans le vide, et continuer jusqu'à ce que l'on ne remarque plus de changement de poids entre deux pesées consécutives.

§ 357. Pour déterminer la quantité d'eau qu'un sel abandonne successivement aux différentes températures, on se sert souvent dans les laboratoires d'une petite étuve à huile (fig. 510). Cette étuve se compose d'une caisse en cuivre, à double·enveloppe, munie d'une porte sur un de ses côtés. L'espace entre les deux enveloppes est rempli d'une huile fixe. Un thermomètre, dont la tige passe par la tubulure a, et dont le réservoir plonge dans le bain d'huile, indique la température. L'étuve est chauffée sur un petit fourneau jusqu'à ce que le thermomètre indique la température à laquelle on veut opérer la dessiccation. On maintient cette température à peu près stationnaire en réglant convenablement la combustion dans le fourneau. La capsule, renfermant une quantité exactement

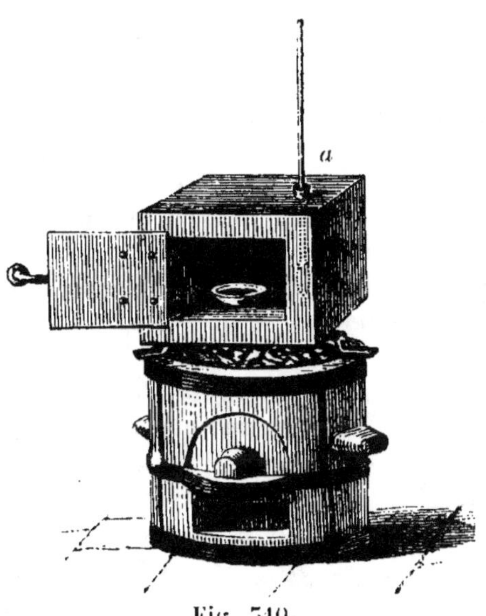

Fig. 510.

pesée du sel que l'on veut dessécher, est placée dans la petite chambre de l'étuve; puis on ferme la porte.

Il est difficile de connaître ainsi exactement la température à laquelle la dessiccation du sel a lieu. Cette température peut différer notablement de celle qui est indiquée par le thermomètre de l'étuve. Quand on veut opérer avec une grande précision, il faut employer le procédé que nous avons décrit avec détail (§ 261), à l'occasion de l'acide oxalique.

§ 358. Les sels qui renferment beaucoup d'eau de cristallisation fondent souvent quand on les chauffe; ils éprouvent alors ce qu'on appelle la *fusion aqueuse*. La matière fondue peut être considérée comme une dissolution du sel anhydre dans l'eau de cristallisation du sel. En continuant à chauffer, l'eau de cristallisation s'échappe successivement: la matière se dessèche et peut se fondre à son tour si l'on porte la température assez haut, et si le sel peut supporter cette température sans se décomposer. On dit alors que le sel anhydre éprouve la *fusion ignée*.

§ 559. Certains sels anhydres font entendre de petites détonations quand on projette leurs cristaux sur des charbons incandescents. Notre sel de cuisine est dans ce cas. On dit alors que le sel *décrépite* sur le feu. Cette décrépitation des cristaux est souvent occasionnée par une petite quantité d'eau interposée entre les lamelles cristallines : cette eau se réduit brusquement en vapeur sous l'action de la chaleur, et produit une série de petites détonations. Souvent aussi la décrépitation est due à la mauvaise conductibilité du sel pour la chaleur ; il en résulte, dans chaque individu cristallin, une foule de petites ruptures avec bruit.

§ 560. *Action de l'électricité.* — La pile électrique décompose facilement les sels, surtout lorsqu'ils sont dissous dans l'eau. Si la pile est énergique, la décomposition peut être très-complexe et amener même une séparation des éléments simples. Mais, si la pile est faible, l'acide se sépare uniquement de la base ; il se rend au pôle positif, tandis que la base se rend au pôle négatif. Cette décomposition devient très-manifeste si l'on dispose l'expérience de la manière suivante : on verse une dissolution d'un sel neutre, de sulfate de potasse, par exemple, dans un tube recourbé *abc* (fig. 511), on colore la dissolution avec un peu de sirop de vio-

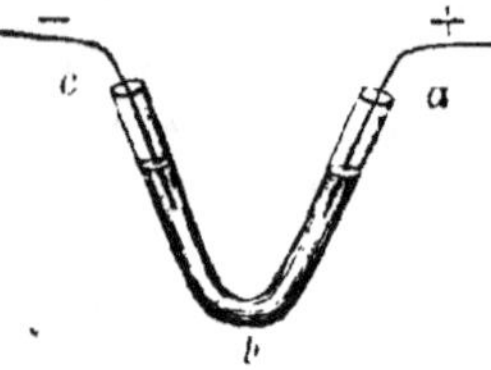

Fig. 511.

lettes qui lui donne une couleur violette. La matière colorante de ce sirop rougit par les acides et verdit par les alcalis. On plonge les deux pôles de la pile, terminés par des fils de platine, dans les deux ouvertures du tube en U. La liqueur devient rouge dans la branche *ab*, où plonge le pôle positif ; elle prend une couleur verte dans la branche *bc*, où plonge le pôle négatif. Au bout de quelque temps, la séparation est très-nette, et elle se maintient tant qu'on laisse agir la pile. Mais, si on enlève les fils, les liqueurs des deux branches se mélangent lentement, le sulfate de potasse se régénère, et la matière colorante reprend sa couleur violette primitive. Il est clair que l'on obtient immédiatement le même effet si on agite le tube de manière à mélanger le liquide des deux branches.

DE LA SOLUBILITÉ DES SELS.

§ 561. L'étude de la solubilité des sels dans les différents liquides est une des plus importantes de la chimie. On fonde, en effet, sur la différence de la solubilité les procédés à l'aide desquels on les sépare lorsqu'ils sont mélangés entre eux. Des méthodes de préparation reposent souvent aussi sur ces différences.

L'eau est le dissolvant le plus général et le plus important des sels; elle en dissout un très-grand nombre et souvent en proportion considérable. Quelques sels se dissolvent également dans l'alcool et dans l'esprit de bois; en général, ce sont ceux qui sont très-solubles dans l'eau.

La solubilité des sels dans les liquides variant avec la température, il est nécessaire de la déterminer pour les différents degrés de l'échelle thermométrique, depuis les températures les plus basses jusqu'à la température à laquelle la dissolution saturée entre en ébullition sous la pression ordinaire de l'atmosphère. Il y aurait même un grand intérêt à étudier la solubilité des sels pour des températures plus élevées, en opérant dans des vases hermétiquement fermés et dans lesquels on pourrait augmenter la pression à volonté, et, par suite, élever le point d'ébullition du liquide; mais cette étude n'a pas été faite jusqu'ici. La solubilité des sels augmente en général avec la température; nous aurons cependant à signaler par la suite plusieurs exceptions à cette proposition.

§ 362. Pour obtenir une dissolution saturée d'un sel à une température déterminée, on peut opérer de deux manières différentes. On verse le liquide dissolvant sur un grand excès de sel, de façon que les fragments de sel dépassent le niveau du liquide, et l'on maintient le tout pendant plusieurs heures à la température à laquelle on veut déterminer sa solubilité. Le liquide décanté renferme alors toute la quantité de sel qu'il peut dissoudre à cette température au contact du sel cristallisé; on dit qu'il est *saturé*.

On peut aussi opérer la dissolution du sel à une température plus élevée que celle à laquelle on veut déterminer sa solubilité, puis laisser refroidir lentement la liqueur jusqu'à ce qu'elle atteigne cette température, que l'on maintient ensuite stationnaire pendant un quart d'heure. Une portion du sel se dépose pendant le refroidissement de la liqueur, et il ne reste en dissolution que la portion que le liquide peut dissoudre à la température désirée. L'expérience a montré que l'on obtenait pour un même sel le même coefficient de solubilité en opérant par l'une ou l'autre de ces méthodes. Cependant, quand on emploie la seconde, il est nécessaire de prendre quelques précautions. On a reconnu, en effet, qu'une liqueur peut, lorsqu'elle ne se trouve pas en contact avec des cristaux tout formés du sel qu'elle renferme, retenir une proportion de ce sel beaucoup plus considérable que celle qui correspond à sa solubilité normale pour cette température. Les dissolutions saturées de certains sels, plus solubles à chaud qu'à froid, peuvent souvent se refroidir de plusieurs degrés sans abandonner de cristaux. Mais, si l'on fait tomber un petit cristal du sel dont elles sont sursaturées, l'excès du sel cristallise immédiatement; et, au bout de quelques instants, la liqueur ne renferme plus que la quantité normale de sel qu'elle dissout à cette température. Ces solubilités anomales ne se remarquent donc jamais lorsqu'on laisse les liqueurs en contact avec un excès de sel.

Une agitation vive de la liqueur sursaturée ou l'introduction d'un corps étranger, surtout lorsque celui-ci présente des aspérités, détermine souvent la séparation de l'excès du sel dissous. Ce phénomène est analogue à celui que l'on constate dans la congélation des liquides, et il peut être attribué à la même cause, savoir, à une certaine difficulté qu'éprouvent les molécules salines à se mouvoir dans le liquide et à prendre l'orientation convenable pour l'agrégation cristalline. C'est ainsi que l'eau peut être refroidie de plusieurs degrés au-dessous de la température ordinaire de sa congélation, sans passer à l'état solide, quand le vase qui la contient est dans un état de repos absolu; mais, si on projette dans le liquide un petit fragment de glace, ou si on y plonge une pointe de verre effilée, la congélation a lieu immédiatement.

§ 365. Le sulfate de soude présente un exemple très-remarquable de cette inertie des molécules salines dans une dissolution. La solubilité de ce sel augmente rapidement avec la température depuis 0° jusqu'à 33°. A partir de 33°, elle diminue, au contraire, avec la température, mais plus lentement qu'elle n'avait crû entre 0° et 33°; et, à la température de l'ébullition, le liquide renferme une proportion de sel beaucoup plus considérable qu'à la température ordinaire. Si l'on verse une petite couche d'huile ou d'essence de térébenthine sur une dissolution chaude et saturée de sulfate de soude, et qu'on laisse refroidir la liqueur lentement, dans un endroit où elle ne soit pas agitée, on voit qu'elle n'abandonne pas de cristaux, lors même qu'elle est arrivée à une température où la moitié seulement du sel primitivement dissous pourrait rester dans la liqueur en vertu de sa solubilité normale. Mais, si l'on fait descendre une pointe de verre, à travers la couche d'huile, jusqu'au contact de la dissolution saline, la cristallisation commence aussitôt.

On peut faire sur le même sel une expérience encore plus frappante. On verse une dissolution de ce sel saturée à chaud dans un tube de verre à entonnoir (fig. 312), de façon à remplir la capacité *ab* aux ⅔ environ. On fait bouillir la liqueur pendant quelques instants pour chasser l'air; puis, maintenant toujours une ébullition

faible, on ferme rapidement, au chalumeau, la partie effilée en *e*.
On laisse refroidir le
tube, et l'on reconnaît
que la dissolution peut
être refroidie à 0° sans
qu'elle cristallise, et
cependant elle ren-
ferme alors dix·fois plus
de sel qu'elle ne pour-
rait en maintenir en
dissolution par son pou-
voir dissolvant normal.
On peut secouer vive-
ment le tube sans que
la cristallisation ait
lieu ; mais, si l'on brise

Fig. 312.

brusquement la pointe effilée, le sel cristallise à l'instant, et la liqueur
se prend en masse. Le tube s'échauffe en même temps d'une manière
appréciable à la main. Ce dégagement de chaleur tient à ce que tous
les corps abandonnent de la chaleur en passant de l'état liquide à
l'état solide. Or le sulfate de soude dissous était liquide ; il s'est solidifié en cristallisant, il a donc dégagé de la chaleur. Un dégagement
semblable a lieu toutes les fois qu'un sel cristallise dans une dissolution ; mais il n'est appréciable que si la cristallisation est abondante et immédiate. Si la cristallisation a lieu lentement, par exemple, pendant le refroidissement successif de la liqueur, la chaleur
dégagée par la solidification du sel ne fait que retarder la vitesse du
refroidissement. Si la cristallisation a lieu par évaporation spontanée,
elle est encore plus lente ; l'évaporation du liquide enlève de la chaleur, et celle qui est abandonnée par le sel en cristallisant ne peut
être constatée que par des expériences très-délicates.

Lorsqu'on refroidit jusqu'à 0° un tube hermétiquement fermé,
renfermant une dissolution de sulfate de soude sursaturée, il s'y
développe des cristaux transparents qui se redissolvent de nouveau
lorsque la température s'élève. Ces cristaux sont formés par un
autre hydrate défini de sulfate de soude, ayant pour formule :
$NaO.SO^5 + 7HO$; ils sont limpides tant qu'ils restent dans le tube
fermé ; mais, si l'on brise la pointe du tube, les eaux mères se
prennent en masse par le dépôt du sulfate de soude à 10 éq. d'eau,
et les cristaux du sulfate à 7 éq. d'eau deviennent immédiatement
opaques en subissant une modification isomérique. Cette même modification se produit lorsqu'on touche ces cristaux avec une baguette

de verre ou un autre corps solide, lors même que les eaux mères ne cristallisent pas.

Les dissolutions de sulfate de soude peuvent se maintenir indéfiniment à l'état sursaturé dans des ballons fermés par un bouchon, ou même seulement recouverts par une capsule. La cristallisation a lieu au moment où on enlève l'obturateur. Si l'on traverse le bouchon par une tige de verre ou de métal, dont l'extrémité reste audessus du niveau de la liqueur, la dissolution sursaturée ne cristallise pas par le refroidissement ; mais, si l'on descend la tige jusqu'au contact du liquide, la cristallisation commence immédiatement à la partie plongée et se développe successivement dans toute la masse. Les tiges de verre ou de métal ne jouissent plus de la propriété de faire cristalliser la dissolution sursaturée, lorsque, immédiatement avant de les placer dans le ballon, on les a chauffées à 200°. Elles reprennent, au contraire, cette propriété, lorsqu'on les fait séjourner pendant quelque temps à l'air. Ces phénomènes remarquables n'appartiennent pas seulement aux dissolutions de sulfate de soude ; ils ont déjà été reconnus sur plusieurs autres dissolutions salines. Dans l'état actuel de la science, on ne peut pas en donner d'explication satisfaisante.

§ 364. Pour déterminer la solubilité d'un sel dans l'eau, à une température donnée, on cherche toujours quelle est la quantité de ce sel qu'une dissolution saturée renferme à cette température. On prépare cette dissolution par l'une des méthodes que nous avons indiquées, en ayant soin de la maintenir au moins pendant une demi-heure en présence d'un excès de sel cristallisé, à la température pour laquelle on veut déterminer la solubilité. On verse environ

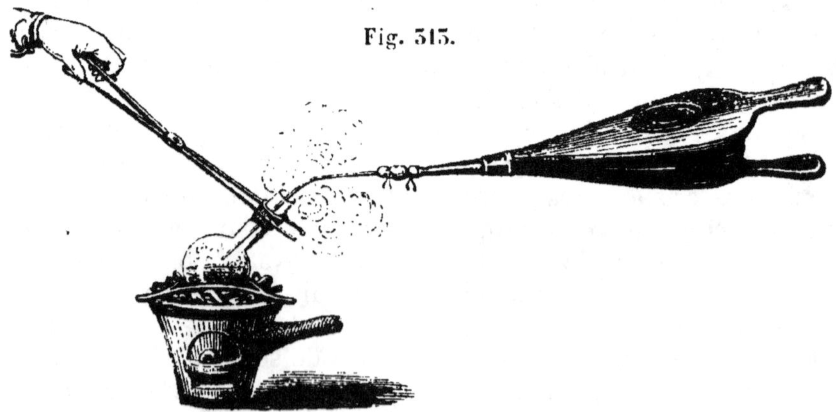

Fig. 315.

50 grammes de la liqueur dans un petit ballon (fig. 315), dont le

col doit avoir à peu près 2 décimètres de longueur, et on détermine rapidement son poids exact. On évapore la liqueur, par ébullition, sur un petit fourneau, en ayant soin de maintenir le col du ballon incliné à 45° pour éviter les pertes de sel par projection. Il est convenable de tenir le ballon avec une pince dont les deux branches sont enfilées dans des bouchons évidés, entre lesquels on serre le col du ballon. Lorsque la liqueur est évaporée, on continue à chauffer le ballon jusqu'à ce que le sel ait perdu non-seulement l'eau qui le maintenait en dissolution, mais encore son eau de cristallisation. Pour chasser les dernières traces d'humidité, on introduit dans le ballon un tube de verre attaché à la tubulure d'un soufflet, et on souffle lentement. Le courant d'air enlève complétement l'humidité. On pèse le ballon après le refroidissement, et l'on obtient le poids du sel anhydre et sec que renfermait la dissolution.

Soient P le poids de la dissolution soumise à l'évaporation, p le poids du sel anhydre obtenu ; (P$-p$) sera le poids de l'eau. Un poids (P$-p$) d'eau dissout un poids p de sel anhydre ; par suite 100 parties d'eau dissolvent $100.\dfrac{p}{\mathrm{P}-p}$ de sel anhydre, à une température connue T.

Si le sel cristallisé renferme de l'eau de cristallisation, on peut demander quel est le plus faible poids d'eau qui peut dissoudre à la température T un poids déterminé de sel cristallisé. Soit π le poids d'eau de cristallisation que prend un poids p de sel anhydre pour former ($p+\pi$) de sel hydraté ; la quantité d'eau qui dissout le poids ($p+\pi$) de sel hydraté est évidemment (P$-p-\pi$). On dira donc qu'un poids (P$-p-\pi$) d'eau dissout un poids ($p+\pi$) de sel hydraté, pour former une liqueur saturée à la température T. Par suite, 100 parties d'eau formeront une liqueur saturée à la température T avec un poids $100.\dfrac{p+\pi}{\mathrm{P}-p-\pi}$ de sel cristallisé hydraté ; ou encore 100 parties de sel cristallisé hydraté se dissoudront dans un poids $100.\dfrac{\mathrm{P}-p-\pi}{p+\pi}$ d'eau.

§ 565. La solubilité, aux diverses températures, d'un sel renfermant de l'eau de cristallisation peut être exprimée de deux manières : soit par la quantité d'eau que renferme une dissolution du sel, saturée à ces températures, soit par la quantité d'eau qu'il faut employer pour dissoudre un certain poids de sel hydraté et obtenir une dissolution saturée à la température T. Dans le premier cas, la solubilité est rapportée au sel anhydre et on compte l'eau de cristalllisation comme coopérant à la dissolution. Dans le second cas, on suppose implicitement que le sel existe encore dans la dissolution à l'état d'hydrate, et que l'eau ajoutée agit seule comme liqueur dissolvante.

Plusieurs sels hydratés fondent dans leur eau de **cristallisation**, à une température plus ou moins élevée ; ils subissent alors ce qu'on appelle la *fusion aqueuse*. A la température qui détermine la fusion, il est clair qu'un poids π d'eau dissout un poids p de sel anhydre ; mais la solubilité du sel cristallisé dans l'eau est *infinie* pour cette température. Un gramme d'eau dissoudrait en effet, à cette température, une quantité indéfinie de sel cristallisé, puisque, à cette température, le sel entre en dissolution dans sa propre eau de cristallisation.

§ 566. Il est souvent plus facile et plus exact, au lieu d'évaporer la dissolution d'un sel dans l'eau, pour déterminer la proportion du sel anhydre qu'elle contient, de doser le sel par un procédé chimique en engageant un de ses éléments dans un composé insoluble. Ainsi, pour déterminer la quantité de sulfate de soude qu'une liqueur renferme, on peut peser quelques grammes de cette dissolution, les étendre dans une quantité indéterminée d'eau, et verser dans la liqueur un excès de chlorure de baryum. Le sulfate de baryte précipité est recueilli sur un filtre, lavé, puis pesé après calcination. On déduit ensuite facilement du poids de sulfate de baryte obtenu le poids du sulfate de soude anhydre qui lui a donné naissance. En effet, soit p le poids du sulfate de baryte, la composition de ce sulfate est :

$$1 \text{ éq. baryte} \ldots\ldots\ldots\ldots\ldots\ldots\ 958,0$$
$$1 \text{ » acide sulfurique} \ldots\ldots\ldots\ldots\ 500,0$$
$$1 \text{ » sulfate de baryte} \ldots\ldots\ldots\ldots\ 1458,0$$

Un poids p de sulfate de baryte correspond donc à $p.\frac{500}{1458}$ d'acide sulfurique.

Le sulfate de soude renferme :

$$1 \text{ éq. soude} \ldots\ldots\ldots\ldots\ldots\ldots\ 387,2$$
$$1 \text{ » acide sulfurique} \ldots\ldots\ldots\ldots\ 500,0$$
$$1 \text{ » sulfate de soude anhydre} \ldots\ldots\ 887,2.$$

Le poids de sulfate de soude qui correspond au poids $p.\frac{500}{1458}$ d'acide sulfurique, et par suite au poids p de sulfate de baryte, est donné par la proportion :

$$500,0 : 887,2 :: p.\frac{500}{1458} : x, \quad \text{d'où} \quad x = p.\frac{887,2}{1458,0}.$$

Le même mode de dosage peut servir pour déterminer la solubilité d'un sulfate quelconque.

Réciproquement, la solubilité d'un sel de baryte peut être déterminée en précipitant la baryte par un sulfate soluble, et calculant la proportion du sel de baryte, dont la composition est connue, d'après le poids du sulfate de baryte obtenu.

La solubilité d'un chlorure peut être déterminée en précipitant le chlore à l'état de chlorure d'argent. Il existe même des sels pour lesquels ce dernier moyen est le seul qui puisse être employé ; ce sont ceux qui se décomposent par la chaleur avant d'être amenés à l'état anhydre, ou qui s'oxydent facilement au contact de l'air. Par exemple, le chlorure de magnésium, dissous dans l'eau, ne peut plus être amené à l'état anhydre sans se décomposer partiellement. La solubilité de ce composé ne peut donc pas être déterminée exactement par la méthode générale, fondée sur l'évaporation, que nous avons exposée (§ 364).

§ 367. Supposons que l'on ait ainsi déterminé la solubilité dans l'eau d'un même sel, pour toutes les températures, depuis les plus basses, jusqu'à celle où sa dissolution saturée entre en ébullition sous la pression ordinaire de l'atmosphère ; on pourra représenter les relations de la solubilité avec les températures par une courbe graphique, en comptant les températures sur la ligne des abscisses, et portant sur les ordonnées correspondantes des longueurs proportionnelles aux quantités de sel dissoutes par le même poids d'eau. Cette courbe pourra être construite avec une précision suffisante, lorsqu'on aura seulement un certain nombre (8 ou 10) de déterminations directes de solubilité, convenablement espacées dans l'échelle des températures, et l'on pourra se servir ensuite de cette courbe pour reconnaître les solubilités à toutes les températures intermédiaires.

La planche ci-jointe présente les courbes de solubilité d'un grand nombre de sels. La ligne horizontale AX est divisée en 110 parties égales, dont chacune représente 1 degré du thermomètre centigrade ; la température de la glace fondante correspond au zéro de la division. Sur la ligne verticale AY on a porté 100 divisions égales entre elles, mais qui ne sont pas nécessairement égales à celles de la ligne horizontale AX.

Supposons qu'il s'agisse de construire la courbe de solubilité du sulfate de soude dans l'eau, les expériences directes ont donné les nombres suivants :

Température.	Sel anhydre dissous par 100 parties d'eau.	Sel cristallisé dissous par 100 parties d'eau.
0°,00	5,02	12,17
11 ,67	10,12	26,38
13 ,50	11,74	34,33
17 ,91	16,73	48,28
25 ,05	28,11	99,48
28 ,76	37,33	161,33
30 ,75	43,05	215,77
31 ,84	47,37	270,22
32 ,73	50,65	322,12
33 ,88	50,04	312,11
40 ,15	48,78	291,44
45 ,04	47,81	276,91
50 ,40	46,82	262,33
59 ,79	45,42	244,30
70 ,61	44,33	229,70
84 ,42	42,96	217,30
103 ,17	42,65	210,20

Nous compterons sur la ligne des abscisses les températures inscrites dans la première colonne du tableau, et nous prendrons sur les ordonnées correspondantes un nombre de divisions égal à celui qui représente le nombre de grammes de sel dissous par 100 grammes d'eau. Ces derniers nombres sont inscrits dans la seconde colonne du tableau pour la solubilité du sel anhydre, et, dans la troisième colonne, pour la solubilité du sel cristallisé hydraté.

Les nombres de la seconde colonne sont donnés immédiatement par l'expérience. Les nombres de la troisième se déduisent de ceux-ci de la manière suivante :

L'équivalent du sulfate de soude anhydre est 887,2.

La composition du sulfate de soude cristallisé est :

1 éq.	sulfate de soude anhydre....	887,2
10 »	eau de cristallisation........	1125,0
1 »	sulfate de soude cristallisé...	2012,2

Supposons qu'à la température T, 100 grammes d'eau dissolvent p grammes de sulfate de soude anhydre. Ces p grammes de sel anhydre correspondent à $p.\frac{2012,2}{887,2}$ de sel cristallisé, et prennent $p.\frac{1125,0}{887,2}$ grammes d'eau pour se transformer en sel cristallisé : on pourra donc dire que $p. \frac{2012,2}{887,2}$ de sulfate de soude cristallisé se sont dissous dans $(100 - p. \frac{1125,0}{887,2})$ grammes d'eau. Par suite, on trouvera le poids de sel cristallisé dissous par 100 grammes d'eau, en posant la proportion :

$$100 - p. \frac{1125,0}{887,2} : p. \frac{2012,2}{887,2} :: 100 : x,$$

$$\text{d'où } x = 100\, p. \frac{2012,2}{887,2} . \frac{1}{100 - p. \frac{1125,0}{887,2}}$$

§ 568. La courbe de solubilité du sulfate de soude peut être construite sur notre planche de la manière ordinaire, entre les températures de 0° et de 25° : elle est représentée par la branche BC, entre ces limites de température. Mais, pour les températures supérieures à 25°, 100 parties d'eau dissolvant plus de 100 parties de sel cristallisé, les ordonnées deviennent plus grandes que 100, et ne peuvent plus être portées sur notre planche. Toutefois, si on suppose qu'une seconde planche, semblable à la première, soit placée au haut de celle-ci, on aura en tout 200 divisions verticales, et on pourra continuer la construction de la courbe. Au-dessus de 50°, les ordonnées devenant plus grandes que 200, il faudra, si l'on veut continuer la courbe, ajouter une troisième planche à la seconde, et ainsi de suite. Or supposons que la seconde, la troisième, la quatrième planche, après avoir été ainsi placées bout à bout au-dessus de la première, soient ensuite superposées à celle-ci ; la branche de courbe dont les ordonnées sont comprises entre 100 et 200 prendra alors la direction DE ; la branche dont les ordonnées sont comprises entre 200 et 300 se dirigera suivant FG ; la branche dont les ordonnées sont supérieures à 300 se placera en IIIK ; enfin, la branche dont les ordonnées sont de nouveau comprises entre 300 et 200, et qui correspond aux températures comprises entre 56° et 110°, se placera en LM. Pour avoir les ordonnées réelles de la branche DE, il faudra ajouter 100 aux ordonnées mesurées immédiatement sur la planche. Les ordonnées réelles des branches FG et LM s'obtiendront en ajoutant 200 aux ordonnées apparentes prises sur la planche. Enfin, on aura les ordonnées de la branche IIIK, en ajoutant 300 aux ordonnées mesurées sur la planche. Le même mode de construction a été employé pour les courbes de solubilité des sels, dont la solubilité devient plus grande que 100 au delà d'une certaine température, pour l'azotate de potasse, par exemple.

§ 369. La solubilité d'un nombre assez considérable de sels augmente à peu près proportionnellement à la température, de sorte que leur courbe de solubilité diffère à peine de la ligne droite. Quelquefois cette ligne droite est très-peu inclinée sur la ligne des abscisses ; c'est ce qui a lieu pour le chlorure de sodium, dont la solubilité n'augmente pas sensiblement avec la température. Les lignes droites qui représentent les solubilités du sulfate de potasse, du chlorure de potassium, du chlorure de baryum, du sulfate de magnésie, sont plus inclinées sur la ligne des abscisses. Les courbes de solubilité de l'azotate de baryte, du chlorate de potasse et de l'azotate de potasse, tournent leur convexité vers l'axe des abscisses ; la courbe de l'azotate de potasse s'élève très-rapidement, à mesure que les abscisses croissent.

La courbe de solubilité du sulfate de soude présente une forme très-remarquable. Cette courbe s'élève rapidement entre 0° et 33° ; vers 33°, elle présente un point de rebroussement à partir duquel la courbe s'abaisse vers l'axe des abscisses, en tournant toujours sa convexité vers cet axe. Le point singulier que présente la courbe de solubilité du sulfate de soude pour l'abscisse 33° correspond à |un changement remarquable qui s'opère à cette température dans la constitution du sel. En effet, si l'on fait cristalliser le sulfate de soude par évaporation d'une liqueur que l'on maintient au-dessous de 33°, le sel cristallise constamment à l'état hydraté $NaO.SO^3 + 10HO$. Mais, si l'on fait cristalliser la même dissolution au-dessus de 33°, le sel se dépose toujours à l'état anhydre $NaO.SO^3$. Ainsi la discontinuité que nous observons dans la courbe de solubilité pour l'abscisse de 33° coïncide avec un changement de constitution que subit le sel à cette température. La première branche comprise entre les abscisses 0 et 33 se rapporte au sel hydraté $NaO.SO^3 + 10HO$; la seconde branche, comprise entre 33 et l'abscisse qui correspond à la température d'ébullition de la liqueur saturée, se rapporte à un autre sel, au sulfate de soude anhydre, $NaO.SO^3$.

§ 370. La connaissance des solubilités relatives des divers sels, aux différentes températures, présente un haut intérêt, parce qu'elle permet de prévoir l'ordre dans lequel ces sels cristallisent à une température déterminée lorsqu'on évapore une dissolution qui les contient. Supposons, seulement, deux sels mélangés, de l'azotate de potasse et du chlorure de sodium. Ces deux sels présentent des solubilités égales, à la température de 23°,6, qui est l'abscisse à laquelle correspond le croisement de leurs deux courbes. Au-dessous de 23°,6, la solubilité de l'azotate de potasse est moindre que celle du chlorure de sodium, tandis que, au-dessus de cette température, l'azotate de potasse est, au contraire, plus soluble. Il en résulte que, si on laisse évaporer, à une température inférieure à 23°,6, une dissolution renfermant des proportions égales des deux sels, l'azotate

de potasse cristallisera le premier, et qu'au contraire, si on évapore cette dissolution à chaud, c'est le chlorure de sodium qui se
déposera le premier.

Souvent même les inversions qui se produisent dans l'ordre des
solubilités des sels avec la température déterminent des doubles
décompositions que l'on utilise dans les arts; le chlorure de sodium
et le sulfate de magnésie en présentent un exemple remarquable. Si
on laisse évaporer, à une température supérieure à 12°, une liqueur
renfermant du chlorure de sodium et du sulfate de magnésie, il se
dépose du chlorure de sodium en cristaux, et le sulfate de magnésie
reste dans la liqueur. Si, au contraire, l'évaporation a lieu au-dessous de 7° à 8° ou, mieux, si on refroidit jusque vers 0° la liqueur
saturée à 15°, il se dépose des cristaux de sulfate de soude, et la liqueur renferme du chlorure de magnésium. Ainsi, dans ce dernier
cas, il y a double décomposition.

§ 371. Il est, cependant, important de remarquer que ce que nous
venons de dire sur la solubilité des sels ne se rapporte qu'à leur dissolution dans l'eau pure, et que leur solubilité peut être très-différente dans une eau qui renferme déjà d'autres sels. Ainsi une dissolution d'azotate de potasse, saturée pour une température déterminée, ne peut pas dissoudre une nouvelle quantité d'azotate à cette
même température; mais elle en dissout une proportion notable
quand on y a dissous préalablement une certaine quantité de sel
marin. De sorte que la solubilité de l'azotate de potasse est plus
grande dans une dissolution de sel marin que dans l'eau pure. La
solubilité de l'azotate de potasse est, au contraire, plus faible dans
une dissolution de chlorure de potassium que dans l'eau pure. Ce
dernier sel, en se dissolvant dans une liqueur saturée d'azotate de
potasse, précipite une portion de cet azotate en petits cristaux.

L'observation a montré que, lorsque deux sels diffèrent à la fois
par leur acide et par leur base, et qu'une double décomposition peut
avoir lieu, la présence de l'un de ces sels peut favoriser la solubilité
de l'autre. C'est ainsi que la présence du chlorure de sodium favo-
rise la solubilité de l'azotate de potasse, parce qu'il se forme de
l'azotate de soude et du chlorure de potassium, lesquels sont respec-
tivement plus solubles que l'azotate de potasse et le chlorure de
sodium, au moins à des températures supérieures à 25°. Quand, au
contraire, les deux sels renferment la même base ou le même acide,
il ne peut plus y avoir double décomposition entre eux, et la présence de l'un des sels dans la dissolution diminue toujours la solubilité de l'autre. C'est par cette raison qu'une dissolution de
chlorure de potassium dissout moins d'azotate de potasse que l'eau

pure. Il faut cependant excepter le cas où les deux sels se combinent et forment un sel double doué d'une solubilité spéciale.

§ 372. Les dissolutions salines entrent en ébullition à des températures plus élevées que l'eau pure ; la différence est d'autant plus grande pour un même sel, que la liqueur en renferme une plus forte proportion. La température de l'ébullition d'une dissolution saline doit être prise avec un thermomètre dont le réservoir est maintenu dans le liquide bouillant. Si ce réservoir n'était placé que dans la vapeur, et à une distance notable au-dessus du liquide, le thermomètre indiquerait une température très-peu supérieure à 100°.

Le tableau suivant renferme les températures d'ébullition d'un certain nombre de dissolutions salines saturées.

Noms des sels.	Proportions de sels pour 100 parties d'eau.	Température d'ébullition.
Chlorate de potasse............	61,5	104°,2
Chlorure de baryum.......	60,1	104°,4
Carbonate de soude........	48,5	104°,6
Chlorure de potassium.....	49,4	108°,3
Chlorure de sodium........	41,2	108°,4
Chlorhydrate d'ammoniaque.	88,9	114°,2
Azotate de potasse........	335,1	115°,9
Chlorure de strontium.....	117,5	117°,8
Azotate de soude........ .	224,8	121°,0
Carbonate de potasse.......	205,0	135°,0
Azotate de chaux.........	362,0	151°,0
Chlorure de calcium......	325,0	179°,5

§ 373. Lorsque des sels, ou plus généralement des corps quelconques, se dissolvent dans l'eau, il y a tantôt abaissement, tantôt élévation de température du liquide. Un corps, qui a cristallisé d'une dissolution aqueuse à une basse température, et qui renferme, par conséquent, toute l'eau combinée qu'il peut prendre à cette température, produit du froid, lorsqu'on le redissout dans l'eau, à cette même température ou à des températures plus élevées. Cette production de froid est due à une absorption de chaleur produite par la désagrégation du sel, qui, en se dissolvant, passe de l'état solide à l'état liquide. On peut considérer cette chaleur comme une espèce de chaleur latente de fusion du sel ; mais elle est peut-être très-différente de la chaleur latente de fusion proprement dite, c'est-à-dire de la chaleur qu'absorbe le corps lorsqu'il subit la fusion ignée. Nous lui donnerons le nom de *chaleur latente de dissolution du sel*.

Le sulfate de soude, cristallisé à une basse température et qui a pour formule $NaO.SO^3 + 10HO$, produit du froid en se dissolvant dans l'eau; il en est de même du chlorure de calcium cristallisé $CaCl + 6HO$. Les sels qui cristallisent à froid sans eau de cristallisation, comme les chlorures de potassium et de sodium, produisent de même un abaissement de température en se dissolvant dans l'eau.

La quantité de chaleur que des poids égaux de divers corps absorbent en se dissolvant dans l'eau est souvent très-différente, même lorsque ces corps présentent une grande analogie dans l'ensemble de leurs propriétés. Ainsi 50 grammes de sel marin, en se dissolvant dans 200 centimètres cubes d'eau, produisent un abaissement de température de 1°,9; tandis que 50 grammes de chlorure de potassium abaissent la température de 11°,4, lorsqu'ils se dissolvent dans la même quantité d'eau.

Les sels anhydres, qui cristallisent avec de l'eau de cristallisation lorsqu'ils se séparent d'une dissolution aqueuse à une basse température, produisent, le plus souvent, de la chaleur en se dissolvant dans l'eau. Ainsi le sulfate de soude anhydre, le chlorure de calcium anhydre, produisent une élévation très-notable de température en se dissolvant dans l'eau. Il y a alors superposition de deux effets : 1° un dégagement de chaleur dû à la combinaison du corps anhydre avec l'eau; 2° une absorption de chaleur produite par la dissolution du corps hydraté dans le même liquide. Suivant que l'un de ces effets l'emporte sur l'autre, on a une absorption ou un dégagement de chaleur.

§ 374. On utilise souvent l'absorption de chaleur produite par la dissolution de certains corps dans l'eau pour obtenir des *mélanges frigorifiques*. En opérant la dissolution dans l'eau la plus froide dont on dispose, on abaisse sa température de plusieurs degrés au-dessous de zéro. Ainsi, en dissolvant une partie de chlorure de potassium dans 4 parties d'eau à 10°, on obtient une dissolution à la température de — 1°,4. Si l'eau dissolvante est à 0°, la liqueur marque — 11°,4 après la dissolution.

L'abaissement de température est souvent plus considérable et plus rapide, quand, au lieu de dissoudre le sel dans l'eau pure, on le dissout dans une liqueur acide. Ainsi, en dissolvant le sulfate de soude cristallisé dans une dissolution d'acide chlorhydrique, on obtient un abaissement de température de 25 à 30°. On a fondé sur cette propriété un procédé pour préparer de la glace en toute saison. L'appareil que l'on emploie, et auquel on a donné le nom de *glacière des familles*, est représenté par les figures 314 et 315. Il se compose d'un cylindre creux C, destiné à recevoir le mélange réfrigérant et enveloppé lui-même d'une capacité cylindrique I, laquelle reçoit l'eau, qui devient un cylindre creux de glace par l'effet du réfrigérant intérieur. Dans le mélange réfrigérant lui-même plonge un au-

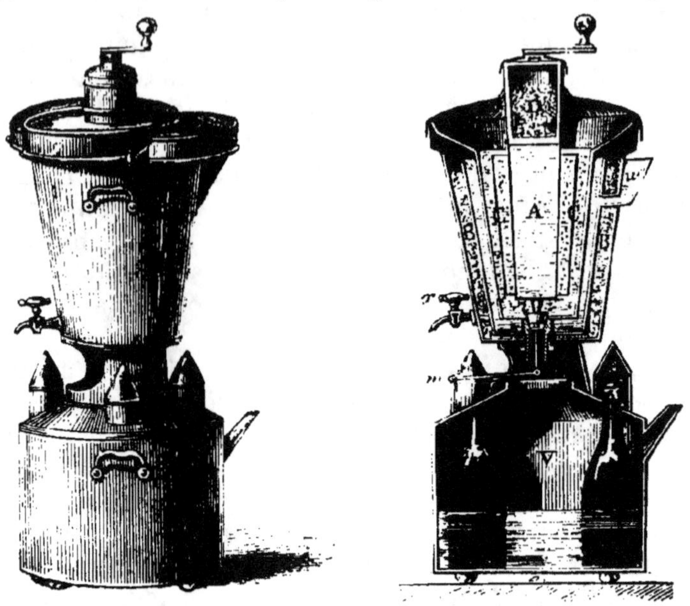

Fig. 514.   Fig. 515.

tre vase cylindrique A, fermé par le bas, que l'on fait tourner au moyen d'une manivelle et qui, par des saillies convenables, agite le mélange et renouvelle les points de contact du corps réfrigérant avec les vases intérieur et extérieur. Si l'on remplit d'eau le vase creux, cette eau gèle elle-même comme l'eau environnante. Pour empêcher le réchauffement par l'air ambiant, on a entouré l'espace I par une enveloppe B, d'une substance qui conduit mal la chaleur, telle que du coton ou de l'étoupe. On en a placé de même dans le couvercle D qui recouvre le cylindre intérieur A. Il est convenable, pour obtenir le maximum d'effet, de ne faire agir que successivement tout le mélange frigorifique. On introduit une première fois, dans la capacité C, 1500 grammes de sulfate de soude et 1200 d'acide chlorhydrique; la température de l'eau à congeler s'abaisse au bout de 5 à 6 minutes de $+ 25°$ à $0°$. On fait alors couler le mélange devenu liquide dans le vase inférieur V, en ouvrant le bouchon s, à l'aide du levier coudé *mn*. On met ensuite, dans la capacité C, une nouvelle dose de mélange égale à la première, et on laisse agir 15 minutes; après quoi on fait écouler le second mélange comme le premier. Les troisième et quatrième doses de mélange doivent agir également chacune pendant 15 minutes. Ainsi on a employé en tout

6 kilog. de sulfate de soude et 5 kilog. environ d'acide chlorhydrique, l'opération a duré une heure, et on a obtenu de 5 à 6 kilog. de glace. Le liquide très-froid qu'on recueille dans le vase inférieur V peut être utilisé pour refroidir des boissons.

Plusieurs corps solubles dans l'eau, mis en contact avec de la glace, déterminent promptement sa fusion et se dissolvent dans l'eau qui en provient. On obtient alors un abaissement de température considérable, qui dépend à la fois de la chaleur latente de dissolution du sel, et de la chaleur latente de fusion de la glace. En mêlant du sel marin pulvérisé et de la glace pilée, on obtient un mélange dont la température s'abaisse jusqu'à — 22°. En mêlant du chlorure de calcium cristallisé et en poudre fine avec de la neige ou de la glace pulvérisée, la température descend jusqu'à — 45°.

On produit encore un abaissement de température considérable en ajoutant de la glace à une dissolution concentrée et froide de chlorure de calcium; la glace fond rapidement, et la température peut descendre jusqu'à — 50°.

DE L'ACTION DÉCOMPOSANTE QUE LES ACIDES EXERCENT SUR LES SELS ET LES COMPOSÉS BINAIRES QUI RÉSULTENT DE L'UNION DES MÉTAUX AVEC LES MÉTALLOÏDES.

§ 375. Les réactions que les divers acides exercent sur les sels et sur les composés binaires qui résultent de la réaction des hydracides sur les oxybases peuvent être prévues d'après certaines lois générales que l'observation a constatées et que nous allons exposer.

Si l'acide réagissant est identique avec celui qui existe dans le sel, il arrive souvent que le sel se combine avec une nouvelle quantité d'acide, et il se forme un sel avec excès d'acide. Si l'on ajoute de l'acide sulfurique à du sulfate de potasse, $KO.SO^3$, il se forme du bisulfate de potasse, $KO.2SO^3$. De même, si l'on fait passer un courant de gaz acide carbonique à travers une dissolution de carbonate neutre de potasse, $KO.CO^2$, il se forme du bicarbonate de potasse, $KO.2CO^2$.

Si la base du sel ne forme pas de combinaison avec une plus grande quantité d'acide, le sel se dissout souvent dans l'acide ajouté, surtout si celui-ci est mêlé à une grande quantité d'eau. Ainsi l'azotate de potasse se dissout dans une dissolution étendue d'acide azotique; mais, si l'on évapore la liqueur, l'azotate cristallise sans altération.

§ 376. Si l'acide réagissant est différent de celui qui existe dans le sel, il y aura décomposition dans plusieurs circonstances; nous allons les énumérer.

Il y aura décomposition lorsque, le sel étant soluble dans l'eau, l'acide réagissant peut former avec la base un composé insoluble.

En versant de l'acide sulfurique dans une dissolution d'azotate de baryte, il se précipite immédiatement du sulfate de baryte, et l'acide azotique devient libre dans la liqueur. Si la base du sel forme avec le nouvel acide un sel soluble, et que la réaction ait lieu dans une quantité d'eau assez grande pour maintenir l'un ou l'autre sel en dissolution, on ne peut pas décider, en général, s'il s'est formé un nouveau sel, ou si le premier est resté intact dans la liqueur. Mais, si le nouveau sel est moins soluble que le sel primitif, on peut toujours obtenir la décomposition, en évaporant la liqueur jusqu'au point où le nouveau sel ne peut plus rester en dissolution. Le nouveau sel se dépose alors en vertu du principe énoncé; car il est réellement insoluble dans la liqueur au degré de concentration qui lui a été donné.

Si l'on verse de l'acide sulfurique dans une dissolution étendue d'azotate de potasse, on ne remarque aucun indice de décomposition; mais, si l'on évapore convenablement la liqueur, il se dépose du sulfate de potasse, parce que ce sel est moins soluble que l'azotate, surtout à une température élevée. L'acide azotique peut, au contraire, décomposer le sulfate de potasse, si l'évaporation a lieu à une température très-basse; car à 0° l'azotate de potasse est moins soluble que le sulfate.

Des réactions semblables ont lieu entre les hydracides et les sels. ou entre les oxacides et les composés binaires des métaux avec les métalloïdes qui forment les hydracides avec l'hydrogène; elles sont déterminées par la même circonstance de l'insolubilité. En versant de l'acide chlorhydrique dans une dissolution de sulfate d'argent, il se précipite du chlorure d'argent, et la liqueur renferme de l'acide sulfurique libre :

$$AgO.SO^5 + HCl + nHO = AgCl + SO^3 + (n + 1)HO.$$

De même, si l'on verse de l'acide chlorhydrique dans une dissolution d'azotate de plomb, il se dépose du chlorure de plomb en petites paillettes cristallines. Cependant, si la liqueur est très-étendue, il y a assez d'eau pour maintenir le chlorure de plomb en dissolution, et rien n'annonce qu'une décomposition ait lieu; mais celle-ci se manifeste si l'on évapore convenablement la liqueur.

§ 377. Quelquefois *la décomposition est déterminée par l'insolubilité de l'acide qui existe dans le sel.* Si l'on verse de l'acide sulfurique ou de l'acide azotique dans une dissolution concentrée de borate de soude, il se forme du sulfate ou de l'azotate de soude, et l'acide borique se précipite en petites paillettes cristallines. Lorsque la liqueur est assez étendue pour que l'acide borique puisse rester en dissolution, la décomposition ne se manifeste plus immédiatement par des caractères apparents; il est cependant facile de constater que la décomposition a eu lieu, même dans la liqueur étendue. Il suffit de se rappeler que l'acide borique n'agit sur la teinture de tournesol qu'à la manière des acides faibles, et ne produit que le rouge vineux, tandis que les acides sulfurique et azotique produisent le rouge pelure d'oignon. Si donc, après l'addition des premières gouttes d'acide sulfurique ou d'acide azotique, ces derniers acides sont restés libres, la liqueur doit produire avec le tournesol la couleur pelure d'oignon. Si, au contraire, ils ont décomposé une quantité correspondante de borate de soude, en mettant l'acide borique en liberté, la liqueur doit donner le rouge vineux. Or on reconnaît que la teinture devient rouge vineux dès les premières gouttes d'acide ajouté, et qu'elle conserve cette couleur jusqu'à ce que le borate soit entièrement transformé en sulfate. L'addition de la moindre goutte d'acide sulfurique fait alors passer la teinture à la couleur pelure d'oignon. Ici, la réaction n'a pas été produite par l'insolubilité de l'acide borique, mais par cette circonstance que *les acides sulfurique et azotique sont des acides beaucoup plus puissants que l'acide borique.*

§ 378. *On peut toujours décomposer un sel par un acide qui est moins volatil que celui du sel.*

L'acide carbonique est gazeux à la température ordinaire; il est peu soluble dans l'eau. L'acide azotique, dissous dans l'eau, ne bout qu'à une température supérieure à 100°; il chassera donc facilement l'acide carbonique, même à froid. Tous les carbonates sont, en effet, décomposés par l'acide azotique. Une décomposition semblable des carbonates a lieu par les hydracides, l'acide chlorhydrique, par exemple. Ce dernier acide est gazeux à la température ordinaire; mais il est très-soluble dans l'eau, et sa dissolution bout au-dessous de 100°; il doit donc chasser l'acide carbonique.

L'acide azotique aqueux bout à quelques degrés au-dessus de 100°, tandis que l'acide sulfurique concentré ne bout qu'à 325°. Sous l'influence de la chaleur, l'acide sulfurique chassera donc facilement l'acide azotique de toutes ses combinaisons.

Les acides sulfurique et phosphorique sont deux acides puissants. L'acide phosphorique est encore moins volatil que l'acide sulfurique hydraté; aussi chasse-t-il facilement ce dernier acide, sous l'influence de la chaleur.

Nous avons vu que l'acide sulfurique décompose à froid les borates en dissolution ; mais l'acide borique, étant un acide beaucoup plus fixe que l'acide sulfurique, décompose tous les sulfates à une haute température.

L'acide silicique se comporte, dans les dissolutions, comme un acide très-faible ; les silicates alcalins solubles sont décomposés par les acides les plus faibles, même par l'acide carbonique. Sous l'influence de la chaleur, l'acide silicique chasse, au contraire, tous les autres acides.

Les réactions que les divers acides exercent sur un sel dépendent de la nature du liquide dans lequel ce sel est dissous, car l'ordre des solubilités peut être complétement interverti lorsqu'on passe d'un dissolvant à un autre. Si l'on verse de l'acide acétique dans une dissolution aqueuse de carbonate de soude, l'acide carbonique se dégage avec effervescence. Cette décomposition peut être attribuée à deux causes : l'acide acétique est un acide plus fort que l'acide carbonique, et l'acide carbonique est gazeux à la température ordinaire, en même temps qu'il est peu soluble dans l'eau. L'acétate de potasse est, au contraire, décomposé par l'acide carbonique lorsqu'il est dissous dans l'alcool. Cette décomposition, inverse de la précédente, tient à ce que le carbonate de potasse est insoluble dans l'alcool concentré. La décomposition est donc déterminée, dans ce cas, par l'insolubilité du carbonate.

L'état de concentration de l'acide, et la température, exercent une grande influence sur ces réactions. Si l'on verse une dissolution d'acide sulfhydrique dans une dissolution étendue de chlorure d'antimoine, il se forme un précipité de sulfure d'antimoine. Si, au contraire, on chauffe du sulfure d'antimoine avec une dissolution concentrée d'acide chlorhydrique, il se forme du chlorure d'antimoine, et il se dégage de l'acide sulfhydrique.

§ 579. *Lorsque l'acide du sel, et celui qu'on veut faire réagir, sont tous deux gazeux en même temps que peu solubles dans l'eau, et que, de plus, leurs affinités pour les bases sont à peu près égales, l'acide qui est en plus forte proportion chasse l'autre.* C'est ainsi qu'en faisant passer longtemps un courant de gaz acide carbonique à travers la dissolution d'un sulfure alcalin on parvient à transformer entièrement ce corps en carbonate ; l'acide sulfhydrique est chassé. Réciproquement, en faisant passer longtemps de l'acide sulfhydrique à travers une dissolution de carbonate alcalin, on finit par transformer ce sel en sulfure de potassium.

La vapeur d'eau, à une température élevée, chasse l'acide carbonique des carbonates alcalins ; lorsqu'on chauffe ceux-ci dans un tube de platine, au milieu d'un courant de vapeur d'eau, il se forme de l'hydrate de potasse. Réciproquement, l'hydrate de potasse, chauffé à la même température dans un courant de gaz acide carbonique, se transforme en carbonate de potasse.

Nous trouvons donc ici une influence de la masse analogue à celle que nous avons déjà signalée (§ 522).

ACTION DES BASES SUR LES SELS, ET SUR LES COMPOSÉS BINAIRES QUI RÉSULTENT DE LA RÉACTION DES HYDRACIDES SUR LES OXYBASES.

§ 380. Lorsqu'on met un sel en présence d'une nouvelle quantité de la base qu'il renferme déjà, il arrive souvent qu'il n'y a pas d'action; cet effet se produit toutes les fois que l'acide du sel ne peut former un sel plus basique que le sel primitif. Si l'on ajoute de la potasse à une dissolution de sulfate de potasse, et qu'on évapore la liqueur, le sulfate de potasse primitif cristallise de nouveau. D'autres fois il y a combinaison; la potasse ajoutée à une dissolution de bisulfate de potasse donne du sulfate neutre de potasse. Une dissolution d'acétate neutre de plomb peut dissoudre une nouvelle quantité d'oxyde de plomb, et il se forme un acétate basique.

Si la base que l'on ajoute à la dissolution d'un sel est differente de celle qui existe dans ce sel, il y a souvent décomposition du sel primitif et formation d'un sel nouveau. La décomposition est déterminée par des circonstances analogues à celles qui produisent la réaction des acides sur les sels.

§ 381. *Il y a, en général, décomposition d'un sel soluble, lorsque la base réagissante peut former un sel insoluble avec l'acide du sel.* Si l'on verse de la baryte dans une dissolution de sulfate de potasse, il se précipite du sulfate de baryte, et la potasse caustique reste dans la liqueur. De même, la baryte décompose le carbonate de potasse dans une dissolution étendue, et il se précipite du carbonate de baryte. L'état de concentration de la liqueur exerce une grande influence sur ces décompositions; car, si l'on fait bouillir le carbonate de baryte avec une dissolution concentrée de potasse caustique, on lui enlève une proportion notable d'acide carbonique, et il se forme du carbonate de potasse.

§ 382. Souvent *la décomposition est déterminée par l'insolubilité de la base qui existe dans le sel.* Ainsi la potasse décompose l'azotate de plomb, et il se précipite de l'oxyde de plomb hydraté. Il en est de même pour tous les sels formés par les oxydes métalliques insolubles. Il convient, néanmoins, dans ce cas, d'attribuer, en partie, la décomposition à l'affinité prépondérante de la potasse pour l'acide ; car la potasse est une base beaucoup plus puissante que ces oxydes métalliques.

§ 383. Quelquefois *un oxyde métallique insoluble décompose un sel formé par une base également insoluble.* Ainsi l'oxyde d'argent décompose l'azotate de cuivre en dissolution et précipite l'oxyde de cuivre. La décomposition n'est déterminée, dans ce cas, que par l'affinité prépondérante de l'oxyde d'argent pour l'acide azotique.

§ 384. *Lorsque la base du sel est volatile, elle est ordinairement expulsée par une base plus fixe,* surtout sous l'influence de la chaleur. Ainsi la chaux chasse facilement l'ammoniaque de ses combinaisons. La même décomposition est produite, sous l'influence de la chaleur, par des oxydes métalliques insolubles, dont les sels sont, au contraire, décomposés par l'ammoniaque, quand ils sont en dissolution. Ainsi, l'oxyde de plomb, chauffé à sec avec du chlorhydrate d'ammoniaque, dégage l'ammoniaque, et il se forme du chlorure de plomb. L'ammoniaque décompose, au contraire, le chlorure de plomb en dissolution, et précipite de l'oxyde de plomb.

ACTION RÉCIPROQUE DES SELS LES UNS SUR LES AUTRES ET DES COMPOSÉS BINAIRES ENTRE EUX ET SUR LES SELS.

§ 385. Lorsqu'on mêle deux sels ensemble, il peut se présenter plusieurs cas.

Quelquefois *les deux sels se combinent ensemble et forment un sel double.* Le sulfate d'alumine se combine avec le sulfate de potasse, et il se forme un sel double auquel on donne le nom d'*alun.* Le chlorure de potassium se combine avec le perchlorure de platine, et donne un chlorure double de platine et de potassium.

D'autres fois il n'y a pas d'action apparente des deux sels l'un sur l'autre, et l'évaporation reproduit les deux sels que l'on a mélangés.

Mais souvent aussi il y a décomposition mutuelle des deux sels, et cette décomposition est déterminée par certaines circonstances générales [*], qu'il convient d'analyser avec soin, car elles permettent, le plus souvent, de prévoir *a priori* les réactions qui auront lieu. Nous distinguerons le cas où l'on chauffe les deux sels mélangés ensemble, sans le contact de l'eau, ou par *voie sèche,* et celui où l'on met en présence les deux sels dissous dans l'eau, c'est-à-dire où on les fait réagir par *voie humide.*

---

[*] Les lois qui président à la double décomposition des sels et aux réactions des acides et des bases sur les sels sont appelées *lois de Berthollet.*

Action mutuelle des sels par voie sèche.

§ 386. Lorsqu'on chauffe ensemble deux sels formés par le même acide, mais de bases différentes, il arrive souvent que les deux sels se combinent en proportions définies, et qu'ils donnent des sels doubles qui cristallisent pendant le refroidissement. C'est de cette manière que l'on peut former un grand nombre de silicates doubles qui, par leur belle cristallisation, présentent les caractères de combinaisons définies. On peut, de la même manière, obtenir, par voie sèche, des chlorures doubles et plusieurs autres sels doubles; mais il arrive souvent que les combinaisons des deux sels se défont quand on cherche à dissoudre la matière dans l'eau; les deux sels primitifs cristallisent alors isolément.

§ 387. *Lorsqu'on chauffe ensemble deux sels formés par des acides et des bases différentes, et que, par l'échange mutuel des acides et des bases, il peut se former un nouveau sel plus volatil que les deux premiers, cette circonstance détermine ordinairement sa formation.*

Si l'on chauffe du chlorhydrate d'ammoniaque avec du carbonate de chaux, il se forme du chlorure de calcium et du carbonate d'ammoniaque, lequel est beaucoup plus volatil qu'aucun des sels mélangés. Par la même raison, du sulfate d'ammoniaque, chauffé avec du chlorure de calcium, donne du chlorhydrate d'ammoniaque qui se volatilise et du sulfate de chaux qui reste. Il arrive très-souvent que les réactions qui se produisent ainsi, par voie sèche, entre deux sels, sont précisément inverses de celles qui ont lieu dans une dissolution aqueuse. Ainsi nous venons de voir qu'en chauffant un mélange de chlorhydrate d'ammoniaque et de carbonate de chaux il se forme du carbonate d'ammoniaque et du chlorure de calcium. Si, au contraire, on verse du carbonate d'ammoniaque dans une dissolution de chlorure de calcium, il se forme du carbonate de chaux qui se précipite, et du chlorhydrate d'ammoniaque qui reste dans la liqueur. Dans le premier cas, la réaction est déterminée par la volatilité du carbonate d'ammoniaque; dans le second, par l'insolubilité du carbonate de chaux.

Action mutuelle des sels par voie humide.

§ 388. *Lorsqu'on mêle ensemble deux sels en dissolution qui peuvent donner un sel insoluble par l'échange mutuel de leurs acides et de leurs bases, la décomposition a toujours lieu, et le sel insoluble se précipite.*

Si l'on verse une dissolution de sulfate de soude dans une dissolution d'azotate de baryte, il se précipite du sulfate de baryte, et il reste de l'azotate de soude dans la liqueur :

$$NaO.SO^3 + BaO.AzO^5 = BaO.SO^3 + NaO.AzO^5.$$

De même, si l'on verse une dissolution de carbonate de soude dans une dissolution de chlorure de calcium, il se précipite du carbonate de chaux, et il se forme du chlorure de sodium qui reste dissous :

$$CaCl + NaO.CO^2 = CaO.CO^2 + NaCl.$$

Il n'est pas nécessaire, pour qu'il y ait réaction entre les deux sels, qu'il puisse se former, entre leurs éléments, un sel insoluble dans l'eau ; il suffit qu'il puisse se produire dans des circonstances réalisables à volonté un sel moins soluble que les deux sels primitifs.

Si l'on mêle, par exemple, une dissolution de chlorure de potassium et une dissolution d'azotate de soude, et qu'on évapore la liqueur à une basse température, les deux sels primitivement mélangés se séparent ; le chlorure de potassium cristallise le premier, et l'azotate de soude reste dans la liqueur. Si l'on évapore, au contraire, la dissolution à la température de l'ébullition, une double décomposition a lieu : il se dépose du chlorure de sodium, qui, à cette température, est la moins soluble de toutes les combinaisons pouvant se former entre les acides et les bases en présence, et l'azotate de potasse reste dans la liqueur. La liqueur décantée laisse cristalliser de l'azotate de potasse pendant son refroidissement.

§ 389. On peut souvent, en faisant cristalliser les liqueurs à des températures différentes, obtenir des décompositions inverses. Supposons qu'il existe dans une dissolution, à la fois, de l'acide sulfurique et de l'acide chlorhydrique, de la soude et de la magnésie : supposons, en outre, que les proportions d'acide soient telles, qu'elles saturent exactement les bases. On peut présumer alors que la liqueur renferme :

Ou   du chlorure de sodium
et du sulfate de magnésie,

Ou   du chlorure de magnésium
et du sulfate de soude,

Ou,   à la fois, des chlorures de sodium et de magnésium
et des sulfates de soude et de magnésie.

Il est impossible de décider dans quel ordre les acides et les bases sont combinés dans la liqueur. Si l'on évapore la dissolution à une température supérieure à 15°, il cristallise du chlorure de sodium, lequel est, de tous les produits possibles, le moins soluble dans les circonstances de température où nous plaçons la liqueur. La plus grande partie du chlorure de sodium peut être ainsi séparée, et, si l'on continue ensuite l'évaporation, on obtient le sulfate de magnésie mélangé d'une petite quantité de chlorure de sodium.

Si, au contraire, on évapore la liqueur à une basse température, à 0° par exemple, le sulfate de soude devient la moins soluble de toutes les combinaisons possibles; il se dépose le premier, et le chlorure de magnésium reste dans la liqueur.

Ainsi, avec la même dissolution, on peut obtenir à volonté, suivant qu'on l'évapore à chaud ou à froid, du chlorure de sodium et du sulfate de magnésie, ou du sulfate de soude et du chlorure de magnésium, et l'on peut toujours prévoir *a priori*, en consultant notre planche des solubilités, page 72, quels seront les sels qui se formeront à une certaine température, et dans quel ordre ils se déposeront. On conçoit, d'après cela, de quelle importance serait la connaissance exacte des courbes de solubilité des différents sels: malheureusement on ne la possède encore que pour un petit nombre.

Souvent on peut déterminer le dépôt de l'un des sels sans évaporer la liqueur, en modifiant seulement la nature du dissolvant. Si l'on mêle, par exemple, une dissolution d'acétate de potasse et une dissolution de chlorure de calcium, il n'y a pas de réaction apparente si les liqueurs ne sont pas très-concentrées. Mais, si l'on ajoute à la dissolution une quantité suffisante d'alcool, il se dépose du chlorure de potassium, et il reste de l'acétate de chaux dans la liqueur.

§ 390. Lorsque des acides et des bases existent simultanément dans une dissolution, il est ordinairement impossible de décider de quelle manière ils sont combinés. On ne peut rien conclure, sous ce rapport, de l'ordre dans lequel les sels se déposent successivement de la liqueur en cristallisant; car cet ordre est déterminé uniquement par la moindre solubilité dans les circonstances de température où l'on opère, et l'on peut admettre que le sel le moins soluble se forme au moment même où il cristallise.

Il est des cas cependant où l'on peut décider, avec assez de probabilité, de la nature des sels qui existent dans une dissolution. C'est ce qui arrive, par exemple, pour le mélange de deux groupes d'acides et de bases, lorsque, l'une des bases formant des sels incolores avec les deux acides, l'autre base forme avec ces acides des sels colorés, mais de nuances très-différentes. Si l'on mêle ensemble une dissolution de sulfate de protoxyde de fer et d'acétate de soude, on reconnaît, à la couleur brune de la liqueur, que celle-ci renferme de l'acétate de fer et du sulfate de soude immédiatement après le mélange. Le sulfate de fer colore en effet la liqueur en vert clair, et l'acétate de fer la colore en brun. De plus, un courant de gaz acide sufhydrique est sans action sur une dissolution de sulfate de protoxyde de fer, tandis qu'il décompose l'acétate de protoxyde de fer et donne un dépôt de sulfure noir de fer. Or le même précipité se forme quand on fait passer du gaz acide sulfhydrique à travers une liqueur dans laquelle on a dissous, à la fois, de l'acétate de soude et du sulfate de protoxyde de fer. Cependant ce dernier caractère est moins décisif que celui de la coloration ; car on peut toujours admettre que la décomposition réciproque des deux sels n'a lieu que sous l'influence de l'acide sulfhydrique, et qu'elle est déterminée par l'insolubilité du sulfure de fer, lequel peut se former dans le cas de la décomposition réciproque, mais qui ne se formerait pas si les deux sels mélangés subsistaient sans réaction.

§ 391. On peut quelquefois *décomposer un sel insoluble en le faisant bouillir longtemps avec un sel soluble*. Cela arrive toutes les fois que la base du sel insoluble primitif peut former un sel insoluble avec l'acide du sel soluble réagissant. Ainsi les sels insolubles formés par la baryte, la strontiane et la chaux, tels que les sulfates de baryte et de strontiane, les phosphates ou arséniates de baryte, de strontiane et de chaux, sont décomposés quand on les fait bouillir avec une dissolution de carbonate de potasse ou de soude. Il se forme des carbonates de baryte, de strontiane ou de chaux, et la liqueur renferme la base alcaline combinée avec l'acide du sel primitif insoluble. Mais, pour que la décomposition soit complète, il faut employer un grand excès de carbonate alcalin. La même décomposition se fait beaucoup plus facilement quand on opère par voie sèche ; nous l'emploierons souvent, dans la suite, pour reconnaître la nature d'un sel insoluble. L'acide de ce sel forme ainsi un sel alcalin soluble, dont on peut reconnaître l'acide par les caractères que nous développerons bientôt. La base reste à l'état de carbonate insoluble ; mais, en traitant ce carbonate par un acide qui forme avec la base un sel soluble, par l'acide azotique, par exemple, on obtient une dissolution de la base, sur laquelle on peut constater les réactions chimiques qui caractérisent cette base.

CARACTÈRES DISTINCTIFS PAR LESQUELS ON RECONNAIT L'ÉLÉMENT ÉLEC-
TRONÉGATIF DES COMPOSÉS BINAIRES FORMÉS PAR LES MÉTAUX, ET LA
NATURE DE L'ÉLÉMENT ÉLECTRONÉGATIF, OU DE L'ACIDE, QUI ENTRE DANS
LA CONSTITUTION D'UN SEL.

§ 392. Étant donné un composé binaire, formé par un métal et un
métalloïde, ou un sel formé par un oxyde métallique, comment par-
vient-on à reconnaitre la nature du composé binaire, ou celle du
sel? La solution de cette importante question est ordinairement
divisée en deux parties : 1° la détermination de l'élément électronégatif, c'est-à-dire du métalloïde du composé binaire, ou la détermination de l'acide du sel ; 2° la détermination de l'élément électropositif, c'est-à-dire du métal du composé binaire, ou de la base du sel.

Nous ne nous occuperons, pour le moment, que de la première
partie de la question ; la seconde sera traitée avec détail lorsque nous
nous occuperons de chaque métal en particulier.

**Détermination de l'élément électronégatif, c'est-à-dire du
genre des combinaisons binaires formées par les métaux avec les métalloïdes.**

Oxydes.

§ 393. Les caractères d'après lesquels on décide qu'un composé
binaire, formé par un métal, est un oxyde, se réduisent souvent aux
caractères physiques de ces oxydes, caractères que nous aurons soin
d'indiquer d'une manière très-précise en faisant l'histoire de chaque
métal. D'autres fois on se fonde sur leur propriété de se dissoudre
dans les acides forts, tels que l'acide sulfurique concentré, sans dégager aucun gaz ou vapeur acide, et sans qu'on puisse reconnaître
dans la dissolution aucun autre acide que celui qui a été employé à
produire la dissolution.

Le plus grand nombre des oxydes métalliques sont réduits à chaud
par le gaz hydrogène ; le métal reste libre, et il ne se dégage que de
la vapeur d'eau. Si l'on a soin d'employer du gaz hydrogène sec,
l'apparition des gouttelettes d'eau non acides, qui viennent se condenser dans la partie antérieure et froide du tube où l'on chauffe la
matière, est un indice certain que l'on opère sur une matière oxydée.

Cependant certains oxydes métalliques ne sont pas réduits par
le gaz hydrogène : tels sont les oxydes de potassium, de sodium,
de lithium, de baryum, de strontium, de calcium, de magnésium,
d'aluminium et de tous les métaux terreux. Mais les oxydes de potassium, de sodium, de lithium, de baryum, de strontium, de cal-

cium et de magnésium, sont plus ou moins solubles dans l'eau, et ont une réaction alcaline très-prononcée sur la teinture de tournesol; ils ne partagent cette propriété qu'avec les sulfures correspondants. Or les sulfures se distinguent facilement des oxydes par la manière dont ils se comportent avec les acides qui donnent un dégagement abondant d'acide sulfhydrique, lequel est facile à reconnaitre par son odeur.

Les oxydes d'aluminium et de tous les autres métaux terreux ne sont pas décomposés par l'hydrogène; ils ne se dissolvent pas dans l'eau, et n'exercent par suite aucune action sur la teinture de tournesol. On les reconnait, et à leur insolubilité dans l'eau, et à ce que, traités par l'acide sulfurique, ils se dissolvent sans dégager de vapeurs acides, et sans qu'il soit possible de constater dans la liqueur la présence d'un autre acide que l'acide sulfurique.

Sulfures.

§ 394. Le soufre, de même que l'oxygène, forme souvent, avec un même métal, plusieurs combinaisons; ainsi on distingue des monosulfures, des bisulfures, des trisulfures, etc., etc. Les monosulfures de potassium, de sodium, de lithium, sont solubles dans l'eau : tous les autres monosulfures sont insolubles, ou au moins extrêmement peu solubles. Les polysulfures de potassium, de sodium, de lithium, de baryum, de strontium et de calcium, sont également solubles.

Un sulfure, chauffé avec de l'acide sulfurique étendu ou avec de l'acide chlorhydrique, dégage du gaz acide sulfhydrique facile à reconnaitre à son odeur, et il ne se forme pas de dépôt de soufre :

$$RS + SO^5 + HO = RO.SO^5 + HS, \text{ ou } RS + HCl = RCl + HS.$$

Si le sulfure est un bisulfure, ou en général un polysulfure, il se dégage encore de l'hydrogène sulfuré; mais il se forme en outre un dépôt de soufre :

$$RS^2 + SO^5 + HO = RO.SO^5 + HS + S.$$

ou
$$RS^2 + HCl = RCl + HS + S.$$

Plusieurs sulfures métalliques sont difficilement attaqués par l'acide chlorhydrique aqueux, même à la température de l'ébullition; mais ils le sont toujours facilement par l'acide azotique et par l'eau régale. Le soufre est alors changé en acide sulfurique, dont la présence peut être constatée par les propriétés caractéristiques des sulfates : nous donnerons plus loin ces caractères.

Les sulfures, chauffés avec un mélange de carbonate et d'azotate de potasse, donnent des sulfates alcalins qui se dissolvent dans l'eau, et qu'il est facile de reconnaître.

Les monosulfures métalliques jouent le rôle de bases par rapport à d'autres sulfures, et donnent des sulfosels que nous apprendrons bientôt à reconnaître.

Séléniures.

§ 395. Les séléniures, traités par l'acide chlorhydrique, dégagent du gaz acide sélenhydrique. Chauffés avec de l'acide azotique ou de l'eau régale, ils donnent de l'acide sélénieux, dont on peut constater la présence au moyen de l'acide sulfureux, qui précipite le sélénium sous la forme d'une poudre rouge caractéristique. Les séléniures, chauffés par voie sèche avec un mélange de carbonate et d'azotate de potasse, donnent du séléniate de potasse ; mais, si l'on fait bouillir le sel alcalin qui en résulte avec un excès d'acide chlorhydrique, on transforme l'acide sélénique en acide sélénieux, et l'on peut précipiter ensuite le sélénium par l'acide sulfureux.

Phosphures.

§ 396. Les phosphures des métaux alcalins et alcalino-terreux dégagent, au contact de l'eau, du gaz hydrogène phosphoré. Ce gaz se reconnaît immédiatement à son odeur. Les phosphures des autres métaux, chauffés avec du potassium, abandonnent leur phosphore à ce dernier métal, et la matière dégage alors de l'hydrogène phosphoré quand on la mouille avec de l'eau.

Arséniures.

§ 397. Les arséniures métalliques sont doués de l'éclat métallique. Traités par l'acide azotique ou l'eau régale, ils se changent en arséniates reconnaissables à des caractères que nous développerons plus loin. Chauffés avec de l'azotate de potasse, ils donnent un arséniate alcalin soluble.

Chlorures.

§ 398. Les chlorures métalliques sont presque tous solubles dans l'eau ; le chlorure d'argent et le chlorure de mercure Hg^2Cl sont les seuls chlorures insolubles.

Un chlorure métallique, traité par l'acide sulfurique concentré, dégage du gaz acide chlorhydrique. Chauffé avec un mélange de peroxyde de manganèse et d'acide sulfurique, il dégage du chlore facile à reconnaître à son odeur et à ses autres propriétés physiques.

Les chlorures, dissous dans l'eau, donnent, avec l'azotate d'argent, un précipité blanc qui se réunit facilement en flocons par l'agitation de la liqueur. Ce précipité noircit à la lumière du jour en prenant d'abord une teinte violette. Ce changement de couleur est d'autant plus rapide, que la lumière est plus intense; il a lieu en très-peu de temps sous l'influence des rayons directs du soleil. Le précipité de chlorure d'argent est insoluble dans les acides, mais il se dissout facilement dans l'ammoniaque.

Brômures.

§ 399. Un brômure, traité par l'acide sulfurique concentré, dégage du gaz acide brômhydrique; mais il se développe constamment, en même temps, des vapeurs de brôme qui colorent le gaz en brun. Si l'on traite le brômure par un mélange d'acide sulfurique et de peroxyde de manganèse, il ne se dégage que du brôme. Une dissolution de brômure donne, avec l'azotate d'argent, un précipité blanc légèrement jaunâtre de brômure d'argent; ce précipité est insoluble dans un excès d'acide, et se dissout facilement dans l'ammoniaque. Le précipité de brômure d'argent se colore à la lumière comme le chlorure d'argent; mais sa teinte devient immédiatement brune, tandis que celle du chlorure est d'abord violette. Les brômures en dissolution sont décomposés par le chlore; le brôme, devenu libre, colore la liqueur en brun.

Iodures.

§ 400. Les iodures, traités par l'acide sulfurique concentré, donnent immédiatement un dépôt considérable d'iode; si l'on chauffe le mélange, il se dégage des vapeurs violettes très-intenses. Cette réaction tient à ce que l'acide iodhydrique décompose facilement l'acide sulfurique concentré; il se forme de l'eau, de l'acide sulfureux, et l'iode devient libre. Les iodures en dissolution sont décomposés par le chlore; l'iode est précipité. Les plus petites quantités d'un iodure en dissolution se manifestent en colorant l'amidon en bleu intense.

On mélange une certaine quantité de la dissolution avec de l'amidon dissous dans l'eau bouillante ou avec de l'empois ordinaire; puis on ajoute quelques gouttes de chlore pour décomposer l'iodure et mettre l'iode en liberté. Le mélange prend aussitôt une couleur bleue très-prononcée. Il est important de ne pas mettre un excès de chlore, car il détruirait la coloration produite en déterminant la décomposition de l'eau, et donnant des acides chlorhydrique et iodique. On peut remplacer le chlore par de l'eau oxygénée ou par un peu de bioxyde de baryum sur lequel on verse de l'acide chlorhydrique.

Fluorures.

§ 401. Un fluorure, traité par l'acide sulfurique concentré, dégage des vapeurs d'acide fluorhydrique, lequel se reconnaît immédiatement à sa propriété d'attaquer le verre. Si l'on ajoute au mélange de l'acide silicique ou du verre pilé et que l'on chauffe, il se dégage du gaz fluorure de silicium, lequel se décompose au contact de l'eau en donnant un dépôt de silice gélatineuse. Les dissolutions des fluorures ne précipitent pas par l'azotate d'argent.

Cyanures.

§ 402. Les cyanures, traités par l'acide sulfurique ou l'acide chlorhydrique, dégagent de l'acide cyanhydrique, facile à reconnaître à son odeur. Les acides les plus faibles, tels que l'acide carbonique, développent cette odeur avec les cyanures solubles; les cyanures alcalins la manifestent même à l'air humide.

Les cyanures donnent, avec les sels de protoxyde de fer, un précipité blanc qui bleuit promptement à l'air.

Détermination de l'oxacide qui entre dans la constitution d'un oxysel.

Azotates.

§ 403. Presque tous les azotates sont solubles dans l'eau; il n'y a que quelques sous-azotates qui soient insolubles. La chaleur les décompose et en dégage des produits très-riches en oxygène, qui activent fortement la combustion. Par suite de cette propriété, les azotates déflagrent sur les charbons, et produisent souvent une détonation quand on les chauffe avec du charbon en poudre. Les azotates alcalins, soumis à une température élevée graduellement, dégagent d'abord de l'oxygène pur et se changent en azotites. Chauffés davantage, ils se décomposent complétement, et dégagent de l'azote et de l'oxygène. Les autres azotates dégagent de l'oxygène et du deutoxyde d'azote, ou de l'oxygène et de l'acide hypoazotique. Les azotates formés par les bases solubles laissent, après leur décomposition par la chaleur, un résidu fortement alcalin.

Les azotates, chauffés avec de l'acide sulfurique, dégagent des vapeurs d'acide azotique. Si l'on ajoute au mélange une petite quantité de cuivre métallique, il se dégage du deutoxyde d'azote qui se signale immédiatement par les vapeurs rutilantes qu'il produit à l'air.

On peut reconnaître la présence, dans une liqueur, d'une très-petite quantité d'acide azotique au moyen de la réaction suivante : on verse une petite quantité de la liqueur dans une dissolution de sulfate de protoxyde de fer, acidifiée par de l'acide sulfurique ; puis on y plonge une lame de fer. Si la liqueur renferme de l'acide azotique, elle se colore, au bout de quelque temps, en rose ou en brun sous l'influence de l'acide sulfurique, le fer métallique décompose l'acide azotique ; il se dégage du deutoxyde d'azote, qui se dissout dans le sulfate de protoxyde de fer et colore la liqueur (§ 114).

Azotites.

§ 404. Les azotites se décomposent par la chaleur comme les azotates. Ils fusent sur les charbons, et déflagrent quand on les chauffe avec du charbon en poudre. Par l'acide sulfurique, ils dégagent immédiatement des vapeurs rutilantes ; cette réaction suffit pour les distinguer des azotates.

Chlorates.

§ 405. Les chlorates se décomposent tous par la chaleur. Les chlorates alcalins et ceux des terres alcalines dégagent de l'oxygène, et donnent un résidu de chlorure *neutre* aux réactifs colorés, tandis que, dans les mêmes circonstances, les azotates correspondants laissent un résidu fortement *alcalin*. Les chlorates des autres oxydes métalliques dégagent par la chaleur un mélange d'oxygène et de chlore ; il reste un oxyde ou un oxychlorure.

Les chlorates sont des comburants très-énergiques ; ils fusent vivement sur un charbon allumé, et produisent des détonations violentes quand on les chauffe avec des corps très-combustibles, tels que le charbon, le soufre, le phosphore.

Traités par l'acide sulfurique ou l'acide chlorhydrique, ils dégagent un gaz jaune, l'acide chloreux, reconnaissable à sa couleur, à son odeur particulière et à sa propriété de détoner facilement par une légère élévation de température.

Les chlorates ne précipitent pas les sels d'argent, parce que le chlorate d'argent est soluble dans l'eau. Le résidu que laissent, après la calcination, les chlorates alcalins et alcalino-terreux, étant formé de chlorure, donne, avec la dissolution d'azotate d'argent, un précipité de chlorure d'argent que l'on reconnaît aux propriétés caractéristiques de ce corps (§ 398).

Perchlorates.

§ 406. Les perchlorates se comportent comme les chlorates quand on les soumet à l'action de la chaleur ou qu'on les chauffe avec les corps combustibles. Mais ils se distinguent facilement des chlorates, parce qu'au contact de l'acide sulfurique concentré ils ne dégagent pas d'acide chloreux, et, par conséquent, ne se colorent pas dans cette réaction; l'acide perchlorique est simplement isolé sans décomposition.

Le perchlorate de potasse est très-peu soluble dans l'eau : les sels de potasse donnent, avec les perchlorates, un précipité cristallin grenu lorsque les liqueurs ne sont pas très-étendues.

Hypochlorites.

§ 407. Les hypochlorites dégagent à l'air l'odeur particulière et caractéristique de l'acide hypochloreux. Leurs dissolutions décolorent les couleurs végétales. Traités par un acide, ils dégagent en abondance du gaz acide hypochloreux. On n'a étudié jusqu'ici que les hypochlorites de potasse, de soude et de chaux. Ces corps se comportent comme des oxydants énergiques; ils changent immédiatement l'acide sulfureux en acide sulfurique, et transforment les protoxydes métalliques en peroxydes.

Brômates.

§ 408. Les brômates se décomposent par la chaleur, comme les chlorates. Les brômates alcalins et alcalino-terreux donnent pour résidu un brômure que l'on peut reconnaître d'après les caractères que nous avons énoncés (§ 399). Quand on les chauffe avec de l'acide sulfurique, l'acide brômique est isolé et se décompose en oxygène et en brôme qui colore le gaz en brun.

Iodates.

§ 409. Les iodates se décomposent par la chaleur. Les iodates alcalins seuls donnent pour résidu un iodure. Les iodates alcalino-terreux et ceux de tous les autres oxydes métalliques laissent de l'oxyde ou un oxyiodure; il se dégage d'abondantes vapeurs violettes d'iode, mêlées d'oxygène. L'acide sulfurique précipite l'acide iodique des iodates en dissolution concentrée; si l'on ajoute à la liqueur

un corps réducteur, tel que l'acide sulfureux, l'acide iodique est décomposé, et il se précipite de l'iode.

Periodates.

§ 410. Les periodates se comportent, sous l'influence de la chaleur, comme les iodates. Ils se distinguent de ces derniers sels par
le peu de solubilité du periodate de soude, même en présence d'un
excès d'alcali, et par le peu de solubilité du periodate d'argent.

Sulfates.

§ 411. Presque tous les sulfates sont solubles dans l'eau ; les sulfates de baryte, de strontiane et de plomb sont presque insolubles ;
le sulfate de chaux est peu soluble. Les sulfates alcalins et alcalino-
terreux, et le sulfate de plomb, sont indécomposables par la chaleur
seule ; les autres sulfates se décomposent et donnent, en général,
un mélange gazeux d'acide sulfureux et d'oxygène. Quelques sulfates
cependant se décomposent à une température assez peu élevée pour
que l'acide sulfureux et l'oxygène restent unis et se dégagent à l'état
d'acide sulfurique (§ 158).

Tous les sulfates sont décomposés par le charbon, sous l'influence
de la chaleur ; mais les produits de la décomposition sont variables
selon la nature de la base et la température. Les sulfates alcalins,
chauffés brusquement avec du charbon à une haute température,
laissent pour résidu un monosulfure. A une température plus
basse, ils donnent un mélange de polysulfure et de carbonate. Les
sulfates des terres alcalines, à l'exception du sulfate de magnésie,
donnent des produits semblables. Les sulfates des autres oxydes
métalliques, chauffés avec du charbon, donnent pour résidu, soit
des sulfures, soit de l'oxyde, ou même du métal, si la température
est suffisamment élevée. Mais il est toujours facile d'exécuter l'expérience avec un sulfate quelconque, de façon à obtenir un sulfure
pour résidu ; il suffit d'ajouter au mélange une certaine quantité de
carbonate de potasse. Le sulfure alcalin qui reste après la calcination se reconnaît d'ailleurs avec la plus grande facilité, puisqu'il
dégage de l'hydrogène sulfuré avec les acides. Il est clair que le
même caractère appartient à tous les sels formés par les autres oxacides du soufre ; mais nous apprendrons bientôt à distinguer ces
sels les uns des autres.

L'acide sulfurique n'exerce aucune réaction sur les sulfates. Cette
absence de réaction distingue immédiatement les sulfates de tous
les sels qui, dans cette circonstance, dégagent des vapeurs acides.

Les sulfates solubles dans l'eau donnent un précipité blanc avec les sels solubles de baryte ; ce précipité ne se redissout pas dans un excès d'acide. Cette propriété est aussi tout à fait caractéristique pour les sulfates.

Sulfites.

§ 412. Les sulfites alcalins et alcalino-terreux, chauffés à l'abri de l'air, se changent en sulfate et sulfure :

$$4(KO.SO^2) = 3(KO.SO^3) + KS.$$

Les autres sulfites métalliques dégagent de l'acide sulfureux, et l'oxyde reste comme résidu. Chauffés avec du charbon, les sulfites donnent des produits semblables à ceux que donnent les sulfates.

L'acide sulfurique, versé sur un sulfite, donne un dégagement de gaz acide sulfureux, facile à reconnaître à son odeur, et il ne se forme pas de dépôt de soufre.

L'acide azotique, concentré et bouillant, change les sulfites en sulfates. Le chlore produit la même transformation sur les sulfites en dissolution. Les sulfites solubles absorbent aussi l'oxygène de l'air et se changent en sulfates.

Hyposulfates.

§ 413. Les hyposulfates sont tous solubles dans l'eau. Les hyposulfates des alcalis, des terres alcalines et d'oxyde de plomb, dégagent de l'acide sulfureux lorsqu'ils sont soumis à l'action de la chaleur ; il reste des sulfates. Les hyposulfates des autres oxydes métalliques se décomposent plus complétement, et il reste, en général, de l'oxyde.

Les hyposulfates, traités à froid par de l'acide sulfurique, ne manifestent aucune décomposition apparente ; mais, si on les chauffe avec cet acide, ils dégagent de l'acide sulfureux.

Les hyposulfates ne précipitent pas les sels de baryte, car l'hyposulfate de baryte est soluble dans l'eau. Ils sont facilement transformés en sulfates par l'acide azotique ou par une dissolution aqueuse de chlore ; ils précipitent ensuite par les sels de baryte.

Hyposulfites.

§ 414. Presque tous les hyposulfites sont solubles ; les hyposulfites d'argent et de plomb sont les seuls à peu près insolubles. La chaleur décompose les hyposulfites alcalins en sulfates et sulfures. Les acides chlorhydrique et sulfurique, versés dans la dissolution d'un hyposulfite, déterminent un dégagement de gaz acide sulfureux et un dépôt de soufre ; mais la réaction ne se produit pas toujours immédiatement ; souvent elle n'a lieu qu'au bout de quelque temps, à moins qu'on ne chauffe légèrement la liqueur.

L'acide azotique très-concentré, le chlore et les dissolutions des hypochlorites, font passer à l'état d'acide sulfurique tout le soufre des hyposulfites.

Les hyposulfites donnent, avec les sels d'argent, un précipité blanc, mais qui noircit promptement, parce qu'il se transforme en sulfure :

$$KO.S^2O^2 + AgO.AzO^5 = KO.SO^5 + AgS + AzO^5.$$

Les hyposulfites alcalins dissolvent facilement, et en grande quantité, les chlorure, brômure et iodure d'argent.

La plupart des caractères que nous venons d'énumérer comme distinguant les hyposulfites appartiennent aussi aux hyposulfates monosulfurés $KO.S^5O^5$, aux hyposulfates bisulfurés $KO.S^4O^5$ et aux hyposulfates trisulfurés $KO.S^5O^5$. Mais ces derniers sels ont été trop peu étudiés jusqu'ici pour qu'on puisse assigner des caractères qui permettent de les distinguer entre eux. On est obligé d'avoir recours à l'analyse chimique.

§ 415. En résumé, tous les sels formés par les oxacides du soufre donnent des sulfures quand on les chauffe avec un mélange de carbonate alcalin et de charbon ; de sorte que le produit de la calcination dégage de l'hydrogène sulfuré par l'acide chlorhydrique. Ce caractère distingue de tous les autres les sels formés par les oxacides du soufre. On pourrait cependant encore les confondre avec les sulfures et avec les sulfosels, mais ces derniers composés dégagent immédiatement de l'hydrogène sulfuré par les acides.

Les sels formés par les oxacides du soufre se distinguent entre eux par les caractères suivants : si on les traite par l'acide sulfurique,

On n'a aucune réaction avec les sulfates ;

Avec les hyposulfates, on n'a pas de réaction apparente à froid ; mais, à chaud, il se dégage de l'acide sulfureux ;

Avec les sulfites, il y a dégagement d'acide sulfureux, sans dépôt de soufre ;

Avec les hyposulfites, et avec les hyposulfates mono, bi et trisulfurés, de l'acide sulfureux se dégage, et il se forme un dépôt plus ou moins abondant de soufre. Cette réaction n'a souvent lieu que si on élève la température.

Phosphates.

§ 416. Les phosphates alcalins sont seuls solubles dans l'eau ; tous les autres phosphates y sont insolubles, mais ils se dissolvent facilement dans une liqueur acide. Les phosphates solubles donnent un précipité avec les sels de baryte ; mais ce précipité se dissout si l'on acidifie la liqueur avec de l'acide azotique, ou de l'acide chlorhydrique.

Les phosphates, traités par l'acide sulfurique concentré, ne manifestent aucune réaction apparente, ils se distinguent immédiatement, par là, de tous les sels, qui dégagent, dans ce cas, des vapeurs acides.

Tous les phosphates, chauffés à une haute température avec un mélange de charbon et d'acide borique ou d'acide silicique, donnent du phosphore libre.

Un phosphate sec, chauffé avec du potassium, donne du phosphure de potassium qui, au contact de l'eau, dégage de l'hydrogène phosphoré. Ces deux réactions se manifestent également avec les sels formés par les autres oxacides du phosphore.

Il est facile de transformer un phosphate insoluble en un phosphate alcalin soluble ; il suffit de le faire bouillir avec une dissolution de carbonate alcalin. On peut, ensuite, constater dans la liqueur la présence de l'acide phosphorique. A cet effet, on sursature la liqueur par de l'acide chlorhydrique, et l'on s'assure qu'elle ne précipite pas par les sels de baryte. Mais, si on neutralise l'acide par de l'ammoniaque, il se forme immédiatement un précipité de phosphate de baryte. La liqueur neutre donne également un précipité blanc, avec les sels de plomb. Le phosphate de plomb se reconnaît d'ailleurs facilement parce qu'il fond au chalumeau en un globule qui prend, en se solidifiant, des facettes cristallines.

Phosphites.

§ 417. Les phosphites alcalins sont seuls solubles. Tous les phosphites se décomposent par la chaleur ; ils donnent un résidu de phosphate, et il se dégage un mélange d'hydrogène et d'hydrogène phosphoré.

L'acide azotique et le chlore transforment les phosphites en phosphates.

Les phosphites réduisent un certain nombre d'oxydes métalliques, entre autres, les oxydes d'argent et de mercure ; la réaction est plus facile, si l'on rend la liqueur acide. De l'oxyde rouge de mercure, chauffé avec la dissolution d'un phosphite, à laquelle on a ajouté une petite quantité d'acide chlorhydrique, se change en une poudre noire de mercure métallique.

Hypophosphites.

§ 418. Les hypophosphites présentent beaucoup de réactions semblables à celles des phosphites. Ils se décomposent par la chaleur, donnent des phosphates, et il se dégage de l'hydrogène phosphoré. L'acide azotique et le chlore les transforment en phosphates.

Les hypophosphites se distinguent des phosphites parce qu'ils ne précipitent dans aucun cas les sels de baryte; tandis que les phosphites les précipitent quand ils sont parfaitement neutres.

Arséniates.

§ 419. Les arséniates alcalins sont seuls solubles. Les arséniates de tous les autres oxydes métalliques sont insolubles, mais ils se dissolvent facilement dans un excès d'acide.

Un arséniate quelconque, chauffé avec de l'acide borique et du charbon, dans un petit tube fermé à un bout, donne un sublimé d'arsenic qui vient former dans la partie antérieure du tube un anneau miroitant.

Les dissolutions des arséniates, traitées dans l'appareil de Marsh (§ 236), donnent d'abondantes taches arsénicales. Avec l'azotate d'argent, elles donnent un précipité rouge briqueté, lequel se dissout avec la plus grande facilité dans un excès d'acide; de sorte que ce précipité ne se forme que si les liqueurs sont parfaitement neutres.

Les arséniates solubles donnent un précipité jaune avec l'hydrogène sulfuré, mais il faut souvent beaucoup de temps pour que ce précipité apparaisse.

Arsénites.

§ 420. Les arsénites, chauffés avec du charbon et de l'acide borique, donnent un sublimé d'arsenic. Dans l'appareil de Marsh, ils produisent des taches arsénicales.

Si l'on verse un acide dans la dissolution concentrée d'un arsénite alcalin, il se forme un précipité cristallin d'acide arsénieux. Les arsénites en dissolution précipitent en jaune les sels d'argent, et en vert les sels de cuivre; mais il faut que les liqueurs soient parfaitement neutres, car les arsénites insolubles se dissolvent facilement dans un excès d'acide.

L'hydrogène sulfuré donne, avec des arsénites en dissolution, un précipité jaune abondant, insoluble dans un excès d'acide, mais qui se dissout facilement dans l'ammoniaque. Ce précipité se forme immédiatement, tandis que, avec les arséniates, il ne se dépose qu'après quelque temps.

Les arsénites, chauffés avec l'acide azotique, se changent en arséniates, et il y a dégagement de vapeurs rutilantes. Les arséniates ne présentent rien de semblable; ils ne sont pas altérés par les corps oxydants.

Carbonates.

§ 421. Les carbonates alcalins sont les seuls carbonates solubles. Ce sont aussi les seuls qui soient indécomposables par la chaleur. Tous les autres carbonates perdent complétement leur acide carbonique à une température plus ou moins élevée. Tous les carbonates, sans exception, sont décomposés lorsqu'on les chauffe à une très-haute température avec du charbon; il se dégage de l'oxyde de carbone.

Lorsqu'on fait passer de la vapeur de phosphore sur un carbonate alcalin chauffé au rouge, l'acide carbonique est complétement décomposé, et il se sépare du charbon qui colore la masse en noir.

Les carbonates, traités par un acide, donnent une vive effervescence, due au dégagement de l'acide carbonique. Cette réaction est caractéristique pour cette classe de sels; car l'acide carbonique se reconnaît facilement à ses propriétés de ne présenter ni odeur ni saveur, et de précipiter l'eau de chaux. Cette réaction suffit, à elle seule, pour distinguer les carbonates de tous les autres sels.

Borates.

§ 422. Les borates alcalins sont seuls solubles; tous les autres sont insolubles. Soumis à une haute température, ils fondent et donnent des verres incolores, lorsque les oxydes métalliques, combinés avec l'acide borique, sont eux-mêmes incolores. Ces verres sont, au contraire, colorés lorsque les oxydes métalliques le sont eux-mêmes.

Le charbon réagit difficilement sur les borates; cependant quelques borates sont décomposés par ce corps à une très-haute température, et donnent des borures métalliques.

Les acides sulfurique, azotique et chlorhydrique décomposent les borates par voie humide, et mettent l'acide borique en liberté. Si le borate est en dissolution concentrée, l'acide borique se précipite sous la forme de petites paillettes cristallines, sur lesquelles il est facile de constater les propriétés caractéristiques de l'acide borique. L'acide borique chasse, au contraire, ces acides par voie sèche.

6.

Si l'on chauffe le mélange d'un borate quelconque et de spath fluor avec de l'acide sulfurique concentré, il se dégage du fluorure de bore, lequel se reconnaît aux vapeurs blanches, épaisses, qu'il répand dans l'air, et à la manière dont il se décompose au contact de l'eau (§ 241).

Silicates.

§ 423. La plupart des silicates sont insolubles. Les silicates alcalins, avec grand excès de base, sont seuls solubles dans l'eau. Les silicates qui sont attaquables par les acides sulfurique et chlorhydrique se reconnaissent facilement : lorsqu'on les fait chauffer avec ces acides, l'acide silicique se sépare à l'état d'une gelée transparente et incolore, qui s'agrége en une poudre blanche insoluble; recueillie sur un filtre, il est facile d'y constater les propriétés caractéristiques de l'acide silicique. Les silicates qui sont inattaquables par les acides peuvent être facilement transformés en silicates attaquables; il suffit de les fondre dans un creuset de platine avec trois ou quatre fois leur poids de carbonate de soude. On obtient ainsi un silicate beaucoup plus basique, renfermant une grande quantité de matière alcaline, et qui s'attaque facilement et complétement par les acides, en laissant un résidu de silice gélatineuse.

Les silicates fondent, en général, par l'action de la chaleur; mais quelques-uns, tels que les silicates d'alumine et de chaux, exigent les températures les plus élevées. Le charbon, à une haute température, réduit quelques silicates; ordinairement, une portion seulement du métal se sépare, et il reste un silicate renfermant un grand excès d'acide. Les silicates qui se décomposent partiellement par le charbon sont ceux qui renferment des oxydes métalliques facilement réductibles.

Les silicates, chauffés dans un vase de plomb ou de platine avec du spath fluor et de l'acide sulfurique concentré, dégagent du gaz fluorure de silicium, lequel fume à l'air, et se décompose au contact de l'eau en abandonnant de la silice gélatineuse.

Sulfosels.

§ 424. Les sulfosels, traités par les acides puissants, mais non oxydants, comme l'acide sulfurique étendu ou l'acide chlorhydrique, dégagent de l'hydrogène sulfuré, et le sulfacide se sépare. La plupart des sulfacides étant insolubles dans l'eau, on peut constater sur leurs précipités les propriétés qui les caractérisent.

Ainsi, avec le sulfocarbonate de monosulfure de potassium, il se dégage de l'acide sulfhydrique, et il se précipite du sulfure de carbone liquide :

$$KS.CS^2 + HCl = KCl + HS + CS^2.$$

Avec le sulfarséniate de monosulfure de potassium, il se dégage de l'acide sulfhydrique; du sulfure d'arsenic se précipite sous la forme d'une poudre jaune :

$$KS.AsS^5 + HCl = KCl + HS + AsS^5.$$

Avec le sulfhydrate de monosulfure de potassium, on a une réaction analogue; mais il ne se dégage que de l'acide sulfhydrique, dont la moitié provient du monosulfure de potassium, et l'autre moitié est le sulfacide qui se sépare. Cette réaction ne permettant pas de distinguer ce sulfosel du monosulfure de potassium, on a recours à la réaction suivante : les monosulfures des métaux alcalins et alcalino-terreux sont les seuls qui jouent le rôle de bases avec l'acide sulfhydrique; si donc on verse dans une dissolution de sulfhydrate de monosulfure de potassium un sel métallique, tel que le sulfate de cuivre, il y a une double décomposition : il se forme du sulfate de potasse et du monosulfure de cuivre. Mais, ce dernier sulfure ne jouant pas le rôle de base par rapport au sulfacide HS, ce sulfure devient libre, et, par conséquent, il se dégage de l'acide sulfhydrique :

$$KS.HS + CuO.SO^5 = KO.SO^5 + CuS + HS.$$

Si, au contraire, on verse une dissolution de sulfate de cuivre dans la dissolution d'un monosulfure, il se forme un précipité de sulfure métallique; mais il ne se dégage pas d'hydrogène sulfuré :

$$KS + CuO.SO^5 = KO.SO^5 + CuS.$$

Pour que cette dernière proposition soit exacte, il faut que la dissolution du sel métallique ne renferme pas un excès d'acide; car cet acide décomposerait une portion du monosulfure, et dégagerait de l'hydrogène sulfuré.

Les monosulfures et hydrosulfates de sulfures se distinguent d'ailleurs des polysulfures, en ce qu'ils ne donnent pas, comme ces derniers, un dépôt de soufre quand on les décompose par les acides.

ÉTUDE DES MÉTAUX EN PARTICULIER

§ 425. Dans l'étude détaillée que nous allons faire des métaux les plus importants, nous conserverons la division que nous avons indiquée (§ 276), savoir : métaux trop oxydables pour qu'ils puissent servir à l'état métallique, et métaux qui se conservent assez longtemps à l'air pour que leur altérabilité ne soit pas un obstacle à leur emploi.

Nous établirons dans la première classe trois subdivisions :

1° celle des métaux alcalins ; elle comprend :

Le potassium, Le lithium.
Le sodium,

Le nom de *métaux alcalins* leur a été donné, parce que leurs oxydes portent depuis longtemps le nom d'*alcalis*.

2° Celle des métaux alcalino-terreux, dont les oxydes participent à la fois des propriétés des alcalis et de celles des terres. Ce sont :

Le baryum, Le magnésium,
Le strontium, Le glucinium.
Le calcium,

3° Celle des métaux terreux, ainsi nommés, parce que leurs oxydes portent depuis longtemps le nom de *terres*. Ce sont :

L'aluminium, Le cérium,
Le zirconium, Le lantane,
Le thorium, Le didyme,
L'yttrium, L'erbium.
Le terbium,

I. MÉTAUX ALCALINS.

POTASSIUM.

Équivalent — 490,0.

§ 426. Le potassium est un métal assez répandu à la surface du globe; mais il n'existe qu'en combinaison avec d'autres corps. Une grande partie des minéraux qui composent les roches cristallines, tels que les feldspaths, les micas, etc., etc, renferment du silicate de potasse. Les détritus de ces roches, altérés par les eaux, constituent nos roches de sédiment. Ils ont perdu, en grande partie, leur potasse; mais ils en retiennent encore une petite quantité, que l'analyse chimique peut mettre en évidence. Les sels de potasse sont un élément indispensable au développement des végétaux, qui les enlèvent successivement au sol et aux engrais. Les cendres que ces végétaux laissent après leur combustion fournissent la plus grande partie des sels de potasse consommés dans les arts.

Le potassium présente une consistance très-variable selon la température. Au-dessous de 0°, il est un peu cassant, et sa cassure offre des indices de cristallisation. A 15° il est mou, se laisse pétrir et couper facilement au couteau. Fraîchement coupé, il affecte la couleur et l'éclat de l'argent; mais cet éclat ne persiste qu'un instant; car le potassium se combine immédiatement avec l'oxygène de l'air, et sa surface se ternit. A 55°, le potassium devient complétement liquide; il ressemble alors au mercure. Enfin il distille à la chaleur rouge, en donnant un gaz d'un beau vert émeraude.

La densité du potassium a été trouvée de 0,865 vers 15°; elle est, par conséquent, moindre que celle de l'eau.

Le potassium s'oxyde très-rapidement à l'air, même à la température ordinaire; sa surface se recouvre alors d'hydrate d'oxyde de potassium ou de potasse. Mais il faut un temps assez long pour que l'altération pénètre jusqu'au centre d'un globule de potassium un peu gros. Si on chauffe le potassium au contact de l'air, il prend feu et brûle avec une flamme violacée.

Le potassium décompose l'eau à la température ordinaire, en dégageant du gaz hydrogène. Si l'on projette un fragment de potassium sur de l'eau, on le voit courir à la surface de l'eau sous la forme d'une petite sphère brillante, laquelle diminue rapidement de volume, et est accompagnée d'une petite flamme violacée. Au moment où la combustion cesse, le petit globule éclate, et ses fragments sont lancés de toutes parts. Il faut avoir soin, lorsqu'on fait cette expérience, de placer l'eau dans une grande cloche un peu profonde (fig. 316), afin d'éviter que les fragments de potasse qui sont

Fig. 316.

projetés à la fin ne puissent atteindre les yeux, car ils occasionneraient des accidents graves. Après l'expérience, on trouve que l'eau de la cloche est devenue alcaline et qu'elle bleuit fortement la teinture de tournesol rougie par un acide.

Les diverses circonstances de ce phénomène s'expliquent facilement.

Le fragment de potassium tend à nager à la suface de l'eau, puisqu'il est moins dense que ce liquide. L'eau se décompose, la chaleur développée fond le métal, qui prend la forme d'un globule miroitant ; le gaz hydrogène, en se dégageant, soulève le métal, l'empêche de rester constamment au contact du liquide, et le pousse de manière à le faire courir à la surface de l'eau. La température du globule de potassium s'élève assez pour déterminer l'inflammation du gaz hydrogène, qui brûle, à mesure qu'il se dégage, avec une flamme violacée, dont la couleur est due à ce que l'hydrogène est mélangé avec une petite quantité de vapeur de potassium développée par le métal chauffé. Chaque fois que le globule de potassium retombe à la surface du liquide, la petite quantité d'oxyde de potassium formée se dissout dans l'eau. Enfin, lorsque la combustion s'arrête, il reste un petit globule de potasse très-chaud qui tombe sur le liquide. Par suite d'un refroidissement brusque, ce globule se brise, et, comme il se développe instantanément en cet endroit une grande quantité de vapeur d'eau, cette vapeur, par sa force expansive, projette au loin les petits fragments de potasse.

La grande altérabilité du potassium exige que l'on emploie pour le conserver des précautions particulières. Ordinairement on le place dans des flacons bouchés à l'émeri, et remplis presque entièrement d'huile de naphte. Cette huile est un composé de carbone et d'hydrogène inaltérable par le potassium.

Le potassium est un des corps qui possèdent la plus grande affinité pour l'oxygène ; aussi s'en sert-on constamment pour enlever l'oxygène à des corps oxydés. Nous avons vu (§ 238) que l'on préparait le bore, en décomposant l'acide borique par le potassium. Nous avons fait l'analyse du protoxyde et du deutoxyde d'azote (§§ 111 et 115) en décomposant ces gaz par le potassium. Quelques corps peuvent cependant, à une haute température, enlever l'oxygène de l'oxyde de potassium et mettre le potassium en liberté ; tel est le fer, lorsqu'il est chauffé à la chaleur blanche. A la chaleur du rouge sombre, le potassium décompose l'oxyde de carbone; mais, à une température plus élevée, à la chaleur blanche, c'est le carbone qui enlève l'oxygène au potassium. On utilise cette propriété pour préparer le potassium.

§ 427. Le potassium a été pour la première fois isolé en décomposant par une forte pile voltaïque l'hydrate d'oxyde de potassium ou potasse. A cet effet, on plaça une certaine quantité de mercure dans un creuset de platine, et par-dessus une dissolution très-concentrée de potasse renfermant des fragments de potasse solide. On mit le pôle négatif de la pile en contact avec la capsule de platine; et l'on plongea le pôle positif, terminé par un gros fil de platine, dans la dissolution de potasse. La décomposition de la potasse ou de l'hydrate de protoxyde de potassium commença aussitôt. L'eau et l'oxyde de potassium se décomposèrent en même temps, l'hydrogène et le potassium se rendirent au pôle négatif, l'oxygène au pôle positif. L'hydrogène et l'oxygène se dégagèrent à l'état gazeux, le potassium entra en dissolution dans le mercure, lequel prit, au bout de quelque temps, une consistance pâteuse. On introduisit rapidement le métal pâteux dans une petite cornue de verre, que l'on chauffa aussitôt avec une lampe à alcool. Le mercure se volatilisa, et il resta dans la cornue un globule de potassium. On n'a pu obtenir, par ce procédé, que de très-petites quantités de potassium, qui ont suffi cependant pour constater ses principales propriétés[*].

§ 428. Peu de temps après, on a réussi à préparer des quantités plus considérables de potassium, en décomposant la potasse en vapeur par le fer à une forte chaleur blanche. La figure 517 représente l'appareil que l'on employait pour cette opération[**].

Fig. 517.

Un canon de fusil *abc* est recourbé en *b* et *i*, de manière à lui donner la forme de la figure 517. Comme ce canon de fusil doit être porté, dans la longueur *bi*, à une très-haute température, dans un fourneau alimenté par un fort courant d'air, sa surface s'oxyderait

[*] Davy a le premier, en 1807, isolé le potassium par ce procédé.
[**] Ce procédé est dû à MM. Gay-Lussac et Thenard.

promptement et le canon serait bientôt hors de service si l'on ne
protégeait sa surface par un lut inaltérable dont on le recouvre complétement. Ce lut est formé de 4 à 5 parties de sable et de 1 partie
d'argile à potier; on l'applique, en pâte molle, sur une épaisseur
de 1 à 2 centimètres et on le laisse sécher, d'abord lentement à
l'air, puis devant le feu. On raccommode avec un peu d'argile les
fissures qui se sont faites pendant la dessiccation dans toute la longueur *bi*. Le canon de fusil est rempli de tournure de fer bien brillante ou de petits faisceaux de fils de fer décapés; on remplit de
fragments de potasse la partie *ab*, puis on la dispose dans un fourneau à réverbère (fig. 318). Le tube de fer est bouché, à son extrémité *a*, avec un bouchon muni lui-même d'un tube qui plonge dans
une éprouvette E, remplie de mercure. Une grille GG', en fil de fer
ou en tôle, est suspendue au-dessous de la partie *ab*.

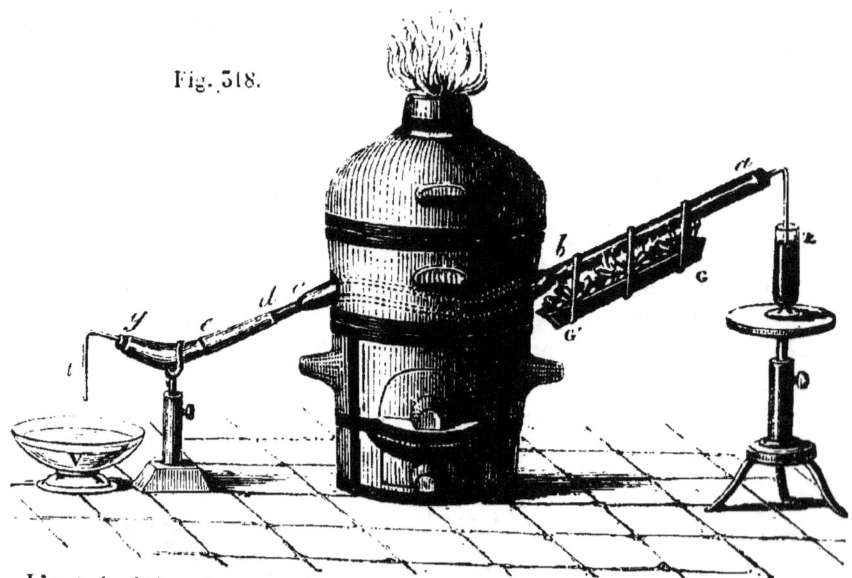

L'extrémité *c* du canon s'engage dans un récipient en cuivre *deg*,
formé de deux pièces *de* et *fg* (fig. 317 et 318), qui s'emboîtent à
frottement. Dans la partie inférieure *ge*, on place de l'huile de naphte
pour recueillir le potassium; un tube *l* permet le dégagement des
gaz qui se produisent pendant la réaction.

L'appareil étant disposé, on remplit le fourneau de charbon, et,
comme le tirage naturel ne donnerait pas une température suffisante, on active la combustion à l'aide d'un fort soufflet dont on
engage la buse dans la porte du fourneau, en fermant les intervalles avec des fragments de brique et de l'argile.

Lorsque le tube *bc* est arrivé à une forte chaleur blanche, on place successivement des charbons incandescents dans la grille GG', de façon à déterminer une fusion lente des fragments de potasse renfermés dans le tube *ab*. La potasse fondue coule dans le tube incandescent *bc*, où elle rencontre le fer à une très-haute température. La décomposition de l'eau et de l'oxyde de potassium a lieu en même temps, le fer se change en oxyde de fer; le potassium, en vapeur, est entraîné par le courant de gaz hydrogène, et vient se condenser dans le récipient *ge*.

Il arrive quelquefois que l'extrémité *c* vient à se boucher pendant l'expérience. Si les gaz ne trouvaient pas, alors, une autre issue facile, ils se frayeraient un passage à la jonction des diverses parties de l'appareil, et mettraient celui-ci hors de service. Le tube de dégagement *a*E remédie à cet inconvénient. On s'aperçoit immédiatement que l'orifice *c* est obstrué, parce que les gaz s'échappent alors à travers le mercure de l'éprouvette E.

§ 429. On prépare actuellement* le potassium en décomposant le carbonate de potasse par le charbon à une très-haute température, et l'on obtient ainsi, facilement, des quantités de potassium beaucoup plus grandes que par les anciens procédés. Il est essentiel que le carbonate de potasse soit intimement mêlé avec le charbon. On n'obtient qu'un mélange imparfait en mêlant mécaniquement le carbonate de potasse avec le charbon ; et, comme ce carbonate fond longtemps avant que la température soit assez élevée pour que sa décomposition par le charbon ait lieu, le charbon, plus léger, vient nager à sa surface, et le mélange des deux matières se trouve détruit. On obtient, au contraire, un mélange très-intime de carbonate de potasse et de charbon en décomposant par la chaleur certains sels de potasse à acides organiques. Le bitartrate de potasse convient parfaitement à cet objet; il laisse beaucoup de charbon, et on le trouve à des prix modérés dans le commerce, si on le prend à l'état de bitartrate impur ou de *tartre brut.*

Le tartre brut est placé dans un grand creuset de terre que l'on bouche avec son couvercle; pour empêcher l'entrée de l'air, on lute les interstices avec de l'argile. Le creuset est chauffé au rouge dans un fourneau jusqu'à ce qu'il ne se dégage plus de gaz. Lorsque le creuset est refroidi, on concasse la matière noire en fragments de la grosseur d'une noisette, que l'on introduit dans une bouteille en fer forgé. Les bouteilles de fer, dans lesquelles on expédie ordinairement le mercure, conviennent parfaitement pour cet objet. Ces bou-

---

* Ce procédé a été imaginé par M. Brunner.

teilles n'ont qu'une seule ouverture en *o* (fig. 319); quand elles servent à transporter le mercure, on bouche cette ouverture avec une
vis en fer; mais, pour les faire servir à notre préparation, il suffit de
faire tarauder, sur un bout de tube de fer, un pas de vis qui s'applique dans la matrice présentée par l'ouverture *o*. On interpose un
peu d'argile, qui suffit pour rendre la fermeture à peu près hermétique. Mais, pour éviter que la bouteille ne soit altérée pendant
l'opération, il est important de la recouvrir sur toute sa surface d'un
lut argileux, appliqué avec les plus grands soins. La bouteille, remplie aux $\frac{3}{4}$ du mélange, est placée, comme le représente la figure 319,
dans un fourneau, qui permet d'obtenir une température extrêmement élevée.

Fig. 519.

Ce fourneau se compose d'une cuve rectangulaire, dont les parois
sont formées par des briques réfractaires; car les briques ordinaires
fondraient à la haute température que l'on est obligé de produire.
Cette cuve est ordinairement ouverte à la partie supérieure, ce qui
facilite la disposition de la bouteille en fer, ou celle des creusets,
quand on emploie le fourneau pour d'autres opérations. Cette ou-

verture sert, en outre, à introduire le combustible. On la ferme
avec un couvercle M, en briques reliées au moyen d'un cadre de
fer. La cuve communique avec une haute cheminée U, par l'intermédiaire du canal ou *carneau* O. Un registre R, à tiroir, est disposé
dans la cheminée, il permet de régler le tirage et par suite la combustion. Le cendrier C porte sur sa face antérieure une ouverture
par laquelle l'air extérieur pénetre dans le fourneau. Une des parois latérales du fourneau est munie d'une ouverture rectangulaire,
que l'on bouche complétement avec des briques réfractaires quand on
se sert du fourneau pour calciner des creusets, et que l'on ferme avec
une porte en fonte *rn*, percée d'une ouverture qui laisse passer le tube
de fer *uo*, quand le fourneau sert à la préparation du potassium.

La bouteille V est placée dans le fourneau sur deux grosses barres
de fer, ou, mieux, sur deux briques réfractaires qui font saillie sur
les parois latérales : le tube de fer *uo* s'engage dans un récipient en
cuivre A, d'une forme particulière.

Ce récipient est composé de deux parties B et C, qui s'emboîtent
l'une sur l'autre; la figure 520 représente en coupe ces deux parties
séparées. La partie inférieure est un vase cylindri-
que en cuivre, à base ovale. La partie supérieure,
qui sert de couvercle, entre dans la première jusqu'à la hauteur *mn*: elle est séparée en deux compartiments par une paroi verticale *cd*, qui descend jusqu'à une petite distance du fond du vase
C, quand les deux parties sont réunies. Deux tubulures *a*, *b* sont placées exactement en face l'une
de l'autre, et la paroi verticale *cd* porte une ouverture dans la direction *ab*; enfin, une troisième tubulure *f* est placée sur la face antérieure du couvercle, comme on le voit sur la figure 519.

Fig. 520.

On verse dans le vase C une hauteur de 5 à 6 centimètres d'huile
de naphte; on ajuste les deux pièces, et l'on adapte le tube de fer
uo dans la tubulure *a*, en fermant les interstices très-exactement
avec un lut argileux. Dans la tubulure *f*, on adapte un tube de verre,
qui donne issue aux gaz; enfin, on bouche la tubulure *b* avec un
bouchon de liége.

Le récipient est posé sur un support S (fig. 519), recouvert d'une
plaque de tôle qui porte un déversoir en T.

L'appareil étant disposé, on introduit dans le fourneau, d'abord du
charbon incandescent, puis du charbon noir. Quand le feu est bien
allumé, on continue à charger un mélange de parties égales de charbon de bois et de coke. A chaque nouvelle charge de combustible,

on a soin de passer le ringard dans les parties inférieures de la cuve, afin d'éviter qu'il ne se forme des vides sous la cornue.

La réaction du charbon sur le carbonate de potasse commence bientôt, du gaz oxyde de carbone se dégage en abondance par le tube *fg*; le potassium, devenu libre, se volatilise, vient se condenser dans le récipient et tombe sous l'huile de naphte. Comme le récipient s'échaufferait promptement par le rayonnement des parois du fourneau et par le passage des gaz chauds, il est important de le refroidir. A cet effet, on fait couler constamment, sur le couvercle, un courant d'eau froide; le toit *mn* empêche cette eau de pénétrer dans le compartiment inférieur, et s'écoule finalement par le déversoir T du support. Il arrive souvent dans cette opération que le tube de fer *uo* s'obstrue soit par des matières entraînées mécaniquement, soit par des dépôts de substances provenant d'une réaction particulière dont nous parlerons bientôt. On reconnaît cet inconvénient à ce que le courant gazeux par le tube *fg* s'arrête; on y remédie en introduisant par la tubulure *b* une tige de fer (fig. 521), fixée à l'extrémité d'un manche. On fait manœuvrer cette tige, jusqu'à ce que, après avoir

Fig. 521.

percé le dépôt qui s'est formé dans le tube de fer *uo*, on ait rendu celui-ci complétement libre.

L'opération est terminée, lorsqu'il ne se dégage plus de gaz par le tube *fg*, bien que le tube *uo* ne soit pas obstrué; on enlève alors le récipient.

Le potassium se trouve, sous forme de globules irréguliers, mêlé avec diverses matières accidentelles. On l'en sépare par une filtration à travers un linge. Cette filtration s'exécute sous l'huile de naphte, chauffée à 60° environ. On place le potassium impur dans le linge, que l'on attache sous forme de nouet; on plonge ce nouet dans une capsule remplie d'huile de naphte à 50° ou 60°; on comprime le nouet avec une pince de fer, le potassium filtre sous forme de globules métalliques à travers le linge, et tombe au fond de la capsule où il se réunit en globules plus gros. Les matières étrangères restent dans le nouet.

Nous avons vu que le potassium décomposait l'oxyde de carbone, à la chaleur rouge sombre; il est difficile d'éviter que cette réaction inverse n'ait lieu dans notre appareil, et ne fasse perdre une portion du potassium isolé pendant la première réaction. Le gaz oxyde de carbone et les vapeurs de potassium pénètrent, au sortir de la cornue, dans le tube de fer *uo*, où ils se trouvent à une température beaucoup plus basse. La réaction inverse se manifeste alors : une portion du potassium décompose l'oxyde de carbone, il se forme des produits particuliers, auxquels on a donné le nom de *croconate* et de *rhodizonate de potasse;* ces produits se déposent dans le tube *uo*, avec le charbon devenu libre, et tendent à l'obstruer. Une partie de ces matières est entraînée jusque dans le récipient, sous la forme de flocons noirs, dont on peut se servir pour extraire les deux sels de potasse que nous venons de nommer. Il est important, pour diminuer, autant que possible, la perte de potassium occasionnée par cette réaction inverse, de donner très-peu de longueur au tube *uo*, et de refroidir, aussi bien que possible, le récipient afin que la condensation des vapeurs de potassium soit immédiate.

§ 430. Pour obtenir le potassium absolument pur, il faut le soumettre à une nouvelle distillation. Cette opération s'exécute dans un vase en fer forgé A (fig. 522), sur lequel on visse le tube de fer recourbé *abc*. On place dans le vase le potassium et une certaine quantité d'huile de naphte. On chauffe le vase de fer dans un bon fourneau, et on plonge l'extrémité du tube de fer *abc* dans un flacon rempli d'huile de naphte. De temps en temps, on frappe de petits coups sur le tube *abc*, afin que le potassium fondu coule dans le récipient. Il reste dans la cornue un résidu charbonneux.

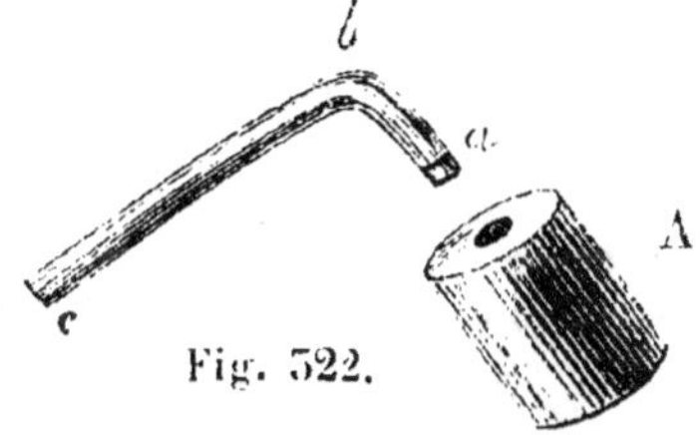

Fig. 522.

COMBINAISONS DU POTASSIUM AVEC L'OXYGÈNE.

§ 431. Le potassium forme, avec l'oxygène, deux combinaisons: un protoxyde auquel on donne la formule KO, et un peroxyde qui renferme 3 fois plus d'oxygène, et qui prend, par conséquent, la formule KO^3.

Lorsqu'on chauffe un globule de potassium placé dans une petite nacelle d'argent, disposée elle-même dans un tube de verre traversé par un courant de gaz oxygène sec, le métal prend feu et se change en une matière jaune, fusible, qui est le peroxyde de potassium. Cette matière se dissout facilement dans l'eau, mais en se décomposant; les $\frac{2}{3}$ de l'oxygène deviennent libres et le protoxyde de potassium se dissout. Si l'on évapore la dissolution à sec, on obtient de l'hydrate de protoxyde de potassium, qui fond à la chaleur rouge sombre, mais que l'on ne parvient pas à priver de son eau combinée.

La préparation du protoxyde de potassium présente de très-grandes difficultés. Pour l'obtenir, on transforme en peroxyde de potassium un poids connu de potassium, en le chauffant dans une nacelle d'argent, au milieu d'un courant de gaz oxygène; puis on ajoute dans la même nacelle un poids de potassium, double de celui qui a été transformé en peroxyde, et l'on chauffe la nacelle dans le même tube, à travers lequel on fait passer un courant de gaz azote :

$$KO^5 + 2K = 3KO.$$

On peut l'obtenir également en chauffant un poids connu d'hydrate de protoxyde de potassium $KO + HO$, ou *potasse*, avec un poids de potassium égal à celui qui existe dans la potasse; l'hydrogène de l'eau est mis en liberté, et il se forme 2 équivalents de protoxyde de potassium :

$$KO.HO + K = 2KO + H.$$

On ne réussit pas à obtenir le protoxyde de potassium en décomposant l'azotate de potasse par la chaleur, procédé par lequel on prépare un grand nombre de protoxydes anhydres, par exemple, les protoxydes de baryum, de strontium, de calcium, etc. L'azotate de potasse, chauffé dans une cornue de verre ou de porcelaine, se décompose, à la chaleur du rouge sombre, en oxygène qui devient libre, et en azotite qui reste dans la cornue :

$$KO.AzO^5 = KO.AzO^3 + 2O.$$

Si l'on élève davantage la température, l'azotite lui-même est décomposé, il se dégage de l'oxygène et de l'azote; mais le protoxyde de potassium s'empare d'une portion de l'oxygène, et passe en partie à l'état de peroxyde. La décomposition complète de l'azotite de potasse ne peut pas être obtenue dans des vases de terre ou de porcelaine; car les silicates qui constituent la matière de ces vases sont fortement attaqués par les oxydes de potassium, et les cornues sont promptement percées. On ne réussit pas mieux dans des vases de platine; car ce métal est promptement corrodé par les oxydes de potassium, surtout en présence de l'oxygène. L'argent résiste beaucoup mieux à l'action des oxydes de potassium; mais les vases qui en sont formés sont trop fusibles pour qu'on puisse y opérer la décomposition complète de l'azotite de potasse.

Nous verrons bientôt que l'hydrate de protoxyde de potassium est, au contraire, très-facile à obtenir en grande quantité, et que c'est une des substances les plus utiles dans nos laboratoires.

Des deux combinaisons que le potassium forme avec l'oxygène, une seule, le protoxyde, joue le rôle de base, et c'est la base la plus puissante de nos laboratoires. On ne connaît jusqu'ici aucune combinaison formée par le peroxyde; aussi cet oxyde présente-t-il très-peu d'intérêt. Il se décompose immédiatement au contact de l'eau et des acides, dégage de l'oxygène, et il se forme un sel de protoxyde de potassium.

Sels formés par le protoxyde de potassium, ou potasse.

Combinaisons du protoxyde de potassium avec l'eau.

§ 452. Le protoxyde de potassium, ou potasse, forme, avec l'eau, deux combinaisons définies ou *hydrates*, un monohydrate $KO + HO$, ou $KO.HO$, et un pentahydrate $KO + 5HO$.

Lorsque le potassium décompose l'eau, il se forme de l'hydrate de protoxyde de potassium $KO.HO$ qui reste en dissolution dans l'eau. Le même hydrate se produit lorsqu'on décompose un sel de potasse par une base donnant, avec l'acide du sel, un sel insoluble. C'est ce dernier procédé que l'on emploie toujours dans les laboratoires pour préparer les hydrates de protoxyde de potassium, qui sont des réactifs très-importants. On décompose pour cela le carbonate de potasse par la chaux; il se forme du carbonate de chaux insoluble, et la potasse reste dans la liqueur à l'état d'hydrate.

On dissout 1 partie de carbonate de potasse dans 10 parties d'eau. Si le carbonate ne se dissout pas sans résidu, parce qu'il est impur, on laisse reposer la liqueur; on la décante ensuite dans une chaudière en fonte très-propre, dans laquelle on la porte à l'ébullition. On ajoute, par petites portions, dans la liqueur bouillante, de la chaux éteinte délayée avec de l'eau. On ajoute ainsi successivement environ 1 partie de chaux, en continuant toujours l'ébullition. On prend ensuite, avec une pipette, une petite quantité de liqueur, que l'on verse dans une petite cloche; on attend quelques instants pour que les matières en suspension se déposent, puis on verse une portion de la liqueur claire dans un verre à pied, et l'on ajoute un excès d'acide chlorhydrique. Si tout le carbonate de potasse a été transformé en hydrate de potasse, il ne doit pas se produire d'effervescence. S'il se manifeste, au contraire, une effervescence assez vive, il faut continuer l'ébullition pendant quelque temps, en ajoutant, si cela est nécessaire, de petites quantités de chaux, jusqu'à ce que l'on n'obtienne plus d'effervescence dans un nouvel essai exécuté de la même manière. On enlève la chaudière du feu, on laisse la liqueur se clarifier par le repos, en maintenant la chaudière fermée, pour éviter que la potasse n'absorbe l'acide carbonique de l'air. Si l'on veut conserver la potasse à l'état de dissolution on décante la liqueur avec un siphon, et on la recueille dans un flacon de verre, que l'on peut fermer par un bouchon à l'émeri. Tous les flacons de verre ne conviennent pas également pour cet objet. Les flacons de cristal ou de verre tendre, qui renferment des quantités plus ou moins considérables d'oxyde de plomb, sont attaqués à la longue par la dissolution de potasse, et celle-ci renferme, au bout de quelque temps, des quantités appréciables d'oxyde de plomb qui peuvent gêner dans les réactions chimiques. Les flacons de verre vert conviennent mieux, parce qu'ils sont beaucoup plus difficilement attaqués par la potasse.

Si l'on veut, au contraire, obtenir la potasse solide, on évapore rapidement la dissolution dans une bassine en cuivre, ou, mieux, en argent. Il est convenable de pousser l'ébullition très-vivement, afin que la vapeur, en se dégageant incessamment, isole la potasse du contact avec l'air, auquel elle enlèverait de l'acide carbonique. A la fin, on pousse la chaleur jusqu'au rouge sombre ; l'hydrate de potasse KO.HO, qui reste seul alors, fond en un liquide d'une consistance huileuse. S'il s'est formé un peu de carbonate de potasse pendant l'évaporation, ce carbonate, qui ne fond qu'à une température beaucoup plus élevée, nage à la surface de l'hydrate, et forme une écume que l'on peut enlever avec une écumoire. On verse ensuite l'hydrate fondu sur une plaque de cuivre, où il se fige immédiatement. On concasse la potasse en fragments, et on la renferme dans des flacons bien bouchés.

L'hydrate de potasse, ainsi préparé, s'appelle dans le commerce *potasse à la chaux*. Lorsqu'on a employé du carbonate de potasse purifié, et que l'opération a été exécutée avec les soins convenables, l'hydrate de potasse est presque pur. Mais il en est rarement ainsi de la potase à la chaux que l'on achète dans le commerce. Le carbonate de potasse qui a servi à sa préparation renferme ordinairement des sulfate et silicate de potasse, du chlorure de potassium ; de plus, la décomposition du carbonate a été rarement complète.

§ 433. Pour purifier la potasse à la chaux, on la place, concassée en petits fragments, dans un grand flacon, que l'on remplit avec de l'alcool très-concentré. On agite fréquemment, et on chauffe même modérément pour hâter la dissolution. On laisse ensuite reposer la liqueur. Il se forme au fond du flacon un dépôt cristallin, principalement composé de sulfate de potasse et de chlorure de potassium. Une liqueur sirupeuse se trouve au-dessus du dépôt ; elle est formée, en grande partie, par du carbonate de potasse qui s'est dissous dans l'eau enlevée à l'alcool. Enfin, le reste de la liqueur est une dissolution du monohydrate de potasse dans de l'alcool à peu près absolu. On décante la liqueur supérieure avec un siphon, on la verse dans une cornue ou dans un autre appareil distillatoire convenable; on retire, par la distillation, environ $\frac{2}{3}$ de l'alcool, qui est de l'alcool absolu, puis on verse la liqueur, restée dans la cornue, dans une capsule d'argent où l'on achève de l'évaporer rapidement. A la fin on chauffe au rouge sombre pour fondre l'hydrate de potasse, que l'on coule ensuite sur une plaque d'argent. La dissolution alcoolique se colore ordinairement en brun pendant l'évaporation. Cette coloration tient à une altération d'une petite portion d'alcool, sous l'influence de l'oxygène de l'air et de la potasse; il en résulte un acide organique brun, qui reste en combinaison avec la potasse. Mais, au moment où la potasse fond, la matière se décolore complétement; l'acide organique se détruit, et donne de l'acide carbonique qui reste combiné avec de la potasse.

La potasse, ainsi purifiée, porte le nom de *potasse à l'alcool;* elle renferme toujours une certaine quantité de carbonate, mais elle est complétement débarrassée de chlorures et de sulfates. Si l'on veut avoir cette potasse absolument privée d'acide carbonique, il suffit de la redissoudre de nouveau dans l'eau, et de la faire bouillir avec une petite quantité de lait de chaux. On la laisse ensuite refroidir, et on la conserve avec la chaux dans un flacon bien bouché. La liqueur renferme alors un peu de chaux en dissolution; mais on peut la précipiter, en y versant, après l'avoir décantée, quelques gouttes de carbonate de potasse.

§ 454. La décomposition du carbonate de potasse par la chaux ne se fait facilement que lorsque la liqueur est étendue; on obtient nécessairement alors une dissolution de potasse très-faible, et il faut évaporer beaucoup d'eau pour obtenir la potasse solide. Si le carbonate de potasse est dissous dans une petite quantité d'eau, on ne parvient pas à le ramener à l'état caustique, même par une ébullition prolongée avec un grand excès de chaux. Il y a plus, lorsqu'on fait bouillir une dissolution très-concentrée de potasse caustique avec du carbonate de chaux, la potasse enlève presque complétement l'acide carbonique à la chaux. On conçoit donc qu'avec une dissolution de carbonate de potasse d'une certaine concentration, la décomposition du carbonate de potasse par la chaux doive s'arrêter à une certaine limite, que l'on ne parvient pas à franchir en prolongeant l'opération. On peut même retourner en arrière, c'est-à-dire reformer une nouvelle quantité de carbonate de potasse, si la liqueur se concentre trop par l'ébullition.

Théoriquement, pour décomposer 1 équivalent de carbonate de potasse, $KO.CO^2 = 865$, il suffit de 1 équivalent de chaux, $CaO = 356$; mais l'expérience montre que, pour obtenir une décomposition rapide, il faut mettre au moins une quantité de chaux double de celle que nous venons d'indiquer.

Il convient de mettre d'autant plus de chaux, que la dissolution de carbonate de potasse est plus concentrée.

La potasse caustique (potasse hydratée) se présente sous la forme de masses blanches opaques, à cassure cristalline. Sa densité est 2,1 environ. Elle fond au rouge sombre, et se volatilise sans altération à la chaleur blanche. L'hydrate de potasse n'abandonne son eau que si on lui présente un acide plus énergique avec lequel l'oxyde de potassium puisse se combiner.

§ 435. Pour déterminer expérimentalement la quantité d'eau que renferme l'hydrate de potasse, on pèse rapidement un certain poids de cet hydrate dans un creuset de platine recouvert de son couvercle pour que la matière ne puisse pas attirer d'eau pendant la pesée. On ajoute un peu d'eau pour dissoudre la potasse; puis on verse, avec précaution, un petit excès d'acide sulfurique, qui forme du sulfate de potasse. On évapore à sec, en prenant les précautions convenables pour éviter qu'il n'y ait une perte de matière par projection pendant l'évaporation. La matière desséchée est calcinée à une forte chaleur rouge pour chasser l'excès d'acide sulfurique, et amener le sulfate de potasse à l'état de sulfate neutre, $KO.SO^3$. On pèse de nouveau le creuset, et l'on obtient un poids P de sulfate de potasse, produit par le poids p d'hydrate de potasse. Si nous connaissions la composition du sulfate de potasse, nous saurions immédiatement quel est le poids q de potasse anhydre, KO, renfermé dans le poids P de sulfate de potasse, et nous en conclurions qu'un poids p d'hydrate de potasse renferme un poids q de potasse anhydre, et par suite un poids $(p - q)$ d'eau.

Supposons que nous ne connaissions pas la composition du sulfate de potasse, on dissoudra le poids P de sulfate de potasse dans l'eau, en lavant à plusieurs reprises le creuset avec de l'eau distillée pour ne pas perdre la moindre portion de matière. Dans les eaux réunies, légèrement acidulées par l'addition de quelques gouttes d'acide chlorhydrique, et chauffées jusqu'à la température de l'ébullition, on versera un excès d'une dissolution de chlorure de baryum. L'acide sulfurique sera précipité complétement à l'état de sulfate de baryte insoluble, qui se déposera facilement si les liqueurs sont chaudes. On recueillera ce précipité sur un petit filtre, et, après l'avoir lavé complétement avec de l'eau distillée et séché ensuite, on le calcinera au contact de l'air pour brûler le filtre. On obtiendra un poids Q de sulfate de baryte. Or nous pouvons admettre que la composition de ce sulfate est connue; car, si elle ne l'était pas, on pourrait la déterminer par l'expérience qui a été décrite (page 212, t. I).

On trouvera ainsi que 100 parties d'hydrate de potasse KO.HO renferment 16,0 d'eau, ce qui correspond à la composition suivante en équivalents :

1 éq. protoxyde de potassium...	590,00	85,99
1 » eau.....................	112,50	16,01
1 » hydrate de potasse.......	702,50	100,00.

§ 436. Le monohydrate de potasse se dissout dans l'eau avec dégagement de chaleur. Ce dégagement de chaleur prouve qu'il n'y a pas eu simple dissolution, car celle-ci amène toujours un refroidissement de la liqueur. Le monohydrate se combine avec une nouvelle quantité d'eau, et la chaleur dégagée par cette combinaison l'emporte sur celle qui est absorbée dans l'acte de la dissolution. Si l'on dissout le monohydrate de potasse dans une très-petite quantité d'eau chaude, et qu'on laisse ensuite refroidir la liqueur dans un flacon fermé, il se forme des cristaux qui appartiennent à un deuxième hydrate de potasse, renfermant 5 fois plus d'eau que le premier, et qui a pour formule $KO + 5HO$. Cet hydrate se dissout dans l'eau en produisant un abaissement de température.

Fig. 523.

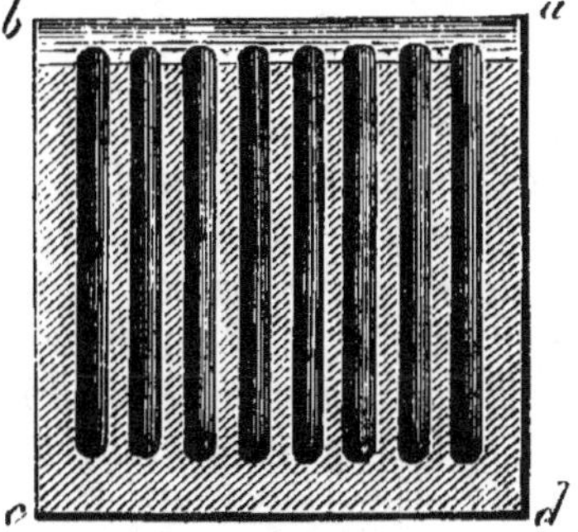

Fig. 524.

L'hydrate de potasse est déliquescent à l'air. Un fragment de potasse, exposé à l'air dans une capsule de porcelaine, ne tarde pas à se changer en une liqueur sirupeuse. La potasse absorbe, en même temps, l'acide carbonique de l'air; le produit conserve l'état liquide, parce que le carbonate neutre de potasse est lui-même déliquescent, mais, à la longue, il se forme du bicarbonate de potasse qui cristallise.

§ 437. La potasse attaque et dissout les matières animales : on l'emploie en chirurgie sous le nom de *pierre à cautère* pour cautériser les chairs. On coule pour cet usage la potasse sous forme de baguettes dans un petit moule en bronze ou lingotière, formé de deux pièces *abcdefgh*, *abcdikl*, qu'on réunit, quand on veut couler la potasse, et qu'on sépare ensuite pour sortir les petits cylindres fondus. La figure 323 représente le moule avec ses deux moitiés réunies. La figure 324 montre l'une des moitiés séparées.

Carbonates de potasse.

§ 438. La potasse forme trois combinaisons avec l'acide carbonique : un carbonate neutre, $KO.CO^2$, un sesquicarbonate, $KO.\tfrac{3}{2}CO^2$, et un bicarbonate $KO.2CO^2$.

Carbonate neutre de potasse, $KO.CO^2$. — Le carbonate neutre de potasse s'extrait ordinairement des cendres des végétaux. Le suc des végétaux renferme plusieurs sels solubles, et principalement des sels formés par la potasse et la soude combinées avec des acides organiques. Ces acides sont toujours des combinaisons de carbone, d'hydrogène et d'oxygène. Lorsqu'on brûle les plantes, les acides organiques se détruisent ; la potasse et la soude restent dans les cendres à l'état de carbonates. Mais les cendres des végétaux renferment encore plusieurs autres sels, notamment des chlorures de potassium et de sodium, des sulfates de potasse et de soude, des carbonates et phosphates de chaux et de magnésie, du silicate d'alumine. Les végétaux qui croissent sur le bord de la mer contiennent principalement de la soude, tandis que ceux qui viennent dans l'intérieur des terres renferment surtout de la potasse. Ce sont les cendres de ces derniers végétaux que l'on traite pour obtenir le carbonate de potasse.

On traite ces cendres par l'eau, qui dissout les sels solubles, c'est-à-dire les carbonates de potasse et de soude, les chlorures et les sulfates. Il reste un résidu insoluble, formé principalement de silicate d'alumine, de carbonate et de phosphate de chaux. La dissolution, que l'on appelle vulgairement *lessive de cendres*, est évaporée à sec. Le résidu de l'évaporation est vendu dans le commerce sous les noms de *carbonate de potasse brut*, de *potasse perlasse* et de *potasse brute*.

Les quantités pondérales de cendres fournies par les divers végétaux varient avec leur nature, et suivant les terrains dans lesquels ils se sont développés. Les plantes herbacées en donnent plus que les plantes ligneuses. Les diverses parties d'un même végétal fournissent également des proportions de cendres très-différentes. Les feuilles donnent beaucoup plus de cendres que les branches, et l'écorce plus que le tronc.

La fabrication en grand de la potasse brute ne peut se faire avec avantage que dans les pays où le combustible a très-peu de valeur, et où l'on brûle les végétaux exprès pour employer leurs cendres à cette fabrication. On utilise les cendres dans tous les pays, soit comme engrais pour l'agriculture, soit pour former des dissolutions de carbonate de potasse impur, ou lessive de cendres, que l'on emploie pour blanchir le linge. Presque toute la potasse brute qui se consomme dans les arts vient de Russie ou d'Amérique. La composition de ce carbonate de potasse impur est très-variable, et, comme sa valeur dépend principalement de la proportion de carbonate alcalin qu'il renferme, il est important pour le commerçant de pouvoir reconnaître rapidement et exactement la valeur de la potasse brute qu'il achète. Nous exposerons plus loin, avec détail, la méthode que l'on suit pour ces essais.

La potasse brute renferme de 60 à 80 pour 100 de carbonates de potasse et de soude; le reste de la matière est formé de sulfate, de chlorure et d'une petite quantité de silicate de potasse. On peut la purifier par voie de dissolution, et obtenir un carbonate de potasse qui ne renferme que 2 à 3 pour 100 de matières étrangères. A cet effet, on traite la potasse brute par son poids d'eau froide; on laisse digérer pendant plusieurs jours, en agitant de temps en temps; les sels étrangers, moins solubles, tels que le sulfate de potasse et le chlorure de potassium, restent en grande partie comme résidu. La liqueur, décantée, est soumise à une évaporation rapide, jusqu'à ce qu'elle commence à se troubler par le dépôt de petits cristaux. On retire alors le feu et on laisse refroidir la liqueur. Pendant tout le temps de la cristallisation, on agite la liqueur, afin que la cristallisation soit troublée, et qu'il ne se forme que de petits cristaux. Les liqueurs refroidies sont versées dans une chausse filtrante, qui retient les cristaux de carbonate de potasse. On lave ces cristaux avec une petite quantité d'une dissolution de carbonate de potasse pur.

On obtient le carbonate de potasse plus pur en décomposant par la chaleur, dans un creuset de fer, du bitartrate de potasse purifié, appelé dans le commerce *crème de tartre*. Il reste un mélange de carbonate de potasse et de charbon, qui est quelquefois employé dans les laboratoires sous le nom de *flux noir*. On reprend par l'eau, qui dissout le carbonate de potasse et laisse le charbon, et l'on évapore la liqueur à sec. On prépare quelquefois le carbonate de potasse en projetant, par petites portions, dans une chaudière de fonte, chauffée au rouge, un mélange de 1 partie de bitartrate de potasse et de 2 parties d'azotate de potasse. Le charbon de l'acide tartrique est brûlé complétement par l'oxygène de l'acide azotique, et il reste une matière blanche, que l'on appelle *flux blanc*, et qui est presque entièrement formée de carbonate de potasse. Mais ce produit renferme toujours une certaine quantité d'azotite de potasse. On évite cet inconvénient en diminuant la proportion d'azotate de potasse; le carbonate ne renferme plus alors d'azotite de potasse; mais il contient toujours un peu de cyanure de potassium.

La manière la plus sûre d'obtenir du carbonate de potasse pur consiste à préparer du bioxalate de potasse en combinant de l'hydrate de potasse avec un excès d'acide oxalique. On purifie ce sel par plusieurs cristallisations. On le décompose ensuite par la chaleur dans un creuset de platine.

Le carbonate de potasse est très-soluble dans l'eau; sa dissolution possède une réaction fortement alcaline. Une dissolution de carbonate de potasse, très-concentrée à chaud, abandonne, en se refroidissant, des cristaux qui renferment 20 pour 100 d'eau; ils ont pour formule $KO.CO^2 + 2HO$.

§ 459. *Bicarbonate de potasse*, $KO.2CO^2$. — On obtient ce sel en faisant passer de l'acide carbonique dans une dissolution concentrée de carbonate neutre de potasse jusqu'à ce qu'elle ne puisse plus en dissoudre, le bicarbonate de potasse se dépose sous forme de cristaux. On utilise, pour cette préparation, l'acide carbonique qui se développe en abondance pendant la fermentation du vin doux ou d'autres liqueurs sucrées, ou encore l'acide carbonique qui se dégage du sol dans quelques localités.

Le bicarbonate de potasse se dissout dans 4 parties d'eau froide; ses cristaux renferment 9 pour 100 d'eau, et ont pour formule $KO.2CO^2 + HO$. Par l'action de la chaleur, ils perdent leur eau et la moitié de l'acide carbonique; il reste du carbonate neutre.

Essai des potasses du commerce.

§ 440. Les potasses brutes que l'on trouve dans le commerce présentent des compositions très-différentes; leur valeur est nécessairement proportionnelle à la quantité de carbonate de potasse pur qu'elles renferment, et il est de la plus haute importance, pour l'acheteur, d'avoir des moyens précis et expéditifs de déterminer la valeur vénale des potasses qu'il veut acheter.

Le procédé employé est fondé sur la réaction alcaline que le carbonate de potasse exerce sur la teinture de tournesol; cette teinture passe à la couleur rouge pâle, ou pelure d'oignon, aussitôt qu'elle se trouve en présence de la plus petite quantité d'un acide fort; tandis que l'acide carbonique, quelle que soit sa quantité, ne lui communique jamais qu'une couleur rouge vineux.

On appelle *titre pondéral* d'un alcali brut le nombre de kilogrammes de matière alcaline qu'il renferme au quintal. Pour le déterminer, on prend, d'une part, une certaine quantité d'acide, que l'on divise en 100 parties; et, de l'autre, une quantité d'alcali telle que, si elle était pure, elle saturât exactement les 100 parties d'acide. Le nombre de parties d'acide employé pour la saturation d'un alcali impur en exprime le titre pondéral.

L'acide que l'on choisit est l'acide sulfurique. On prend pour unité 5 grammes de cet acide au maximum de concentration, c'est-à-dire à l'état d'acide $SO^3 + HO$, et on les étend d'une quantité d'eau telle, que le mélange occupe 100 demi-centimètres cubes. Pour saturer 1 éq. d'acide sulfurique hydraté, ou 612,5, il faut 1 éq. de potasse pure anhydre $KO = 590,0$; par conséquent, pour saturer les 100 centièmes de notre mélange aqueux, ou 5 grammes d'acide monohydraté, il faut prendre une quantité de potasse pure anhydre, donnée par la proportion :

$$612,5 : 590,0 :: 5,000 : x.$$

$$\text{d'où } x = 4^{gr},816.$$

Si donc on cherche le nombre de centièmes d'acide qui sont saturés par $4^{gr},816$ d'une potasse quelconque, il est clair que ce nombre représentera le nombre de kilogrammes de potasse pure contenu dans 100 kilogrammes de la potasse brute, c'est-à-dire le titre pondéral de l'alcali.

La préparation de la dissolution d'acide sulfurique que l'on emploie pour cet objet, et qu'on appelle la *liqueur acide normale*, exige des précautions particulières. L'acide sulfurique concentré du commerce n'est jamais au maximum de concentration, et très-souvent il est impur. Celui que l'on vend comme *acide pur distillé* peut être considéré comme débarrassé de matières étrangères, mais il renferme un peu plus d'eau que l'acide monohydraté. Pour plus de sûreté, on peut distiller l'acide du commerce dans l'appareil que nous avons décrit (§ 134); on sépare le premier quart qui passe à la distillation, parce qu'il est trop aqueux; et on recueille seulement les deux quarts intermédiaires pour composer la liqueur acide normale. Il est convenable d'ajouter dans la cornue un peu de sulfate de protoxyde de fer, pour détruire les produits nitreux, si l'acide en renferme. Si l'on désire une grande exactitude, il est nécessaire d'analyser la liqueur normale en précipitant l'acide sulfurique par le chlorure de baryum. On connaîtra ainsi la petite quantité d'acide sulfurique qu'il faut ajouter à la liqueur pour lui donner le titre rigoureux.

On pèse très-exactement, dans un petit ballon, 100 grammes de cet acide. D'autre part, on prend un vase **A** (fig. 325) contenant 1 litre d'eau froide lorsqu'il est rempli jusqu'au trait α, gravé sur le col, et on le remplit à moitié d'eau. On y verse lentement l'acide sulfurique que l'on vient de peser, en imprimant au vase un mouvement de rotation pour mélanger rapidement les liqueurs. On rince plusieurs fois le ballon avec de l'eau, que l'on renverse chaque fois dans le vase **A**; enfin, on achève de remplir ce vase jusqu'au trait α, et l'on agite la liqueur afin de la rendre homogène. Comme la liqueur s'est échauffée par le mélange de l'acide avec l'eau, il faut la laisser revenir à la température ambiante et achever ensuite l'affleurement exact au trait α, en ajoutant de petites quantités d'eau avec une pipette. La liqueur acide normale étant ainsi préparée, on la conserve dans un flacon bien bouché.

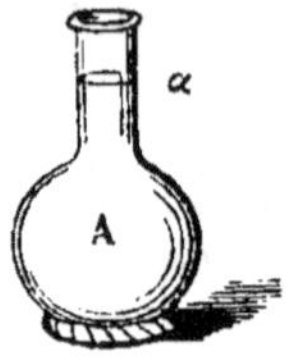

Fig. 325.

On a encore besoin, pour faire l'essai des potasses, d'une dissolution bleue de tournesol, et de papier coloré en bleu pâle avec cette même teinture. Le tournesol se trouve dans le commerce sous la forme de petits pains coniques. On dissout deux ou trois de ces petits pains dans un décilitre d'eau bouillante, et on filtre la liqueur dans un petit flacon: on obtient ainsi la teinture bleue. Pour préparer le papier de tournesol, on prend un papier à lettre fin, collé, et on le colore sur une de ses faces avec la teinture que l'on applique au pinceau. Le papier sec doit avoir une teinte bleue très-claire; si elle n'était pas assez sensible, on appliquerait une seconde couche de teinture; mais il est convenable de ne pas donner au papier une coloration trop intense, parce qu'alors il ne serait plus assez sensible aux réactions acides.

Cela posé, pour faire l'essai d'une potasse, on en prend plusieurs fragments dans les diverses parties de la masse à essayer, de manière à obtenir un échantillon qui présente, à peu près, la même composition que la masse entière. On concasse la potasse en fragments qu'on mélange intimement, puis on en pèse très-exactement $48^{gr},16$ que l'on dissout dans un volume d'eau tel, que le volume de la dissolution soit exactement de $\frac{1}{2}$ litre.

Pour faire commodément cette dissolution, on place les $48^{gr},16$ de potasse dans un vase cylindrique B (fig. 326), mais qui est muni d'un bec pour verser plus facilement sans perte le liquide contenu. D'autre part, on a une éprouvette à pied C (fig. 327) qui contient $\frac{1}{2}$ litre jusqu'au trait circulaire ϵ, on la remplit à moitié d'eau, et l'on verse cette quantité d'eau dans le vase B ; pour opérer la dissolution de la potasse, on agite avec une baguette de verre. Lorsque la dissolution est achevée, s'il reste un résidu insoluble considérable, on filtre la liqueur sur un petit filtre placé immédiatement sur l'éprouvette C. On rince ensuite, à plusieurs reprises, le vase B avec de petites quantités d'eau, que l'on passe sur le même filtre. Enfin, quand le filtre a été bien lavé, on ajoute directement, avec une pipette, de l'eau dans l'éprouvette C, pour amener l'affleurement du liquide rigoureusement au trait de repère ϵ. Il est nécessaire pour cela que l'éprouvette soit placée sur une table horizontale, et que l'opérateur mette l'œil au niveau du repère ϵ.

Fig. 326.

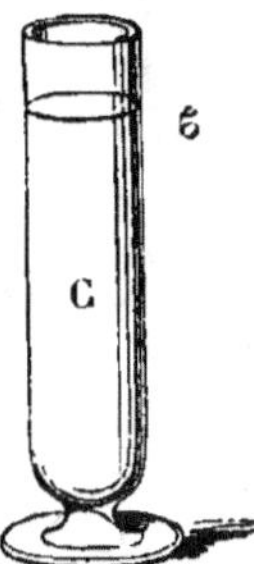

Fig. 527.

Les 48^{gr},16 de potasse brute sont ainsi dissous dans $\frac{1}{2}$ litre de liqueur. Il est clair que si l'on prend le $\frac{1}{10}$ de ce volume, c'est-à-dire 50 centimètres cubes, on aura la quantité de liqueur qui aurait été donnée par 4^{gr},816 de potasse. On se sert à cet effet d'une pipette D (fig. 528), qui renferme 50 centimètres de liqueur, lorsqu'elle est remplie jusqu'au trait γ. Pour remplir la pipette, on plonge sa pointe a dans la liqueur alcaline ; on aspire avec la bouche, de manière à la remplir de liquide, et à faire monter le niveau au-dessus du trait γ. On bouche alors l'orifice supérieur avec l'index ; et, en le débouchant momentanément, on fait couler lentement le liquide, jusqu'à ce que le niveau affleure rigoureusement au trait γ. Pour détacher la dernière goutte de liquide, qui reste suspendue extérieurement à la pointe a de la pipette, on appuie cette pointe contre la paroi de l'éprouvette C.

Fig. 528.

On reçoit le liquide de la pipette dans un vase cylindrique en verre E (fig. 329). Quand la pipette s'est vidée, on souffle dans l'intérieur pour faire tomber la dernière goutte. On colore cette liqueur avec une petite quantité de teinture de tournesol, de manière à lui donner une teinte bleue bien prononcée, et l'on procède à la saturation par la liqueur acide normale.

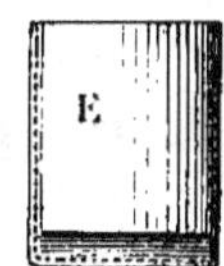

Fig. 529.

Pour mesurer la liqueur acide normale, on se sert d'un petit appareil particulier en verre, que l'on appelle une *burette*. La burette se compose d'un tube de verre *ab* (fig. 330), de 12 à 14 millimètres de diamètre intérieur, au bas duquel on a soudé un petit tube *cd* beaucoup plus étroit, recourbé parallèlement au premier, et présentant une nouvelle courbure à son extrémité supérieure, de manière à former un bec. Ce petit vase est divisé en demi-centimètres cubes, et les divisions sont tracées sur le large tube *ab*, mais tracées dans l'ordre inverse : c'est-à-dire que le zéro correspond au volume 100, et que la division va en descendant. Cette disposition de l'échelle est commode, parce qu'elle permet de lire immédiatement le nombre des divisions que l'on a versées. On met un peu

Fig. 330 *a.* de suif ou de cire au-dessous de l'ouverture du bec *d* de la burette, afin que le liquide ne coule pas le long des parois.

Cela posé, on remplit la burette de liqueur acide normale jusqu'à la division 0 ; puis, tenant de la main droite la burette, et de la main gauche le vase E qui renferme la liqueur alcaline bleue, on verse la liqueur acide dans la dissolution alcaline, en donnant continuellement au vase E un mouvement de rotation, afin de mélanger rapidement les liqueurs. Pour apprécier plus facilement les changements de couleur, on a soin de maintenir le vase E au-dessus d'une feuille de papier blanc.

Les premières quantités d'acide versées ne produisent pas de changement sensible dans la liqueur. Quand on a ajouté une quantité d'acide, un peu plus grande que la moitié de celle qui produit la saturation, la liqueur prend une teinte rouge vineux. Arrivé à ce point, on n'ajoute plus l'acide que goutte à goutte, et l'on s'arrête au moment où la teinte devient pelure d'oignon. On lit alors la division de la burette à laquelle s'arrête le liquide acide. Supposons que ce soit la division 55, on en conclut que l'on a versé 55 centimètres d'acide, et, par suite, que le quintal de potasse renferme 55 kilog. de potasse pure.

Il est bon cependant de ne regarder ce premier essai que comme une approximation, car on peut arriver à une précision beaucoup plus grande en répétant l'expérience. On prend de nouveau 50 centimètres cubes de la dissolution alcaline, avec la pipette D, et on les verse dans le bocal E. On y ajoute immédiatement 50 à 52 divisions de la liqueur acide, et, après avoir agité le mélange, on verse la quantité de teinture de tournesol nécessaire pour obtenir une coloration convenable. Il faut ensuite verser la liqueur normale avec beaucoup de précaution, afin de déterminer très-rigoureusement le moment de la saturation. Le bec de la burette ayant un petit diamètre, il est facile de faire tomber le liquide goutte à goutte, et l'on peut s'assurer qu'il faut toujours sensiblement le même nombre de gouttes pour former une division de la burette. Supposons, par exemple, que 5 gouttes de liquide forment une division, on pourra subdiviser chaque division en cinquièmes, en comptant le nombre de gouttes versées. On verse donc la liqueur acide normale, par gouttes, dans le bocal E. Après l'addition de chaque goutte, on remue la liqueur à l'aide d'une baguette de verrre, avec l'extrémité mouillée de laquelle on fait un trait sur une petite bande de papier de tournesol. On continue ainsi jusqu'à ce que la liqueur ait pris la couleur pelure d'oignon ; on note alors le nombre de divisions et de gouttes versées.

Supposons qu'on ait versé 53 divisions entières, plus 5 gouttes, c'est-à-dire $53^{\text{div}} + \frac{5}{5}$. Cette quantité d'acide excède, d'un certain nombre de gouttes, celle qui est rigoureusement nécessaire pour produire la saturation. Cela tient à ce que les premières gouttes d'acide, ajoutées en excès, ne font pas changer immédiatement la couleur du tournesol ; elles exigent pour cela un certain temps. Mais, comme après l'addition de chaque goutte, nous avons fait un trait avec le liquide sur une bande de papier de tournesol, au bout de quelque temps, tous les traits où l'acide se trouvait en excès rougissent, et il devient facile de savoir le nombre de gouttes mises de trop. Supposons que les quatre derniers traits soient devenus rouges, cela prouve que quatre gouttes de liqueur acide ont été ajoutées en excès et qu'il faut retrancher ces 4 gouttes, c'est-à-dire $\frac{4}{5}$ de division, du nombre que nous avons trouvé tout à l'heure. Le véritable titre pondéral de la matière est donc $52 \frac{4}{5}$ ou 52,8.

§ 441. Si la potasse soumise à l'essai était de la potasse entièrement caustique, la couleur passerait immédiatement du bleu à la couleur pelure d'oignon, au moment où l'acide viendrait à dominer.

Si l'alcali est à l'état de carbonate simple, s'il est dissous dans une quantité suffisante d'eau, enfin, si la liqueur est constamment agitée, il ne se dégage pas d'acide carbonique pendant l'addition de la première moitié de l'acide. L'acide carbonique qui devient libre se combine avec le carbonate non décomposé, le fait passer à l'état de bicarbonate, et la liqueur conserve jusque-là sa couleur bleue. Une nouvelle addition d'acide fait passer la couleur au rouge vineux, parce qu'elle décompose une partie du bicarbonate et dégage de l'acide carbonique. La couleur vineuse persiste jusqu'au moment où le bicarbonate est entièrement décomposé, et où l'acide sulfurique vient à dominer.

Enfin, si l'alcali est entièrement à l'état de bicarbonate, les premières gouttes d'acide ajoutées produisent le rouge vineux, parce qu'elles mettent de l'acide carbonique en liberté.

§ 441 *bis*. On donne souvent à la burette une forme qui en rend

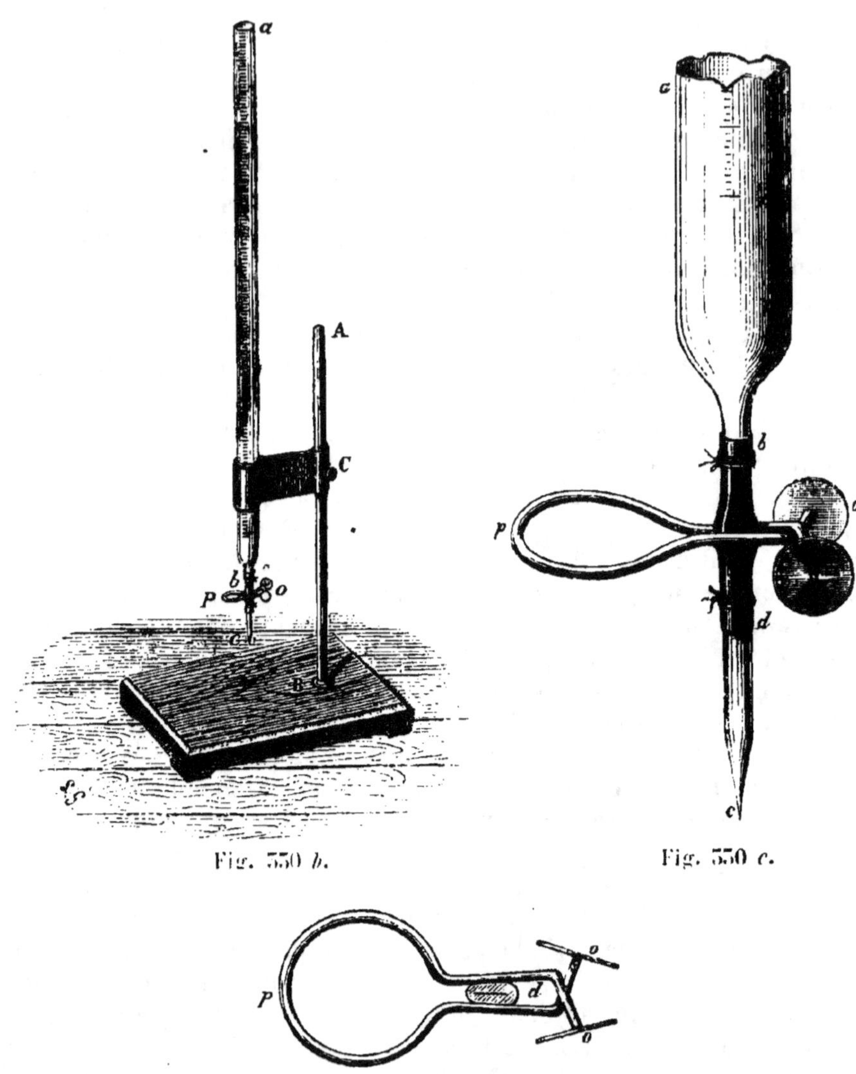

Fig. 330 *b*.

Fig. 330 *c*.

Fig. 330 *d*.

le maniement plus facile et qui permet de mesurer, avec plus de précision, les quantités de liquide versées. La burette (fig. 330 *b* et 330 *c*) se compose alors d'un tube de verre *ab*, de 15 millimètres de diamètre et de 40 à 80 centimètres de hauteur. Ce tube est étiré à la partie inférieure, et coupé suivant une section plane que l'on borde à la lampe. Un petit tube *cd*, de même diamètre que l'extrémité effilée du tube *ab*, et terminé par une petite ouverture *c*, est attaché au tube *ab* par un tube de caoutchouc vulcanisé *bd*, très-flexible, de façon que les extrémités des tubes de verre restent séparées de plusieurs millimètres. Le tube *ab* est maintenu suivant une direction verticale par le support ACB, l'ouverture inférieure *c* restant à une distance assez grande de la plaque B du support pour que l'on puisse placer dessous le vase destiné à recevoir la liqueur titrée. La fermeture inférieure de la burette s'obtient très-exactement en serrant le caoutchouc *bd*; on se sert pour cela de la pince représentée par la figure 350*d*. Cette pince est formée par un fil de laiton ployé d'abord suivant un cercle, et dont les deux bouts sont ensuite étendus à côté l'un de l'autre suivant le prolongement d'un diamètre du cercle. Chacune des extrémités du fil est recourbée à angle droit et terminée par un bouton *o*. Lorsqu'on presse sur ces deux boutons avec deux doigts, on fait écarter les deux parties rectilignes; quand on les abandonne à eux-mêmes, l'élasticité du fil fait serrer les branches rectilignes qui compriment et ferment le caoutchouc *bd*. Quand la burette est remplie de liquide, celui-ci ne peut pas couler, et le tube inférieur *cd* reste rempli par suite de la capillarité dans l'ouverture étroite *c*. Si l'on veut faire couler le liquide, il suffit de presser sur les boutons *o,o*; le caoutchouc tend alors à prendre sa forme naturelle; on rendra l'écoulement plus ou moins rapide en pressant plus ou moins sur les boutons. La burette *ab* est divisée en capacités égales, dont il est facile de vérifier l'exactitude en pesant le liquide qu'on fait écouler successivement entre les divisions.

On remplit la burette quand elle est sur son pied, en versant d'abord du liquide jusqu'au-dessus du trait 0; puis, en pressant fortement les boutons, on ouvre la pince, afin que tout l'air soit entraîné et que le tube se remplisse complétement. On laisse ensuite couler lentement le liquide jusqu'à ce que le bord inférieur du ménisque concave touche le trait 0. La quantité de liqueur titrée qui a été employée pour une analyse s'obtient en notant la division à laquelle le ménisque liquide s'est arrêté; elle indique nécessairement le nombre de divisions qui ont été versées.

Pour éviter que la liqueur titrée de la burette ne s'altère par évaporation ou par la poussière, si on doit s'en servir longtemps, il faut fermer l'ouverture supérieure de la burette. Le mode le plus simple pour obtenir cet effet consiste à dresser exactement cette ouverture sur une meule de grès, et à placer dessus une bille semblable à celles avec lesquelles jouent les enfants.

§ 442. On peut déterminer très-exactement, par la méthode qui vient d'être décrite, la quantité de matière alcaline que renferme, par litre, une dissolution de potasse. Il suffit de prendre, avec la pipette, 50 centimètres cubes de cette dissolution, et de les saturer avec la liqueur acide normale. Supposons que l'on ait ajouté 42 divisions de la burette, on dira que 50 centimètres cubes de la dissolution de potasse renferment $4^{gr},816 \times 0,42 = 2^{gr},02$ de matière alcaline, et, par suite, que chaque litre en renferme $40^{gr},4$.

Azotate de potasse.

§ 443. L'azotate de potasse, qui porte vulgairement dans le commerce le nom de *nitre* ou de *salpêtre*, se rencontre tout formé dans la nature. On peut le préparer directement, en combinant l'acide azotique avec la potasse ou en décomposant le carbonate de potasse par le même acide. La liqueur évaporée laisse déposer des cristaux prismatiques, qui présentent le plus souvent un aspect cannelé, parce qu'ils résultent de l'agglomération d'un grand nombre d'individus cristallins. Ces cristaux ne renferment pas d'eau, de sorte que leur formule est $KO.AzO^5$.

L'azotate de potasse a une saveur fraîche, un peu amère; sa densité est 1,935. Soumis à l'action de la chaleur, il fond vers 350°, et forme un liquide très-fluide, qui se congèle par le refroidissement en une matière vitreuse. Il se décompose à une température plus élevée; de l'oxygène pur se dégage, et l'azotate de potasse, $KO.AzO^5$, se change en azotite $KO.AzO^3$. Chauffé davantage, l'azotite de potasse se décompose lui-même; il se dégage un mélange d'oxygène et d'azote, et il reste de la potasse caustique, KO; mais cette potasse renferme toujours une proportion notable de peroxyde de potassium, KO^3. La décomposition complète ne peut être obtenue ni dans des vases de verre ni dans des vases de porcelaine, parce que la potasse les attaque énergiquement et les perce en peu d'instants.

La solubilité de l'azotate de potasse augmente très-rapidement avec la température :

100 parties d'eau dissolvent à	0°	...	13,52	d'azotate de potasse,
»	»	18 ...	29,00	»
»	»	45 ...	74,60	»
»	»	97 ...	236,00	»

Une dissolution saturée à chaud abandonne par conséquent, en se refroidissant, la plus grande partie du sel dissous.

L'azotate de potasse est un corps oxydant très-énergique. Projeté sur des charbons, il *fuse*, en activant beaucoup la combustion du charbon, dans le voisinage du contact. Un mélange de soufre et d'azotate de potasse, projeté dans un creuset chauffé, produit une combustion très-vive et un grand dégagement de lumière; il se forme du sulfate de potasse. A cause de cette propriété, on emploie fréquemment l'azotate de potasse dans les laboratoires, pour oxyder les corps; ainsi nous avons vu (§ 160), que le sélénium, chauffé avec l'azotate de potasse, donne du séléniate de potasse, et que l'acide arsénieux donne, dans les mêmes circonstances, de l'arséniate de potasse. L'azotate de potasse entre dans la composition de la poudre à canon.

§ 444. Nous avons dit que le nitre existait tout formé dans la nature. Dans plusieurs contrées chaudes, principalement dans l'Inde et en Égypte, il se produit à la surface du sol, après la saison des pluies, d'abondantes efflorescences salines. On enlève la terre sur une profondeur de quelques centimètres, et on la traite par l'eau, qui dissout les sels solubles. Les eaux sont placées dans de grands bassins, où elles s'évaporent promptement par la chaleur solaire, et laissent déposer une quantité considérable d'azotate de potasse en gros cristaux. Ce sel est versé dans le commerce sous le nom de *nitre brut des Indes.* Les eaux mères sont rejetées; elles renferment beaucoup d'azotates de chaux et de magnésie, et elles pourraient encore donner une quantité considérable de nitre si on les mélangeait avec des sels de potasse.

On recueille aussi une quantité assez importante de nitre dans certaines grottes naturelles. Ainsi, dans l'île de Ceylan, il existe un grand nombre de grottes dont les parois se couvrent d'efflorescences nitreuses. Tous les ans, on détache, au pic, la couche extérieure des rochers, et on traite par l'eau les fragments qui en proviennent. Les eaux donnent, par évaporation, de l'azotate de potasse.

§ 445. On obtient aussi, artificiellement, le salpêtre, en reproduisant les circonstances qui déterminent probablement la formation de ce sel dans la nature. La fabrication artificielle du salpêtre consiste toujours à mêler des matières animales azotées avec des carbonates, qui sont ordinairement les carbonates naturels de chaux et de magnésie, aussi désagrégés que possible. On leur ajoute, quand cela se peut, des carbonates alcalins. Le mélange, abandonné à lui-même, au contact de l'air, pendant plusieurs années, détermine la formation des azotates, principalement d'azotates de chaux et de potasse, que l'on transforme ensuite complétement en azotate de potasse, par une addition convenable de sels de potasse. On donne à ces tas de matières le nom de *nitrières artificielles.*

On place sur une aire imperméable, construite en argile et recouverte d'un toit, les terres calcaires aussi meubles que possible, mêlées le plus ordinairement avec de la terre végétale et des fumiers. On arrose, de temps en temps, ces terres avec des eaux de fumier ou des urines, et on les retourne fréquemment. On leur ajoute souvent des cendres, même des cendres lavées, ou des roches potassiques altérées, telles que des roches feldspathiques en décomposition. On donne à ces tas de matières des formes différentes suivant les pays. Une des dispositions les plus convenables consiste à en former des murs ayant une de leurs faces verticale, et dont la face opposée présente au contraire des gradins, sur chacun desquels on ménage une rigole destinée à retenir les eaux avec lesquelles on arrose le tas. La face verticale est exposée au vent qui règne le plus ordinairement dans la contrée, ou sous l'influence duquel la vaporisation est la plus active. C'est sur cette face que viennent se rendre lentement, par action capillaire, les eaux qui mouillent la masse terreuse ; et, comme l'évaporation y est très-rapide, ces eaux déposent leurs matières en dissolution ; la paroi se recouvre ainsi promptement d'efflorescences nitreuses. Lorsqu'une quantité suffisante de matière nitreuse s'est accumulée sur la paroi, on enlève une épaisseur de terre d'un décimètre environ, et on lessive les matériaux qui en proviennent. Le résidu insoluble est de nouveau reporté sur le tas, et disposé sur les gradins, de manière que le mur conserve sensiblement la même forme. On continue ainsi indéfiniment jusqu'à ce que le tas, par le déplacement progressif qu'il éprouve dans ses transformations successives, tende à sortir de l'aire qui lui est destinée. On le démolit alors, et on le rétablit dans sa position primitive.

D'autres fois, on fait une *préparation préliminaire des terres* dans des étables, principalement dans les étables de moutons. On construit le sol de ces étables avec un plancher argileux imperméable. On recouvre le sol d'une couche de 2 à 3 décimètres de la terre calcaire meuble qui doit être nitrifiée, et on place par-dessus la litière ordinaire des animaux. Après quatre mois de séjour dans l'étable, on enlève le fumier, on retourne complétement la terre, on place par-dessus une nouvelle couche de terre, de 2 décimètres environ d'épaisseur ; enfin on superpose une nouvelle litière. Au bout de quatre mois, on renouvelle cette opération, et, à la fin de l'année, on regarde la préparation des terres comme achevée.

On enlève alors ces terres, et on les entasse sur une hauteur de 1 mètre environ sous un hangar ; on leur donne plus de perméabilité, en y interposant de la paille ou des menus branchages ; enfin, on les retourne avec des fourches, tous les mois ou tous les deux mois. Ce n'est ordinairement qu'après deux ans que les terres sont devenues propres au lessivage.

L'industrie des nitrières artificielles a été longtemps protégée par les gouvernements, et elle a pu se soutenir, grâce aux primes qui lui étaient accordées. Mais, depuis quelques années, les droits d'entrée en France sur les salpêtres étrangers ayant été considérablement diminués, cette industrie a entièrement disparu dans notre pays. On y recueille cependant encore une certaine quantité de salpêtre, en lessivant les vieux matériaux de construction, les plâtras salpêtrés qui proviennent de la démolition des parties inférieures des vieilles maisons, et surtout des étables et des écuries.

§ 446. Les chimistes ne sont pas encore d'accord sur l'explication de la formation du salpêtre naturel. Le plus grand nombre admettent que cette formation a lieu sous l'influence des matières animales en décomposition, comme dans nos nitrières artificielles, et que l'azote est fourni exclusivement par ces matières. D'autres supposent, au contraire, que l'azote et l'oxygène de l'air sont susceptibles de se combiner directement, dans certaines circonstances, par exemple en présence des matières poreuses et des carbonates de bases fortes; mais, jusqu'à présent, aucune expérience directe n'a démontré cette possibilité. Dans cette dernière hypothèse, on admet que la décomposition spontanée des matières animales produit du carbonate d'ammoniaque. Ce sel se dissoudrait dans l'eau, où il rencontrerait l'oxygène et l'azote, que l'eau dissout toujours, au contact de l'air. Sous l'influence de ce carbonate d'ammoniaque qui a une forte réaction alcaline, l'oxygène et l'azote se combineraient, formeraient de l'acide azotique et il se produirait de l'azotate d'ammoniaque. L'azotate d'ammoniaque réagirait sur les carbonates de chaux et de magnésie, il se formerait des azotates de chaux et de magnésie, et il se régénérerait du carbonate d'ammoniaque qui pourrait ainsi servir indéfiniment à créer des azotates. La double décomposition serait déterminée par la grande volatilité du carbonate d'ammoniaque (§ 387). D'ailleurs, le carbonate d'ammoniaque pourrait encore créer des azotates d'une autre manière, en subissant lui-même une combustion lente par l'oxygène dissous dans l'eau, combustion dans laquelle son azote se changerait en acide azotique. D'un autre côté, nous savons que les pluies d'orage renferment constamment une très-petite quantité d'azotate d'ammoniaque, qui résulte probablement de la combinaison des gaz sous l'influence de l'électricité atmosphérique, c'est-à-dire dans des circonstances analogues à celle de l'expérience décrite (§ 104), où nous avons vu l'azote et l'oxygène se combiner sous l'influence de l'étincelle électrique, et former de l'acide azotique. Il n'est pas impossible qu'une partie du nitre naturel soit produite par cette combustion.

§ 447. La lixiviation des matières salpêtrées est une opération qui doit être faite avec intelligence. Car, d'un côté, on doit chercher à enlever la plus grande partie de salpêtre possible, et, de l'autre, il est essentiel de le faire avec la moins grande quantité d'eau, afin de ne pas avoir de grandes masses d'eau à évaporer, ce qui rendrait l'extraction du salpêtre trop coûteuse. On emploie, à cet effet, un lessivage systématique, dont nous allons exposer rapidement les principes.

Supposons que l'on ait placé, dans un cuvier, 1 mètre cube de matériaux salpêtrés, renfermant 40 kilogrammes de salpêtre, et que l'on ait versé, par-dessus, 500 litres d'eau, quantité de liquide nécessaire pour imbiber complétement la masse, et plus que suffisante, d'ailleurs, pour dissoudre les matières solubles. Au bout de 12 heures, on fait écouler l'eau, en débouchant des petites ouvertures qui se trouvent au bas du cuvier. On en recueille environ 250 litres : les autres 250 litres sont retenus par la matière. On a donc séparé 250 litres d'une liqueur A, renfermant 20 kilogrammes de salpêtre, et il reste, dans les terres, 250 litres d'eau renfermant 20 kilogrammes de salpêtre. On remplace les 250 litres de liquide écoulé par 250 litres d'eau fraîche. Au bout de 12 heures, on fait écouler de nouveau : on recueille encore 250 litres de liquide B renfermant 10 kilogrammes de salpêtre, et il reste, dans les matériaux, 250 litres d'eau, renfermant 10 kilogrammes de salpêtre. Une nouvelle addition de 250 litres d'eau donnera 250 litres d'une dissolution C renfermant 5 kilogrammes de salpêtre, et ainsi de suite. On aura donc :

Par le premier lavage	250	litres de liqueur	A	renfermant	20	kil.
Par le second »	250	»	B	»	10	»
Par le troisième »	250	»	C	»	5	»
Par le quatrième »	250	»	D	»	2,50	
Par le cinquième »	250	»	E	»	1,25	
Par le sixième »	250	»	F	»	0,65	

Supposons que l'on ne pousse pas les lavages plus loin; il est clair que l'on aura enlevé 39^k,37 de salpêtre, qui seront dissous dans 1500 litres d'eau. Si l'on avait, au contraire, versé immédiatement les 1750 litres d'eau sur la matière, on aurait recueilli 1500 litres de liqueur renfermant seulement 34^k,3 de matière soluble, et il en serait resté 5^k,7 dans la masse.

On verse alors, dans un second cuvier, rempli de matériaux frais, les liqueurs A et B provenant des lavages 1 et 2 du premier cuvier, c'est-à-dire 500 litres d'eau renfermant 30 kilogrammes de matière soluble. En faisant couler les eaux au bout de 12 heures, on obtiendra 250 litres d'une liqueur A', qui renfermera 35 kilogrammes de salpêtre : cette dissolution est assez riche pour être évaporée immédiatement. Les terres retiendront une quantité égale de salpêtre. On versera dessus les 250 litres de la liqueur C, qui renferme 5 kilogrammes de salpêtre. On fera écouler au bout de 12 heures 250 litres de liqueur B', renfermant 20 kilogrammes de salpêtre, et qui sera identique par conséquent à la liqueur A, provenant du premier lavage du premier cuvier. Si l'on passe maintenant sur la matière les 250 litres de la matière D renfermant $2^k,50$ de salpêtre, on obtiendra 250 litres d'une liqueur C' contenant $11^k,25$ de salpêtre, qui est par conséquent seulement un peu plus riche que la liqueur B du premier cuvier. Les 250 litres de la liqueur E renfermant $1^k,25$ de matière soluble ayant été versés, à leur tour, sur la matière, on fera couler, au bout de 12 heures, 250 litres d'eau D' contenant $6^k,25$ de salpêtre, et que l'on assimilera à la liqueur C du premier cuvier. Enfin, les 250 litres de la liqueur F renfermant $0^k,63$ de salpêtre, passés sur les terres, donneront un volume égal d'une dissolution E' contenant 3^k44 de salpêtre. En passant, enfin, deux fois de suite, de l'eau pure sur les matériaux, on obtiendra une première liqueur F' renfermant $1^k,72$, et une seconde liqueur G' contenant $0^k,86$.

On opérera avec les liqueurs B', C', D', E', F', G', absolument comme nous venons de le dire pour les liqueurs A, B, C, D, E, F. On les repassera sur une nouvelle charge de matériaux frais, que l'on aura disposée dans le premier cuvier; et l'on n'évaporera jamais que des liqueurs renfermant 35 kilogrammes de salpêtre pour 250 litres.

On obtiendra le même résultat d'une manière plus simple et plus rapide en adoptant le mode de lessivage que nous indiquerons plus loin (§ 472).

§ 448. Les lessives des matières salpêtrées contiennent de l'azotate de potasse, mais surtout des azotates de chaux et de magnésie, et, de plus, des chlorures de sodium et de calcium; il faut transformer tous les azotates en azotate de potasse. A cet effet, on ajoute aux lessives une quantité convenable de carbonate ou de sulfate de potasse; il se dépose du carbonate ou du sulfate de chaux, et, lorsque les liqueurs se sont éclaircies, on les décante dans les chaudières à évaporation. D'autres fois, on filtre les lessives sur une couche de cendres, qui fournit, à la fois, du carbonate et du sulfate de potasse pour décomposer les azotates de chaux et de magnésie; les liqueurs passent immédiatement très-claires, et peuvent être évaporées.

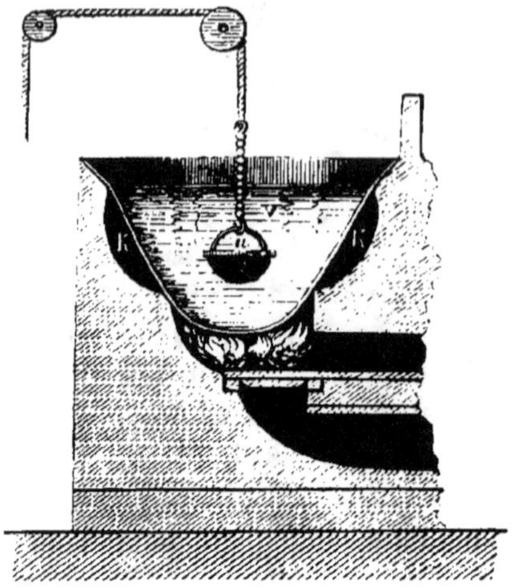

Fig. 551.

L'évaporation des liqueurs se fait dans une chaudière en cuivre (fig. 551) à la température de l'ébullition. A mesure que l'eau s'évapore on fait arriver une nouvelle quantité de lessive, qui maintient la chaudière toujours pleine. Il se forme beaucoup d'écumes à la surface ; on les enlève avec une écumoire, et on les verse dans des paniers disposés de telle façon auprès de la chaudière, que les eaux qui s'en écoulent y retournent toujours. Il se forme également dans la chaudière des dépôts de matières terreuses ; on les recueille, par un artifice ingénieux, dans un petit chaudron suspendu à l'extrémité d'une chaîne, au milieu de la grande chaudière. Comme le liquide subit un mouvement ascendant le long des parois de la chaudière où il se trouve chauffé, et, au contraire, un mouvement descendant dans le milieu ; comme, de plus, c'est au centre de la chaudière que les courants liquides sont le plus faibles, il en résulte que les matières terreuses, soulevées par les courants ascendants le long des parois, ramenées par les courants descendants vers le centre de la chaudière, se déposent dans le petit chaudron. Il suffit donc de retirer ce chaudron de temps en temps, d'en laisser écouler les eaux par une petite ouverture pratiquée à son fond, de vider le dépôt, et de le replacer au milieu du liquide bouillant. Bientôt les liqueurs deviennent assez concentrées pour que le sel marin, qui n'est pas notablement plus soluble à chaud qu'à froid, commence à se déposer. On retire alors le chaudron des boues ; le sel marin se dépose au fond de la chaudière ; on le retire avec l'écumoire. On admet que la liqueur est suffisamment concentrée, lorsqu'une goutte, projetée sur un corps froid, se fige immédiatement par la cristallisation du sel. On décante alors la liqueur dans de grands bassins de cristallisation où on l'abandonne jusqu'à son refroidissement complet. La plus grande partie du salpêtre se dépose en cristaux ; les eaux mères, lorsqu'elles renferment encore beaucoup de nitrates, sont mêlées aux lessives que l'on concentre dans la chaudière, ou bien elles sont ajoutées aux lessives fortes.

§ 449. Les salpêtriers trouvent aujourd'hui plus d'avantage à transformer d'abord les azotates calcaires et magnésiens en azotate de soude, au moyen du sulfate de soude; puis, à changer par le chlorure de potassium l'azotate de soude en azotate de potasse.

Ils réduisent les matériaux salpêtrés en fragments de la grosseur d'une noisette, en les écrasant entre des cylindres cannelés en fonte; puis, ils les lessivent par la méthode que nous avons décrite (§ 447). Les eaux de lessivage sont réunies dans une cuve placée au-dessus de la chaudière de cuite, et dans laquelle on ajoute le sulfate de soude destiné à décomposer les azotates calcaires. Le sulfate de soude provient, soit des fabriques d'acide nitrique où on décompose l'azotate de soude par l'acide sulfurique, soit des fabriques de soude artificielle dans lesquelles on décompose le sel marin par l'acide sulfurique. Ce sulfate de soude renferme toujours un excès d'acide sulfurique qu'il faut saturer en ajoutant de la chaux dans la cuve. Il se forme un abondant précipité de sulfate de chaux qu'on laisse déposer. Les eaux éclaircies sont amenées dans la chaudière de cuite; les boues, qui restent au fond de la cuve, sont ajoutées aux matériaux salpêtrés et lessivés avec eux.

Les eaux étant poussées rapidement à l'ébullition dans la chaudière, il se forme beaucoup d'écumes; on les enlève à mesure. Lorsque les eaux sont suffisamment concentrées, on ajoute le chlorure de potassium qui provient des varechs. Il est convenable de ne mettre ce sel que par petites quantités à la fois, afin de ne pas arrêter l'ébullition, car il produit beaucoup de froid en se dissolvant. On continue à concentrer la liqueur; bientôt le sel marin se dépose; on l'enlève à mesure qu'il se précipite, et on le met à égoutter auprès de la chaudière.

Lorsque la dissolution a acquis le degré de concentration convenable, on la laisse reposer deux heures; puis on la fait couler dans les cristallisoirs où le salpêtre cristallise pendant le refroidissement.

Le salpêtre ainsi obtenu porte le nom de *salpêtre brut;* il renferme de 15 à 25 pour 100 de matières étrangères, composées principalement de chlorures de sodium et de potassium. On les sépare par l'opération du *raffinage*.

§ 450. Le raffinage du salpêtre est fondé sur cette propriété, que l'azotate de potasse a une solubilité très-rapidement croissante avec la température; tandis que la solubilité des chlorures de sodium et de potassium reste à peu près constante.

On charge dans une grande chaudière en cuivre (fig. 352), 600 litres d'eau et 1200 kilogrammes de salpêtre brut; on chauffe lentement pour opérer la dissolution de ce sel; on ajoute successivement de nouvelles quantités de salpêtre, jusqu'à ce que le poids du sel in-

troduit s'élève à 5000 kilogrammes. On agite constamment la dissolution, et on en-
lève les écumes.
L'eau qui a été
mise dans la chau-
dière est suffisante
pour dissoudre à
chaud les 5000 ki-
logrammes de sal-
pêtre ; mais, com-
me elle ne peut
dissoudre la tota-
lité des sels étran-
gers, et principa-
lement du chlo-
rure de sodium qui
se trouve mélangé
au salpêtre, une
grande partie de
ce sel reste au fond
de la chaudière ,
et peut être retirée
au moyen de râ-
teaux.

Fig. 552.

On ajoute alors
400 litres d'eau,
par petites parties,
pour ne pas trop
refroidir la dissolu-
tion; on verse 1 ki-
logramme de colle
dissoute dans l'eau
chaude , et l'on

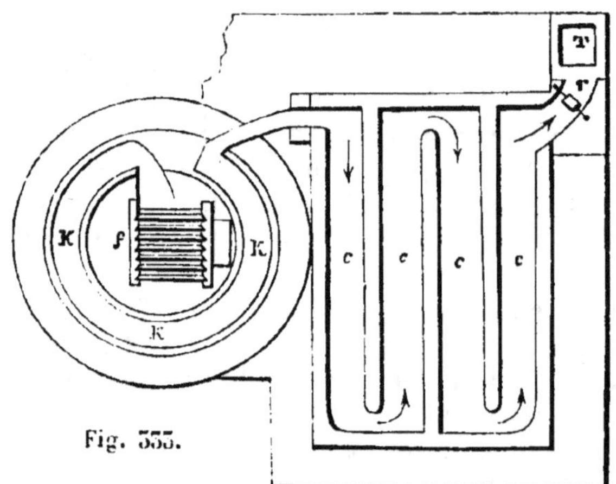

Fig. 555.

brasse vivement. La colle se mêle avec le liquide, s'empare des matières organiques qui rendent la liqueur visqueuse, se coagule, et vient
à la surface sous forme d'écumes. On enlève ces écumes avec grand
soin, et, au bout de quelque temps d'ébullition, la liqueur devient
parfaitement limpide. On retire le feu, et on laisse refroidir jusqu'à la
température de 90° environ. On enlève ensuite avec précaution la liqueur chaude, au moyen de puisoirs, et on la transporte dans le
cristallisoir. Il est important, pendant cette opération, de remuer le
moins possible la liqueur de la chaudière, afin de ne pas mettre

en suspension les cristaux de sel marin qui sont déposés au fond.

Le cristallisoir consiste en un grand bassin de peu de profondeur, dont le fond est formé par deux plans inclinés, formant rigole au milieu. La figure 334 représente le plan de ce bassin; la figure 335 en représente une coupe transversale.

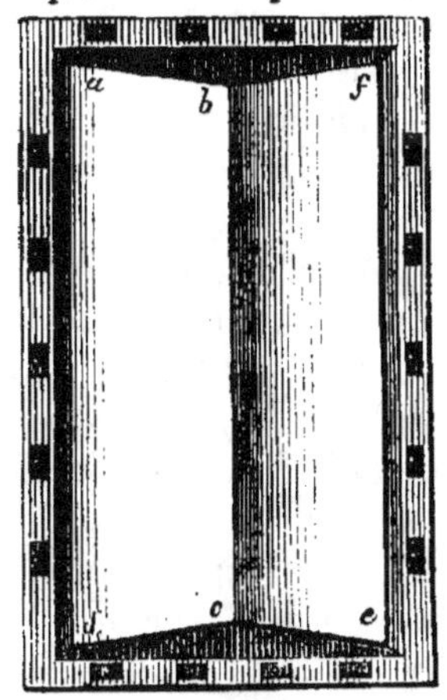

Fig. 334.

Fig. 335.

La cristallisation commence promptement par suite du refroidissement. Si on laissait la liqueur tranquille, il se formerait de gros cristaux accolés de salpêtre, lesquels emprisonneraient entre eux une quantité notable d'eau mère, et, par suite, des sels étrangers qu'elle renferme, il serait ensuite très-difficile de les enlever. Mais, si on trouble la cristallisation, en agitant continuellement la liqueur, il ne se forme que de très-petits cristaux prismatiques, qui ne peuvent pas s'agréger; il est ensuite facile d'enlever, par des lavages, l'eau mère qui mouille leur surface. On agite donc constamment la dissolution avec des râteaux, et l'on ramène le salpêtre, à mesure qu'il se précipite, le long des bords du cristallisoir; les eaux mères qui en découlent se rendent de nouveau dans le bassin. A mesure que le salpêtre sorti de la liqueur se dessèche, on l'enlève afin d'avoir de la place pour déposer le nouveau sel qui se forme. On continue ainsi jusqu'à ce que la liqueur ne présente plus qu'un excès de température de quelques degrés audessus du milieu ambiant; on l'enlève alors avec des puisoirs, ce qui est facile, parce qu'on peut donner au cristallisoir une légère inclinaison dans le sens de sa longueur.

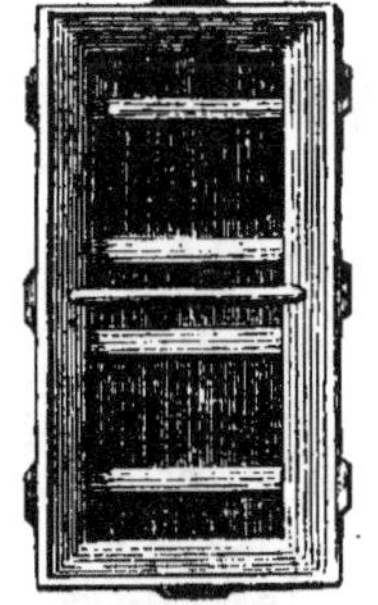

Fig. 336.

Fig. 337.

Le salpêtre est ensuite lavé dans des caisses où il se débarrasse des eaux mères qui mouillent les cristaux. La figure 336 représente un plan de ces caisses, et la figure 337 une coupe verticale transversale. Le salpêtre est placé sur un fond percé de trous; on en met dans chaque caisse une quantité telle, que le sommet du tas dépasse de 15 centimètres les bords supérieurs. La caisse possède un second fond. Les ouvertures inférieures *o* sont bouchées. On verse sur le salpêtre une eau saturée à froid d'azotate de potasse pur, de manière à en imbiber complétement toute la masse. Cette eau ne peut plus dissoudre de salpêtre, puisqu'elle est saturée de ce sel; mais elle peut dissoudre les chlorures. Au bout de quelques heures, on débouche l'ouverture *o*, et on laisse écouler l'eau. Après l'égouttage complet, on arrose le sel avec de l'eau pure qu'on laisse agir aussi pendant 2 heures. Cette eau sort saturée d'azotate de potasse et renferme encore quelques traces de chlorures.

Le salpêtre est alors raffiné, on le sèche en le plaçant dans les caisses *ab*, de la figure 352. Ces caisses sont disposées auprès du fourneau sur lequel on raffine le salpêtre brut; elles sont chauffées par la fumée du foyer qui circule dessous, dans les canaux *c*, *c*, *c*, (fig. 352 et 333). On remue continuellement le sel, pendant cette dessiccation, afin d'empêcher qu'il ne s'agglomère.

§ 451. *Essai des salpêtres.* — Le salpêtre brut, tel qu'il est livré par les salpêtriers aux ateliers de raffinage, peut présenter des degrés de pureté très-variables; il est donc important d'en faire préalablement l'essai. Cet essai se fait par deux procédés différents.

Le premier mode, employé depuis très-longtemps, est fondé sur ce fait, qu'une dissolution d'azotate de potasse, saturée à une certaine température, peut être laissée en contact avec une nouvelle quantité de salpêtre à la même température, sans en dissoudre sensiblement; tandis que, dans les mêmes circonstances, elle peut dissoudre du sel marin et beaucoup d'autres sels solubles.

On pèse exactement, dans un bocal, 400 grammes de salpêtre brut pulvérisé, et on verse par-dessus un demi-litre d'eau saturée de nitre pur, à la température ambiante. On agite pendant un quart d'heure avec une baguette de verre; après quoi on décante la liqueur sur un filtre. On verse alors, sur le sel, 500 centimètres cubes de la même dissolution, et on laisse encore agir pendant 10 minutes en agitant de temps en temps; puis, on verse le tout sur le filtre en détachant le salpêtre le plus complétement possible des parois du bocal. Le filtre étant bien égoutté, on l'enlève, et on l'étend sur plusieurs doubles de papier absorbant en étalant le sel sur tout le filtre. Lorsque les eaux qui mouillaient celui-ci se sont imbibées aussi complétement que possible dans le papier buvard, on enlève le sel avec une spatule d'argent, on le remet dans le bocal en ayant soin de ne pas en laisser sur le filtre, et on le dessèche en chauffant le bocal dans un bain de sable. On remue avec une baguette de verre jusqu'à ce que le sel soit parfaitement sec. On le pèse alors dans le bocal, et la perte de poids qu'il a subie représente le poids des matières étrangères qui étaient mêlées à l'azotate de potasse.

Mais on n'a pas tardé à reconnaître que ce procédé présentait, à l'avantage du raffineur et au détriment du salpêtrier, une cause d'erreur grave, et que le titre du salpêtre était évalué trop bas. Cette cause d'erreur tient à ce qu'une dissolution saturée de nitre pur ne dissout pas une nouvelle quantité de sel, lorsqu'on la met en contact avec du nitre pur; mais, lorsque cette liqueur a dissous une certaine quantité de sel marin, elle a acquis la propriété de pouvoir dissoudre une nouvelle quantité de nitre (§ 371), et la proportion qu'elle en dissout est d'autant plus grande, que la liqueur renferme plus de sel marin. Ainsi, plus le salpêtre à essayer renferme de sel marin, plus on fait d'erreur sur l'évaluation de son titre. Il a donc été nécessaire de faire des expériences directes pour tenir compte de cette cause d'erreur dans les essais, et pour évaluer la correction qu'il convient d'apporter dans chaque cas. On a dissous, dans une eau saturée de salpêtre, successivement 5, 10, 15, 20 pour 100 de sel marin, puis on a cherché quelle était la proportion de salpêtre qu'elle pouvait dissoudre dans ces diverses circonstances ; et l'on a formé ainsi le tableau suivant :

QUANTITÉ de la dissolution de nitre employée.	SEL MARIN ajouté.	SALPÊTRE dissous à la faveur du sel marin.	SALPÊTRE primitivement dissous.	TOTAL du salpêtre dissous.
100^{gr}	5^{gr}	0^{gr},746	21^{gr},63	22^{gr},376
100	10	1 ,267	21 ,63	22 ,897
100	15	1 ,658	21 ,63	23 ,288
100	20	1 ,827	21 ,63	23 ,457
100	25	2 ,583	21 ,63	24 ,213
100	26 ,85	3 ,220	21 ,63	24 ,850

La température à laquelle on a opéré était de 18° ; les résultats changeraient notablement si l'on opérait à une température différente.

On voit, d'après cette table, que si on fait l'essai d'un salpêtre qui renferme 20 pour 100 de sel marin, en traitant 400 grammes de ce salpêtre par 400 centimètres cubes d'eau saturée de nitre, on dissout environ 2 pour 100 de nitre, et que le titre du salpêtre est évalué trop bas de 2 centièmes. D'après le déchet que subira le salpêtre brut soumis à l'essai, on pourra donc évaluer, avec une précision suffisante, la correction qu'il convient de faire au titre trouvé.

Mais ce mode de correction ne convient que dans le cas où le salpêtre ne renferme que du sel marin. Or le salpêtre contient souvent des proportions considérables de chlorure de potassium; c'est ce qui arrive constamment lorsqu'on a traité les lessives par des cendres ou qu'on leur a ajouté des résidus de potasse provenant de diverses opérations chimiques. L'essai est encore inexact dans ce cas, mais l'erreur agit en sens contraire; elle est à l'avantage du salpêtrier et au détriment du raffineur. Lorsqu'on fait digérer une dissolution de nitre pur avec du chlorure de potassium, on dissout ce dernier sel, mais il se dépose de la liqueur une quantité correspondante de nitre (§ 371). De sorte que, si l'on soumet à l'essai un salpêtre brut renfermant beaucoup de chlorure de potassium, on évalue le titre de ce salpêtre trop haut, parce que l'on compte comme nitre pur contenu dans le salpêtre la proportion de ce sel que l'eau saturée de nitre a laissée déposer en dissolvant le chlorure de potassium.

La table suivante montre quelles sont les erreurs que l'on fait sur l'essai d'un salpêtre brut, composé de 70 de salpêtre et de 30 d'un mélange à proportions variables de sel marin et de chlorure de potassium.

Sel marin.	Chlorure de potassium.	Nitre.	Déchet.	Erreur de l'essai.
0	30	70	17,8	— 12,2
10	20	70	23,6	— 6,4
20	10	70	28,1	— 1,9
30	0	70	36,5	+ 6,5

Si donc on soumettait à l'essai un salpêtre brut, qui ne renfermât pas de sel marin, mais qui fût composé de 70 nitre pur et de 30 chlorure de potassium, l'essai indiquerait 82,2 nitre pur. Si, au contraire, il était composé de 70 nitre et de 30 chlorure de sodium, l'essai donnerait une richesse de 63,5 nitre. On voit, d'après cela, combien ce mode d'essai est défectueux, aussi ne doit-il être employé qu'avec la plus grande circonspection.

§ 452. La seconde méthode d'essai ne présente pas les mêmes causes d'incertitude. Elle est fondée sur ce principe, que si l'on chauffe avec du charbon un mélange d'azotate de potasse et de chlorures, l'azotate est changé en carbonate qui a une forte réaction alcaline; tandis que les chlorures ne subissent pas d'altération et conservent leur neutralité sur les teintures colorées. Supposons que l'on ait mélangé avec du charbon 5 grammes de salpêtre brut, et que l'on ait opéré la réaction sous l'influence de la chaleur. Le produit étant repris par l'eau, la liqueur est filtrée ; on y ajoute une quantité d'eau telle, que le volume total soit de 50 centimètres cubes. On fait l'essai alcalimétrique de cette liqueur, et, d'après le titre trouvé, il est facile de calculer la quantité de nitre pur que contenaient les 5 grammes de salpêtre.

Cette expérience demande, cependant, à être faite avec des précautions particulières. Si l'on soumettait immédiatement à l'action de la chaleur un mélange de salpêtre et de charbon, la réaction serait tellement vive, qu'une partie de la matière serait projetée hors du creuset. Il est nécessaire d'ajouter au mélange 3 ou 4 fois son poids d'une matière inerte, qui affaiblit considérablement la réaction. On opère ordinairement de la manière suivante : on pèse très-exactement 20 grammes de salpêtre brut, on le mêle avec 5 grammes de charbon et avec 80 grammes environ de sel marin ; on projette ce mélange par petites portions dans un creuset en fer chauffé au rouge, la réaction se fait tranquillement sans perte de matière. Lorsque tout le mélange est dans le creuset, on le laisse refroidir, puis on dissout la matière dans l'eau. On filtre la liqueur, et on l'additionne d'une quantité d'eau telle, que son volume total soit de 200 centimètres cubes. C'est cette liqueur que l'on soumet à l'essai alcalimétrique.

L'analyse du nitre brut, faite par ce procédé, présente, cependant, un inconvénient grave si le nitre renferme de l'azotate de soude ; car, dans ce cas, on estime celui-ci comme si c'était de l'azotate de potasse.

L'analyse serait également inexacte si le nitre brut renfermait des sulfates ; car ceux-ci se changeraient, par la calcination avec le charbon, en sulfures qui exercent, comme les carbonates, une réaction alcaline sur le tournesol. On serait toutefois prévenu de cette cause d'erreur par l'odeur d'hydrogène sulfuré qui se dégagerait pendant la saturation de la liqueur par l'acide sulfurique normal.

Nous donnerons plus tard un autre procédé, qui permet de faire l'analyse des azotates avec une grande exactitude, lorsque, toutefois, ils ne renferment qu'un seul azotate, l'azotate de potasse.

Sulfates de potasse.

§ 455. La potasse et l'acide sulfurique forment deux combinaisons cristallisables. Une dissolution de potasse ou de carbonate de potasse saturée par l'acide sulfurique donne, après évaporation, des cristaux anhydres de sulfate de potasse, $KO.SO^3$. Ces cristaux se distinguent, parmi les sels solubles, par leur grande dureté ; ils décrépitent par l'action de la chaleur, et fondent, à la chaleur rouge, sans se décomposer.

100 parties d'eau à	0°	dissolvent	8,5	parties de sulfate de potasse
»	10	»	10,2	»
»	25	»	12,7	»
»	50	»	16,8	»
»	100	»	25,5	»

D'après ces nombres, la solubilité du sulfate de potasse croît proportionnellement à la température ; en d'autres termes, elle est représentée par une ligne droite (voy. la planche annexée à la page 71). Le sulfate de potasse ne se dissout pas dans l'alcool concentré.

Si l'on dissout le sulfate précédent dans un excès d'acide sulfurique, on obtient une liqueur qui donne, par l'évaporation, un autre sulfate cristallisable, appelé *bisulfate de potasse*, mais qu'il faudrait plutôt nommer *sulfate double de potasse et d'eau*. Ce sel a pour formule $KO.SO^3 + HO.SO^3$. Chauffé à 208°, il fond sans se décomposer et sans abandonner d'eau. A une plus haute température, il abandonne l'acide sulfurique monohydraté, et il reste le sulfate simple $KO.SO^3$. L'alcool concentré lui enlève également le sulfate d'eau, et laisse le sulfate $KO.SO^3$.

Le sulfate de potasse et le sulfate d'eau peuvent se combiner encore en d'autres proportions. Si l'on ajoute au sulfate simple de potasse, $KO.SO^3$, une quantité d'acide sulfurique, moitié de celle que le sel renferme, on obtient un sel cristallisé, qui a pour formule $4(KO.SO^3) + HO.SO^3$. En traitant ce sel par une petite quantité d'eau, on le décompose en sulfate simple de potasse qui reste, et en sulfate double $KO.SO^3 + HO.SO^3$ qui se dissout :

$$4(KO.SO^3) + HO.SO^3 = 3(KO.SO^3) + (KO.SO^3 + HO.SO^3).$$

Nitrosulfate et sulfazotites de potasse.

§ 453 *bis.* Si l'on fait passer du deutoxyde d'azote à travers une dissolution de sulfate de potasse refroidie par un mélange réfrigérant et contenant un excès de potasse, il se dépose, au bout de quelque temps, des cristaux d'un nouveau sel, le *nitrosulfate de potasse*, qui a pour formule $KO.(SO^2AzO^2)$. Ce sel se décompose facilement dans l'eau, soit en élevant la température, soit en y projetant des corps qui ne paraissent exercer qu'une action de présence, tels que le platine, etc., l'argent divisé, l'oxyde d'argent, etc., etc. Dans tous les cas, il se dégage du protoxyde d'azote, et il se forme un sulfate alcalin :

$$KO.(SO^2.AzO^2) = AzO + KO.SO^3.$$

Lorsqu'on fait arriver du gaz acide sulfureux dans une dissolution concentrée d'azotite de potasse, on donne naissance à un grand nombre de nouveaux sels, suivant les proportions des substances réagissantes. On a donné le nom d'*acides sulfazotés* aux acides qui existent dans ces sels. On est parvenu ainsi à produire les combinaisons suivantes :

$$3KO.S^3AzH^5O^{12}$$
$$3KO.S^4AzH^5O^{14}$$
$$3KO.S^3AzH^5O^{16}$$
$$2KO.S^5AzH^5O^{16} + 2HO$$
$$4KO.S^8AzH^5O^{22} + 5HO$$
$$3KO.S^6AzH^5O^{20}$$
$$2KO.S^4AzH^5O^{12}$$
$$KO.S^2AzH^5O^7$$
$$3KO.S^6AzH^5O^{16}$$
$$2KO.S^4AzH^5O^{10}$$

Ces composés sont remarquables par la complication de leurs formules, dont on n'a trouvé d'analogues, jusqu'ici, que parmi les composés de la chimie organique. Ils ne sont stables qu'en présence des bases énergiques, et se décomposent, en général, quand on cherche à isoler les acides.

Chlorate de potasse.

§ 454. Le chlorate de potasse, $KO.ClO^5$, est un sel anhydre, qui cristallise sous forme de paillettes minces. Les cristaux prennent, cependant, plus de développement lorsque la cristallisation marche lentement. Il est beaucoup plus soluble à chaud qu'à froid.

100 parties d'eau à 0° dissolvent 3,33 parties de chlorate de potasse.

»	13,32	» 5,60	»
»	15,37	» 6,03	»
»	24,43	» 8,44	»
»	35,02	» 12,05	»
»	49,08	» 18,96	»
»	74,89	» 35,40	»
»	104,78	» 60,24	»

La solubilité de ce sel croît donc rapidement avec la température; elle est représentée par une courbe qui tourne sa convexité vers l'axe des températures (voy. la planche de la page 71).

Le chlorate de potasse ne se dissout pas sensiblement dans l'alcool.

Le chlorate de potasse fond à une température d'environ 400°. Chauffé davantage, il abandonne son oxygène, et se réduit finalement à l'état de chlorure de potassium. Il fuse vivement sur un charbon allumé. C'est un corps oxydant des plus énergiques; il forme des mélanges explosifs avec la plupart des corps combustibles. Ces mélanges détonent souvent par la simple percussion. Ainsi un mélange intime de soufre et de chlorate de potasse produit une détonation violente lorsqu'on le place sur une enclume et qu'on le frappe avec un marteau. On ne doit faire ces mélanges qu'avec précaution et en petite quantité, car ils pourraient occasionner des accidents.

Les mélanges détonants, formés par le chlorate de potasse, sont beaucoup plus énergiques que les mélanges correspondants obtenus avec le nitre. On a cherché à préparer avec le chlorate de potasse une poudre à canon plus puissante que la poudre ordinaire, mais elle était *brisante* au suprême degré; les armes n'y résistaient pas. Sa préparation et sa conservation présentaient d'ailleurs les plus grands dangers, et plusieurs accidents ont forcé d'y renoncer.

On s'est servi également d'un mélange de chlorate de potasse et de soufre, pour former les capsules fulminantes des fusils à percussion; mais on emploie maintenant de préférence le *fulminate de mercure*.

Si l'on projette une goutte d'acide sulfurique concentré sur un mélange de soufre et de chlorate de potasse, le soufre prend feu. On a utilisé cette propriété pour confectionner des briquets, dont l'usage a été très-répandu, mais qui ont été remplacés par les allumettes phosphorées dont nous avons indiqué la préparation (§ 208).

On formait une pâte avec 50 parties de chlorate de potasse et de l'eau gommée; on y ajoutait 10 parties de soufre en fleur, un peu de cinabre pour la colorer, et on mélangeait le tout intimement. On plongeait dans cette pâte l'extrémité de chaque allumette préalablement soufrée, et on la laissait sécher. D'un autre côté, on plaçait dans un petit flacon de verre un peu d'amiante imbibée d'acide sulfurique concentré. En plongeant l'allumette dans ce flacon, la pâte de soufre et de chlorate se mouillait d'acide sulfurique; elle prenait feu, la combustion se communiquait au soufre, et de celui-ci au bois de l'allumette. Ces petits flacons devaient être conservés bien bouchés, autrement l'acide sulfurique attirait l'humidité de l'air, et son action sur le mélange de chlorate de potasse et de soufre ne conservait plus assez d'énergie pour en déterminer l'inflammation.

§ 455. Le chlorate de potasse se prépare en faisant agir le chlore sur une dissolution concentrée de potasse: la réaction a lieu entre 6 équivalents de potasse et 6 équivalents de chlore :

$$6KO + 6Cl = 5KCl + KO.ClO^5.$$

Le chlorate de potasse, étant beaucoup moins soluble à froid que le chlorure de potassium, se sépare sous forme de paillettes cristallines, tandis que le chlorure reste en dissolution. Lorsqu'on veut préparer une quantité assez considérable de chlorate, il faut disposer l'appareil d'une manière particulière. Comme le tube qui amène le chlore dans la dissolution de potasse peut s'obstruer par le chlorate qui s'y dépose en cristaux, il est convenable de prendre un tube de grand diamètre, ou, au moins, de le terminer par une partie évasée; mais il vaut mieux disposer l'appareil comme le montre la figure 338. On développe le chlore dans le ballon A ; le gaz se lave dans le flacon B renfermant de l'eau. Le flacon C contient la dissolution de potasse, ou mieux, de carbonate de potasse, parce que ce sel est moins cher. Le bouchon du flacon C est traversé par deux tubes, un tube étroit cd qui permet à l'excès de gaz de sortir et un tube droit ab, de 15 millimètres de diamètre, ouvert aux deux

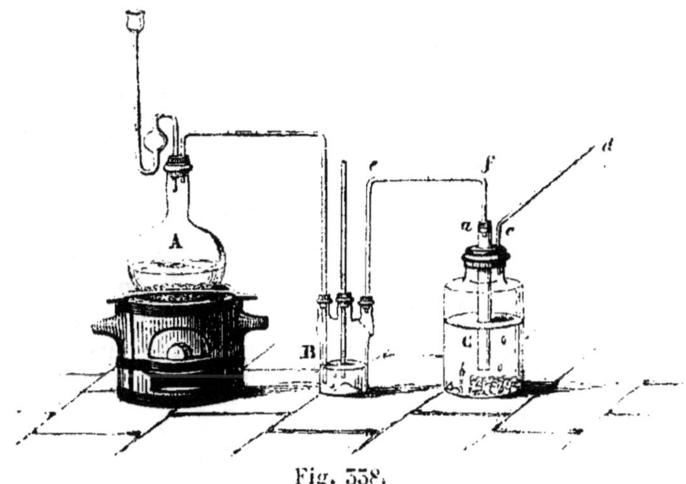

Fig. 338.

bouts, et qui descend jusque près du fond du flacon. Le tube ef du flacon laveur s'engage dans le tube ab au moyen d'un bouchon a.

Si l'extrémité *b* du large tube vient à se boucher par le dépôt des cristaux, on peut facilement la déboucher à l'aide d'une tige de verre que l'on introduit par l'ouverture *a*.

Dans la première partie de l'opération, il se forme du bicarbonate de potasse, du chlorure de potassium, de l'hypochlorite de potasse et très-peu de chlorate. La plus grande partie du chlorure de potassium se dépose en cristaux. Il est bon d'interrompre, à ce moment, l'opération, afin de laisser le chlorure de potassium se déposer aussi complétement que possible. La liqueur surnageante est décantée, puis soumise de nouveau à l'action du chlore, jusqu'à ce qu'elle soit sursaturée. Il se forme un dépôt cristallin de chlorate de potasse, lequel devient plus abondant si on laisse la liqueur refroidir complétement. Les eaux mères évaporées donnent, après refroidissement, une nouvelle quantité de chlorate. Le chlorate de potasse que l'on obtient ainsi renferme toujours du chlorure : on le traite d'abord par une petite quantité d'eau froide qui dissout la plus grande partie du chlorure; puis on dissout les cristaux dans l'eau bouillante. La liqueur abandonne, en refroidissant, du chlorate de potasse à peu près pur.

On prépare aujourd'hui le chlorate de potasse, dans le commerce, en faisant réagir le chlorure de potassium sur l'hypochlorite de chaux. On obtient du chlorate de potasse, qui cristallise pendant le refroidissement de la liqueur, et du chlorure de calcium, qui reste en dissolution.

Hypochlorite de potasse.

§ 456. En faisant passer du chlore dans une dissolution froide et étendue de carbonate de potasse, on obtient une liqueur qui renferme du chlorure de potassium et de l'hypochlorite de potasse.

$$2KO + 2Cl = KCl + KO.ClO.$$

Cette dissolution détruit énergiquement les couleurs végétales; on peut l'employer pour le blanchiment; mais, pour opérer en grand, on préfère l'hypochlorite de chaux, qui revient à meilleur marché. Dans le commerce, on appelle cette liqueur décolorante *eau de Javelle*, parce que c'est à Javelle, auprès de Paris, qu'on l'a préparée d'abord.

Oxalates de potasse.

§ 457. L'acide oxalique forme avec la potasse trois combinaisons. En saturant une liqueur de potasse par de l'acide oxalique, on obtient une dissolution qui cristallise par évaporation et donne un *oxalate neutre*, ayant pour formule $KO.C^2O^3 + HO$. Ce sel est soluble dans 5 parties d'eau froide.

Si l'on ajoute de l'acide oxalique à une dissolution d'oxalate neutre, on obtient un second oxalate cristallisable, le *bioxalate*, qui a pour formule $KO.C^2O^3 + HO.C^2O^3 + 2HO$. On peut considérer ce sel comme un oxalate double, composé d'oxalate neutre de potasse et d'acide oxalique monohydraté. Ce sel exige, pour se dissoudre, 6 parties d'eau bouillante et 40 parties d'eau froide, de sorte qu'il se sépare facilement de l'oxalate neutre, par cristallisation. Le bioxalate de potasse existe dans le suc d'un grand nombre de végétaux; l'oseille lui doit, en grande partie, son acidité. On extrait une assez grande quantité de ce sel des sucs végétaux : on lui donne, dans le commerce, le nom de *sel d'oseille*. On l'emploie pour enlever, sur le linge, les taches d'encre et les taches de rouille. Le peroxyde de fer se combine, dans ce cas, avec une partie de l'acide oxalique, et il se forme un oxalate double, soluble.

Si l'on ajoute au bioxalate de potasse une quantité d'acide oxalique égale à celle qu'il renferme déjà, et qu'on dissolve le tout dans un peu d'eau bouillante, il se dépose, par le refroidissement, un *quadroxalate* qui a pour formule $KO.4C^2O^3 + 7HO$. Ce sel doit probablement être regardé comme un oxalate double, formé par la combinaison de 1 équivalent d'oxalate simple $KO.C^2O^3$ et de 3 équivalents d'acide oxalique monohydraté $HO.C^2O^3$, et sa formule doit être écrite :

$$KO.C^2O^3 + 3(HO.C^2O^3) + 4HO.$$

COMBINAISONS DU POTASSIUM AVEC LE SOUFRE.

§ 458. On connaît un grand nombre de combinaisons du potassium avec le soufre ; les chimistes en admettent cinq, qui sont :

Le monosulfure de potassium KS,   correspondant au protoxyde KO,
Le bisulfure   » KS^2,
Le trisulfure   » KS^3, correspondant au peroxyde KO^3,
Le quadrisulfure   » KS^4,
Le pentasulfure   » KS^5.

Le *monosulfure de potassium* s'obtient en chauffant dans un creuset un mélange de sulfate de potasse et de charbon :

$$KO.SO^3 + 4C = KS + 4CO.$$

Le sulfure fond sous la forme d'une masse rougeâtre. Si l'on chauffe un mélange intime de 2 parties de sulfate de potasse et de 1 partie de noir de fumée, on obtient un sulfure très-divisé, dont les particules ne peuvent pas se réunir, à cause des parcelles de charbon avec lesquelles elles sont intimement mélangées. Ce sulfure est alors tellement inflammable, qu'il prend feu aussitôt qu'on le projette au contact de l'air; on lui donne, pour cette raison, le nom de *pyrophore*.

Le monosulfure de potassium, préparé par ce procédé, n'est jamais pur; il renferme toujours une petite quantité de polysulfure dont il est facile de constater la présence; car, en versant dans sa dissolution un excès d'acide, il se forme constamment un léger dépôt de soufre; ce qui n'aurait pas lieu si la dissolution ne renfermait que du monosulfure (§ 594).

Le meilleur procédé pour préparer le monosulfure de potassium consiste à prendre une dissolution de potasse, à la diviser en deux parties égales, à saturer l'une de ces parties par de l'hydrogène sulfuré, puis à la mélanger avec l'autre partie, qui est restée à l'état de potasse caustique. La dissolution de potasse, saturée par de l'acide sulfhydrique, se change en un sulfosel, le sulfhydrate de monosulfure de potassium $KS.HS$; ce sel, mélangé avec une quantité de potasse égale à celle qui a servi à le produire, donne du monosulfure simple :

$$KS.HS + KO.HO = 2KS + 2HO.$$

En évaporant la liqueur, le monosulfure de potassium se prend en une masse cristalline incolore.

Au moyen du monosulfure de potassium, on prépare facilement les autres sulfures, en chauffant 1 équivalent de monosulfure avec 1, 2, 5 ou 4 équivalents de soufre. Le pentasulfure KS^5 est le plus facile à préparer; il suffit de chauffer le monosulfure avec un excès de soufre et d'élever la température assez haut pour que le soufre, qui ne peut entrer en combinaison, se dégage. Il convient cependant de ne pas élever la température jusqu'au rouge vif, car le pentasulfure abandonnerait une portion de son soufre, et passerait à l'état de trisulfure.

Le pentasulfure de potassium se produit dans beaucoup d'autres circonstances. Si l'on chauffe un mélange de carbonate de potasse et de soufre, la réaction commence à la température de la fusion du soufre, et il se dégage de l'acide carbonique. Si le soufre est en excès, et que l'on ne porte pas la température au-dessus de 250°, il se forme du pentasulfure de potassium et de l'hyposulfite de potasse qui restent mélangés avec l'excès du soufre :

$$5KO + 12S = 2KS^5 + KO.S^2O^2.$$

Mais, si l'on porte le mélange jusqu'au rouge, l'hyposulfite se détruit, l'excès de soufre distille, et l'on obtient du pentasulfure de potassium et du sulfate de potasse. L'hyposulfite de potasse se transforme en effet, à la chaleur rouge, en pentasulfure de potassium et en sulfate :

$$12(KO.S^2O^2) = 9(KO.SO^3) + 5KS^5.$$

On peut séparer le pentasulfure du sulfate en traitant le mélange par l'alcool, qui ne dissout que le sulfure.

Si l'on ajoute du charbon au mélange de carbonate de potasse et de soufre, il ne se forme, à la chaleur rouge sombre, que du pentasulfure de potassium.

On peut obtenir également ce produit par voie humide, en faisant bouillir une dissolution de potasse caustique avec un excès de soufre. Une grande proportion de soufre se dissout, et il se forme une liqueur d'un jaune foncé, qui renferme du pentasulfure de potassium et de l'hyposulfite de potasse.

Le pentasulfure de potassium, obtenu par l'un quelconque de ces procédés, porte le nom de *foie de soufre*; il est employé en médecine pour le traitement des maladies de la peau.

Sulfosels formés par le monosulfure de potassium.

§ 459. Le monosulfure de potassium se combine avec un grand nombre de sulfures électronégatifs, avec lesquels il forme de véritables sels; mais la plupart de ces combinaisons n'ont pas été étudiées jusqu'ici avec assez de soin. Les plus importantes sont le sulfhydrate de sulfure de potassium et le sulfocarbonate.

On obtient le *sulfhydrate de sulfure de potassium* en faisant passer, jusqu'à saturation, un courant d'hydrogène sulfuré à travers une dissolution de potasse; la liqueur concentrée abandonne des cristaux, qui ont pour formule $KS + HS$ ou $KS.HS$. On voit que ce composé correspond exactement à l'hydrate de potasse $KO + HO$, dans lequel l'oxygène est remplacé par une quantité correspondante de soufre.

Le *sulfocarbonate de sulfure de potassium* s'obtient en versant du sulfure de carbone dans une dissolution alcoolique de monosulfure de potassium. Il se forme un dépôt cristallin, orangé, de sulfocarbonate de sulfure de potassium $KS.CS^2$, que l'on peut redissoudre dans l'eau ou dans l'alcool bouillant, et faire cristalliser.

COMBINAISON DU POTASSIUM AVEC LE CHLORE.

§ 460. On ne connaît qu'une seule combinaison du potassium avec le chlore ; on l'obtient en saturant immédiatement par l'acide chlorhydrique une dissolution de potasse ou de carbonate de potasse. La liqueur évaporée laisse déposer des cristaux cubiques, anhydres, de chlorure de potassium KCl. La densité de ce chlorure de potassium est de 1,84 environ. Il fond à la chaleur rouge, sans se décomposer : à une température plus élevée, il donne des vapeurs très-sensibles.

En France, on extrait le chlorure de potassium des soudes de varech. Les varechs sont des plantes qui croissent sur les rochers recouverts par les eaux de la mer. On les récolte sur les côtes de l'Océan, où elles sont rejetées après avoir été détachées par les flots. On les dessèche par exposition à l'air, puis on les incinère dans de petites fosses creusées dans le sol ; il reste une cendre à demi-fondue, à laquelle on donne le nom de *soude de varech*. On lessive cette matière à chaud et on extrait, par des cristallisations successives, les divers sels qu'elle renferme. La soude de varech donne jusqu'à 30 pour 100 de chlorure de potassium.

Le chlorure de potassium est obtenu, d'une manière accessoire, dans plusieurs arts. On en obtient une quantité notable dans le raffinage des potasses brutes fournies par le lessivage des cendres. On en retire aussi des eaux mères provenant du raffinage du nitre. Nous avons vu (§ 455) que l'on en obtenait dans la fabrication du chlorate de potasse. Enfin, les cendres des feuilles et des tiges de tabac en renferment une quantité considérable. Le chlorure de potassium est un sel précieux pour l'industrie, parce qu'il est facile à transformer en d'autres sels de potasse, par voie de double décomposition. On peut s'en servir pour transformer l'azotate de chaux en azotate de potasse dans l'extraction du nitre des matériaux salpêtrés. On l'utilise également pour la préparation de l'alun.

Le chlorure de potassium, en se dissolvant dans l'eau, produit un abaissement de température considérable ; nous verrons, plus loin, comment on utilise cette propriété, pour déterminer les proportions de chlorure de potassium et de chlorure de sodium qui entrent dans un mélange de ces deux sels.

COMBINAISONS DU POTASSIUM AVEC L'IODE ET LE BROME.

§ 461. *Iodure de potassium.* — On obtient ce sel en dissolvant de l'iode dans une dissolution concentrée de potasse, jusqu'à ce que la liqueur se colore par un excès d'iode. Il se forme un dépôt cristallin d'iodate de potasse, et la liqueur renferme à la fois de l'iodure de potassium et un peu d'iodate. Si l'on se propose seulement de préparer l'iodure de potassium, on évapore la liqueur à siccité, et l'on calcine le résidu dans un creuset de platine. L'iodate de potasse se décompose; il ne reste que de l'iodure de potassium qu'on redissout dans l'eau et qu'on fait cristalliser. L'iodure de potassium forme des cristaux cubiques anhydres.

On retire, par cristallisation, une proportion considérable d'iodure de potassium des eaux mères des varechs, lorsqu'elles ont déposé les chlorures de potassium et de sodium, ainsi que les sulfates qu'elles renferment en dissolution.

Le brômure de potassium se prépare en versant, goutte à goutte, du brôme dans une dissolution de potasse caustique jusqu'à ce que la liqueur prenne une teinte jaune persistante. On évapore à sec et l'on chauffe le résidu au rouge pour décomposer le brômate de potasse. On redissout dans l'eau chaude, et, par refroidissement et évaporation, on obtient le brômure de potassium anhydre en cristaux cubiques.

COMBINAISONS DU POTASSIUM AVEC LE FLUOR.

§ 461 *bis*. On obtient le fluorure de potassium KFl en saturant exactement l'acide fluorhydrique hydraté par du carbonate de potasse; la liqueur, évaporée dans le vide, laisse déposer des cristaux prismatiques, très-solubles dans l'eau et déliquescents à l'air. Ces cristaux sont hydratés; leur formule est $KFl + 4HO$. Si l'on verse de l'acide fluorhydrique dans une dissolution de fluorure de potassium, il se dépose des cristaux d'un composé peu soluble, qui est un fluorhydrate de fluorure de potassium $KFl + HFl$. La chaleur en chasse l'acide fluorhydrique et ramène le sel à l'état de fluorure simple.

COMBINAISONS DU POTASSIUM AVEC LE CYANOGÈNE.

§ 462. *Cyanure de potassium.* — La manière la plus simple de préparer le cyanure de potassium consiste à décomposer, par la chaleur rouge, le cyanure double de potassium et de fer $2KCy + FeCy$, appelé communément *prussiate de potasse*. Le cyanure de fer se décompose seul, et donne une combinaison insoluble de fer et de carbone, un carbure de fer. On reprend le résidu par l'eau, qui dissout le cyanure de potassium. Le cyanure de potassium cristallise en cubes anhydres. Nous verrons plus tard, lorsque nous décrirons les combinaisons du fer, comment on prépare, dans les fabriques, le cyanure de potassium impur qui sert à la préparation du prussiate de potasse.

9.

Caractères distinctifs des sels de potasse.

§ 463. Les sels alcalins se distinguent de tous les autres sels métalliques en ce qu'ils ne donnent pas de précipités avec la dissolution d'un carbonate alcalin.

Les sels de potasse se reconnaissent ensuite aux propriétés suivantes :

1° Aux propriétés physiques de leurs sels ; principalement à celles du sulfate de potasse, sel anhydre, facilement cristallisable, jouissant d'une certaine dureté ; et à celles du perchlorate, sel en petits grains cristallins, très-peu solubles dans l'eau froide ;

2° Par la propriété de former avec le sulfate d'alumine un sel double, l'alun, qui cristallise facilement en octaèdres réguliers. Il suffit de verser, dans la dissolution concentrée d'un sel de potasse, une dissolution concentrée de sulfate d'alumine, et d'agiter la liqueur, pour qu'il se forme un précipité cristallin d'alun, composé de petits octaèdres réguliers, faciles à reconnaître à la loupe ;

3° Par la propriété de former, avec l'acide tartrique, un bitartrate de potasse, peu soluble dans l'eau ; de sorte que, si l'on verse une dissolution d'acide tartrique dans une dissolution un peu concentrée d'un sel de potasse, il se forme un précipité ;

4° Par la propriété de donner, avec le perchlorure de platine, un précipité jaune de chlorure double de potassium et de platine, lorsque la dissolution n'est pas très-étendue. Ce précipité se dépose d'une manière plus complète si on ajoute à la liqueur une certaine quantité d'alcool. Le précipité de chlorure double de potassium et de platine se détruit à la chaleur rouge ; le perchlorure de platine se décompose, il reste du platine métallique, et le chlorure de potassium devient libre. En traitant le résidu par l'eau, on ne dissout que le chlorure de potassium ;

5° Les sels de potasse donnent, avec une dissolution d'acide hydrofluosilicique, un précipité gélatineux translucide de fluorure double de potassium et de silicium, qu'on reconnaît d'abord très-difficilement dans la liqueur, mais qui se dépose, au bout de quelque temps, sous la forme d'une gelée incolore, presque transparente.

SODIUM.

Équivalent = 287,5.

§ 464. Le sodium existe, à l'état de silicate de soude, dans un certain nombre de minéraux qui forment des roches primitives. Combiné avec le chlore, il forme le chlorure de sodium, ou sel marin, qui existe en dissolution dans l'eau de la mer, et qui forme, dans plusieurs contrées, des amas considérables au milieu des couches du trias. Les plantes qui croissent au bord de la mer absorbent une certaine quantité de sels de soude que l'on retrouve dans leurs cendres.

Le sodium ressemble beaucoup au potassium par ses propriétés physiques. Il est cassant à une température très-basse, et il présente alors une cassure cristalline. A la température ordinaire de $+ 15°$ à $+ 20°$, il est assez mou pour qu'on puisse le couper facilement au couteau. Vers 60°, il se laisse pétrir comme la cire; enfin il se liquéfie à 97°,6. Le sodium entre en ébullition à la chaleur rouge; sa distillation a lieu à une température moins élevée que celle du potassium.

Le sodium, fraîchement coupé, est doué d'un grand éclat métallique, il ressemble à l'argent. Cet éclat ne persiste pas au contact de l'air, parce que le métal se combine avec l'oxygène. Le sodium est cependant moins oxydable que le potassium; on peut le manier à l'air, pourvu que les mains ne soient pas humides; on peut même le fondre au contact de l'air, et le couler sans qu'il prenne feu. La densité du sodium est plus considérable que celle du potassium; elle est de 0,97 environ, à la température ordinaire. Le sodium doit être conservé dans de l'huile de naphte.

Le sodium décompose l'eau aux températures les plus basses. Un fragment de ce métal, projeté sur l'eau, fond en un globule brillant par la chaleur dégagée dans l'oxydation du métal. Le globule se promène à la surface du liquide; mais il n'y a pas inflammation comme avec le potassium. On peut cependant produire l'inflammation du gaz en ne laissant pas le globule se mouvoir à la surface du liquide. Il y a alors moins de déperdition de chaleur, et la température s'élève assez pour que le gaz hydrogène dégagé s'enflamme. L'inflammation a lieu également si l'on projette le fragment de sodium sur de l'eau épaissie par de la gomme ou de l'amidon. La liqueur devient fortement alcaline par l'hydrate de protoxyde de sodium ou *soude*, qui s'y dissout.

§ 465. On prépare le sodium par les mêmes procédés que le potassium. On a obtenu, d'abord, ce métal en petites quantités, par la décomposition de la soude au moyen de la pile (§ 427). On l'a obtenu.

ensuite, en décomposant l'hydrate de soude par le fer incandescent (§ 428). On le prépare aujourd'hui, en décomposant le carbonate de soude par le charbon à une haute température, dans un vase de fer battu ; on opère exactement comme pour le potassium (§ 429). La fabrication du sodium a pris de l'importance depuis quelques années par suite de l'emploi du sodium dans l'extraction de plusieurs métaux. On emploie un mélange de 50 parties en poids de carbonate de soude bien desséché, de 13 parties de houille et de 5 parties de craie. Ce mélange ne devient pas complétement liquide à la température à laquelle on le soumet, et il ne fait pas obstacle au dégagement des gaz, quoiqu'il devienne assez pâteux pour se mouler exactement sur les parois du vase dans lequel on le chauffe. On introduit ce mélange dans une bouteille en fer à mercure semblable à celle que l'on emploie pour la préparation du potassium, et que l'on dispose dans le fourneau représenté par la fig. 349. Le tube en fer qui termine cette bouteille ne doit avoir que 7 à 8 cent. de longueur, et ne faire saillie que de 1 cent. hors du fourneau. L'extrémité de ce tube a été tournée en cône pour faciliter l'ajustement du récipient (fig. 538 *bis*).

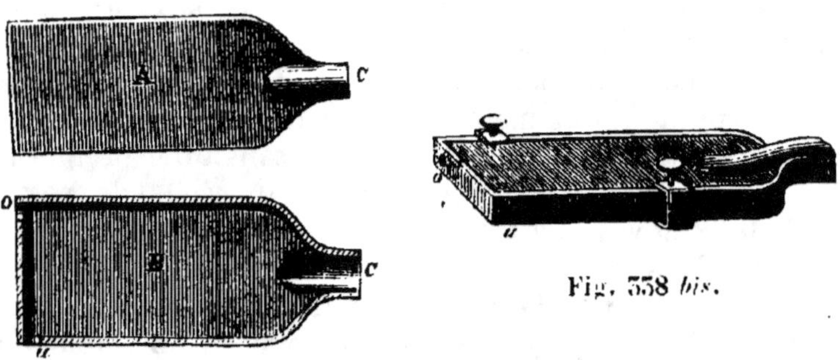

Fig. 558 *bis*.

Ce récipient se compose de deux plaques de tôle de 2 à 3 millimètres d'épaisseur, dont l'une A est plate, l'autre B a ses bords relevés de 6 millimètres. Ces deux plaques ajustées l'une sur l'autre, et maintenues par des vis de pression, forment une capacité très-aplatie dans laquelle se condensera le sodium. Chacune des plaques est terminée par un demi-cylindre C repoussé au marteau, qui, après l'ajustement du récipient, forment une tubulure que l'on fixe sur le tube de la bouteille. Une ouverture *o*, pratiquée sur le bord de l'une des plaques, permet le dégagement des gaz.

Lorsque l'appareil est disposé, on élève vivement la température, il se dégage beaucoup de gaz d'une teinte jaunâtre et produisant une fumée blanche due à la volatilisation d'un peu de carbonate de soude. On n'ajuste le récipient que lorsqu'en introduisant une tige de fer dans le tube de la bouteille on voit s'y attacher du sodium, qui prend feu en arrivant à l'air. Le sodium se dégage bientôt en abondance, le récipient s'échauffe assez pour que ce métal y reste liquide et puisse même s'écouler par une ouverture inférieure ménagée en *a* sur le récipient ; on le reçoit alors dans un vase en fonte au fond duquel on a mis de l'huile de schiste peu volatile. Si le récipient se bouche par le métal condensé, on le remplace par un autre que l'on a préalablement chauffé. L'opération doit marcher rapidement, et ne pas durer plus de deux heures. On fond le sodium recueilli et on le moule dans des lingotières. La préparation du sodium est plus facile que celle du potassium, par suite de la température moins élevée à laquelle il distille.

COMBINAISONS DU SODIUM AVEC L'OXYGÈNE.

§ 466. Le sodium forme avec l'oxygène deux combinaisons qui correspondent à celles du potassium ; on les prépare de la même manière.

Le sodium, chauffé dans l'oxygène sec, s'enflamme et se change en peroxyde NaO^3. Ce peroxyde, chauffé avec un poids de sodium double de celui qu'il renferme déjà, donne le protoxyde de sodium anhydre. Lorsque le sodium s'oxyde en décomposant l'eau, il se forme encore du protoxyde ; mais celui-ci se combine immédiatement avec l'eau, et donne un hydrate qui est indécomposable par lachaleur.

La composition du protoxyde de sodium se déduit de l'analyse du chlorure de sodium, comme nous l'avons fait pour le protoxyde de potassium (§ 435). On a trouvé qu'il renferme :

Sodium...................... 74,17

Oxygène...................... 25,83
—————
100,00 :

l'équivalent du sodium est alors donné par la proportion :

$$25,83 : 74,17 :: 100 : x ; \text{ d'où } x = 287,2.$$

Sels formés par le protoxyde de sodium ou soude.

§ 467. Le protoxyde est le seul oxyde de sodium qui joue le rôle de base salifiable ; il donne un grand nombre de sels, importants par leurs applications.

Hydrate de soude.

§ 468. Cette combinaison se forme quand le sodium s'oxyde au contact de l'eau On la prépare dans les laboratoires, en décomposant le carbonate de soude en dissolution par l'hydrate de chaux; on opère, d'ailleurs, exactement comme pour préparer l'hydrate de potasse (§ 432), et l'opération demande des précautions semblables. Pour décomposer

<pre>
            1 éq. carbonate de soude sec........... 662,2
il faut   1 »   chaux anhydre................. 350,0
</pre>

Mais, pour que la réaction soit complète et qu'elle marche rapidement, il est convenable de mettre une proportion double de chaux; ainsi on doit employer environ poids égaux de carbonate de soude et de chaux. La dissolution caustique, séparée du dépôt par décantation, est évaporée rapidement à siccité, et la matière fondue est coulée sur une plaque de cuivre où elle se solidifie en refroidissant. On a, ainsi, la *soude caustique à la chaux*. On peut la purifier en la dissolvant dans l'alcool, comme nous l'avons dit pour la potasse (§ 433).

L'hydrate de soude ressemble complétement, par son aspect, à l'hydrate de potasse; comme ce dernier, il renferme 1 équivalent d'eau :

<pre>
    1 éq. protoxyde de sodium..   387,2   77,49
    1 » eau.................   112,5   22,51
                                  ──────   ──────
    1 » hydrate de soude.....   499,7   100,00.
</pre>

L'eau de l'hydrate de soude ne se dégage à aucune température, et l'hydrate de soude distille, sans altération, à une forte chaleur rouge. La soude caustique peut servir aux mêmes usages que la potasse; comme elle est à meilleur marché et plus facile à préparer à l'état de pureté, parce qu'on trouve le carbonate de soude très-pur dans le commerce, il y a avantage à lui donner la préférence.

Une dissolution d'hydrate de soude, concentrée à chaud, abandonne, par le refroidissement, des cristaux plus-hydratés, mais dont la composition n'a pas encore été déterminée exactement. L'hydrate de soude solide, exposé à l'air humide, tombe bientôt en déliquescence en se combinant avec l'eau de l'atmosphère. Mais, si on laisse indéfiniment la liqueur sirupeuse au contact de l'air, il s'y forme des cristaux de carbonate de soude qui présentent alors l'aspect d'une matière efflorescente. L'hydrate de potasse n'offre rien de semblable, parce que le carbonate de potasse est lui-même déliquescent.

Sulfate de soude.

§ 469. La soude et l'acide sulfurique se combinent en plusieurs proportions; les combinaisons les plus importantes sont le sulfate neutre de soude et le bisulfate.

Le sulfate neutre de soude portait anciennement le nom de *sel de Glauber*. On le trouve, dans le commerce, sous forme de gros cristaux. Ces cristaux renferment plus de la moitié de leur poids d'eau; ils ont pour formule $NaO.SO^3 + 10HO$.

1 éq. sulfate de soude anhydre...	887,2	44,09
10 » eau.....................	1125,0	55,91
1 » sulfate de soude cristallisé..	2012,2	100,00.

Le sulfate de soude cristallisé fond dans son eau de cristallisation à une température peu élevée. Si l'on continue à le chauffer, une portion de l'eau se vaporise, et il se forme bientôt un dépôt cristallin de sulfate de soude anhydre. Ce même sulfate anhydre se dépose lorsqu'on fait cristalliser les dissolutions aqueuses à une température supérieure à 35°. Les cristaux de sulfate de soude anhydre tombent en poussière à l'air; mais cette espèce d'efflorescence est due à une cause tout à fait opposée à celle qui produit l'efflorescence du sulfate à 10 équivalents d'eau; elle tient à ce que le sulfate anhydre enlève de l'eau à l'atmosphère, et se désagrége en se changeant en deuxième hydrate.

On connaît un autre sulfate de soude hydraté ayant pour formule $NaO.SO^3 + 7HO$; ce sont les cristaux qui se forment (§ 365), lorsqu'on refroidit jusqu'à 0° des tubes de verre, hermétiquement fermés, renfermant une dissolution de sulfate de soude saturée à chaud.

La solubilité du sulfate de soude présente une anomalie très-remarquable, sur laquelle nous avons déjà insisté (§ 369). Au-dessous de 0°, cette solubilité est faible, 100 parties d'eau à 0° n'en dissolvent que 5 parties; elle augmente très-rapidement avec la température jusqu'à + 35°, point où elle présente un *maximum;* 100 parties d'eau dissolvent alors 522 parties de sulfate à 10 équivalents d'eau. La solubilité du sel va, ensuite, en diminuant avec la température. Nous avons représenté graphiquement, sur la planche annexée à la page 71, la courbe de la solubilité du sulfate de soude, supposé *anhydre.* Nous avons également décrit (§ 363) des particularités très-remarquables que présente la cristallisation de ce sel.

Le sulfate de soude existe en petite quantité dans les eaux de la mer et dans plusieurs sources salées. On peut en extraire une grande quantité des eaux mères qui restent après le salinage; il suffit d'amener ces eaux mères à une température très-basse, afin de diminuer autant que possible la solubilité du sulfate de soude. On en récolte ainsi de grandes quantités dans les environs de Montpellier. On profite des froids de l'hiver, pendant lesquels les eaux mères des salines abandonnent une grande quantité de sulfate de soude. Nous reviendrons sur cette fabrication.

§ 470. La plus grande partie du sulfate de soude que l'on consomme en France est préparée en décomposant le sel marin par l'acide sulfurique. Nous avons dit (§ 184) comment on exécute cette préparation lorsqu'on veut recueillir en même temps l'acide chlorhydrique. Dans les localités où l'on n'a pas la vente de cet acide, on opère la décomposition dans des fours à réverbère. Mais, comme on ne peut pas laisser dégager les vapeurs acides dans l'air, parce qu'elles nuiraient à la végétation des campagnes environnantes, les fabricants sont obligés de condenser ces vapeurs, en faisant circuler les gaz des fourneaux à travers des carneaux en briques, dans lesquels coule constamment de l'eau, et qui sont en communication avec une cheminée dont le tirage est activé par un foyer particulier. On fait, autant que possible, perdre les eaux acides dans des puits absorbants.

§ 471. Le sulfate de soude peut être fondu au rouge sans se décomposer. En ajoutant à une dissolution de sulfate de soude une quantité d'acide sulfurique égale à celle que ce sel renferme déjà, on obtient une liqueur acide, qui donne, après une évaporation convenable, des cristaux de *bisulfate de soude*, dont la formule est $NaO.2SO^3 + 3HO$. Cette formule peut être écrite $NaO.SO^3 + HO.SO^3 + 2HO$; on regarde alors le sel comme un sulfate double de soude et d'eau. Ce sel, chauffé avec précaution, fond d'abord dans son eau de cristallisation et abandonne ensuite facilement 2 équivalents d'eau. Mais, si l'on continue à chauffer, on peut lui faire perdre son troisième équivalent d'eau, et obtenir un sel anhydre, qui est un véritable *bisulfate*. Ce bisulfate anhydre, chauffé dans une cornue, abandonne la moitié de son acide à l'état d'acide sulfurique anhydre (§ 158).

En ajoutant à la dissolution du sulfate neutre de soude des proportions plus faibles d'acide sulfurique, on peut obtenir un autre sulfate double de soude et d'eau, qui a pour formule :

$$3(NaO.SO^3) + HO.SO^3 + 2HO.$$

Carbonates de soude.

§ 472. Le *carbonate neutre de soude* est un sel extrêmement important par ses usages dans les arts. On le prépare par des procédés très-variés. Pendant longtemps on ne l'obtenait que par le lessivage des cendres provenant de la combustion des plantes qui croissent au bord de la mer. Les végétaux qui croissent dans l'intérieur des terres donnent des cendres fortement chargées de sels de potasse; tandis que les cendres de ceux qui croissent sur les côtes, ou sur les rochers baignés par l'eau de la mer renferment principalement des sels de soude. Les divers végétaux marins fournissent des proportions très-différentes de carbonate de soude : ceux qui en donnent le plus sont le *salsola soda*, le *salicornia europæa*. Les *varechs*, peu riches en carbonate de soude, contiennent beaucoup de sulfate et de chlorure. L'Espagne fournissait anciennement la plus grande partie du carbonate de soude employé en Europe; on lui donnait le nom de *soude d'Alicante* ou de *Malaga*. On en récoltait aussi une certaine quantité sur les côtes de la Méditerranée, en France; cette soude portait le nom de *soude de Narbonne*. Pendant les guerres de la Révolution et de l'Empire, les soudes espagnoles ne parvenaient que difficilement en France, et ce produit était monté à des prix très-élevés. Les chimistes, encouragés par le gouvernement, firent beaucoup de tentatives pour fabriquer artificiellement le carbonate de soude, au moyen des matières premières que l'on avait dans le pays. Après l'essai d'un grand nombre de procédés de préparation, qui résolvaient plus ou moins imparfaitement la question, on en trouva un qui permit d'obtenir le carbonate de soude à bon marché, et en aussi grande quantité que l'on voulut. Ce procédé, qui est encore employé aujourd'hui, est appelé *procédé de Leblanc*, du nom d'un médecin français qui le découvrit.

Le procédé de Leblanc consiste à transformer d'abord le chlorure de sodium en sulfate de soude par l'acide sulfurique; puis à décomposer le sulfate de soude, sous l'influence de la chaleur, par un mélange de carbonate de chaux et de charbon ; il en résulte du carbonate de soude et un oxysulfure de calcium, complétement insoluble dans l'eau; de sorte qu'il est facile de séparer ces deux produits.

Si l'on fond ensemble un mélange de 1 éq. sulfate de soude et de 1 éq. carbonate de chaux, il y a double décomposition ; il se forme du sulfate de chaux et du carbonate de soude. Mais, si l'on reprend par l'eau, la plus grande partie du carbonate de soude repasse à l'état de sulfate de soude. Cette réaction inverse, sous l'influence de l'eau, tient à ce que le carbonate de chaux est beaucoup plus insoluble que le sulfate. Si l'on ajoute 4 éq. charbon au mélange de 1 éq. sulfate de chaux et de 1 éq. carbonate de soude, le sulfate de chaux est changé en sulfure par l'action de la chaleur; et, comme le sulfure de calcium est extrêmement peu soluble dans l'eau, on peut espérer séparer le carbonate de soude par l'eau. Cependant, cette séparation est très-incomplète; il se forme toujours une certaine quantité de carbonate de chaux, et le sulfure de sodium se dissout en même temps que le carbonate de soude.

Mais si l'on chauffe ensemble

2 éq. sulfate de soude.................... 1774,4
5 »   carbonate de chaux............... .. 1875,0
9 »   carbone........................... 675,0
                                          ————
                                          4324,4.

la réaction a lieu de la manière suivante .

$$2\,(NaO.SO^3) + 5\,(CaO.CO^2) + 9C = 2(NaO.CO^2) + (2CaS.CaO) + 10CO;$$

les 2 éq. de sulfure de calcium se combinent avec 1 éq. de chaux, et forment un oxysulfure de calcium $2CaS.CaO$, complétement insoluble dans l'eau. La matière, reprise par l'eau, ne laisse dissoudre que du carbonate de soude.

Les meilleures proportions auxquelles on a été conduit par l'expérience, et qui s'éloignent très-peu de celles que nous venons de trouver par la théorie, sont les suivantes :

> 1000 sulfate de soude anhydre,
> 1040 carbonate de chaux,
> 550 charbon.

La réaction a lieu sur la sole d'un fourneau à réverbère en briques. On chauffe le mélange jusqu'à fusion, et l'on brasse continuellement les matières. Il se dégage du gaz oxyde de carbone, qui vient brûler sous la forme de petites flammèches bleues. Lorsque le dégagement de ce gaz a cessé, l'ouvrier retire du four une petite quantité de matière, pour juger à son aspect, à son homogénéité, si la réaction est complète. Il retire alors la matière pâteuse à l'aide d'un râteau. Cette matière, refroidie, est réduite en poudre sous des meules verticales, puis lessivée dans des caisses, suivant les principes que nous avons développés (§ 447) en parlant du lessivage des matériaux salpêtrés.

On réalise ordinairement ces principes de la manière suivante : supposons une série de cuves rectangulaires, placées en gradins les unes auprès des autres, et munies chacune d'un déversoir de superficie qui déverse leur trop-plein dans la cuve inférieure voisine. Supposons de plus que dans chacune de ces cuves remplies d'eau se trouvent plongées des caisses de dimensions moindres, dont le fond est formé par une toile métallique, et qui sont remplies avec les matières à lessiver, arrivées à un degré de lessivage plus ou moins avancé; la dernière caisse du bas renfermant des matériaux frais, et la première du gradin supérieur renfermant les matériaux les plus épuisés. Si l'on fait arriver de l'eau pure dans la caisse supérieure immédiatement sur les matières, cette eau sera obligée de traverser le fond de la caisse avant de se rendre dans la cuve où la caisse est plongée; elle dissoudra les dernières substances solubles et tombera par le déversoir de superficie de la cuve n° 1 dans la caisse de la cuve n° 2. Là elle rencontrera des matières plus riches en substances solubles, elle se chargera donc davantage de sels et retombera dans la caisse de la cuve n° 5, qui renferme des matériaux encore plus riches en sels que la caisse n° 5. Après avoir exercé son action dissolvante sur les matières de la caisse n° 5, le liquide descendra dans la cuve n° 4, et ainsi de suite jusqu'à ce qu'il arrive à la cuve inférieure, qui·renferme des matériaux frais. En réglant convenablement le courant d'eau, et en multipliant suffisamment les caisses en gradins, on pourra s'arranger de manière que le liquide qui sort de la caisse inférieure soit très-près de la saturation, tandis que les matériaux de la cuve supérieure seront complétement épuisés de principes solubles. Pour maintenir indéfiniment cet état, il suffira, à des intervalles de temps convenables, de rejeter les matériaux de la caisse supérieure, de faire remonter chaque caisse d'un gradin, enfin de replacer dans la cuve inférieure une caisse chargée de matériaux frais.

Les liqueurs sont évaporées dans des chaudières jusqu'à cristallisation; on les fait passer ensuite dans des cristallisoirs où le sel se dépose. Si l'on veut avoir le carbonate de soude très-pur, il est convenable de troubler la cristallisation en agitant continuellement la liqueur. Il ne se dépose alors que des petits cristaux grenus, qu'on enlève à mesure, et qu'on lave ensuite avec un peu d'eau pure. Le plus souvent on se contente d'évaporer les liqueurs et de dessécher le sel, qui est livré dans cet état au commerce.

La figure 559 représente une coupe verticale d'un four à soude, de construction récente, dans lequel on utilise la chaleur du combustible d'une manière très-complète. La flamme du combustible,

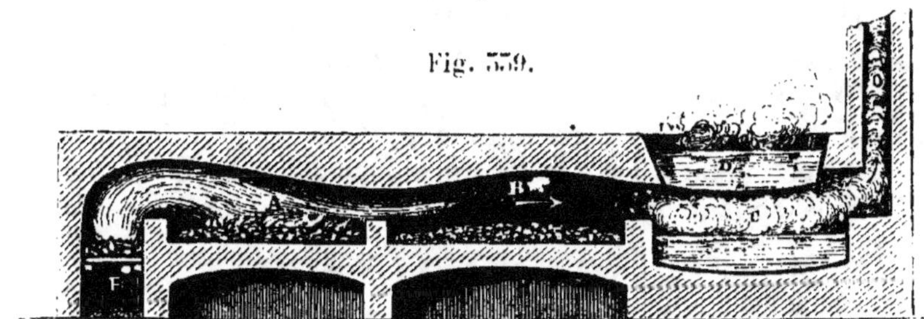

Fig. 559.

qui brûle sur la grille F, traverse le compartiment A, où règne la plus haute température, passe dans le compartiment B, qui n'est séparé du compartiment A que par un petit mur en briques; traverse le compartiment C, et se rend à la cheminée O. La sole des compartiments A et B est en briques; celle du compartiment C est façonnée en chaudière imperméable. La voûte du compartiment C est formée par une chaudière en tôle D. Le mélange de sulfate de soude, de carbonate de chaux et de charbon est d'abord placé dans le compartiment B, où il s'échauffe; on le fait passer ensuite dans le compartiment A, où la réaction chimique s'effectue. Les eaux provenant du lessivage de la soude brute chauffées et concentrées dans la chaudière D, sont dirigées dans la chaudière C, où l'évaporation s'achève. Le carbonate de soude est retiré complétement sec du fourneau.

Les fours à soude de Marseille ne se composent ordinairement que des deux compartiments A et B. Le compartiment A est destiné à la fabrication du carbonate de soude, et, dans le compartiment B, on prépare le sulfate de soude par la réaction de l'acide sulfurique sur le chlorure de sodium; le gaz acide chlorhydrique qui se dégage traverse des canaux de condensation, où la plus grande partie se dissout.

§ 473. Le carbonate de soude cristallise à froid en gros cristaux qui renferment 69,9 pour 100 d'eau. Leur formule est $NaO.CO^2 + 10HO$. Ces cristaux s'effleurissent promptement à l'air. Le carbonate de soude peut cristalliser avec des proportions d'eau moins considérables lorsqu'il se forme dans une dissolution chaude : les petits cristaux grenus qui se déposent d'une liqueur concentrée par ébullition ne renferment que 18 pour 100 d'eau environ. Le carbonate de soude, chauffé, perd facilement son eau, et se fond à la chaleur rouge en un liquide très-fluide qui cristallise par le refroidissement.

La solubilité du carbonate de soude présente une anomalie analogue à celle que nous avons indiquée pour le sulfate de soude (§ 469). Au lieu de croître continuellement avec la température jusqu'à l'ébullition, elle n'augmente, en réalité, que jusqu'à 34°, et décroît au delà. Ce changement subit de solubilité peut tenir à une déshydration partielle du carbonate $NaO.CO^2 + 10HO$.

§ 474. *Bicarbonate de soude.* — On obtient le bicarbonate de soude en faisant passer un courant de gaz acide carbonique à travers une dissolution concentrée de carbonate neutre de soude. Le bicarbonate de soude, n'étant pas très-soluble dans l'eau, se dépose, en grande partie, sous forme de cristaux. La composition de ce sel est

$$NaO.2CO^2 + HO \quad \text{ou} \quad NaO.CO^2 + HO.CO^2.$$

100 parties d'eau, à la température ordinaire, dissolvent environ 8 parties de ce sel.

Le bicarbonate de soude se décompose facilement par l'action de la chaleur; la moitié de son acide carbonique se dégage à une température peu élevée, et il reste un carbonate neutre. La dissolution du bicarbonate de soude se décompose également par la chaleur; une ébullition prolongée change le sel en carbonate neutre.

On emploie en médecine le bicarbonate de soude pour saturer la trop grande quantité d'acide qui se développe pendant les digestions difficiles. On en fabrique de petites pastilles en mêlant le sel à des matières sucrées. Ces pastilles portent le nom de *pastilles digestives de Darcet.*

On prépare le bicarbonate de soude dans les fabriques en exposant dans des caisses en bois le carbonate neutre de soude cristallisé à un courant de gaz acide carbonique; la matière se change ainsi complétement en bicarbonate. On utilise souvent, pour cette préparation, les dégagements naturels d'acide carbonique qui ont lieu dans certaines localités.

§ 475. *Sesquicarbonate de soude.* — On trouve dans la nature un sesquicarbonate de soude cristallisé qui a pour formule $2NaO.3CO^2 + 4HO$; on lui donne de nom de *natron* ou de *sel trona.* Dans certaines contrées chaudes, en Égypte, au Mexique, dans les Indes, il se forme, pendant la saison des pluies, des petits lacs ou des mares dans les parties déprimées du sol. Les eaux s'évaporent pendant la saison chaude, et il se développe des efflorescences ou des masses cristallines de natron, que l'on exploite avec avantage. Ce sel ne s'effleurit pas à l'air, et présente souvent une dureté assez considérable.

Le natron paraît se former par la réaction du carbonate de chaux sur le sel marin; au moins, il se produit toujours une quantité notable de sesquicarbonate de soude lorsqu'on abandonne longtemps à lui-même un mélange de ces deux sels; le natron vient former des efflorescences à la surface.

§ 476. *Essai des soudes brutes du commerce.* — Cet essai se fait absolument de la même manière que celui des potasses (§ 440); seulement, pour saturer 5 grammes d'acide sulfurique monohydraté, il ne faut que $3^{gr},161$ de soude pure et anhydre. On opère donc sur $51^{gr},61$ de matière. Nous n'avons d'ailleurs rien à ajouter à ce que nous avons dit pour l'essai des potasses.

Azotate de soude.

§ 477. L'acide azotique et la soude ne forment qu'une seule combinaison, l'*azotate de soude;* on l'obtient en décomposant le carbonate de soude par l'acide azotique. L'azotate de soude cristallise en rhomboèdres qui ne diffèrent pas beaucoup du cube; c'est ce qui a fait donner à ce sel le nom de *nitre cubique.* L'azotate de soude forme, au Pérou, une couche d'épaisseur variable, qui a une étendue de plus de 100 lieues carrées; cette couche n'est recouverte que par une couche d'argile. Le sel est envoyé en Europe tel qu'on l'extrait de la terre; on le purifie facilement en le dissolvant dans l'eau et évaporant la liqueur.

On emploie avec avantage l'azotate de soude, à cause de son bas prix, pour la fabrication de l'acide azotique, lorsque le sulfate de soude, produit secondaire de cette fabrication, trouve un placement facile. A poids égal, il donne plus d'acide azotique que l'azotate de potasse, parce que l'équivalent de la soude est plus faible que celui de la potasse. On a cherché également à employer ce sel pour la fabrication de la poudre; mais il donne une poudre qui attire beaucoup plus facilement l'humidité de l'air que la poudre ordinaire, et dont l'inflammation est moins rapide; on y a donc renoncé. Nous avons vu (§ 449) qu'on employait maintenant ce sel pour fabriquer de l'azotate de potasse avec les matériaux salpêtrés.

On peut aussi transformer immédiatement, par double décomposition, l'azotate de soude en azotate de potasse. Il suffit de traiter ce sel par le carbonate de potasse; les liqueurs évaporées, et abandonnées à la cristallisation, à une basse température, laissent déposer l'azotate de potasse. On peut également opérer cette décomposition par le chlorure de potassium; la liqueur, concentrée par l'ébullition, laisse déposer beaucoup de sel marin que l'on sépare; en refroidissant, elle abandonne ensuite de l'azotate de potasse.

Phosphates de soude.

§ 478. Les combinaisons de la soude avec l'acide phosphorique sont très-nombreuses, et leur étude présente un haut intérêt. Les chimistes distinguent maintenant des *phosphates tribasiques* ou *phosphates ordinaires*, des *phosphates bibasiques* ou *pyrophosphates*, et des *phosphates monobasiques* ou *métaphosphates*.

Phosphates tribasiques ou phosphates ordinaires.

§ 479. 1° On prépare le phosphate de soude ordinaire du commerce en ajoutant du carbonate de soude à la dissolution du phosphate acide de chaux, qu'on obtient en traitant les cendres d'os par l'acide sulfurique jusqu'à ce qu'il ne se fasse plus ni effervescence ni dépôt. La chaux se sépare à l'état de sous-phosphate insoluble, et la liqueur renferme le phosphate de soude en dissolution. Cette liqueur, évaporée, abandonne, par le refroidissement, de beaux cristaux transparents. On purifie ce sel par une nouvelle cristallisation. Il a pour formule $2NaO.PhO^5 + 25HO$; mais cette formule doit être écrite $(2NaO + HO).PhO^5 + 24HO$, c'est-à-dire que l'acide phosphorique est combiné avec 3 équivalents de base, 2 équivalents de soude et 1 équivalent d'eau basique. Ce sel a une réaction alcaline prononcée sur les réactifs colorés; il est efflorescent à l'air. Il se dissout dans 2 parties d'eau bouillante et dans 4 parties d'eau froide. Soumis à l'action de la chaleur, il fond d'abord dans son eau de cristallisation: puis il perd successivement cette eau, et, si on ne pousse pas la température trop haut, il reste à l'état de sel tribasique anhydre $(2NaO + HO).PhO^5$. En le redissolvant dans l'eau, et le faisant cristalliser de nouveau, il reproduit le sel primitif. Mais, si on le porte à une température plus élevée, par exemple, de manière à lui faire subir la fusion ignée, il perd son équivalent d'eau basique et devient $2NaO.PhO^5$. Il a alors complétement changé de nature; en le redissolvant de nouveau et le faisant cristalliser, on n'obtient plus le sel primitif, mais un sel complétement différent, que nous étudierons bientôt sous le nom de *pyrophosphate de soude*.

Si l'on verse, dans la dissolution du phosphate de soude ordinaire $(2NaO + HO).PhO^5 + 24HO$ qui a une réaction *alcaline*, une dissolution d'azotate d'argent qui est *neutre* aux réactifs colorés, on obtient un précipité jaune de phosphate d'argent $3AgO.PhO^5$, et la liqueur présente, après la précipitation, une réaction *acide*. La double décomposition a lieu entre 1 équivalent de phosphate de soude tribasique et 3 équivalents d'azotate d'argent: elle est représentée par l'équation suivante :

$$(2NaO + HO).PhO^5 + 3(AgO.AzO^5) = 3AgO.PhO^5 + 2(NaO.AzO^5) + HO.AzO^5.$$

La liqueur, après la précipitation, renferme donc 2 équivalents d'azotate de soude qui sont *neutres* à la teinture de tournesol, et 1 équivalent d'azotate d'eau qui a une forte réaction *acide;* elle doit donc rougir la teinture de tournesol.

2° *Phosphate de soude tribasique* $3NaO.PhO^5 + 24HO$. — Si l'on ajoute un excès de carbonate de soude à une dissolution du phosphate précédent, on obtient, en faisant cristalliser la liqueur concentrée, un sel ayant une forte réaction alcaline, et qui a pour formule $3NaO.PhO^5 + 24HO$. Ce sel perd facilement son eau par la chaleur, et présente alors la composition $3NaO.PhO^5$. Il peut être fondu sans qu'il se modifie, car il reste toujours à l'état de *phosphate tribasique;* et, en le redissolvant dans l'eau, il reproduit en cristallisant le phosphate primitif $3NaO.PhO^5 + 24HO$.

Une dissolution *neutre* d'azotate d'argent, versée dans la dissolution de ce phosphate qui a une forte réaction *alcaline*, donne un précipité *jaune* de phosphate d'argent $3AgO.PhO^5$, et la liqueur, après la précipitation, est *neutre* aux réactifs colorés. L'équation suivante représente cette réaction :

$$3NaO.PhO^5 + 5(AgO.AzO^5) = 3AgO.PhO^5 + 5(NaO.AzO^5).$$

La liqueur renferme donc, après la précipitation, 5 équivalents d'azotate de soude. Elle doit donc être neutre aux réactifs colorés.

5° *Phosphate de soude tribasique* $(NaO + 2HO).PhO^5 + 2HO$. — Si l'on ajoute, au contraire, un excès d'acide phosphorique au premier phosphate tribasique $(2NaO + HO).PhO^5 + 24HO$, on obtient, en concentrant la liqueur, un troisième phosphate $NaO.PhO^5 + 4HO$, qui doit s'écrire $(NaO + 2HO).PhO^5 + 2HO$, et dans lequel l'acide phosphorique est toujours saturé par 5 équivalents de base; mais un seul de ces équivalents est de la soude, les deux autres sont de l'eau. Ce sel a une forte réaction acide. En le chauffant modérément, on peut lui faire perdre ses 2 équivalents d'eau de cristallisation, et l'amener à l'état de $(NaO + 2HO).PhO^5$. Le sel conserve ses 5 équivalents de base, et, si on le dissout dans l'eau, on obtient, en le faisant cristalliser de nouveau, le sel primitif $(NaO + 2HO).PhO^5 + 2HO$.

Mais, si on le porte à une température plus élevée, on peut lui faire perdre successivement, d'abord 1 équivalent, puis 2 équivalents d'eau basique. Dans le premier cas, l'acide phosphorique n'est plus saturé que par 2 équivalents de base $(NaO + HO).PhO^5$, et le sel est devenu *phosphate bibasique* ou *pyrophosphate*. Dans le second cas, il ne renferme plus que 1 équivalent de base $NaO.PhO^5$; il est devenu *phosphate monobasique* ou *métaphosphate*. En redissolvant ces nouveaux sels dans l'eau, ils conservent la modification qui leur a été imprimée par la chaleur, et ils ne reproduisent plus, en cristallisant, le sel primitif $(NaO + 2HO).PhO^5 + 2HO$.

Une dissolution *neutre* d'azotate d'argent, versée dans la dissolution du troisième phosphate tribasique $(NaO + 2HO).PhO^5 + 2HO$ qui a une forte réaction *acide*, donne un précipité jaune de phosphate d'argent $3AgO.PhO^5$, et la liqueur présente ensuite la réaction *acide*. On a, en effet :

$$(NaO + 2HO).PhO^5 + 5(AgO.AzO^5) = 3AgO.PhO^5 + NaO.AzO^5$$
$$+ 2(HO.AzO^5).$$

Ainsi la liqueur renferme, après la précipitation, 1 équivalent d'azotate de soude et 2 équivalents d'azotate d'eau; elle doit donc avoir une réaction fortement acide.

Phosphates de soude bibasiques ou pyrophosphates.

§ 480. Nous avons vu (§ 479) qu'en calcinant le premier phosphate de soude tribasique $(2NaO + HO).PhO^5 + 24HO$, de manière à lui faire perdre, non-seulement son eau de cristallisation, mais même son eau basique, on obtenait un sel qui, redissous dans l'eau, ne reproduisait plus le sel primitif. En effet, si l'on fait subir la fusion ignée au phosphate ordinaire, et qu'on le fasse cristalliser une seconde fois dans l'eau, on obtient un nouveau sel qui a pour formule $2NaO.PhO^5 + 10HO$, et dont les propriétés sont très-différentes de celles du phosphate qui lui a donné naissance. Ce sel, auquel on donne ordinairement le nom de *pyrophosphate de soude*, n'est pas efflorescent à l'air.

Une dissolution *neutre* d'azotate d'argent, versée dans la dissolution de ce sel qui exerce une réaction alcaline, donne un précipité *blanc* de phosphate d'argent $2AgO.PhO^5$, lequel présente, par conséquent, une composition différente du précipité jaune que donnent les phosphates tribasiques; la liqueur est *neutre* après la précipitation. La réaction a lieu maintenant entre 1 équivalent de phosphate bibasique et 2 équivalents d'azotate d'argent,

$$2NaO.PhO^5 + 2(AgO.AzO^5) = 2AgO.PhO^5 + 2(NaO.AzO^5);$$

la liqueur ne renferme donc, après la précipitation, que 2 équivalents d'azotate de soude, et, par suite, elle doit être neutre aux réactifs colorés.

Deuxième phosphate de soude bibasique. — Si l'on ajoute un excès d'acide phosphorique à la dissolution du sel précédent, on peut obtenir un sel cristallisé $NaO.PhO^5 + HO$. Mais cette formule doit être écrite $(NaO + HO).PhO^5$; l'acide phosphorique est toujours combiné dans ce sel avec 2 équivalents de base, 1 équivalent de soude et 1 équivalent d'eau. Ce sel a une forte réaction acide. Si on le chauffe seulement jusqu'à lui faire perdre son eau de cristallisation, sans chasser l'équivalent d'eau basique qui ne se dégage qu'à une température plus élevée, le sel ne se modifie pas; et, en le redissolvant dans l'eau, il reproduit le sel primitif. Mais, si on le chauffe de façon à lui faire perdre son eau basique, l'acide phosphorique ne reste plus combiné qu'avec un seul équivalent de base; le sel est complétement changé et ne reproduit plus le composé primitif lorsqu'on le dissout dans l'eau. Le phosphate est devenu alors un *phosphate monobasique* ou *métaphosphate*.

Le phosphate de soude bibasique $(NaO + HO).PhO^5$ donne, avec l'azotate d'argent, le précipité blanc de phosphate d'argent $2AgO.PhO^5$, et la liqueur est acide après la précipitation. On a :

$$(NaO + HO).PhO^5 + 2(AgO.AzO^5) = 2AgO.PhO^5 + NaO.AzO^5$$
$$+ HO.AzO^5.$$

On obtient le même phosphate bibasique $(NaO + HO).PhO^5$ quand

on chauffe le troisième phosphate tribasique (NaO + 2HO).PhO⁵+2HO,
de manière à lui faire perdre, non-seulement son eau de cristallisation, mais encore un de ses équivalents d'eau basique.

Phosphate de soude monobasique ou *métaphosphate.*

§ 481. Si l'on chauffe, jusqu'à fusion, le troisième phosphate tribasique (NaO + 2HO).PhO⁵ + 2HO, ou le deuxième phosphate bibasique (NaO + HO).PhO⁵, l'eau de cristallisation et l'eau basique se
dégagent entièrement, l'acide phosphorique reste combiné avec un
seul équivalent de base, et l'on obtient un sel dont les propriétés
sont très-différentes de celles des substances qui lui ont donné naissance. En effet, ce *phosphate monobasique*, auquel on donne aussi
le nom de *métaphosphate*, est un sel déliquescent, qui ne cristallise
pas lorsqu'on l'a dissous dans l'eau. Avec l'azotate d'argent, il donne
un précipité blanc, mais qui est très-différent du précipité blanc que
donnent les phosphates bibasiques ; car sa composition est AgO.PhO⁵.
La double décomposition a lieu entre 1 équivalent de métaphosphate
de soude et 1 équivalent d'azotate d'argent. La liqueur est neutre
après la précipitation :

$$\text{NaO.PhO}^5 + \text{AgO.AzO}^5 = \text{AgO.PhO}^5 + \text{NaO.AzO}^5.$$

Les métaphosphates se distinguent aussi des phosphates ordinaires
et des pyrophosphates, en ce qu'ils coagulent le blanc d'œuf, tandis
que ces derniers sels ne produisent pas cet effet.

§ 482. Ces trois séries de phosphates, que nous venons d'étudier
dans les phosphates de soude, existent pour la plupart des autres
bases ; mais ces dernières combinaisons n'ont pas encore été suffisamment étudiées. On les retrouve même dans les phosphates d'eau
ou acides phosphoriques hydratés. Nous avons vu, en effet (§ 211),
que l'acide phosphorique donnait trois hydrates définis : les hydrates
3HO.PhO⁵, et 2HO.PhO⁵, qui ont été obtenus cristallisés, et l'hydrate
HO.PhO⁵ qui reste lorsqu'on chauffe au rouge un des hydrates précédents. L'hydrate 3HO.PhO⁵, ou phosphate d'eau tribasique, se
prépare le plus facilement : on l'obtient en dissolution toutes les
fois que l'on oxyde le phosphore par voie humide, lorsqu'on le traite
par l'acide azotique, par exemple. Cet hydrate, saturé par les bases,
ne donne que des phosphates tribasiques. Le monohydrate, HO.PhO⁵,
ou phosphate d'eau monobasique, donne, avec les bases principalement des phosphates monobasiques ou métaphosphates ; mais on
trouve presque toujours dans la liqueur une certaine quantité de
phosphate bibasique, et même de phosphate tribasique. Le bihydrate
cristallisé 2HO.PhO⁵, ou phosphate d'eau bibasique, fournit un mé-

lange de phosphate bibasique et de phosphate tribasique. Cette circonstance tient à ce que les phosphates d'eau monobasique et bibasique sont beaucoup moins stables que les phosphates de soude correspondants; lorsqu'ils sont en dissolution dans l'eau, ils se transforment promptement en acide phosphorique tribasique.

La plupart des chimistes * considèrent ces trois séries de phosphates comme formées par trois modifications différentes ou trois états isomériques de l'acide phosphorique. Dans ces trois modifications, l'acide phosphorique présente la même composition élémentaire; mais ses propriétés sont différentes. Les différences les plus sensibles, ou plutôt celles qui sont le mieux connues, consistent en ce que, dans ces trois états, l'acide phosphorique a un pouvoir de saturation différent par rapport aux bases. Ainsi les phosphates tribasiques renferment un acide phosphorique, qu'on appelle l'*acide phosphorique ordinaire*, et qui jouit de la propriété de se combiner avec 3 équivalents de base. Les phosphates bibasiques ou pyrophosphates, renferment un acide phosphorique, isomère du premier; cet acide, appelé *acide pyrophosphorique*, ne se combine qu'avec 2 équivalents de base. Enfin, dans les phosphates monobasiques ou métaphosphates, on trouve une troisième isomérie de l'acide phosphorique, l'*acide métaphosphorique*, qui ne se combine qu'avec 1 équivalent de base.

§ 483. Mais on peut aussi expliquer ces particularités de l'acide phosphorique, sans supposer que cet acide existe sous trois états isomériques différents, en admettant un principe tout à fait conforme aux lois de l'équilibre mécanique, et qui paraît déjà établi par un grand nombre d'expériences. Je l'appellerai le *principe de la conservation du groupement moléculaire*.

Les molécules de l'acide phosphorique ordinaire et des phosphates tribasiques consistent en des groupements formés par 1 équivalent d'acide phosphorique et 3 équivalents de base. Ces groupements, ou systèmes moléculaires, jouissent d'une certaine stabilité, et ont une grande tendance à se conserver. Dans toutes les doubles décompositions, les trois équivalents de la base primitive sont remplacés totalement ou partiellement par des quantités équivalentes d'autres bases, mais le groupement tribasique persiste toujours. Cependant, si le phosphate tribasique renferme des bases volatiles, de l'eau ou

---

* C'est à un chimiste anglais M. Graham, que l'on doit une étude complète de ces divers phosphates ; avant son travail, les chimistes ne savaient comment expliquer les propriétés diverses et anomales qu'ils avaient reconnues aux phosphates de soude.

de l'ammoniaque, la chaleur pourra les chasser ; le groupement tribasique sera détruit, et il se formera un groupement bibasique ou un groupement monobasique. S'il se dégage un seul équivalent de base, il se formera un groupement bibasique, et ce groupement, une fois formé, aura une *tendance à la conservation* aussi grande que le groupement tribasique. Dans les réactions opérées au milieu de l'eau, le groupement ne se modifie que par double décomposition, par voie de substitution. Ses équivalents de base sont remplacés par des équivalents d'autres bases, mais le groupement bibasique se conserve.

Si le phosphate tribasique renferme 2 équivalents de base volatile, ces deux équivalents pourront se dégager par la chaleur ; il se formera alors un troisième groupement, le *groupement monobasique*, qui aura également une tendance à se conserver, et ne se modifiera que par voie de substitution, lorsqu'on le soumettra à des réactions faibles, comme celle des doubles décompositions opérées par voie humide.

Ainsi ces trois groupements se conserveront invariables dans toutes les réactions faibles. Mais ils pourront passer de l'un à l'autre dans les réactions énergiques. Nous avons vu que la chaleur pouvait transformer le groupement tribasique en groupements bibasique et monobasique ; on peut faire l'inverse, et transformer ces derniers groupements en groupement tribasique. Il suffit de les fondre avec un excès d'une base puissante, de potasse ou de soude, par exemple. Sous l'influence de ces bases, qui ont une grande affinité pour les acides, l'acide phosphorique se combine avec la plus grande quantité de base possible, et constitue le groupement tribasique. Cette transformation ne se fait cependant pas par voie humide à la température ordinaire, parce que la tendance du système moléculaire à la stabilité y met obstacle, et qu'il faut une haute température pour la détruire.

La tendance à la conservation du groupement moléculaire établi paraît jouer un rôle important dans les phénomènes chimiques ; elle explique très-bien les différences d'action que l'on remarque souvent entre les acides anhydres et les acides hydratés. Les acides hydratés sont déjà des *groupements salins* tout formés, et, quand on met ces acides en présence des bases, on ne fait que remplacer l'eau par une base plus forte. Les acides anhydres présentent, au contraire, des groupes tout à fait différents ; et, souvent, ils ne se combinent avec les bases, en transformant leur groupement primitif en groupement salin, que si l'on fait intervenir l'action d'une haute température ; de sorte que ces acides anhydres ne se comportent réellement pas comme des acides à la température ordinaire, car ils ne se combinent pas avec les bases.

De même, les bases hydratées, l'hydrate de potasse par exemple, présentent déjà le groupement salin, dans lequel l'eau joue le rôle d'acide. Ces bases hydratées formeront immédiatement des sels, même avec un acide anhydre, parce que le groupement salin est déjà *tout établi*, et que l'acide n'a qu'à prendre la place de l'eau.

Chlorate de soude.

§ 484. On peut préparer le chlorate de soude, comme celui de potasse, en faisant réagir le chlore sur une dissolution concentrée de soude. La liqueur renferme, à la fin de l'opération, du chlorate de soude et du chlorure de sodium; mais ces deux sels se séparent difficilement par cristallisation. On obtient facilement le chlorate de soude pur en décomposant par une dissolution de bitartrate de soude une dissolution chaude et concentrée de chlorate de potasse. Le bitartrate de potasse, étant très-peu soluble, se sépare presque complétement de la liqueur, et la dissolution renferme du chlorate de soude que l'on peut faire cristaliser par évaporation.

Borates de soude.

§ 485. Le borate neutre de soude porte, dans les arts, le nom de *borax*. On le trouve, dans le commerce, sous deux états : le *borax ordinaire* et le *borax octaédrique*. Ces deux sels ne diffèrent que par leur proportion d'eau de cristallisation. Le borax ordinaire a pour formule $NaO.2BoO^3 + 10HO$, et renferme 47,2 pour 100 d'eau. La formule du borax octaédrique est $NaO.2BoO^3 + 5HO$; 100 parties de ce sel ne renferment que 30,8 d'eau.

Le borax ordinaire se dissout dans 2 parties d'eau bouillante et dans 12 parties d'eau froide; la dissolution a une forte réaction alcaline. Ce sel est un peu efflorescent à l'air. Chauffé, il fond d'abord dans son eau de cristallisation; puis il se boursoufle, et il reste à la fin une matière spongieuse, qui est du borax anhydre. A une plus haute température, le borax anhydre éprouve la fusion ignée, et donne un liquide visqueux, qui ne cristallise pas en se solidifiant; la matière présente, après le refroidissement, un aspect vitreux. La viscosité du borax fondu est telle, qu'on peut le tirer en longs fils très-déliés. Le verre de borax dissout à chaud la plupart des oxydes métalliques, et prend alors des colorations particulières, qui permettent de distinguer les différents métaux les uns des autres. Cette propriété est très-précieuse pour les analyses qualitatives; on peut la mettre en évidence sur des quantités extrêmement petites de ma-

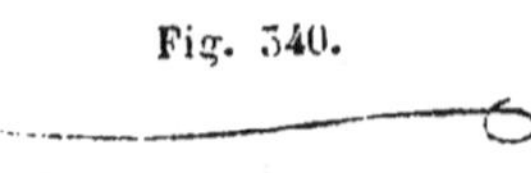

Fig. 340.

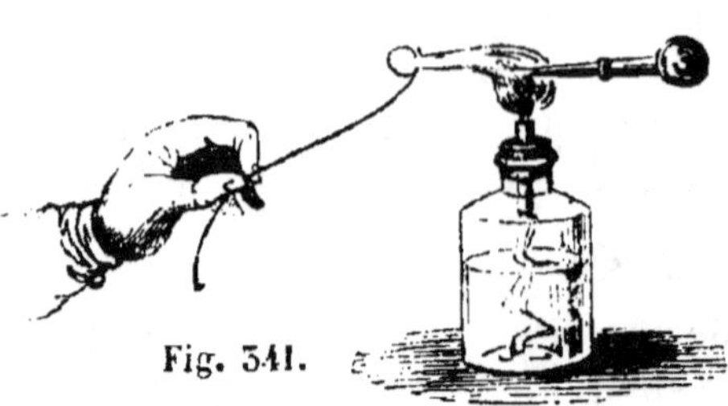

Fig. 341.

tière. A cet effet, on se sert ordinairement d'un fil de platine (fig. 340), dont on a contourné un des bouts sous forme de boucle.

On plonge cette boucle, légèrement humectée, dans du borax anhydre pulvérisé, et et l'on y ajoute quelques parcelles de l'oxyde métallique que l'on veut reconnaître. On fond ensuite la matière au chalumeau (fig. 341), et l'on obtient une perle, dans laquelle l'oxyde métallique se dissout, et qui, après le refroidissement, présente une coloration particulière, caractéristique de l'oxyde métallique.

La flamme que l'on emploie pour opérer cette fusion est celle d'une lampe à gaz, à alcool, ou à huile, ou même celle d'une bougie. Lorsque le métal forme plusieurs degrés d'oxydation, il arrive souvent qu'il produit deux colorations très-différentes du borax; et, comme ces deux colorations peuvent être obtenues à volonté, on les fait servir toutes deux à constater la nature du métal. Dans la partie brillante b de la flamme (fig. 542), qui est immédiatement en avant de l'espace obscur intérieur aa', le gaz est réduisant, parce que les parties combustibles ne sont pas encore entièrement brûlées, surtout si l'ouverture du chalumeau est très-petite. En avant de la

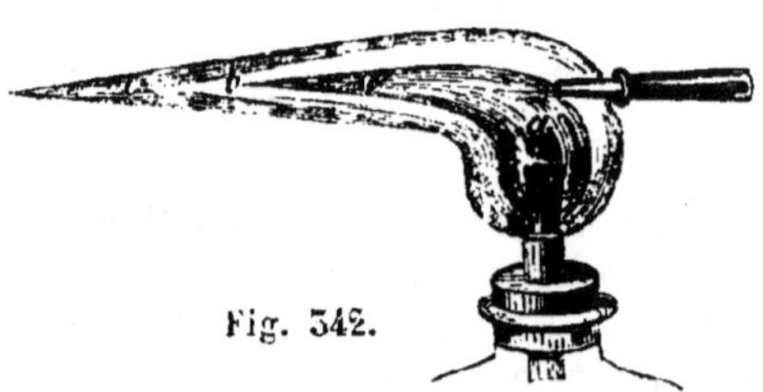

Fig. 542.

partie brillante b, en c, le gaz est, au contraire, oxydant, parce qu'il est mêlé à un excès d'air atmosphérique. Il faudra donc chauffer le borax en b, quand on voudra obtenir la coloration qui appartient au protoxyde; et en c, si l'on cherche la coloration due au peroxyde *.

* Pour comprendre comment on peut, avec une même flamme, obtenir à volonté l'une ou l'autre de ces colorations du borax, il est nécessaire que nous donnions quelques notions sur la constitution des flammes.

Occupons-nous d'abord de la flamme que donne un gaz en combustion. Si l'on enflamme un jet un peu fort de gaz hydrogène à l'extrémité A d'un tube effilé (fig. 545), on reconnaît facilement que la flamme, très-peu brillante, se compose de trois parties distinctes : 1° une partie intérieure obscure aa', dans laquelle l'hydrogène est pur; 2° une enveloppe lumineuse feg, dans laquelle s'opère la combustion du gaz hydrogène par l'oxygène de l'air ambiant, mais où il ne pénètre cependant pas assez d'air pour que la combustion de l'hydrogène soit complète; 3° une enveloppe exté-

§ 486. Le borax est ordinairement employé dans les arts pour la soudure des métaux. La soudure de deux parties de métal l'une sur l'autre se fait en interposant un autre métal, ou un alliage métallique plus fusible que les deux parties à réunir. On porte le point de soudure à une température assez élevée pour fondre le métal interposé, qu'on appelle alors la *soudure*, mais insuffisante pour déterminer la fusion du métal que l'on veut souder. Pour que cette opération réussisse, il est essentiel que les deux surfaces métalliques à réunir soient parfaitement propres, qu'elles soient bien *décapées*, afin que la soudure fondue se trouve en contact immédiat avec

rieure *bcd*, très-peu apparente, dans laquelle s'achève la combustion de l'hydrogène, et où l'air se trouve en excès. Le maximum de température a lieu entre *e* et *c*, vers la pointe *c*, parce que la combustion y est la plus active, et qu'il y passe le principal flux du courant gazeux, élevé à une haute température. Plus près de la pointe *c* de l'enveloppe extérieure, on a encore une haute température ; mais il s'y trouve, en même temps, un excès d'oxygène, de sorte que la flamme y exerce une action oxydante. Si l'on s'approche, au contraire, de la pointe *a* de l'espace obscur intérieur, on trouve un excès d'hydrogène, parce que ce gaz n'a pas encore rencontré la quantité d'oxygène nécessaire pour se brûler ; aussi la flamme y sera réduisante. Si donc on chauffe le borax, mêlé à l'oxyde métallique, vers la pointe *c* de l'enveloppe lumineuse, la coloration sera produite par l'oxyde métallique qui se forme à cette température, en présence d'un excès d'oxygène : ce sera, par exemple, la coloration que donne le sesquioxyde de fer. Si, au contraire, on chauffe le mélange vers la pointe *a* de l'espace intérieur obscur, on aura la coloration que donne l'oxyde qui se forme, à cette température plus basse, en présence d'un excès d'hydrogène : on aura donc la coloration produite par le protoxyde de fer. On peut même obtenir quelquefois la réduction complète de l'oxyde à l'état métallique ; mais cette réduction est toujours difficile à opérer en présence du borax, à cause de l'affinité de l'acide borique pour les oxydes métalliques, affinité qui leur donne une stabilité plus grande que lorsqu'ils sont isolés.

Fig. 545.

Supposons maintenant que la flamme soit produite par un gaz combustible, décomposable par la chaleur, par l'hydrogène bicarboné, par exemple. Dans ce cas, on peut encore distinguer trois parties dans la flamme : 1° une partie intérieure obscure, formée par le gaz non altéré ; 2° une enveloppe lumineuse très-brillante, dans laquelle le gaz éprouve une combustion partielle, parce que l'oxygène ne s'y trouve pas encore en quantité suffisante ; l'hydrogène se brûlant le premier, une grande partie du carbone est mise en liberté dans cette partie de la flamme, et ses parcelles incandescentes rendent cette région extrêmement brillante ; 3° une enveloppe extérieure, dont l'éclat est beaucoup moindre et dans laquelle la combustion s'achève. Vers la pointe *e* de l'enveloppe intérieure brillante, a lieu le maximum de chaleur ; entre *e* et *c*, la flamme est oxydante ; enfin, entre *a* et *e*, elle est réduisante, parce qu'il y règne à la fois une haute température et un excès de matière combustible.

Les flammes qui se produisent autour d'une mèche imbibée d'alcool, d'huile ou d'une matière combustible fondue quelconque, sont exactement de la même nature.

Le liquide monte par capillarité dans la mèche ; là, il rencontre la température produite par le rayonnement de la flamme ; cette température est assez élevée pour que le liquide se volatilise, quand il peut distiller sans décomposition, comme le métal. Or ce dernier s'oxyde souvent à la température qui opère la fusion de la soudure, et l'oxyde interposé empêche l'union des parties métalliques. On remédie à cet inconvénient en ajoutant à la soudure une petite quantité de borax. Ce sel, subissant la fusion ignée, forme un vernis qui préserve de l'oxydation les parties métalliques; il se combine d'ailleurs avec l'oxyde qui existe à la surface des pièces à réunir, et les décape d'une manière parfaite. En pressant l'une sur l'autre les parties à souder, on exprime l'excès de la soudure, ainsi que le borax interposé.

Le borax est principalement employé pour la soudure des pièces l'alcool; ou pour qu'il se décompose en produits volatils, comme cela se présente avec l'huile et les autres matières grasses. Ces matières volatiles forment l'espace obscur intérieur, qui enveloppe et s'élève au-dessus de la mèche. Le reste de la flamme présente alors la même constitution que celle qui est produite par le gaz hydrogène bicarboné.

Dans une bougie ou une chandelle, la matière combustible est solide à la température ordinaire, et enveloppe une mèche en coton (fig. 544). Cette matière fond par le rayonnement de la flamme, de sorte que la mèche se trouve constamment baignée par la matière fondue qui s'élève dans ses canaux capillaires. La mèche, bien que formée elle-même par une matière combustible, ne peut pas brûler, parce qu'elle se trouve dans une région de la flamme où il n'y a pas d'oxygène. Dans sa partie inférieure, là où elle est constamment mouillée par le liquide ascendant, elle ne se décompose même pas, tandis qu'au-dessus elle se charbonne, parce que le liquide n'y arrive plus en quantité suffisante pour l'empêcher de s'échauffer. A mesure que la matière grasse se consume, une portion de plus en plus longue de la mèche est mise à nu. Bientôt la partie supérieure de la mèche s'élève au-dessus de l'espace obscur, parvient dans la région de la flamme où l'oxygène arrive, et elle s'incinère. Mais cette portion de la mèche, dans laquelle le liquide ne s'élève plus, par suite de la désorganisation de ses canaux capillaires, est un corps inerte qui enlève beaucoup de chaleur et gêne la combustion régulière. La température s'abaisse alors, une portion du charbon ne brûle plus, la flamme devient très-fumeuse, et son pouvoir éclairant diminue considérablement. Pour rendre à la flamme son premier état, il faut enlever la partie supérieure de la mèche, il faut *moucher la chandelle*. Dans les bougies (fig. 545), cette précaution est inutile, parce qu'on tressant convenablement la mèche, laquelle a beaucoup moins d'épaisseur, on lui a donné la propriété de se recourber horizontalement aussitôt qu'elle a pris une certaine longueur. La mèche ne s'élève plus alors verticalement dans la flamme, elle se recourbe à mesure qu'elle s'allonge, et son extrémité se brûle continuellement dans la partie latérale de l'enveloppe lumineuse.

On a construit, depuis quelques années, des lampes dans lesquelles on brûle des hydrogènes carbonés liquides, volatils sans décomposition : tels que l'essence de térébenthine, les huiles volatiles obtenues dans la distillation de la houille ou de certains schistes bitumineux. La mèche de ces lampes n'est pas combustible, elle est formée par un faisceau d'amiante qui plonge dans l'essence par sa partie inférieure, et s'élève dans un tube en métal fermé par le haut. Ce tube porte plusieurs ouvertures laté-

Fig. 544.

Fig. 545.

d'or et d'argent. Pour les objets de cuivre et de laiton, on emploie
la résine et le sel ammoniac. Ces dernières substances exercent en
même temps une action réduisante sur les oxydes métalliques qui
peuvent exister à la surface des métaux.

Le borax ordinaire $NaO.2BoO^3 + 10HO$ est incommode pour la
soudure, parce qu'il se boursoufle beaucoup avant de subir la fusion
ignée, et qu'il s'en perd alors par projection. On préfère le borax
octaédrique, qui renferme moitié moins d'eau.

rales o,o. Pour allumer ces lampes, on passe au-dessus du tube un anneau métallique imbibé d'alcool enflammé. La chaleur commu-
niquée au tube réduit en vapeur l'huile essentielle qui
mouille l'amiante, et cette vapeur passe à travers les
ouvertures o et s'enflamme. On enlève alors l'anneau,
et la chaleur produite par la combustion de l'essence
suffit pour en distiller continuellement une nouvelle
quantité. Il est essentiel que l'essence soit brûlée très-
complétement; s'il s'en échappe une quantité même excessivement petite, elle suffit pour donner une odeur
extrêmement désagréable. On a principalement employé, dans ces lampes, des mélanges d'essence de térébenthine et d'alcool. Pour régler la combustion, on
a usé d'un artifice ingénieux. On a terminé le tube
(fig. 346) qui renferme la mèche par une boule métallique creuse, d'un plus grand diamètre et un peu
épaisse. Lorsque les jets de vapeur combustible qui
s'échappent par les orifices o sont faibles, les petites
flammes s'élèvent immédiatement suivant la verticale
et échauffent fortement la boule qui se trouve au-
dessus. La boule transmet par conductibilité sa chaleur au tuyau inférieur, lequel produit alors une distillation plus abondante du liquide qui imbibe la
mèche. Si, au contraire, la vapeur sort trop abondamment par les orifices, les flammes s'éloignent de
l'axe, la boule s'échauffe beaucoup moins, la température du tuyau inférieur s'abaisse et la distillation des
vapeurs combustibles diminue.

On n'obtient pas une étendue de flamme considérable dans une lampe à huile au moyen d'une mèche de
coton qui plonge simplement dans l'huile. L'air atmosphérique n'ayant d'accès que sur le contour de la
flamme, on ne peut donner à celle-ci de grandes dimensions, et, le plus souvent, la flamme est fumeuse,
parce que le charbon se brûle incomplètement. On peut,
au contraire, obtenir des flammes aussi larges qu'on
veut en se servant de mèches annulaires $abcd$ (fig. 347),
tressées en coton, et maintenues dans un espace annulaire en métal $klmnefgh$, qui communique avec le réservoir d'huile. La flamme est alors elle-même annulaire; l'air a accès autour de la flamme sur ses contours

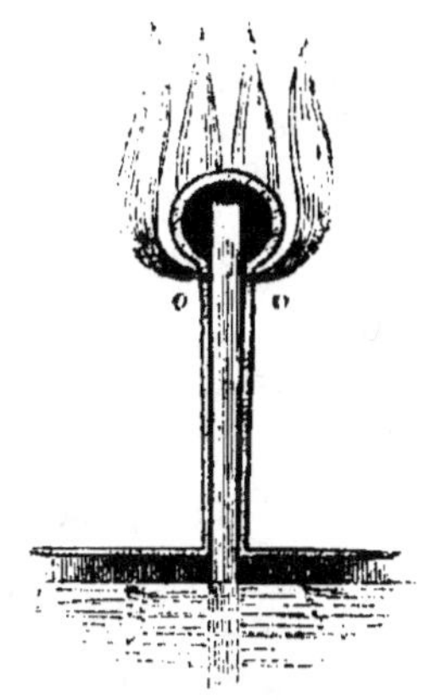

Fig. 346.

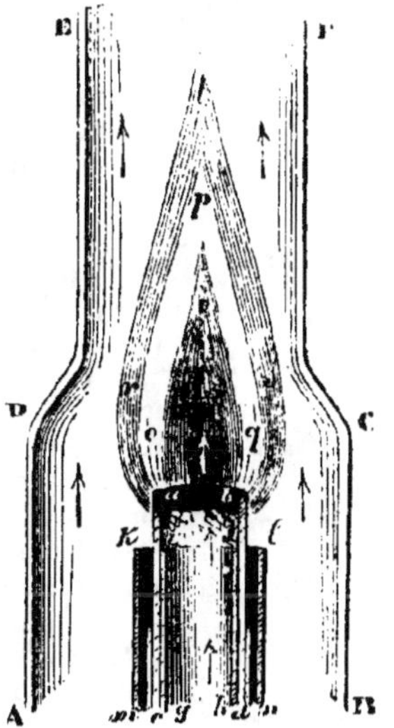

Fig. 347.

extérieur et intérieur. On augmente d'ailleurs l'afflux de l'air, en enveloppant la
flamme d'une cheminée en verre AEFB, qui s'élève au-dessus d'elle de quelques

§ 487. Anciennement la totalité du borax employé dans les arts nous venait des Indes, de la Chine, de la Perse et du Pérou ; on l'obtenait par l'évaporation de petits lacs salés. Ce borax impur était importé en Europe sous le nom de *borax brut* ou de *tinkal ;* on lui faisait subir une purification qu'on appelait le *raffinage du borax*. Aujourd'hui la plus grande partie du borax consommé en France se prépare au moyen de l'acide borique de Toscane et de la soude artificielle.

L'acide borique brut, tel qu'il est donné par l'évaporation des

décimètres. Cette cheminée produit un tirage très-fort, et l'air pénètre à la fois autour de la flamme et dans son espace intérieur : c'est ce qui a fait donner à cette sorte de lampe le nom de *lampe à double courant d'air*. La forme de la cheminée et sa disposition par rapport à la flamme ont une grande influence sur l'intensité et la longueur de celle-ci. Dans une lampe bien construite, on peut monter ou descendre la cheminée à volonté ; on l'amène alors peu à peu dans la position où elle donne le plus grand éclat à la flamme et où la combustion du charbon est complète. Si le tirage est trop fort, la flamme prend un grand éclat, mais elle n'acquiert pas un développement suffisant, parce que la combustion devient complète dans un trop petit espace. Si le tirage est trop faible, la flamme prend un grand développement, parce que les gaz combustibles s'élèvent très haut avant de rencontrer la quantité d'oxygène nécessaire à leur combustion complète. La flamme est peu brillante et donne de la fumée. On dit alors que *la lampe file*.

La forme que l'on donne ordinairement aux cheminées en verre des lampes se compose de deux cylindres, de diamètres différents ; le plus large se trouve en bas, et le raccordement CD est amené à la hauteur de la flamme. Cette disposition a pour objet principal de dévier le courant d'air extérieur et de le diriger sur la flamme, dont la combustion devient ainsi plus active.

Dans certaines lampes, on a augmenté considérablement l'intensité de la lumière en donnant à la cheminée une section à peu près égale dans toute sa hauteur ; mais en pratiquant un étranglement *aa'* (fig. 548), que l'on amène au niveau de la flamme. Le grand diamètre donné à la cheminée produit un tirage considérable, l'étranglement amène vers la flamme un courant d'air très-rapide et chaud.

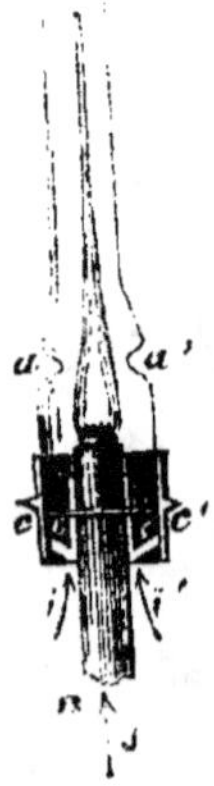

Pour que la mèche d'une lampe à l'huile ne soit pas charbonnée, il faut qu'elle reste toujours imbibée, jusqu'en haut, d'une quantité suffisante d'huile. On ne satisfait à cette condition que d'une manière imparfaite dans les lampes ordinaires. Lorsque le réservoir d'huile est plein, la mèche est convenablement imbibée ; mais, lorsque la plus grande partie de l'huile est brûlée, l'imbibition de la mèche est moins complète, la mèche se charbonne ; ses canaux capillaires s'altèrent, le liquide combustible ne parvient plus jusqu'à la partie supérieure, et le pouvoir éclairant de la lampe diminue considérablement. Cet inconvénient ne se présente pas dans les *lampes Carcel*. Dans celles-ci, un mouvement d'horlogerie fait marcher de petites pompes foulantes qui font monter continuellement au sommet de la mèche une quantité d'huile plus grande que celle qui est brûlée. L'huile qui ne brûle pas retombe dans le réservoir.

Fig. 548.

On reconnaît souvent que des mèches de coton anciennes font un mauvais service dans les lampes à huile ; on dit communément que ces mèches sont *éventées*. Cette circonstance tient à ce que la matière ligneuse qui compose les mèches a subi une altération spontanée qui a détruit plus ou moins complétement les

eaux des suffione, ne renferme que de 74 à 85 pour 100 d'acide
cristallisé ; mais, si on le purifie par une nouvelle cristallisation, il
ne contient plus qu'une très-petite quantité de matières étrangères.
Pour 1,000 kil. d'acide borique, on emploie 1,200 kil. de carbonate
de soude cristallisé et environ 2,000 kil. d'eau. Une partie de l'eau
est fournie par les eaux mères d'une précédente opération, ou par
la condensation de la vapeur employée au chauffage.

On opère d'abord la dissolution du carbonate de soude dans une
cuve A (fig. 349), doublée en plomb, et au fond de laquelle on fait

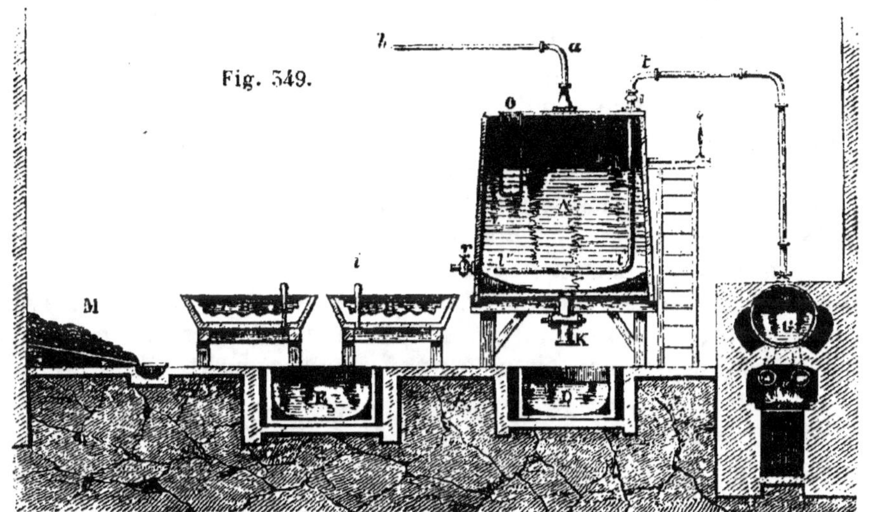

Fig. 349.

arriver de la vapeur d'eau produite par un générateur G à haute
pression. Un robinet t permet de régler l'introduction de la vapeur
à volonté. Le tube qui amène la vapeur au fond de la cuve se con-
tourne en un cercle horizontal, percé d'un grand nombre de petits
trous qui donnent passage à la vapeur. Lorsque la dissolution du
carbonate de soude s'est effectuée, et que la température s'est élevée à 100° environ, on ajoute l'acide borique successivement par
petites quantités de 4 à 5 kilogrammes, afin que l'effervescence produite par le dégagement de l'acide carbonique ne fasse pas déborder

canaux capillaires. L'huile monte alors beaucoup plus difficilement dans les mèches altérées, celles-ci se charbonnent promptement et la lampe éclaire très-mal.

Lorsqu'on projette, au moyen d'un chalumeau, la flamme d'une lampe à alcool
ou d'une bougie, la constitution de la flamme ressemble beaucoup à celle d'une
lampe à double courant d'air ; le courant d'air intérieur est produit dans ce cas
par le souffle du chalumeau. La partie oxydante de la flamme se trouve vers la
pointe c (fig. 342), et la partie désoxydante entre a et b. Lorsqu'on veut exercer
une action désoxydante, on donne une très-petite ouverture au chalumeau, afin
de ne pas projeter beaucoup d'air dans l'intérieur de la flamme.

le liquide. La cuve est maintenue presque entièrement couverte, pour diminuer la déperdition de chaleur. Lorsque tout l'acide borique a été versé, on échauffe de nouveau le liquide, et l'on porte sa température vers 104° ou 105°. On arrête alors l'introduction de la vapeur, et on laisse le liquide reposer pendant douze heures. Un dépôt de matières insolubles se forme au fond de la cuve. On soutire la liqueur claire par la cannelle r, et on la reçoit dans des cristallisoirs B, en bois, et doublés de plomb.

Lorsque la cristallisation est achevée, on soutire l'eau mère dans des réservoirs en fonte E, à l'aide de la bonde i. On détache les cristaux avec des ciseaux de fer, et on fait égoutter les plaques cristallines sur un plan incliné M; les eaux mères qui en sortent se rendent dans un bassin particulier.

Les dépôts qui se sont formés dans la cuve A sont ensuite extraits par une large cannelle K, et tombent dans un réservoir en fonte D, d'où on les tire pour les soumettre à des lavages.

§ 488. Le borax que l'on obtient ainsi ne peut pas encore être livré au commerce. Cela tient beaucoup moins à une pureté insuffisante qu'à ce que les cristaux ne présentent pas le degré de consistance exigé par les consommateurs. Pour le leur donner, on leur fait subir un raffinage qui consiste en une cristallisation très-lente.

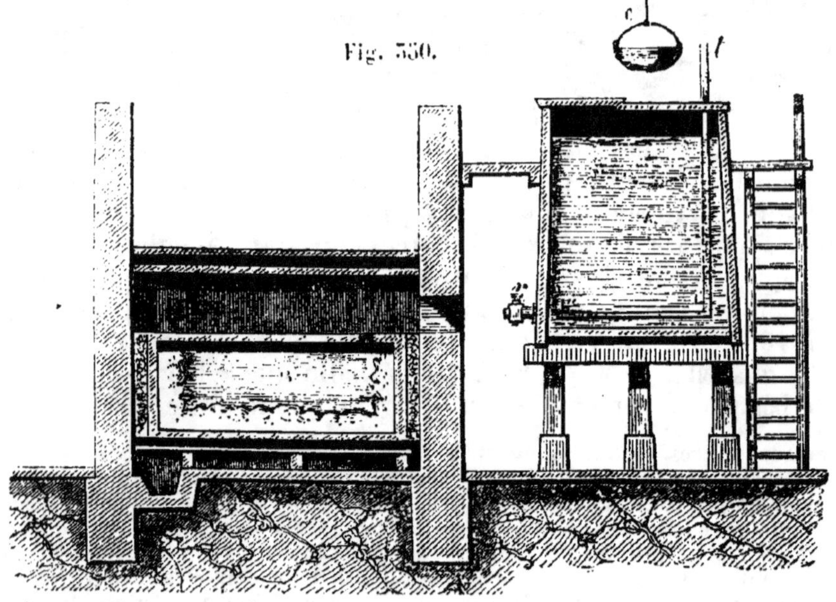

Fig. 350.

A cet effet, on redissout le borax dans une grande cuve A (fig. 350), doublée en plomb, dans laquelle on place 9,000 kil. de borax avec la quantité d'eau nécessaire pour opérer la dissolution. On chauffe avec de la vapeur amenée du générateur au fond de la cuve. Le sel est placé dans un panier en tôle C, suspendu à l'extrémité d'une chaîne, et qu'on ne plonge que d'une petite quantité dans le liquide. La liqueur, en dissolvant du sel, devient plus dense, et descend au fond de la cuve. On emplit le panier à mesure que le sel, qui y avait été mis précédemment, se dissout. Pour chaque quintal de borax, on ajoute 8 kil. de carbonate de soude cristallisé, et on amène la liqueur à marquer 21° Baumé, pour la température d'environ 100°, à laquelle la dissolution s'opère. On fait écouler ensuite le liquide bouillant dans un grand cristallisoir B, qui doit être placé dans un lieu très-tranquille, pour éviter que des ébranlements ne troublent la cristallisation. On rend le refroidissement le plus lent possible, en maintenant la cuve couverte, et même en enveloppant ses parois de planches ou de paillassons. Au bout de vingt-cinq à trente jours, la cristallisation est considérée comme achevée; la liqueur marque alors 25° ou 30° au thermomètre; on la soutire avec un siphon, et on détache les cristaux au ciseau et au marteau.

§ 489. Pour préparer le borax octaédrique, on opère la dissolution du borax brut de la même manière et dans la même cuve; mais on la fait plus concentrée, de façon qu'elle marque environ 30° à l'aréomètre Baumé, à la température de 100°; c'est dans cet état qu'elle est amenée dans le cristallisoir. La cristallisation du borax octaédrique commence lorsque la liqueur a atteint 79°; elle continue jusqu'à ce que la température se soit abaissée à 56°. Il faut alors se hâter d'enlever l'eau mère avec un siphon, pour éviter que le borax ordinaire, ou borax prismatique, ne se superpose au premier. L'eau mère, soutirée dans de grands bassins, laisse déposer une abondante cristallisation de borax prismatique.

§ 490. Dans les fabriques où l'on raffine le borax brut des Indes, il est très-important de soumettre ce produit à un essai préliminaire qui en fixe la richesse. Cet essai se fait facilement au moyen des procédés alcalimétriques (§ 440). La méthode est fondée sur cette propriété que l'acide borique, quelle que soit sa quantité, ne produit sur la teinture bleue du tournesol que le rouge vineux, tandis que les plus petites quantités d'acide sulfurique font passer cette teinture au rouge pelure d'oignon. Si donc on ajoute successivement de l'acide sulfurique à une dissolution de borax colorée par du tournesol, on aura une coloration vineuse tant qu'il restera du borate de soude non décomposé; mais, aussitôt que les dernières parties de borate de soude auront été transformées en sulfate de soude, la plus petite quantité d'acide sulfurique, mise en excès, fera passer le rouge vineux à la couleur pelure d'oignon. L'opération s'exécute de la manière suivante : on dissout 15 grammes de borax dans 50 centimètres cubes d'eau chaude; on colore la liqueur avec un peu de tournesol, et on y ajoute successivement la liqueur acide normale (§ 440) contenue dans une burette graduée jusqu'à ce que la couleur passe à la pelure d'oignon; on note alors le nombre de divisions ajoutées. Cette opération exige cependant quelques précautions particulières. Tant que la dissolution est chaude, la grande quantité d'acide borique qu'elle retient rend moins sensible le changement de couleur. Quand on approche de la décomposition complète, il est convenable de laisser refroidir la liqueur, afin que la majeure partie de l'acide borique se dépose en cristaux. On ajoute ensuite la liqueur acide jusqu'au changement de couleur.

Le sulfate de soude et l'acide borique contenus dans la liqueur masquent réellement un peu la réaction de l'acide sulfurique sur la teinture; mais on a reconnu, par des expériences directes, qu'il suffisait d'environ $\frac{1}{2}$ division de la burette pour vaincre cette inertie. Ainsi, au moment où a lieu le passage de la couleur vineuse à la couleur pelure d'oignon, on a mis $\frac{1}{2}$ division d'acide de trop; il suffit par conséquent de retrancher cette demi-division du nombre de celles que l'on a versées, pour obtenir le nombre exact qui a produit la décomposition.

Un équivalent de borate de soude anhydre pèse 1259,6; il exige, pour se transformer en sulfate de soude, 612,5, c'est-à-dire 1 équivalent d'acide sulfurique monohydraté. Le volume d'acide sulfurique normal, qui remplit 100 divisions de la burette, renferme 5 grammes d'acide sulfurique monohydraté, et décompose $10^{gr},282$ de borax pur et anhydre.

On doit donc opérer toujours sur $10^{gr},282$ de borax, que l'on dissout dans 50 centimètres cubes environ d'eau. Si le borax est pur et anhydre, il faut ajouter 100 divisions d'acide normal, et l'on dit que le sel renferme 100 centièmes de borax réel. Si le borax est du borate de soude prismatique pur, la décomposition est produite par $50^{D},2$, et le sel renferme $\frac{30,2}{100,0}$ de borate réel.

Si l'on veut obtenir une plus grande exactitude, il faut nécessairement répéter l'essai plusieurs fois. Dans ce cas, on dissout 4 fois $10^{gr},282$, ou $41^{gr},128$ de borax, dans 200 centimètres cubes d'eau, et l'on fait chaque essai sur le quart du volume de cette dissolution.

§ 491. On connaît encore une seconde combinaison de la soude avec l'acide borique. On l'obtient en fondant ensemble 1 équivalent de borax avec 1 équivalent de carbonate de soude. On dissout ensuite la matière dans l'eau bouillante; et, par le refroidissement, il se dépose des cristaux qui ont pour formule $NaO.BoO^3 + 8HO$.

Hyposulfite de soude.

§ 492. Ce sel a reçu une certaine importance de ses applications au daguerréotype. On s'en sert pour dissoudre le sel d'argent impressionnable qui est resté inaltéré après l'exposition dans la chambre noire. Il jouit, en effet, de la propriété de dissoudre très-facilement les chlorure, bromure et iodure d'argent.

On prépare l'hyposulfite de soude en dissolvant du soufre, dans une dissolution chaude et concentrée de sulfite neutre de soude, jusqu'à ce que celle-ci en soit saturée. La liqueur, soumise à l'évaporation, abandonne l'hyposulfite de soude, sous la forme de gros cristaux transparents, qui ont pour formule $NaO.S^2O^2 + 5HO$. Ce sel, soumis à l'action de la chaleur, fond d'abord dans son eau de cristallisation ; en ménageant convenablement la chaleur, on peut lui faire perdre toute son eau, sans qu'il se décompose ; mais, si on le chauffe davantage, il se décompose en sulfate et en sulfure.

COMBINAISON DU SODIUM AVEC LE CHLORE.

§ 493. Le sodium ne forme avec le chlore qu'une seule combinaison ; c'est notre sel ordinaire de cuisine. Le chlorure de sodium existe en quantité considérable dans les eaux de la mer, et c'est de celles-ci qu'on extrait la plus grande partie du sel que l'on consomme dans la vie domestique et dans les arts. A cause de cette origine, le chlorure de sodium est aussi appelé *sel marin*. Le chlorure de sodium forme encore des amas considérables dans le sein de la terre ; on lui donne alors le nom de *sel gemme*.

Le chlorure de sodium est à peu près également soluble dans l'eau froide et dans l'eau chaude. Sa courbe de solubilité (planche de la page 71) est une ligne droite, très-peu inclinée sur l'axe des températures. 100 parties d'eau dissolvent 37 parties de sel marin ; de sorte qu'une dissolution saturée en renferme 27 pour 100.

Le chlorure de sodium cristallise en cubes. Lorsque cette cristallisation se fait par évaporation rapide, les cristaux sont très-petits ; ils s'accolent ordinairement les uns aux autres, de manière à former des pyramides à quatre pans, creuses à l'intérieur, et dont les parois présentent l'aspect de gradins, parce que les rangées de petits cristaux cubiques sont disposées en retrait, les unes par rapport aux autres. Ces groupements particuliers de cristaux (fig. 551) ont reçu le nom de *trémies*. On peut concevoir leur formation de

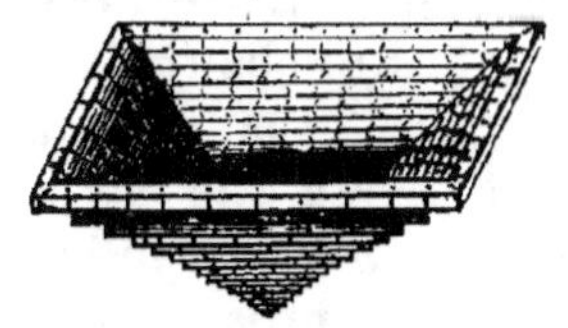

Fig. 551.

la manière suivante : supposons qu'un petit cristal cubique se soit

formé à la surface de la dissolution ; ce cristal tend à tomber au fond
du liquide en vertu de sa plus grande densité ; mais l'action capillaire
le maintient à la surface (fig. 552). Bientôt il se développe de nouveaux cristaux, qui s'accolent au premier, suivant ses quatre arêtes
horizontales supérieures, et forment un premier cadre au-dessus du
premier petit cube ; le système descend dans le liquide (fig. 353). De

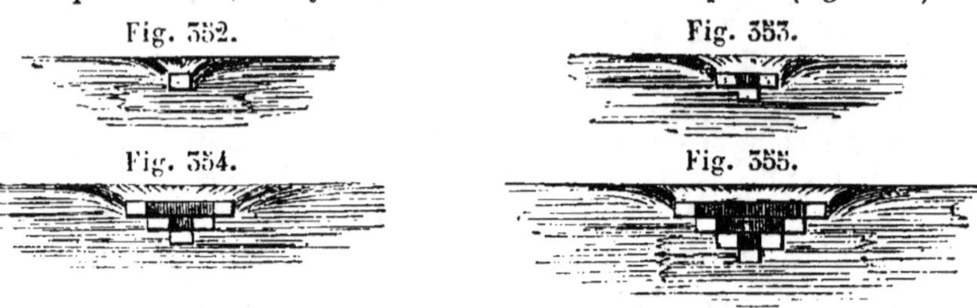

Fig. 552.　　　　　　　　　　Fig. 353.

Fig. 354.　　　　　　　　　　Fig. 355.

nouveaux cristaux se groupent autour du premier cadre et constituent un second cadre ; de sorte que le groupe des cristaux prend la
forme de la figure 354. Après le dépôt du troisième cadre, le système a pris la forme de la figure 355, et ainsi de suite. On conçoit
d'ailleurs que les cristaux doivent se former et se développer principalement à la surface du liquide ; car le sel, étant également soluble à chaud et à froid, ne tend pas à se déposer par refroidissement,
mais seulement par suite de la vaporisation de l'eau, qui n'a lieu
qu'à la surface. Nous avons supposé qu'il ne se formait jamais qu'une
seule rangée de petits cristaux cubiques autour des arêtes horizontales du cadre précédemment formé ; mais il peut aussi bien se former deux, trois ou quatre rangées, comprises dans le même plan
horizontal ; il suffira pour cela que le groupe cristallin ne descende
pas dans le liquide immédiatement après la formation d'une première rangée. On conçoit donc que les hauteurs des pyramides
creuses peuvent varier beaucoup par rapport à la largeur de leur
base, suivant que le liquide est plus ou moins tranquille, et que l'action capillaire est elle-même plus ou moins forte.

Le chlorure de sodium, cristallisé en cubes, ne renferme pas d'eau
combinée. Dans les temps humides, il enlève de l'eau à l'atmosphère et se mouille. Il abandonne de nouveau cette eau lorsque le
temps devient sec. Les gros cristaux de sel marin renferment presque
toujours un peu d'eau mère, interposée entre les couches cristallines ; c'est à la présence de cette eau qu'on attribue ordinairement
la propriété que possède le sel de décrépiter quand on le jette sur
des charbons incandescents.

Lorsqu'on fait cristalliser une dissolution de sel marin à une température très-basse, par exemple à — 15°, il se dépose des cristaux

qui n'appartiennent plus au système régulier. Ces cristaux sont hydratés : ils ont pour formule $NaCl + 4HO$. Ils perdent leur eau de cristallisation, même au milieu de l'eau, lorsque la température s'élève au-dessus de — 10°.

§ 494. Le sel gemme forme ordinairement des amas au milieu des couches du muschelkalk qui appartiennent au groupe du trias. Les amas de sel sont, le plus souvent, intercalés dans des couches, ou plutôt dans des amas lenticulaires de gypse. Quelquefois le sel gemme est blanc et parfaitement pur; il présente alors le clivage cubique très-prononcé. D'autres fois, il est coloré en jaune, ou en rouge, par de l'oxyde de fer, ou des matières organiques.

Lorsque le sel gemme est pur, on l'extrait immédiatement du sol, soit en faisant une exploitation à ciel ouvert, si le sel se trouve très-près de la surface, soit en exploitant par puits et galerie, comme pour les mines de houille. Le sel extrait est réduit en poudre dans des moulins. Les principales exploitations du sel en roche sont celles de Vieliczka, en Pologne, et de Cardone, en Espagne.

Quelques variétés de sel gemme présentent la propriété remarquable de faire entendre de petites décrépitations quand on les dissout dans l'eau. On reconnaît qu'il se dégage en même temps une certaine quantité de gaz. Ce gaz est de l'hydrogène protocarboné ; il était emprisonné sous une forte pression au milieu du sel gemme, et il fait éclater, avec bruit, les parois des cavités qui le contiennent, lorsque ces parois se sont suffisamment amincies par la dissolution du sel qui les forme.

Lorsque le sel est impur, il faut le dissoudre dans l'eau, et le purifier par cristallisation. La dissolution se fait ordinairement dans la mine elle-même. On perce, à partir du sol et jusqu'au milieu environ de l'amas de sel, un trou de sonde auquel on donne 15 centimètres de diamètre, dans les 30 ou 40 premiers mètres, et seulement 10 centimètres dans le reste de la profondeur. On suspend dans ce trou des tuyaux de cuivre, formés de plusieurs parties assemblées à vis. L'extrémité inférieure du tuyau est fermée; mais elle est percée, sur une longueur de 2 à 3 mètres à partir du bas, de petits trous par lesquels l'eau peut s'introduire. La colonne de tuyaux est suspendue, en haut, à une très-forte poutre AB (fig. 356), fixée solidement dans une maçonnerie. Une portion *cdef* du tube sert de corps de pompe; elle porte un rebord *ef*, qui correspond à l'endroit où le trou de sonde se rétrécit, et qui s'appuie ainsi sur la roche. Au même endroit de la colonne se trouve la soupape fixe *s*, ou *clapet dormant* de la pompe.

On fait arriver de l'eau douce entre la surface extérieure des

tuyaux et les parois du trou de sonde. Cette eau descend jusque dans
l'amas de sel gemme; elle dissout le sel, et l'eau salée, plus dense, gagne le fond du trou de sonde, où se trouve l'extrémité inférieure ouverte de la colonne de tuyaux. Cette colonne se remplit donc d'eau salée; mais celle-ci ne s'élève pas jusqu'au sol; elle s'arrête à une certaine distance au-dessous de la surface, et cette distance est telle, que la hauteur de la colonne salée fait équilibre à la colonne annulaire d'eau douce. La densité de l'eau pure étant 1,00, celle de l'eau saturée de sel est 1,20 environ. Si donc le trou de sonde a une profondeur de 200 mètres, la colonne annulaire d'eau douce aura une hauteur de 200 mètres; tandis que la colonne d'eau salée s'élèvera dans les tuyaux de $\frac{1,00}{1,20}$. 200^m = 166 mètres. La colonne salée s'arrêtera par conséquent à 34 mètres au-dessous de la surface du sol, et il faudra, pour l'amener au jour, l'élever de cette quantité au moyen de la pompe. Le piston P de la pompe est fixé à l'extrémité d'une longue tige de fer, qui est mise en mouvement par une roue hydraulique.

Dans les premiers temps de l'exploitation, les eaux soulevées par la pompe ne sont pas saturées de sel, parce qu'elles restent trop peu de temps en contact avec les parois de l'amas. Mais, au bout de quelques mois, il s'est formé, dans l'amas de sel gemme, de vastes excavations dans lesquelles les eaux séjournent longtemps. La pompe n'enlevant que les couches liquides inférieures, c'est-à-dire les plus denses, amène au jour des eaux saturées, qui renferment 27 pour 100 de sel.

L'eau douce qui pénètre dans le trou de sonde est de l'eau de source que l'on fait arriver dans un bassin creusé dans le sol, immédiatement au-dessus du trou de

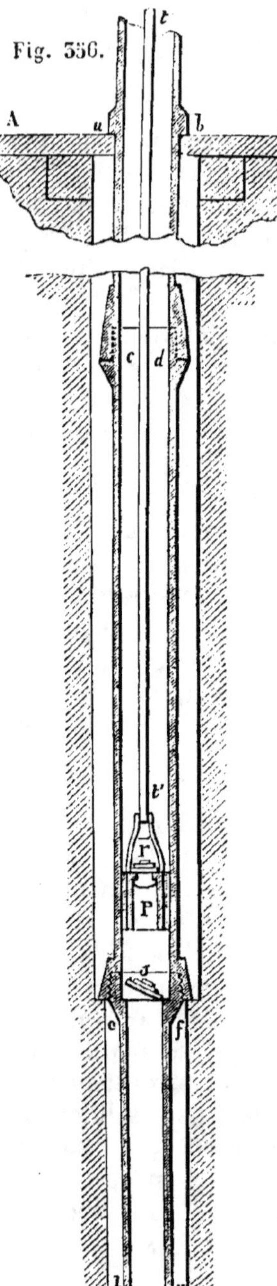

Fig. 356.

sonde, de sorte que celui-ci reste constamment rempli. La partie supérieure des tuyaux traverse ce bassin et verse l'eau dans un conduit qui les amène dans un autre bassin de réception couvert. Les eaux salées sont ordinairement très-pures; elles ne renferment le plus souvent qu'une petite quantité de sulfate de soude, un peu de chlorure de calcium et de magnésium. Elles sont, de plus, saturées de sulfate de chaux; mais on sait que ce sel est peu soluble dans l'eau. Pour en extraire le sel marin, il suffit de les évaporer par la chaleur; le sel se sépare en cristallisant. Mais, comme les masses d'eau à évaporer sont considérables, il est important que les appareils d'évaporation soient bien combinés, afin de brûler le moins de combustible possible. Les figures 557 et 558 représentent une partie d'un bâtiment d'évaporation de la saline de Rottenmünster, dans le Wurtemberg. La figure 558 représente le plan du bâtiment. La figure 557 en montre une coupe verticale suivant la ligne XY du plan.

Les eaux salées du réservoir sont d'abord amenées dans une grande chaudière en tôle C, à fond plat, chauffée par la vapeur qui s'élève des chaudières A et B. Les eaux s'échauffent dans cette chaudière jusqu'à 100° environ. On les fait couler de là dans les deux chaudières d'évaporation A et B, dont l'une A est chauffée par un foyer F placé immédiatement dessous, et l'autre B est chauffée par la fumée de ce foyer, laquelle circule plusieurs fois au-dessous avant d'arriver à la cheminée O. Les eaux sont concentrées rapidement par ébullition, et celles qui s'évaporent sont remplacées par de nouvelles quantités d'eau tirées de la chaudière C. On pousse l'évaporation jusqu'au moment où il commence à se former une pellicule cristalline à la surface du liquide. Une grande partie des sels étrangers, principalement les sulfates de chaux et de soude, se sont séparés à l'état d'un sel double qui s'attache sous la forme d'une croûte solide contre les parois des chaudières. Nous avons dit que la chaudière C n'était chauffée que par la vapeur qui s'élève des chaudières de concentration A et B; mais il faut éviter que l'eau liquide provenant de la condensation de cette vapeur sur le fond de la chaudière C ne puisse retomber dans les chaudières inférieures. A cet effet, ces dernières chaudières sont recouvertes de deux toits, *de*, *df*, formés de petites lattes de bois, laissant entre elles des intervalles, mais placées en surplomb les unes sur les autres. Les eaux de condensation coulent sur ces toits, et se rendent dans une rigole qui les mène au dehors.

Les eaux concentrées des chaudières A et B sont amenées dans d'autres chaudières plus grandes H, D, chauffées par des foyers, et sous lesquelles on fait circuler plusieurs fois la fumée, afin d'utiliser la chaleur le mieux possible. La cristallisation du sel a lieu dans ces chaudières. L'ouvrier trouble continuellement la cristallisation, en

Fig. 357.

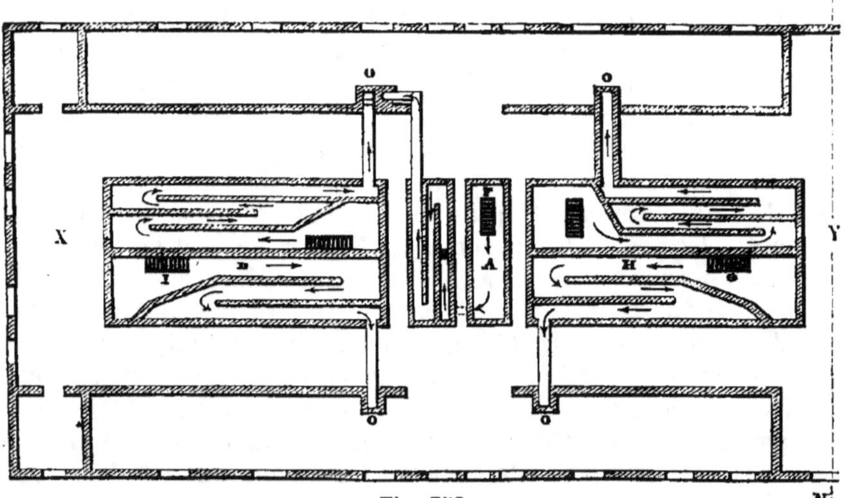

Fig. 358.

y promenant des rateaux; il ramène constamment le sel cristallisé vers les bords de la chaudière, sur des petits plans inclinés où il s'égoutte. Les eaux qui s'écoulent rentrent dans les chaudières. A mesure que le niveau de l'eau baisse dans les cristallisoirs, l'ouvrier y introduit de nouvelles eaux venant des chaudières A et B, pour que la cristallisation marche d'une manière continue. On n'arrête les évaporations que quand il s'est formé, sur les parois des chaudières, une épaisseur un peu considérable de sulfate double de chaux et de soude, parce que les incrustations pierreuses produites par ce sel sur le fond des chaudières rendent le passage de la chaleur difficile. On vide alors les eaux mères, qui renferment les sels déliquescents, et qui donneraient du sel impur si on continuait à les évaporer.

Les chaudières sont recouvertes par de grands toits en planches, surmontés de cheminées K également en planches, par lesquelles les vapeurs se dégagent. Des rigoles sont disposées le long des parois de ces cheminées, afin de recueillir les eaux qui s'y condensent, et les mener au dehors.

Le sel, retiré des cristallisoirs, a besoin d'être séché. Cette dessiccation a lieu dans une série d'armoires en bois parallèles (fig. 357), qui sont placées à un étage supérieur et en travers du bâtiment. La figure 359 représente la coupe transversale d'une de ces armoires.

Le sel humide est placé sur un parquet AB, formé par un grand nombre de petites règles en bois juxtaposées, laissant entre elles de petits intervalles. Ce parquet divise toutes les armoires en deux compartiments. On fait arriver de l'air chaud dans le compartiment supérieur; il traverse les couches de sel, auquel il enlève l'humidité, et se rend ensuite dans une cheminée de tirage. La partie supérieure des armoires s'ouvre comme un pupitre, pour qu'on puisse placer et retirer le sel. L'air destiné à la dessiccation est chauffé par les foyers d'évaporation. Cet air pénètre dans des tuyaux en fonte, qui passent plusieurs fois sous la grille à laquelle ils servent de support (fig. 360), et se rend en

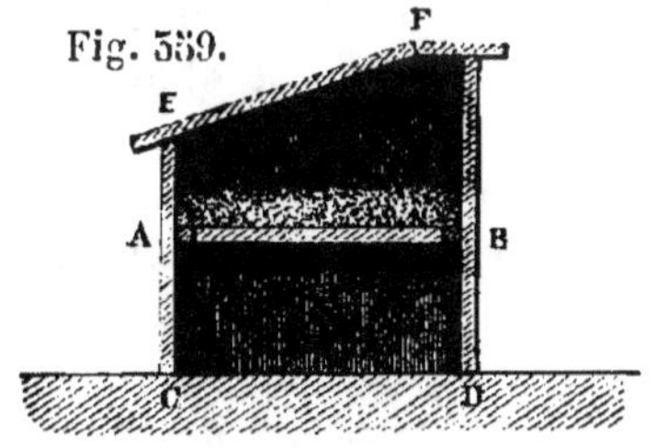

Fig. 359.

Fig. 360.

suite à l'étage supérieur, dans les séchoirs. Une autre portion d'air s'échauffe en parcourant les compartiments *o* pratiqués dans des boîtes en fonte qui revêtent les parois du cendrier C.

Le sel sort parfaitement sec des séchoirs; on l'emballe dans des sacs, et il est ainsi versé dans le commerce.

§ 495. Lorsqu'il existe, au sein de la terre, des amas considérables de sel gemme, il sort ordinairement du sol, dans les localités environnantes, des sources salées qu'on traite quelquefois avec avantage pour en retirer le chlorure de sodium. Ces eaux sont toujours loin de l'état de saturation, parce qu'avant d'arriver au jour elles traversent différentes couches de terrains, où elles se mêlent à des quantités plus ou moins considérables d'eau douce.

Les eaux des sources salées sont rarement assez concentrées pour qu'on puisse les évaporer immédiatement par le feu; on est obligé de leur faire subir une concentration préliminaire, par évaporation à l'air. Nous donnerons ici la composition de l'eau des deux sources salées qui sont exploitées. L'une de ces sources est très-riche; c'est celle de Schœnebeck, près Magdebourg en Prusse. L'autre est beaucoup plus pauvre; c'est celle de Moutiers en Savoie.

La composition est rapportée à 100 parties d'eau.

	Schœnebeck.	Moutiers.
Chlorure de sodium........ .	9.623	1,058
Sulfate de soude...........	0,249	0,100
» de magnésie........	0,012	0,055
» de chaux...........	0,339	0,251
» de potasse.........	0,014	»
Chlorure de magnésium.....	0,083	0,030
» de potassium......	0,007	»
» de fer......... ...	»	0,040
Carbonate de chaux.........	0,026	0,076
» de fer...........	0,001	0,012
Acide carbonique libre......	»	0,075
	10,354	1,667

Les eaux des sources salées sont amenées, par des rigoles, dans de grands bassins de réception. Des pompes les élèvent à la partie supérieure de bâtiments particuliers, appelés *bâtiments de graduation*, et d'où on les fait couler lentement sur de larges surfaces exposées à l'action du vent, qui évapore une grande partie de l'eau. Les bâtiments de graduation (fig. 361) consistent en de longues constructions de charpente, dont la plus grande face est exposée au vent qui règne le plus ordinairement dans la contrée, ou plutôt, à celui qui produit la vaporisation la plus active. Le sol du bâtiment est formé par un grand bassin glaisé BB' destiné à recueillir les eaux qui ont été concentrées par évaporation. Les pièces de charpente sont établies sur des piliers en maçonnerie. L'intervalle des charpentes est rempli de fagots d'épines, comme on le voit, en F; de sorte que le

bâtiment présente l'aspect d'un vaste mur de fagots, de 10 à 15 mètres de hauteur, et de 400 à 500 mètres de longueur. Un canal supé-

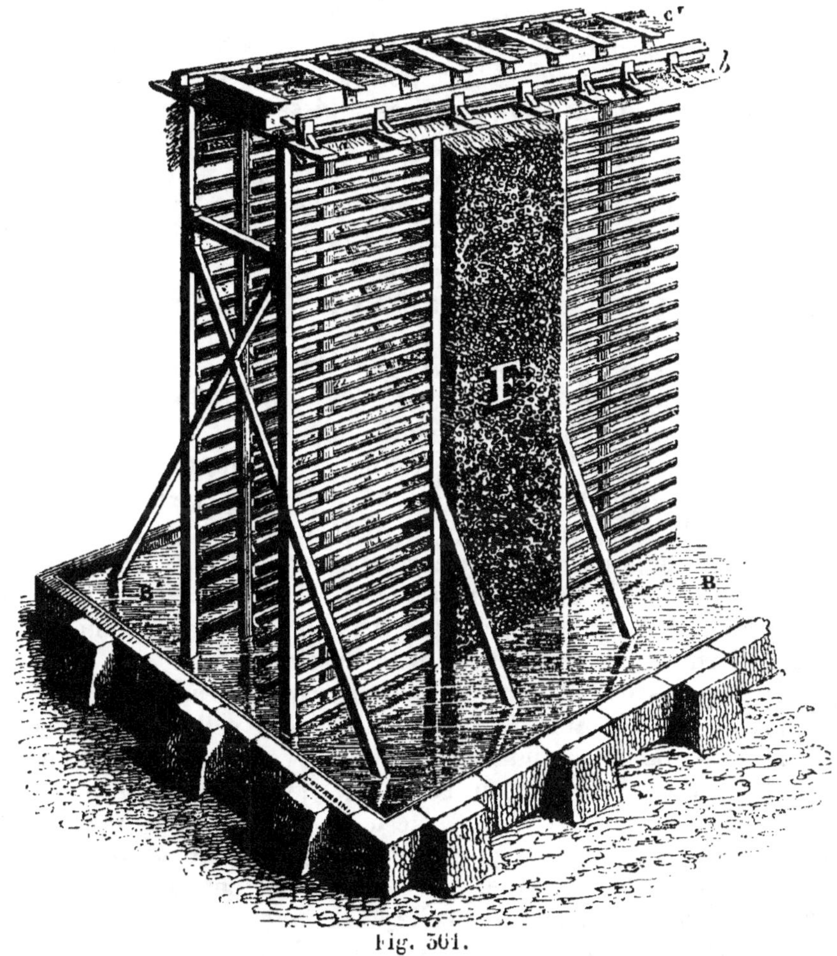

Fig. 561.

rieur CC' règne tout le long de ce mur. Des pompes y élèvent les eaux
de la source ; de là ces eaux coulent sur les fagots d'épines, par une
foule de petits trous pratiqués le long des parois latérales du canal,
et munis de petits ajutages. Ces eaux descendent ainsi lentement
et se répandent en couches minces sur les branchages ; une grande
partie s'en évapore si l'air est sec et le vent convenable. On ne fait
ordinairement couler l'eau que sur une seule face du bâtiment, sur
celle qui est exposée à l'action du vent. Il est important néanmoins
de donner une assez grande épaisseur au mur de fascines, afin de
retenir, le plus complétement possible, les gouttelettes d'eau salée

qu'un vent trop fort enlève toujours à l'eau descendante. L'épaisseur du mur est de 3 mètres à la base, et de 2 mètres à la partie supérieure. Après avoir parcouru ce mur de fagots, les eaux se réunissent dans le bassin inférieur; elles en sont remontées par d'autres pompes, qui les versent dans le canal supérieur d'un second bâtiment de graduation semblable au premier. Elles subissent ainsi une nouvelle concentration, une *seconde graduation*. Le plus souvent, on les fait passer ainsi quatre à cinq fois de suite sur les bâtiments de graduation, avant qu'elles aient acquis un degré de concentration qui permette de les évaporer par le feu. La marche de la graduation dépend beaucoup des circonstances atmosphériques, notamment de la température, du degré de sécheresse de l'air, de la force et de la direction du vent.

Par la graduation, on amène les eaux à renfermer de 16 à 20 pour 100 de sel; on les recueille alors dans des bassins, d'où on les puise pour les évaporer dans les chaudières.

Les eaux de la source ont abandonné facilement leur acide carbonique à l'air, dans les réservoirs où on les a recueillis avant de les passer sur les bâtiments de graduation. Les carbonates de chaux et de fer, qui n'étaient dissous qu'à la faveur de cet acide carbonique, se sont déposés. Il en a été de même du sulfate de chaux, qui, pendant l'évaporation de l'eau sur les bâtiments de graduation, s'est fixé, sous forme d'incrustations, sur les fascines.

§ 496. L'évaporation, dans les chaudières, des eaux concentrées par la graduation se fait de la même manière que celle des eaux saturées qui proviennent des trous de sonde (§ 494). Mais, comme ces eaux sont beaucoup moins pures, on est obligé de diviser l'opération en deux périodes : la première, qui porte le nom de *schlotage*, a pour but de séparer une grande partie des sels étrangers, principalement les sulfates de chaux et de soude. Le sel cristallise pendant la seconde période de l'opération, qu'on appelle le *salinage* ou le *soccage*.

On introduit environ 30 mètres cubes d'eau salée dans la chaudière. On pousse vivement le feu, de manière à faire bouillir l'eau rapidement. A mesure qu'elle s'évapore, on en fait arriver de nouvelle, et l'on passe ainsi de 46 à 50 mètres cubes d'eau dans la chaudière. La surface du liquide se recouvre bientôt d'écumes, provenant de quelques matières organiques qui se coagulent par la chaleur; on les rejette sur les bords de la chaudière. Il se forme ensuite un abondant dépôt de sulfate de chaux combiné avec la plus grande partie du sulfate de soude. C'est à ce dépôt qu'on donne le nom de *schlot;* on l'enlève avec des râteaux, et on le jette dans une cavité pratiquée auprès de la chaudière. Au bout de quelque temps, on diminue le feu et on continue à *schloter*, c'est-à-dire à enlever le schlot qui se dépose encore. Le schlotage dure à Moutiers de 30 à 36 heures; au bout de ce temps, le sel commence à paraître. On maintient alors la température du liquide vers 80°. Le sel, à mesure qu'il cristallise, est amené sur les bords de la chaudière, où il s'égoutte. Le salinage dure de 70 à 75 heures. Mais on est alors obligé d'arrêter, car le sel qui se dépose à la fin devient très-impur, parce que les eaux mères sont très-chargées de sels déliquescents. On fait écouler ces eaux mères, puis on recommence une nouvelle opération. Lorsque les eaux salées renferment beaucoup de sels de magnésie, on laisse souvent les eaux concentrées provenant de la graduation en contact avec de la chaux qui précipite la magnésie, en même temps qu'il se forme du sulfate de chaux qui se sépare plus tard dans les schlots.

Le sel est mis à dessécher et livré au commerce.

Les schlots, ainsi que les incrustations qui se déposent sur les parois des chaudières, sont traités dans une opération particulière qui donne une certaine quantité de sulfate de soude. A cet effet, on les place dans une caisse en bois fermée, dans laquelle on fait arriver de la vapeur d'eau. L'eau chaude, provenant de la condensation, dissout le sulfate de soude; on la fait couler dans des cristallisoirs, où on la laisse refroidir le plus complétement possible. Le sulfate de soude se dépose en cristaux.

§ 497. L'extraction du sel marin des eaux de la mer a lieu par deux procédés différents : 1° par l'évaporation spontanée de l'eau dans des bassins peu profonds et très-étendus; 2° en soumettant l'eau de la mer à une très-basse température : une partie de l'eau se sépare alors à l'état de glace qu'on enlève, et la liqueur restante renferme la totalité du sel, dissoute dans une quantité d'eau plus petite. Ce dernier procédé n'est employé que dans les contrées septentrionales, sur les bords de la mer Blanche; il donne des eaux assez concentrées pour qu'on puisse les évaporer avantageusement par le feu. Le premier procédé est usité dans les pays chauds et même dans les pays tempérés. En France, on l'emploie sur les côtes de l'Océan et sur celles de la Méditerranée. Nous allons décrire, avec détail, cette exploitation, non-seulement à cause de son importance, mais encore parce qu'elle nous fournira un grand nombre d'applications des principes que nous avons donnés sur la solubilité et sur les décompositions mutuelles des sels.

Un marais salant, appelé aussi quelquefois un *salin*, consiste essentiellement en une vaste surface, destinée à l'évaporation spontanée de l'eau de la mer. Cette surface d'évaporation est divisée en une série de compartiments que l'eau parcourt successivement avec une vitesse très-petite, et qu'on peut d'ailleurs régler à volonté. Lorsque l'eau est arrivée au terme de sa course, et qu'elle a séjourné pendant quelque temps dans les derniers compartiments, elle a abandonné la plus grande partie du sel qu'elle renfermait en dissolution.

Le salin est établi près de la mer ou auprès d'un lac salé; on le place au niveau le plus bas possible, inférieur même à celui de la mer, si cela se peut. Lorsque cette condition est réalisée, l'eau arrive naturellement de la mer dans le salin, par l'effet des pentes ou des marées, et, à l'aide d'une écluse établie sur le canal de communication, on peut en régler la quantité à volonté. Le plus souvent, cependant, les salins se trouvent au-dessus du niveau de la mer, et on est obligé d'élever l'eau avec des machines hydrauliques.

La figure 562 représente un salin des environs de Montpellier. L'eau est amenée de la mer A dans un vaste bassin C, de contour irrégulier, qui sert de réservoir, et dans lequel les eaux éprouvent une première évaporation. Ce bassin doit avoir la plus grande étendue possible et peu de profondeur, afin que la masse d'eau salée présente une grande surface à l'évaporation. L'eau de ce bassin s'écoule successivement et très-lentement, à l'aide d'une pente convenablement ménagée, du grand bassin C dans une série de bassins rectangulaires *d, d, d...,* moins profonds que le grand réservoir C. Après avoir parcouru ces bassins, où elles sont soumises à une évaporation active, les eaux se rendent dans une rigole E, E, E, qui les conduit à de grands puits F, que l'on appelle *puits des eaux vertes.* Des pompes aspirantes, ou d'autres machines hydrauliques, élèvent les eaux de ces puits dans une rigole G, G, qui les amène dans de nouveaux bassins d'évaporation *h, h, h, h,* dressés avec encore plus de soin que les premiers, et où l'évaporation se continue. On règle l'écoulement des eaux de manière que, lorsqu'elles arrivent dans le dernier bassin I, appelé la *pièce maîtresse,* elles aient atteint le degré de concentration auquel elles commencent à déposer du sel. On les fait couler de là, par la rigole J, J, J, dans de nouveaux puits K, qu'on appelle *puits de l'eau en sel.* L'ensemble des bassins d'évaporation *h, h, h,* porte le nom de *chauffoirs intérieurs* ou de *partennement intérieur.*

Des pompes élèvent les eaux en sel des puits K, et les amènent dans de nouveaux bassins d'évaporation *n, n, n,* plus petits, dressés avec le plus grand soin, et qu'on appelle les *tables salantes.* Une même rigole L, L, L, règne autour de l'emplacement des tables; elle reçoit l'eau des pompes, et la distribue sur les tables, par l'intermédiaire de petites rigoles transversales, qu'on appelle *aiguilles.*

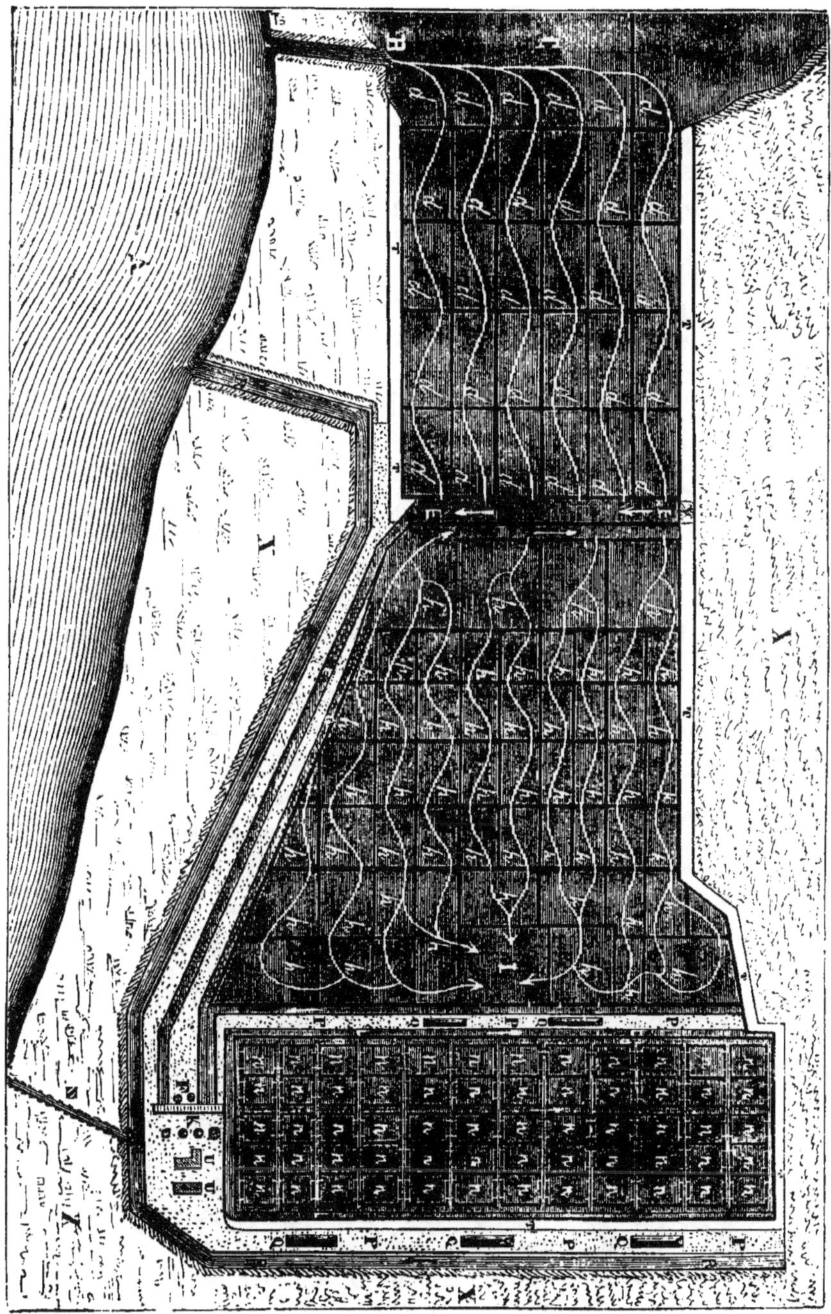

Fig. 362.

Les aiguilles servent également à l'écoulement des eaux, qui ont abandonné la plus grande partie de leur sel sur les tables : elles amènent ces eaux mères dans un canal de ceinture O, O, O, d'où on peut les faire couler à la mer, si on ne veut pas les exploiter davantage.

La couche d'eau qui recouvre la surface des tables ne doit pas avoir plus de 5 à 6 centimètres d'épaisseur. On la renouvelle tous les jours ou tous les deux jours, selon que le temps est plus ou moins favorable à l'évaporation. Le sel, en se déposant, forme sur les tables une couche compacte, qui s'accroît progressivement. L'opération continue ainsi pendant cinq ou six mois, d'avril en septembre, c'est-à-dire, tant que dure la belle saison.

On procède ensuite à la récolte du sel; on appelle cette opération le *levage*. A cet effet, on met les tables salantes à sec, le sel apparaît alors sous la forme d'une couche, plus ou moins blanche, de 4 ou 5 centimètres d'épaisseur; on l'enlève avec des pelles, et on l'amoncelle sous forme de tas allongés Q, Q, appelés *camelles*.

Le salinage sur les côtes de l'ouest de la France diffère peu de celui que nous venons de décrire; seulement la récolte du sel, au lieu de ne se faire qu'une ou deux fois dans la saison, est effectuée presque chaque jour. Le sel récolté n'est pas en masses cohérentes comme sur les bords de la Méditerranée, mais à l'état de petits cristaux.

§ 498. Suivons, maintenant, de plus près, l'opération chimique du salinage.

L'eau de mer présente, en moyenne, la composition suivante :

Eau.	96,470
Chlorure de sodium.	2,700
Chlorure de potassium. . .	0,070
Chlorure de magnésium. . .	0,360
Sulfate de magnésie.	0,230
Sulfate de chaux.	0,140
Carbonate de chaux.	0,003
Brômure de magnésium. .	0,002
Perte.	0,025
	100,000.

Ces eaux, soumises à l'évaporation, laissent déposer, en premier lieu, leur carbonate de chaux. Ce carbonate est souvent coloré en jaune par de l'hydrate de peroxyde de fer. La présence du fer n'a pas été signalée jusqu'ici dans les eaux de la mer, et il est probable que l'oxyde que l'on constate dans ce premier dépôt provient du terrain sur lequel l'évaporation a lieu. Le peroxyde de fer qui s'y trouve est ramené à l'état de protoxyde par la putréfaction spontanée des matières organiques qui se développent dans les eaux salées. Il en résulte du carbonate de protoxyde de fer, qui se dissout d'abord à la faveur de l'excès d'acide carbonique ; mais ce carbonate se décompose ensuite au contact de l'oxygène de l'air, et dépose de l'hydrate de sesquioxyde de fer. En effet, tant que les eaux salées n'ont pas dépassé, par suite de leur concentration, une densité qui correspond à 5° ou 6° de l'aréomètre, il s'y développe des conferves nombreuses, qui meurent ensuite lorsque les eaux sont devenues plus concentrées.

§ 499. Les eaux, en passant d'une table à l'autre, se concentrent de plus en plus. Lorsqu'elles marquent de 15° à 18° à l'aréomètre, elles déposent une quantité considérable de sulfate de chaux. Ce sulfate de chaux est hydraté, il présente la même composition et la même forme cristalline que le gypse. Ainsi, dans cette circonstance, il ne se combine pas avec le sulfate de soude pour former le sulfate double de soude et de chaux, appelé *schlot*, qui se dépose pendant l'évaporation à chaud des eaux salées. Cela tient à ce que ce sulfate double ne se forme jamais à froid, lorsque le sulfate de soude existe, à l'état hydraté, dans la dissolution : ce sulfate ne se forme que dans des dissolutions chaudes où le sulfate de soude se trouve à l'état anhydre.

Le sulfate de chaux s'est d'ailleurs déposé d'une manière complète, lorsque les eaux mères marquent 25° à l'aréomètre. Il n'en reste plus de traces dans les eaux. Cette circonstance tient à ce que le sulfate de chaux, qui est notablement soluble dans l'eau pure, est complétement insoluble dans une dissolution saturée de sulfate de magnésie. Or les eaux concentrées renferment une très-grande proportion de ce dernier sel.

Arrivées à cet état de concentration, les eaux laissent cristalliser le sel marin ; à mesure que l'évaporation continue, la couche de sel augmente d'épaisseur. Les cristaux sont d'abord transparents, ils augmentent de volume, sans augmenter en nombre, tant que l'eau n'est pas très-concentrée. Mais, à mesure que la concentration l'enrichit en chlorure de magnésium, lequel nuit à la solubilité du sel marin, celui-ci se dépose en cristaux plus petits et d'un blanc mat.

On est obligé d'évacuer les eaux mères avant qu'elles aient déposé la totalité du sel marin qu'elles contiennent ; parce que les dernières portions de sel seraient salies par des sels magnésiens. On ne pousse pas généralement la concentration plus loin que 30°. On évacue alors les eaux, et on les remplace par de nouvelles eaux provenant des puits de l'eau en sel. Cette évacuation des eaux mères se fait 5 ou 4 fois depuis le commencement de la cristallisation du sel jusqu'à la récolte.

Le sel récolté est amoncelé en tas. Quand il a été suffisamment débarrassé des eaux mères par un long égouttage, il est généralement très-pur.

§ 500. Les eaux mères que l'on écoule au moment de la récolte et dans le courant de l'évaporation sont ordinairement rejetées. Cependant elles renferment un grand nombre de produits utiles qui auraient une valeur commerciale considérable si on parvenait à les extraire à peu de frais. Depuis quelques années, on s'est beaucoup occupé de la solution de cette question dans les salines de la Méditerranée*, et l'extraction des produits secondaires y a déjà pris un développement considérable. Ces eaux mères ont une composition variable, selon qu'elles sont plus ou moins concentrées. Lorsqu'elles marquent 50° à l'aréomètre, elles contiennent, sur 100 parties :

Chlorure de magnésium.   16,6
Chlorure de sodium.   4,6
Sulfate de magnésie.   2,0

Cette composition diffère beaucoup de celle des eaux mères, qui restent, après le salinage, dans l'exploitation des sources salées. Ainsi les eaux mères des salines de Moutiers renferment :

Chlorure de magnésium.   4,8
Chlorure de sodium.   20,8
Sulfate de magnésie.   9,5

On voit que les eaux mères des salines de la Méditerranée sont environ 4 fois plus riches en chlorure de magnésium que celles de Moutiers. La présence de ce chlorure, diminuant notablement la solubilité du sel marin, explique comment les eaux mères des salines de la Méditerranée sont si pauvres en chlorure de sodium.

§ 501. La concentration des eaux mères, continuée sur le sol, donne pendant le jour, et *par évaporation*, du sel marin à peu près pur ; pendant la nuit, *par refroidissement*, il se dépose du sulfate de magnésie. Ces deux dépôts s'opèrent ordinairement sur la même table ; de sorte qu'on obtient une couche saline très-cohérente, composée de cristaux de sel marin, cimentés par du sulfate de magnésie. Le sulfate de magnésie étant moins soluble dans l'eau qui contient du chlorure de magnésium que dans l'eau pure, l'enrichissement

---

* Les détails de l'exploitation des eaux mères des salines nous ont été fournis par M. Ballard, qui a étudié cette question d'une manière spéciale.

de l'eau mère en chlorure de magnésium contribue pour beaucoup à ce dépôt de sulfate de magnésie.

Si la température de l'air vient à s'abaisser brusquement jusqu'à 10°, ce qui arrive quelquefois en septembre, à la suite d'un orage, les eaux, mises sur le sol d'une table vide, peuvent fournir des quantités considérables de sulfate de magnésie pur.

§ 502. Lorsque les eaux, par une concentration convenable, ont été amenées à une densité qui leur fait marquer environ 34° à l'aréomètre, elles commencent à déposer du sulfate de potasse. Ce sulfate de potasse ne se dépose pas pur, mais à l'état d'un sel double magnésien $KO.SO^3 + MgO.SO^3 + 6HO$. A ce degré de concentration, elles ne déposent presque plus de sel marin, mais, à peu près exclusivement, le sulfate double de potasse et de magnésie dont nous venons de parler, et qui se produit à la fois, soit par l'évaporation, soit par le refroidissement. Le sel double brut, recueilli sur les tables, est facilement obtenu à l'état de pureté par une nouvelle dissolution et une seconde cristallisation.

§ 503. Lorsque les eaux ont été amenées, par la concentration, à marquer 36° environ, elles laissent déposer, surtout par le refroidissement, un nouveau produit : un chlorure double de potassium et de magnésium $KCl + MgCl$. Mais la déliquescence du chlorure de magnésium, dont elles contiennent alors des proportions considérables, rend leur évaporation difficile. Il vaut mieux exécuter cette évaporation par l'application artificielle de la chaleur. Et, si l'on a soin de n'évaporer l'eau mère, par le feu, qu'après qu'elle a été soumise pendant quelque temps à une basse température, de $+ 2°$ à $+ 5°$, circonstance dans laquelle elle se débarrasse presque complétement de son sulfate de magnésie, on peut obtenir à peu près la totalité de la potasse à l'état de chlorure double de potassium et de magnésium.

Quand l'eau mère a été amenée à marquer 40° à l'aréomètre, elle ne renferme plus que du chlorure de magnésium, et elle en laisse déposer des cristaux volumineux à une température voisine de 0°.

§ 504. Dans ces évaporations successives, l'eau a diminué très-notablement de volume. Comme elle laisse déposer, dans le cours de la concentration, des proportions considérables des matières salines qui augmentaient sa densité, l'augmentation des degrés marqués à l'aréomètre est loin d'être en raison inverse de la diminution du volume. Pour préciser ce fait, nous citerons l'exemple suivant :

10 litres d'eau de mer, amenés à marquer 25° de l'aréomètre, n'occupent plus qu'un volume de 935 centimètres cubes. Ce volume se réduit à $200^{c.c}$, quand l'eau a été amenée à marquer 30°. L'eau marque 31° seulement, lorsque l'évaporation l'a réduite à $50^{c.c}$.

Enfin l'eau mère, amenée à marquer 34°, n'occupe plus qu'un volume de 30^{c.c}.

En résumé, on voit qu'outre le sel marin l'évaporation des eaux mères donne trois séries de produits salins :

1° Un mélange de sulfate de magnésie et de sel marin ;

2° Un mélange salin, riche en sulfate double de potasse et de magnésie ;

3° Un sel contenant, surtout, du chlorure double de potassium et de magnésium.

§ 505. Nous allons voir comment on peut traiter ces divers produits pour en extraire les matières utiles qu'ils renferment.

1° Si l'on voulait extraire du premier mélange le sulfate de magnésie, on pourrait y parvenir en le dissolvant dans l'eau à la température de 30° environ, et laissant refroidir la dissolution. Il ne faudrait pas dépasser cette température, car il se produirait une double décomposition qui donnerait naissance à un sulfate double de soude et de magnésie, à un véritable *schlot magnésien*. Ce dernier sel double, redissous dans l'eau et soumis à la cristallisation à une basse température, se dédoublerait en sulfate de magnésie qui resterait dans les eaux mères, et en sulfate de soude qui cristalliserait.

Mais la meilleure manière d'utiliser ce mélange salin consiste à le dissoudre dans de l'eau chargée de sel marin, de manière que la liqueur renferme, pour 1 équivalent de sulfate de magnésie, 2 équivalents de sel marin, et à exposer la dissolution à la plus basse température possible. Une double décomposition s'effectue et donne lieu à la production du sulfate de soude, lequel cristallise à l'état hydraté, et de chlorure de magnésium qui reste dans les eaux mères.

A 2° au-dessous de 0, les $\frac{4}{5}$ du sulfate de magnésie sont transformés en sulfate de soude, qui se dépose sur le sol dans un grand état de pureté. On le recueille parfaitement exempt de matières terreuses, si le sol sur lequel il s'est déposé est recouvert d'un glacis de sel marin. L'eau mère, riche en chlorure de magnésium, ne contient plus que $\frac{1}{5}$ du sulfate qu'elle renfermait d'abord. On conçoit qu'il faut se hâter de l'enlever avant que, la température venant à s'élever, l'eau dissolve, par une décomposition inverse, le sulfate de soude déposé pendant la nuit. L'eau chargée de chlorure de magnésium dissout, en effet, beaucoup plus de sulfate de soude que l'eau pure. Celle qui contient, au contraire, du chlorure de sodium en dissout beaucoup moins que l'eau pure, et c'est pour cela qu'il est convenable que la dissolution contienne, pour 1 équivalent de sulfate de magnésie, plus de 1 équivalent de sel marin.

Le sulfate de soude ainsi recueilli est desséché dans des fours à réverbère. On l'emploie, soit à la fabrication de la soude, soit à celle du verre.

Ce n'est pas seulement avec une dissolution formée uniquement de sulfate de magnésie et de chlorure de sodium qu'on peut obtenir du sulfate de soude. L'eau mère des salines laisse elle-même déposer une certaine quantité de ce sel, lorsqu'elle est amenée à une basse température. Il en est de même de l'eau de la mer concentrée à 25°, avant qu'elle ait déposé du sel marin ; mais la proportion du sulfate de soude que l'on obtient dans ce cas est faible, et exige l'intervention d'une température plus basse. En effet, dans ce dernier cas, la dissolution est peu concentrée et surtout peu riche en sulfate de magnésie. Dans l'autre cas, l'eau mère, quoique concentrée, contient beaucoup de chlorure de magnésium, lequel nuit, à la fois, à la solubilité du chlorure de sodium et à celle du sulfate de magnésie. Le chlorure de magnésium agit donc ici comme une cause qui empêche les deux sels, entre lesquels doit avoir lieu la décomposition, d'être en présence à l'état de dissolution. C'est, dès lors, comme si la dissolution complexe, qui doit donner le sulfate, était moins concentrée. Cette même présence du chlorure de magnésium rendant la solubilité du sulfate de soude plus grande, la dissolution où il se trouve est dans le même cas que si sa température s'était moins abaissée. Cette double cause agit dans le même sens, et doit diminuer la quantité de sulfate de soude produite. Pour obtenir beaucoup de sulfate de soude, il faut donc éliminer autant que possible le chlorure de magnésium, et opérer, au contraire, avec un grand excès de sel marin.

2° Le mélange salin, formé principalement de sulfate double de potasse et de magnésie, n'a besoin que d'être redissous à chaud et soumis à une nouvelle cristallisation pour laisser déposer, par le refroidissement, ce sel double dans un grand état de pureté ; les sels étrangers restent dans les eaux mères. Cette opération peut même s'exécuter avec succès sur le sol, dans des tables étagées, de manière que les eaux, s'écoulant vers le coucher du soleil d'une table supérieure dans une table inférieure, déposent dans la première, *par évaporation pendant le jour*, du sel marin ; et, dans la seconde, *par refroidissement pendant la nuit*, du sulfate double de magnésie et de potasse à peu près pur.

Le dédoublement de ce produit en sulfate de potasse et en sulfate de magnésie n'est pas facile à réaliser en grand ; mais on peut employer ce sel à la fabrication de l'alun. On peut également s'en servir pour préparer du carbonate de potasse par la méthode de la fabrication de la soude artificielle, ou procédé de Leblanc (§ 472). A cet effet, on chauffe, dans un four à réverbère, 100 parties de sulfate double hydraté avec 46 de carbonate de chaux et 26 de charbon. En opérant comme pour la fabrication de la soude artificielle, on obtient une potasse brute qui marque 24 centièmes à l'alcalimètre. En la traitant par l'eau, et évaporant la liqueur, on obtient un produit plus riche, qui renferme de 55 à 60 pour 100 de potasse, et qui présente une richesse analogue à celle des potasses brutes du commerce. Dans cette opération, le sulfate de magnésie se détruit, et la magnésie reste dans le résidu insoluble avec l'oxysulfure de calcium.

3° La transformation, en deux chlorures simples, du chlorure double de magnésium et de potassium présente moins de difficultés que celle du sulfate double. Il suffit d'exposer le chlorure double à l'action d'un air un peu humide qui liquéfie de préférence le chlorure de magnésium et le sépare du chlorure alcalin. Il vaut mieux encore dissoudre ce chlorure double dans l'eau bouillante, et évaporer la liqueur à chaud. Le sel qui se précipite est du chlorure de potassium à peu près pur; mais, à la fin, il se dépose, en même temps, du chlorure double. On laisse alors refroidir la liqueur; la plus grande partie du chlorure double cristallise; on le sépare, et on opère sur lui comme sur le chlorure double primitif. Les eaux mères, bien refroidies, ne renferment presque plus de potasse; elles ne contiennent que du chlorure de magnésium.

Ces dernières eaux mères peuvent être elles-mêmes utilisées. On sait, en effet, que le chlorure de magnésium est décomposable par la vapeur d'eau à une haute température, avec production de magnésie et d'acide chlorhydrique; on conçoit donc que ces eaux mères, ainsi que celles qui avaient fourni le produit salin par leur évaporation sur le sol, pourraient servir, si l'on parvenait à disposer des appareils propres à la préparation de grandes proportions d'acide chlorhydrique. C'est d'ailleurs dans ces dernières eaux mères que les bromures se sont concentrés, et il suffit de les distiller avec des quantités convenables d'acide sulfurique et de bioxyde de manganèse, pour obtenir du brôme en assez grande proportion; car nous avons vu (§ 504) que, dans ce grand état de concentration, elles proviennent d'un volume considérable d'eau de mer.

COMBINAISON DU SODIUM AVEC LE FLUOR.

En saturant une dissolution d'acide fluorhydrique par du carbonate de soude, il se précipite des petits cristaux cubiques de fluorure de sodium anhydre NaFl. Ce composé est peu soluble dans l'eau; 100 parties d'eau en dissolvent à peine 4 à la température ordinaire.

Le fluorure de sodium se dissout dans un excès d'acide fluorhydrique et forme un fluorhydrate de fluorure NaFl.HFl.

COMBINAISONS DU SODIUM AVEC LE SOUFRE.

§ 506. Le sodium forme avec le soufre un grand nombre de combinaisons qui correspondent exactement à celles du potassium, et se préparent de la même manière. Le protosulfure de sodium cristallise plus facilement que celui de potassium, et on peut l'obtenir sous la forme de gros octaèdres. Il forme un grand nombre de sulfosels, dont la plupart sont susceptibles de cristalliser. L'hydrate de soude et le carbonate se comportent d'ailleurs, avec le soufre, par voie sèche et par voie humide, comme l'hydrate et le carbonate de potasse (§ 458).

Caractères distinctifs des sels de soude.

§ 507. Nous n'avons à nous occuper ici que des caractères qui servent à distinguer les sels de soude des sels formés par les autres alcalis; car nous avons vu (§ 465) qu'il était facile de reconnaître les sels alcalins de tous les autres.

Les caractères distinctifs des sels de soude sont principalement fondés sur les propriétés physiques de quelques-uns de ces sels, qui se distinguent immédiatement des sels correspondants de la potasse. Le sulfate de soude, cristallisé à froid, renferme beaucoup d'eau de cristallisation; il est efflorescent à l'air et éprouve facilement la fusion aqueuse. Le sulfate de potasse est, au contraire, anhydre, inaltérable à l'air, et ne fond qu'à une température élevée. Des différences aussi tranchées distinguent les deux carbonates; le carbonate de soude est efflorescent à l'air; le carbonate de potasse est, au contraire, déliquescent.

Le chlorure de sodium forme, avec le perchlorure de platine, un chlorure double, analogue à celui que forme le chlorure de potassium; mais ce chlorure double est très-soluble dans l'eau et même dans l'alcool, tandis que le chlorure double de platine et de potassium est très-peu soluble. Il en résulte que les dissolutions des sels de potasse donnent un précipité cristallin jaune, quand on y verse une dissolution de perchlorure de platine, tandis que les sels de soude n'en donnent pas.

De même, les sels de soude ne donnent de précipités, ni avec l'acide tartrique, ni avec l'acide perchlorique, lors même que leurs dissolutions sont concentrées.

LITHIUM.

Équivalent = 80,37.

§ 508. On prépare le lithium en décomposant le chlorure de lithium par la pile. On fond ce chlorure dans un petit creuset de porcelaine, chauffé par une lampe à gaz ; on y plonge une lame de graphite, communiquant avec le pôle positif de la pile, et un fil de fer de l'épaisseur d'une aiguille à tricoter, formant le pôle négatif. Le lithium s'attache au fil de fer, et y forme, au bout de quelques minutes, un globule de la grosseur d'un pois. On retire le fil avec le globule qui est préservé du contact de l'air par une couche de chlorure, on le plonge vivement dans l'huile de naphte ; on détache ensuite le lithium avec un canif.

Le lithium est un métal blanc, très-malléable, que l'on peut étirer en fil très-fin. Il est plus mou que le plomb à la température ordinaire ; il fond à 180°, mais ne se volatilise qu'à des températures très-élevées. Sa densité est de 0,59 ; c'est le plus léger de tous les corps solides et liquides connus ; il flotte à la surface de l'huile de naphte.

Le lithium est moins oxydable que le potassium et le sodium ; il ne prend feu à l'air qu'à une température supérieure à sa fusion ; il décompose l'eau à la température ordinaire et se dissout vivement dans les acides étendus ; il se combine directement à chaud avec le chlore, le soufre, le phosphore. Le lithium attaque la silice, le verre et la porcelaine à une température qui n'atteint pas 160°.

Le lithium existe dans quelques minéraux, dont les plus importants sont le *pétalite* et une espèce de mica à laquelle on donne le nom de *lépidolithe*. C'est ordinairement du lépidolithe que l'on extrait la lithine [1]. Ce minéral en renferme de 3 à 4 centièmes ; il contient, en outre, de la potasse, de la soude, de l'alumine, de l'oxyde de fer, de l'acide silicique et une petite quantité de fluor. On mêle le lépidolithe, réduit en poudre très-fine, avec le double de son poids de chaux vive, et on calcine le mélange à un violent feu de forge. La matière pulvérisée est bouillie ensuite pendant quelque temps avec de l'eau, à laquelle on ajoute de la chaux éteinte. La liqueur décantée est saturée par de l'acide chlorhydrique, puis évaporée ; il se dépose une certaine quantité de chlorure de potassium. En ver-

---

[1] La lithine fut découverte en 1817 par un chimiste suédois, M. Arfwedson ; le lithium a été obtenu avec ses qualités métalliques par M. Bunsen.

sant dans les eaux mères un excès de carbonate d'ammoniaque, on précipite un peu d'alumine et de chaux qui se trouvaient dans la liqueur. On évapore à sec, et l'on calcine le résidu pour chasser les sels ammoniacaux ; il ne reste plus alors que des chlorures de potassium, de sodium et de lithium. Ce mélange, réduit en poudre fine, est traité par l'alcool concentré, lequel ne dissout que le chlorure de lithium.

Le chlorure de lithium est un sel déliquescent. En le chauffant avec de l'acide sulfurique concentré, on obtient du sulfate de lithine. En versant de l'acétate de baryte dans la dissolution du sulfate de lithine, on obtient un précipité de sulfate de baryte, et il reste de l'acétate de lithine en dissolution. L'acétate de lithine, calciné, donne du carbonate de lithine.

Le carbonate de lithine est peu soluble dans l'eau : les dissolutions, un peu concentrées, des sels de lithine donnent un précipité avec les carbonates de potasse et de soude.

La lithine se prépare en décomposant la dissolution de carbonate de lithine par l'hydrate de chaux. On obtient ainsi un hydrate de lithine qui a pour formule $LiO + HO$, quand il a été calciné. Cet hydrate ne se décompose pas par la chaleur. La lithine attaque fortement le platine ; un globule de lithine, fondu sur une lame de platine, y produit une tache noire. Si l'on maintient la lithine fondue pendant un certain temps dans un creuset de platine, celui-ci peut être percé.

On ne connaît jusqu'ici qu'un seul oxyde de lithium ; il est composé de :

$$\begin{array}{lr}
\text{Lithium} & 44,56 \\
\text{Oxygène} & 55,44 \\
\hline
& 100,00.
\end{array}$$

On déduit de là, pour l'équivalent du lithium, le nombre 80,57.

Caractères des sels de lithine.

§ 509. Les sels de lithine se distinguent des sels formés par les métaux, autres que les métaux alcalins, par la propriété de ne pas précipiter par les carbonates alcalins, quand leurs dissolutions sont étendues. Si les dissolutions étaient concentrées, il pourrait se former un précipité, parce que le carbonate de lithine est peu soluble dans l'eau.

La lithine se distingue ensuite de la potasse et de la soude :

1° Par le peu de solubilité de son carbonate dans des liqueurs froides ;

2° Par les propriétés du chlorure de lithium, corps déliquescent, soluble dans l'alcool, tandis que les chlorures de potassium et de sodium ne s'altèrent pas à l'air qui n'est pas saturé d'humidité, et ne se dissolvent pas sensiblement dans l'alcool concentré;

3° Par le peu de solubilité du phosphate de lithine. Quand on verse successivement une dissolution d'un phosphate alcalin dans la dissolution d'un sel de lithine, il se forme un précipité, qui est un phosphate de lithine tribasique.

COMBINAISONS AMMONIACALES.

§ 510. Nous avons donné (§ 122 et suivants) les principales propriétés de l'ammoniaque. Nous avons vu que cette substance était une combinaison d'azote et d'hydrogène, ayant une forte réaction alcaline sur les réactifs colorés, et se combinant avec les acides, qu'elle sature aussi complétement que les bases les plus puissantes. L'ammoniaque provient toujours des matières organiques ; aussi son étude et celle de ses combinaisons seraient-elles mieux placées dans la dernière partie de cet ouvrage, consacrée à l'étude des combinaisons extraites des êtres organisés. Mais les sels formés par l'ammoniaque présentent une analogie complète avec les sels correspondants de la potasse et de la soude ; de plus, ils sont employés dans les laboratoires aussi fréquemment que les sels alcalins, et il y aurait un inconvénient réel à retarder leur étude. Cette dernière considération, surtout, nous détermine à nous en occuper ici.

§ 511. On n'a pas encore réussi à préparer des combinaisons de l'ammoniaque avec les corps simples. Les métalloïdes sont sans action sur l'ammoniaque, ou bien ils la décomposent. Ainsi l'oxygène n'exerce pas d'action à froid sur l'ammoniaque ; à chaud, il la décompose, se combine avec l'hydrogène pour former de l'eau, et l'azote devient libre. Le chlore et l'iode décomposent l'ammoniaque même à froid. Nous avons indiqué (page 129, t. I) les produits de cette réaction.

§ 512. Le gaz ammoniac se combine directement avec les hydracides anhydres. Un volume de gaz ammoniac se combine avec 1 volume de gaz acide chlorhydrique, et donne un composé cristallin blanc, qui doit être considéré comme un chlorhydrate d'ammoniaque, ayant pour formule $AzH^3.HCl$. La même combinaison se forme, quand on mêle une dissolution d'acide chlorhydrique à une dissolution d'ammoniaque ; elle existe alors dans la liqueur, mais elle reste, après l'évaporation, sous la forme de cristaux qui présentent la même formule $AzH^3.HCl$.

§ 513. L'ammoniaque se combine aussi très-bien avec les oxacides, et forme de véritables sels, qui sont souvent complétement neutres aux réactifs colorés. En saturant par de l'ammoniaque une dissolution d'acide sulfurique, on obtient, après évaporation de la liqueur, un sel qui a pour formule $AzH^3.SO^3 + HO$, et qui présente la même forme cristalline que le sulfate de potasse, $KO.SO^3$. L'équivalent d'eau que renferme ce sel ne peut lui être enlevé par la chaleur sans qu'il y ait décomposition. Une circonstance toute semblable se présente pour tous les sels ammoniacaux formés par les oxacides; ils renferment tous 1 équivalent d'eau, nécessaire à leur constitution, et l'on est fondé à dire que ce n'est pas l'ammoniaque AzH^3 qui joue le rôle de base avec les oxacides, mais l'ammoniaque combinée avec 1 équivalent d'eau. Aussi représenterons-nous toujours l'ammoniaque basique par la formule $AzH^3.HO$.

En comparant le sulfate d'ammoniaque au sulfate de potasse qui lui est isomorphe, on voit que c'est l'ammoniaque hydraté, $AzH^3.HO$, qui joue le même rôle que la potasse KO. Par suite de cette correspondance, quelques chimistes écrivent la formule de l'ammoniaque hydratée $AzH^4.O$, c'est-à-dire qu'ils regardent cette substance comme l'oxyde d'un radical particulier AzH^4, auquel ils donnent le nom d'*ammonium*, et qu'ils assimilent à un métal, au potassium, par exemple. Le chlorhydrate d'ammoniaque, $AzH^3.HCl$, peut alors être considéré comme un chlorure d'ammonium, $AzH^4.Cl$, correspondant exactement au chlorure de potassium KCl.

§ 514. Le gaz ammoniac sec peut cependant se combiner avec les acides anhydres; mais les composés qui en résultent ne sont pas de véritables sels. Ainsi l'acide sulfurique anhydre absorbe le gaz ammoniac sec avec une grande énergie; mais il se forme un composé, $AzH^3.SO^3$, très-différent du sulfate ordinaire d'ammoniaque, $(AzH^3.HO).SO^3$, et auquel on a donné le nom de *sulfamide*. En effet, si l'on verse dans une dissolution de sulfate ordinaire d'ammoniaque un excès de chlorure de baryum, on précipite immédiatement tout l'acide sulfurique à l'état de sulfate de baryte, comme cela arrive pour tous les sulfates formés par les oxacides. Mais, si l'on fait la même expérience sur une dissolution de sulfamide, il ne se précipite qu'une très-faible portion de l'acide sulfurique, et on ne parvient à précipiter la totalité de cet acide qu'en faisant bouillir longtemps la liqueur avec un excès de chlorure de baryum.

En faisant agir le gaz ammoniac sec sur la liqueur chlorosulfurique SO^2Cl, dont nous avons donné la préparation (§ 132), on obtient un composé qui, dissous dans l'eau, se comporte comme un mélange de chlorhydrate d'ammoniaque et de sulfamide :

$$SO^2Cl + 2AzH^3 + HO = AzH^3.HCl + AzH^3.SO^3.$$

Le chlorhydrate d'ammoniaque présente, dans cette dissolution, les réactions ordinaires des chlorures métalliques. Ainsi l'azotate d'argent précipite complétement le chlore à l'état de chlorure d'argent, et l'ammoniaque peut être précipitée par le perchlorure de platine, avec lequel le chlorhydrate d'ammoniaque forme un composé

($AzH^5.HCl + PtCl^2$), très-peu soluble et qui correspond au chlorure double de platine et de potassium, dont nous avons parlé (§ 463). Le sulfate d'ammoniaque anhydre, $AzH^5.SO^5$, ou sulfamide, qui se trouve dans la même liqueur, se comporte, au contraire, d'une manière très-différente du sulfate d'ammoniaque ordinaire ($AzH^5.HO).SO^5$; car il ne donne de précipité, ni avec les sels de baryte, ni avec le perchlorure de platine.

Si l'on mélange ensemble les gaz ammoniac et sulfureux secs, ces gaz se combinent à volumes égaux, et il se forme un composé cristallin jaune. L'équivalent du gaz ammoniac est représenté par 4 volumes; celui de l'acide sulfureux par 2 volumes. Ainsi, 1 équivalent d'ammoniaque s'est combiné avec 2 équivalents d'acide sulfureux, et la formule du composé est $AzH^5.2SO^2$. Cette substance se dissout dans l'eau, mais elle ne tarde pas à se décomposer en sulfate et en hyposulfate d'ammoniaque; la décomposition a lieu beaucoup plus promptement en présence des acides ou des bases fortes. Le bisulfite d'ammoniaque, ($AzH^5.HO).2SO^2$, ne présente rien de semblable.

Ainsi, à côté des sels ammoniacaux ordinaires, nous avons une série parallèle de produits, qui ne diffèrent des sels ammoniacaux correspondants qu'en ce qu'ils ne renferment pas l'équivalent d'eau de constitution qui se trouve dans tous les sels ammoniacaux ordinaires. Ces produits, auxquels on donne le nom générique d'*amides**, se transforment facilement en sels ammoniacaux ordinaires. Souvent il suffit, pour cela, de les faire bouillir pendant quelque temps avec l'eau. L'amide prend alors 1 équivalent d'eau, et se transforme en sel ammoniacal ordinaire.

Chlorhydrate d'ammoniaque.

§ 515. Nous avons vu (page 187, t. I) que les gaz chlorhydrique et ammoniac se combinaient directement et formaient un composé solide, le chlorhydrate d'ammoniaque, $AzH^5.HCl$. On obtient la même combinaison en mêlant ensemble les dissolutions des deux gaz; elle cristallise quand on évapore la liqueur. Le chlorhydrate d'ammoniaque est le plus important de tous les composés ammoniacaux; on l'emploie exclusivement, dans les laboratoires, pour préparer l'ammoniaque (§ 122); il a plusieurs applications dans les arts, où on lui donne le nom de *sel ammoniac*. Il se dissout dans 2,7 d'eau froide et dans un poids égal au sien d'eau bouillante. Une dissolu-

---

* L'oxamide $AzH^5.C^2O^5$ est la première substance de ce groupe de corps, qui ait fixé l'attention des chimistes. Sa découverte est due à M. Dumas.

tion, concentrée à chaud, abandonne donc, par le refroidissement, la plus grande partie du sel dissous. Le sel cristallise alors en longues aiguilles, dont il est difficile de reconnaître d'abord la véritable forme. A l'aide d'une forte loupe ou du microscope, on voit que ces aiguilles sont formées par une foule de petits octaèdres réguliers qui se sont accolés les uns aux autres par leurs angles ; la forme élémentaire du sel ammoniac appartient donc au système cristallin régulier, comme celle des chlorures de potassium et de sodium. On retrouve le même groupement de cristaux octaédriques dans la substance qui se forme par la combinaison directe des gaz ammoniac et chlorhydrique, ainsi que dans le sel ammoniac sublimé. Cette tendance des cristaux à se réunir en filets allongés donne au sel une grande élasticité et une certaine flexibilité qui le rendent très-difficile à réduire en poudre fine.

Le chlorhydrate d'ammoniaque est soluble dans l'alcool. Chauffé jusqu'au rouge, il se volatilise sans fondre. Pour l'obtenir liquide, il faut le chauffer sous une pression plus grande que celle de l'atmosphère, dans un tube fermé à la lampe, par exemple. Sa densité est de 1,5 environ.

§ 516. Le chlorhydrate d'ammoniaque se prépare, dans les fabriques, par plusieurs procédés. Pendant longtemps, tout le sel ammoniac employé dans l'industrie venait de l'Égypte. Les habitants de ces contrées, où le bois est très-rare, brûlent des fientes de cha-

Fig. 565.

meau ; ils en fabriquent des espèces de mottes, qu'ils sèchent au soleil. La suie qui se dépose dans les cheminées où l'on brûle ce combustible renferme beaucoup de sel ammoniac. On la recueille avec soin, et on la vend aux fabricants de sel ammoniac. Ceux-ci se contentent de soumettre la suie à une calcination, dans de grandes fioles en verre (fig. 565). Le sel ammoniac se volatilise et vient se condenser sur le dôme des fioles. Pour retirer le sel, on casse les fioles, et on en sort un gâteau de sel, ordinairement coloré en brun par des huiles empyreumatiques qui se dégagent aussi pendant la calcination.

Aujourd'hui le sel ammoniac se prépare en Europe. On en obtient accidentellement dans plusieurs fabrications. Lorsqu'on calcine la houille pour en retirer le gaz de l'éclairage, il se dégage beaucoup de carbonate d'ammoniaque, que l'on condense dans de l'eau ou dans une dissolution d'acide chlorhydrique. On obtient aussi beaucoup de carbonate d'ammoniaque en calcinant les matières animales pour préparer le charbon azoté, destiné à la fabrication du cyanure

de potassium. Cette calcination se fait dans de grands cylindres en
tôle, communiquant avec une série de tonneaux que les gaz sont
obligés de traverser avant de se dégager dans l'atmosphère. Il se
condense, dans ces tonneaux, des produits empyreumatiques et une
grande quantité de carbonate d'ammoniaque. Après une première
opération on retire le charbon, et on charge une nouvelle quantité
de matière. Les liqueurs ammoniacales sont soutirées, de temps en
temps, à l'aidè de robinets adaptés à la partie inférieure des tonneaux. Ces liqueurs sont reçues dans de grands réservoirs où on les
laisse reposer; les matières huileuses se réunissent à la surface, on
les enlève avec des cuillers. Il se dépose également, dans la partie
supérieure des tonneaux, des croûtes de carbonate d'ammoniaque
solide. On dissout cette matière dans les eaux ammoniacales ou
bien on la purifie immédiatement par sublimation, pour obtenir le
carbonate d'ammoniaque solide. Les liqueurs ammoniacales sont
saturées par de l'acide chlorhydrique, puis évaporées; elles donnent
des cristaux impurs de sel ammoniac. Pour les purifier, on les chauffe
dans un four jusqu'à une température voisine de celle à laquelle le
sel se volatilise; la matière organique qui les salit se détruit. En reprenant par l'eau, on dissout le sel ammoniac, et il reste un résidu
charbonneux. La dissolution est bouillie avec du charbon animal qui
achève de la décolorer; elle donne ensuite des cristaux parfaitement
blancs, après évaporation. Mais, pour que le sel soit accepté dans le
commerce, il faut le sublimer, afin de lui donner l'aspect auquel on
est accoutumé depuis longtemps. Cette sublimation se fait dans de
grandes bouteilles en terre chauffées dans des fourneaux de galère.
On remplit ces bouteilles aux trois quarts, et on les chauffe par le
fond jusqu'à la température à laquelle le sel se sublime. Il est essentiel
de veiller à ce que le col de ces bouteilles ne se bouche pas, parce
qu'il pourrait en résulter une explosion. On s'en assure en faisant
passer par l'ouverture une tringle de fer avec laquelle on peut percer
la croûte de matière sublimée, si le col se trouvait obstrué. On casse
ensuite les bouteilles pour retirer le pain de sel ammoniac sublimé.

On prépare aussi une certaine quantité de chlorhydrate d'ammoniaque avec le carbonate d'ammoniaque que renferment les urines
putréfiées. On distille ces urines dans des alambics, de manière à
retirer environ un tiers de la liqueur par distillation. Ce premier tiers
renferme tout le carbonate d'ammoniaque; on le sature par de l'acide
chlorhydrique, et on fait cristalliser le chlorhydrate d'ammoniaque,
qu'on purifie ensuite par sublimation. Souvent on commence par
préparer du sulfate d'ammoniaque, qu'on transforme ensuite en
chlorhydrate. On fait filtrer les eaux ammoniacales qui proviennent

de la distillation à travers une couche épaisse de plâtre; il y a double décomposition, il se forme du carbonate de chaux insoluble et du sulfate d'ammoniaque qui reste en dissolution. On concentre la liqueur, puis on ajoute du sel marin en quantité suffisante pour transformer le sulfate d'ammoniaque en chlorhydrate; on évapore complétement à sec, et on soumet à la sublimation le résidu desséché. Le chlorhydrate d'ammoniaque se sublime, tandis que le sulfate de soude reste au fond du vase. D'autres fois on évapore rapidement, à la température de l'ébullition, la dissolution des deux sels; le sulfate de soude cristallise alors, et on l'enlève, à mesure, avec un rateau. Lorsqu'on a séparé ainsi une grande partie du sulfate de soude, on laisse refroidir la liqueur. La solubilité du sulfate de soude augmente, à mesure que la température s'abaisse, depuis la température de l'ébullition de la dissolution jusqu'à 33°, ainsi il ne s'en déposera pas pendant le refroidissement; tandis que, la solubilité du sel ammoniac diminuant rapidement avec la température, une grande partie de ce sel cristallise. On recueille les cristaux, on les sèche, après les avoir laissés égoutter, et on les purifie par sublimation.

Ammoniaque et acide sulfhydrique.

§ 517. Les gaz ammoniac et acide sulfhydrique se combinent volume à volume et donnent un composé jaune très-volatil. L'équivalent du gaz ammoniac est de 4 volumes, celui du gaz acide sulfhydrique est de 2 volumes; ainsi le composé est un bisulfhydrate, dont la formule est $AzH^3.2HS$. On peut cependant obtenir, par la combinaison directe des deux gaz, un sulfhydrate simple $AzH^3.HS$. Il faut, pour cela, mettre un grand excès d'ammoniaque et refroidir beaucoup le vase; mais cette combinaison se défait, et abandonne la moitié de son ammoniaque lorsque la température s'élève. On obtient des sulfhydrates d'ammoniaque, à différents degrés de sulfuration, en distillant le sel ammoniac avec les divers sulfures alcalins ou avec des mélanges de chaux vive et de soufre; il se condense des produits liquides très-fétides, répandant des fumées à l'air, et auxquels on donnait anciennement le nom de *liqueur fumante de Boyle.*

Le bisulfhydrate d'ammoniaque en dissolution est souvent employé, dans les laboratoires, comme réactif. On le prépare en faisant passer du gaz acide sulfhydrique à travers une liqueur ammoniacale, jusqu'à ce que celle-ci en soit saturée.

Le sulfhydrate d'ammoniaque simple $AzH^3.HS$ joue le rôle de sulfobase avec les sulfures électronégatifs, et forme un grand nombre de sulfosels. Il se combine avec le sulfure de carbone, les sulfures d'arsenic, le sulfure d'antimoine, etc. Lorsqu'on fait digérer ces derniers sulfacides avec le bisulfhydrate d'ammoniaque $AzH^3.2HS$, ils en chassent la moitié de l'acide sulfhydrique, et il se forme des sulfosels $(AzH^3.HS).CS^2$, $(AzH^3.HS).AsS^3$, $(AzH^3.HS).AsS^5$, $(AzH^3.HS).Sb^2S^3$, etc.

Sulfate d'ammoniaque.

§ 518. On obtient le sulfate neutre d'ammoniaque $(AzH^3.HO).SO^3$, en saturant une dissolution d'ammoniaque par l'acide sulfurique. Dans les fabriques, on sature par l'acide la liqueur ammoniacale impure, obtenue dans la distillation des matières animales; souvent aussi on la décompose par le sulfate de chaux. On fait cristalliser le sel par évaporation, et on le purifie en le chauffant de manière à décomposer les matières organiques qui le salissent. On le redissout ensuite, et on le fait cristalliser de nouveau. Le sulfate d'ammoniaque $(AzH^3.HO).SO^3$, ne renferme pas d'eau de cristallisation; il est isomorphe avec le sulfate de potasse, $KO.SO^3$. Il se dissout dans 2 parties d'eau froide et dans 1 partie seulement d'eau bouillante. Ce sel se décompose par la chaleur; il se dégage de l'eau, de l'azote, et il se sublime du sulfite d'ammoniaque $(AzH^3.HO).SO^2$.

En ajoutant de l'acide sulfurique au sulfate précédent, on obtient un bisulfate d'ammoniaque que l'on peut faire cristalliser, et qui a pour formule :

$$3[(AzH^3.HO).SO^3 + HO.SO^3] + HO.$$

Azotate d'ammoniaque.

§ 519. Ce sel s'obtient en saturant par l'acide azotique une dissolution d'ammoniaque ou de carbonate d'ammoniaque. La liqueur évaporée, puis abandonnée au refroidissement, donne des cristaux d'azotate d'ammoniaque dont la formule est $(AzH^3.HO).AzO^5 + HO$. Ces cristaux fondent à une température peu élevée; si on les chauffe davantage, ils se décomposent en eau et en protoxyde d'azote. C'est par cette réaction qu'on prépare le protoxyde d'azote (§ 109). L'azotate d'ammoniaque fuse vivement sur les charbons ardents; il produit une flamme rougeâtre qui tient à la combustion du gaz hydrogène par l'oxygène de l'acide azotique. Cette propriété a fait donner à ce sel le nom de *nitrum flammans*.

Phosphates d'ammoniaque.

§ 520. L'ammoniaque forme plusieurs combinaisons avec l'acide phosphorique; la plus importante est celle qui correspond au phosphate de soude ordinaire $(2NaO + HO).PhO^5$. On l'obtient, en décomposant le biphosphate de chaux, par une dissolution de carbonate d'ammoniaque; la liqueur doit manifester une légère réaction alcaline. Par l'évaporation, il se dépose des cristaux qui ont pour formule $[2(AzH^3.HO) + HO].PhO^5$.

En ajoutant à la dissolution de ce sel une quantité d'acide phosphorique égale à celle qu'il renferme déjà, et évaporant la liqueur, on obtient un nouveau sel qui a pour formule $(AzH^3.HO + 2HO).PhO^5$.

Les phosphates d'ammoniaque, soumis à l'action de la chaleur, laissent dégager la plus grande partie de leur ammoniaque; il reste de l'acide phosphorique vitreux, mais qui retient toujours une certaine quantité d'ammoniaque.

Carbonates d'ammoniaque.

§ 521. L'ammoniaque et l'acide carbonique se combinent en plusieurs proportions; mais leurs combinaisons sont très-peu stables, et se transforment facilement les unes dans les autres. Les deux gaz secs se combinent, dans le rapport de 2 volumes de gaz ammoniac et de 1 volume de gaz acide carbonique, s'il se trouve un excès d'ammoniaque dans le mélange. Ces proportions correspondent à la formule $AzH^3.CO^2$. La matière se dissout facilement dans l'eau, et présente les caractères des carbonates; de sorte que le composé $AzH^3.CO^2$ prend immédiatement, en se dissolvant dans l'eau, l'équivalent d'eau qui lui est nécessaire pour se transformer en carbonate d'ammoniaque $(AzH^3.HO).CO^2$.

Il se produit beaucoup de carbonate d'ammoniaque dans la distillation des matières animales; mais la composition de ce carbonate est variable, parce qu'il résulte ordinairement du mélange de plusieurs carbonates à différents degrés de saturation. Pour purifier le carbonate brut, il suffit de le distiller avec du charbon animal; le carbonate se sublime alors parfaitement blanc. La formule $2(AzH^3.HO).3CO^2$ représente la composition la plus ordinaire de ce carbonate. Quand on l'expose à l'air, il dégage de l'ammoniaque, et il reste du bicarbonate d'ammoniaque $(AzH^3.HO).CO^2 + HO.CO^2$. La dissolution de ce sel, dans l'eau, finit aussi par se changer en bicarbonate quand on la laisse longtemps exposée à l'air.

Le bicarbonate d'ammoniaque en dissolution, soumis à l'action de la chaleur, abandonne, au contraire, plus d'acide carbonique que d'ammoniaque, et tend à se transformer en carbonate neutre. Une ébullition prolongée chasse complétement le carbonate d'ammoniaque.

On obtient le bicarbonate d'ammoniaque en faisant passer un courant de gaz acide carbonique à travers une dissolution d'ammoniaque, jusqu'à ce que ce gaz ne puisse plus se dissoudre. Si l'on a employé une dissolution ammoniacale très-concentrée, une partie du bicarbonate d'ammoniaque se dépose en cristaux.

Action du potassium et du sodium sur l'ammoniaque.

§ 522. Le potassium et le sodium, chauffés dans le gaz ammoniac, se changent en un corps cristallin, d'un vert olive, qui fond vers 100°; il se dégage, en même temps, un volume de gaz hydrogène égal à celui que le métal développerait au contact de l'eau. Ce corps vert-olive se décompose par la chaleur, il se dégage de l'ammoniaque un mélange de gaz hydrogène et d'azote dans les proportions où ces deux gaz constituent l'ammoniaque, et il reste un corps graphiteux qui ne fond pas.

Le composé vert-olive, traité par l'eau, donne de la potasse et de l'ammoniaque. On ne sait rien de précis sur la composition de ces deux corps, mais on explique très-bien les réactions précédentes en supposant que le corps graphiteux a pour formule AzK^5, et le composé vert-olive, la formule $AzK^5 + 2AzH^5$.

Action de la pile sur l'ammoniaque en dissolution.

§ 523. On place, au fond d'un verre, une couche de mercure dans laquelle on plonge le pôle négatif de la pile; on verse par-dessus une dissolution concentrée d'ammoniaque dans laquelle on plonge le pôle positif, en faisant descendre le fil de platine qui le termine jusqu'à une distance de 2 millimètres de la surface du mercure. Il se dégage immédiatement des bulles de gaz au pôle négatif; mais, au bout de quelque temps, il s'en forme aussi au pôle positif. En même temps, le mercure perd sa fluidité et augmente considérablement de volume, tout en conservant son aspect métallique.

On obtient le même composé métallique en dissolvant dans du mercure une certaine quantité de potassium ou de sodium, et versant sur l'amalgame une dissolution concentrée de chlorhydrate d'ammoniaque. Si l'on fait cette expérience dans un tube de verre, dont le tiers seulement soit occupé par l'amalgame, la matière se boursoufle tellement, qu'elle finit par sortir du tube.

Ce composé remarquable n'a été étudié que d'une manière imparfaite; il est très-peu stable, et se décompose, au contact de l'eau pure, avec dégagement de chaleur. La proportion de matière combinée au mercure est d'ailleurs très-petite ; car elle forme à peine $\frac{1}{2000}$ de la masse totale. Lorsqu'on décompose cet amalgame, il se dégage un mélange de 2 volumes d'ammoniaque et de 1 volume d'hydrogène ; ce qui fait présumer qu'il existe, en combinaison avec le mercure, un composé AzH^4, qui présente la composition de l'ammonium dont nous avons parlé plus haut. Cette expérience est invoquée, en effet, comme démontrant l'existence d'un composé AzH^4, jouant le rôle d'un véritable métal, analogue au potassium. Car les métaux sont les seuls corps qui se combinent avec le mercure sans faire disparaître son aspect métallique.

Caractères distinctifs des sels ammoniacaux.

§ 524. Les sels ammoniacaux se distinguent de tous les autres sels métalliques, à l'exception des sels alcalins, en ce qu'ils ne sont pas précipités par les carbonates alcalins.

Les sels ammoniacaux, chauffés avec un hydrate alcalin ou avec de l'hydrate de chaux, dégagent du gaz ammoniac, facile à reconnaître par son odeur caractéristique, qu'on peut constater même sur des proportions très-petites de gaz. Lorsque le sel ammoniacal existe en quantité extrêmement petite dans un mélange, et que la faible quantité de gaz ammoniac, qui se dégage dans la réaction, n'est plus sensible par son odeur, on peut encore constater la présence de ce gaz, en approchant de l'ouverture du tube dans lequel on chauffe la matière avec l'hydrate alcalin une baguette de verre trempée dans l'acide chlorhydrique ; s'il se dégage de l'ammoniaque, même en quantité inappréciable à l'odorat, il se forme une vapeur blanche épaisse autour de la baguette.

Une dissolution de perchlorure de platine, versée dans la dissolution d'un sel ammoniacal, produit un précipité cristallin jaune, semblable à celui qui se forme avec les sels de potasse. Mais les deux précipités se distinguent facilement ; car le précipité ammoniacal dégage de l'ammoniaque quand on le chauffe avec un hydrate alcalin. On les reconnaît encore facilement en les chauffant au rouge dans un creuset de platine. Les deux chlorures doubles se décomposent, dans ce cas ; le chlorure double de platine et de potassium se change en chlorure de potassium et en platine métallique, et, en traitant par l'eau, on enlève le chlorure de potassium ; tandis que le chlorure double ammoniacal se décompose en platine métallique et en chlorhydrate d'ammoniaque qui se volatilise sous la forme d'une fumée blanche. De sorte que, si l'on traite le résidu par l'eau, celle-ci ne dissout plus de chlorure.

DOSAGE DES ALCALIS ET DE L'AMMONIAQUE.

§ 525. La meilleure manière de doser la potasse, la soude ou la lithine, lorsque l'une de ces bases se trouve isolément dans une liqueur, consiste à transformer la base en sulfate et à peser le sulfate alcalin calciné. Mais il faut, pour cela, que toutes les autres bases aient été préalablement précipitées, et qu'il n'existe pas dans la liqueur d'acide plus fixe que l'acide sulfurique. On évapore alors la dissolution dans une capsule mince de platine, on ajoute à la liqueur concentrée un petit excès d'acide sulfurique, et on achève d'évaporer à sec. Le résidu est calciné au rouge ; il se compose alors de sulfate neutre alcalin que l'on pèse.

Si la liqueur renfermait des acides moins volatils que l'acide sulfurique, il faudrait commencer par les précipiter. Si l'acide moins volatil était de l'acide silicique, il suffirait d'évaporer à siccité la dissolution sursaturée par de l'acide sulfurique, et de reprendre par l'eau ; l'acide silicique resterait comme résidu insoluble. Si la dissolution renfermait de l'acide phosphorique ou de l'acide borique, on y verserait une dissolution de baryte jusqu'à ce que la liqueur eût une forte réaction alcaline ; il se précipiterait du phosphate ou du borate de baryte ; on séparerait ensuite l'excès de la baryte par de l'acide sulfurique.

On dose quelquefois l'alcali à l'état de chlorure ; il faut alors que la dissolution ne renferme que de l'acide chlorhydrique ou des acides qui puissent être facilement chassés ou décomposés par ce dernier acide. On évapore à sec et on calcine le résidu. Ce mode de dosage est cependant moins précis que celui des sulfates, parce que les chlorures alcalins sont sensiblement volatils à la chaleur rouge.

On dose souvent l'ammoniaque d'après la quantité de gaz azote que donne la substance ammoniacale quand on la décompose par le cuivre métallique. On opère alors exactement comme pour déterminer l'azote des azotates (§ 108). Le plus souvent on décompose le sel ammoniacal par la chaux ou par un mélange de chaux et de soude que l'on obtient en gâchant de la chaux vive avec une dissolution concentrée de soude caustique et desséchant la matière dans un creuset. On opère la décomposition du sel ammoniacal dans un tube de verre *abc*, étiré en pointe fermée, et l'on recueille le gaz ammoniac dans de l'acide chlorhydrique concentré. Il est essentiel de ne pas faire, hors du tube, le mélange du sel ammoniacal avec la chaux, car il se dégagerait, même à froid, une petite quantité de gaz ammoniac qui serait perdue. La figure 364 représente l'appareil que

Fig. 364.

l'on emploie pour cette expérience : on verse un peu de chaux au fond du tube *abc*, on ajoute, par-dessus, le sel ammoniacal exactement pesé, et on achève de remplir le tube avec de la chaux. On adapte au tube le petit appareil à boules A renfermant une faible quantité d'acide chlorhydrique concentré. Le tube *abc* étant disposé sur un fourneau long en tôle, on le chauffe successivement sur toute sa longueur ; le sel ammoniacal est décomposé par la chaux, l'ammoniaque se dégage et vient se dissoudre dans l'acide chlorhydrique. Lorsque la décomposition est complète, on casse la pointe *c*, et, en aspirant par l'appareil A, on fait passer dans l'acide l'ammoniaque qui restait dans le tube. On verse la liqueur acide dans une capsule de porcelaine, on lave à plusieurs reprises l'appareil A avec de l'eau distillée que l'on ajoute dans la capsule. On verse dans cette liqueur un excès d'une dissolution de bichlorure de platine; on l'évapore à une douce chaleur, et on traite le résidu par un mélange d'alcool et d'éther qui dissout l'excès de bichlorure de platine et laisse le chlorure double de platine et d'ammoniaque sous la forme d'un précipité cristallin. Ce précipité est lavé avec le mélange d'alcool et d'éther, puis pesé après une dessiccation ménagée. 1 gramme de chlorure de platine ammoniacal renferme 0,0771 d'ammoniaque. Nous donnerons de plus grands détails sur ce dosage dans la quatrième partie de notre cours (§ 1259).

DÉTERMINATION DES PROPORTIONS DE POTASSE ET DE SOUDE QUI SE TROUVENT DANS UN MÉLANGE DE SELS FORMÉS PAR CES DEUX BASES AVEC UN MÊME ACIDE.

§ 525 *bis*. Les sels de potasse et de soude sont fréquemment mélangés ensemble, et l'on a souvent besoin de déterminer les proportions de ces deux bases qui se trouvent dans un mélange. Cette question se présente, non-seulement dans les recherches du laboratoire, mais encore dans les opérations commerciales.

Supposons que les deux bases soient à l'état de sulfates, on pourra en déterminer la proportion par l'analyse suivante. On calcine le mélange jusqu'à fusion dans un creuset de platine. On est sûr alors que les sulfates sont neutres et privés d'eau. On pèse exactement un certain poids P du mélange, on le dissout dans l'eau; puis on précipite l'acide sulfurique par le chlorure de baryum. Du poids du sulfate de baryte obtenu, on déduit le poids p d'acide sulfurique qui était combiné avec les deux bases. Cette seule donnée suffit pour calculer les proportions des deux sulfates. En effet, soit x le poids de sulfate de potasse, $(P - x)$ sera le poids du sulfate de soude. Or un poids x de sulfate de potasse renferme un poids $x \frac{500,0}{1090,0}$ d'acide sulfurique, un poids $(P - x)$ de sulfate de soude renferme $(P - x) \frac{500,0}{887,2}$ d'acide sulfurique. L'acide sulfurique total, combiné aux deux bases, est donc représenté par

$$x \cdot \frac{500,0}{1090,0} + (P - x) \frac{500,0}{887,2};$$

mais l'expérience directe a montré que ce poids était p; on a donc

$$x \cdot \frac{500,0}{1090,0} + (P - x) \frac{500,0}{887,2} = p,$$

$$\text{ou } x \cdot \frac{1}{2,180} + (P - x) \frac{1}{1,771} = p,$$

$$\text{d'où } x = \frac{P \times 2,180 - p \times 5,867}{0,406}.$$

Au lieu de peser le précipité de sulfate de baryte que la dissolution du mélange salin donne avec un excès de chlorure de baryum, on peut déterminer le volume d'une dissolution titrée de chlorure de baryum qui précipite exactement l'acide sulfurique des sulfates soumis à l'analyse. A cet effet, on prépare une dissolution de chlorure de baryum telle, qu'un volume de 50 centimètres cubes précipite exactement 5 gr. d'acide sulfurique réel. Il est clair que le nombre de centimètres cubes versés pour opérer la précipitation complète représentera le nombre de décigrammes d'acide sulfurique qui existaient dans la dissolution soumise à l'essai. On verse la dissolution titrée de chlorure de baryum avec la burette (fig. 550, page 126).

L'inconvénient principal de ce procédé tient à ce que le sulfate de baryte ne se dépose pas rapidement dans des liqueurs froides, et qu'on est obligé de filtrer, de temps en temps, une petite quantité de liqueur pour s'assurer s'il y reste encore de l'acide sulfurique à précipiter.

§ 526. On peut, par un procédé analogue, déterminer les proportions de deux chlorures de sodium et de potassium mélangés. On dissout dans l'eau un poids connu du mélange, et on précipite le chlore par l'azotate d'argent. On calcule le poids du chlore combiné aux deux bases, d'après celui du chlorure d'argent obtenu, et l'on détermine les proportions des deux chlorures par un calcul semblable à celui que nous venons de faire sur les sulfates.

On peut également se servir d'une dissolution titrée d'azotate d'argent, et mesurer le volume qu'il en faut employer pour précipiter exactement le chlore contenu dans un poids déterminé de la matière.

Ces procédés d'analyse permettent d'atteindre une assez grande exactitude quand les deux bases ont des équivalents très-différents, et qu'elles existent dans le mélange a peu près en proportions égales. Mais le résultat serait très-incertain si ces équivalents avaient des valeurs numériques peu différentes, ou si l'une des bases dominait beaucoup sur l'autre.

§ 527. Lorsque les deux métaux alcalins sont à l'état de chlorures, on dissout un poids connu du mélange dans une petite quantité d'eau, et on y verse une dissolution concentrée de perchlorure de platine, jusqu'à ce que la liqueur ait pris une coloration jaune bien prononcée. Le chlorure de potassium est précipité à l'état de chlorure double de platine et de potassium ; une petite quantité de ce chlorure double reste cependant dans la liqueur, mais on parvient facilement à le séparer d'une manière complète en évaporant la liqueur à sec, et reprenant par l'alcool qui dissout le chlorure double de platine et de sodium, et laisse tout le chlorure double de platine et de potassium. On recueille le précipité sur un filtre, on le lave à l'alcool et on le pèse après dessccation. La composition du chlorure double étant connue, on en déduit immédiatement la quantité de chlorure de potassium qu'il renferme.

C'est par les deux procédés que nous venons de décrire que l'on détermine ordinairement, dans les recherches scientifiques, les proportions de potasse et de soude qui se trouvent dans un mélange. Mais ces procédés sont trop délicats pour qu'on puisse les utiliser dans l'industrie. Nous allons indiquer quelques méthodes pratiques qui peuvent rendre de grands services aux fabricants dans des cas spéciaux.

§ 528. Le chlorure de potassium est employé par les salpêtriers : le chlorure du commerce est toujours mélangé de chlorure de sodium, et ce dernier produit n'a aucune valeur pour le salpêtrier. On peut déterminer les proportions des deux chlorures par une méthode simple qui présente une exactitude suffisante pour les transactions commerciales.

Cette méthode est fondée sur l'abaissement très-inégal de température que les chlorures de potassium et de sodium produisent sur l'eau dans laquelle ils se dissolvent. Nous avons vu (§ 375) que 50 gr.

de chlorure de potassium, en se dissolvant dans 200 gr. d'eau, produisent un abaissement de température de $11°,4$, tandis que 50 gr. de chlorure de sodium ne produisent qu'un abaissement de $1°,9$. On verse 50 gr. de mélange dans un bocal renfermant 200 centimètres cubes d'eau à la température ambiante. On détermine exactement cette température avec un thermomètre très-sensible plongé dans le liquide. Pour hâter la dissolution, on agite avec le thermomètre. Aussitôt que la dissolution est complète, on note la nouvelle température du thermomètre. Supposons qu'elle indique un abaissement de température de $t°$, produit par l'acte de la dissolution. Cette seule donnée permet de calculer la proportion des deux chlorures, s'il n'existe pas d'autre sel dans le mélange. En effet, soit x le nombre de grammes de chlorure de potassium qui se trouvent dans les 50 gr. du mélange; l'abaissement de température θ que les x grammes de chlorure de potassium produiront, en se dissolvant dans 200 centimètres cubes d'eau, sera donné par la proportion :

$$50 : 11,4 :: x : \theta, \quad \text{d'où} \quad \theta = \tfrac{11,4}{50}.x.$$

De même, l'abaissement de température θ', produit par la dissolution des $(50 - x)$ gr. de chlorure de sodium, en se dissolvant dans les 200 centimètres cubes d'eau, sera donné par la proportion :

$$50 : 1,9 :: 50 - x : \theta', \quad \text{d'où} \quad \theta' = \tfrac{1,9}{50}(50 - x).$$

L'abaissement de température produit par les 50 gr. de mélange sera donc exprimé par

$$\tfrac{11,4}{50}.x + \tfrac{1,9}{50}(50 - x).$$

Mais l'abaissement de température observé est t. on a donc :

$$\tfrac{11,4}{50}.x + \tfrac{1,9}{50}(50 - x) = t.$$

$$\text{d'où} \quad x = \frac{50\,(t - 1,9)}{9,5}.$$

§ 529. Lorsque les deux sels sont à l'état de sulfates, on peut déterminer assez exactement leurs proportions respectives par un procédé fondé sur l'accroissement de densité que le sulfate de soude occasionne, en s'y dissolvant, dans une solution saturée de sulfate de potasse pur. Cet accroissement est d'ailleurs d'autant plus sensible, que la solubilité du sulfate de potasse est notablement accrue par la présence du sulfate de soude.

Prenons toujours 50 gr. d'un mélange, à proportions connues, de sulfate de soude et de sulfate de potasse, et traitons-les par 500 centimètres cubes d'une dissolution de sulfate de potasse, saturée à une température constante de 20°. Cette quantité d'eau suffit pour dissoudre le sulfate de soude du mélange, lors même que ce dernier en serait entièrement formé. S'il ne reste pas de résidu, ce qui n'arrivera que pour les mélanges très-pauvres en sulfate de potasse, nous ajouterons un excès de ce dernier sel, afin que la liqueur en soit saturée. Plongeons dans les liqueurs un aréomètre; il est clair que nous pourrons graduer cet instrument de manière que ses degrés marquent précisément les centièmes de soude qui se trouvent dans le mélange. Ainsi, lorsque l'aréomètre plongera dans la dissolution de sulfate de potasse pur, on marquera 0° à son point d'affleurement. Lorsqu'il plongera dans une dissolution obtenue en faisant digérer 50 gr. de sulfate de soude sec mêlé d'un excès de sulfate de potasse, avec une dissolution saturée de sulfate de potasse à 20°, on marquera, au point d'affleurement, un nombre de degrés égal au nombre de centièmes de soude qui se trouvent dans le sulfate de soude sec.

Enfin, on déterminera de même quelques points intermédiaires de l'échelle. L'instrument ainsi gradué est appelé *natromètre;* on peut s'en servir pour déterminer la proportion de soude contenue dans un mélange salin quelconque ne renfermant que de la potasse et de la soude, pourvu que les deux bases soient combinées avec un acide qu'on puisse chasser facilement par l'acide sulfurique. A cet effet, on place 50 gr. du mélange dans une capsule de porcelaine, on le décompose par de l'acide sulfurique, et on évapore à sec pour chasser les autres acides volatils. On reprend par une petite quantité d'eau chaude, et on sature l'excès d'acide par du carbonate de potasse. On refroidit la liqueur jusqu'à 20°; il se sépare ordinairement beaucoup de sulfate de potasse. On filtre la liqueur, et on la recueille dans une éprouvette sur laquelle on a tracé un repère correspondant à un volume de 500 centimètres cubes. On lave le précipité de sulfate de potasse avec une dissolution saturée de ce sel à 20°, jusqu'à ce que le niveau du liquide affleure au trait de repère de l'éprouvette; on plonge alors le natromètre, et on inscrit le nombre de degrés qu'il indique. Ce nombre de degrés est égal au nombre de centièmes de soude renfermés dans le mélange.

Dans l'expérience que nous venons de décrire, on opère toujours à la même température: on peut, cependant, graduer l'instrument de façon à déterminer la proportion de soude à une température quelconque. On trace alors, sur la tige de l'aréomètre, deux échelles : l'une indique, pour chaque degré du thermomètre centigrade, le point d'affleurement dans une dissolution saturée de sulfate de potasse pur, nous l'appellerons *échelle des températures* : les divisions de la seconde échelle représentent des centièmes de soude; c'est l'*échelle sodique*. Les zéros des deux échelles coïncident; de sorte que, si l'on opère à 0°, la soude sera déterminée directement sur l'échelle sodique. Mais, si l'on opère à 25°, l'instrument enfonce déjà dans une dissolution de sulfate de potasse pur, saturée à ce degré, à un niveau qui indiquerait 8 centièmes de soude. C'est donc en ce point que doit commencer le zéro de l'échelle sodique pour cette température.

L'expérience montre que les divisions de l'échelle sodique sont d'autant plus petites, qu'elles correspondent à une plus forte proportion de soude; tandis que les divisions de l'échelle des températures, qui marquent les densités de la dissolution de sulfate de potasse saturée aux diverses températures, sont sensiblement égales. Quand on fera l'épreuve avec le natromètre, à une température t, il faudra noter le point d'affleurement m sur l'échelle des températures, retrancher du nombre m le nombre t, qui représente la température du liquide, et chercher, sur l'échelle sodique, le nombre n de divisions qui correspond au nombre $(m - t)$ de divisions, pris sur l'échelle des températures. Ce nombre exprime les centièmes de soude, avec une précision suffisante pour les essais du commerce.

II. MÉTAUX ALCALINO-TERREUX

BARYUM.

Équivalent = 858,0.

§ 530. On peut préparer le baryum* en décomposant son prot-oxyde par la pile. On place du mercure dans une capsule de platine communiquant avec le pôle négatif d'une pile; on verse par-dessus une dissolution de baryte mêlée de baryte hydratée en cristaux. On plonge le pôle positif de la pile dans cette pâte. La décomposition de la baryte a lieu en même temps que celle de l'eau; le baryum, à mesure qu'il devient libre, se combine avec le mercure, lequel perd bientôt sa fluidité. Lorsque le mercure s'est chargé d'une quantité un peu notable de baryum, on l'enlève, on le sèche rapidement, puis on le distille dans une cornue de verre qu'on fait traverser par un courant d'azote ou d'hydrogène, pour éviter toute action oxydante. Le mercure se volatilise, et le baryum reste seul, sous la forme d'un globule métallique, si l'on a poussé la chaleur jusqu'au rouge; mais, comme, à cette température, le baryum attaque fortement le verre, il est convenable de ne pas élever la température aussi haut.

On peut préparer également le baryum en décomposant, à la chaleur rouge, la baryte anhydre par la vapeur de potassium. On se sert, à cet effet, d'un tube de fer ouvert aux deux bouts. On place au milieu de ce tube une nacelle de platine renfermant la baryte anhydre, et, à une certaine distance, vers une des extrémités du tube, quelques fragments de potassium. On fait arriver un courant de gaz hydrogène par la même extrémité. On chauffe à une forte chaleur rouge la portion du tube qui renferme la baryte, et la chaleur gagne bientôt le potassium, qui se réduit en vapeur. La vapeur de potassium décompose la baryte; il se forme de l'oxyde de potassium, et le baryum devient libre. On laisse refroidir complétement le tube au milieu du courant de gaz hydrogène; on retire la nacelle, et l'on traite la matière par le mercure, qui dissout le baryum. L'amalgame, distillé dans un courant de gaz hydrogène, laisse le baryum métallique.

Le baryum présente la couleur et l'éclat de l'argent. Il est doué d'une

---

* La baryte fut découverte en 1774 par Scheele; Davy isola le baryum en 1807, en décomposant la baryte par la pile. Il obtint de la même manière le strontium et le calcium.

certaine malléabilité. Il fond à la chaleur rouge, mais il n'est pas assez
volatil pour qu'on puisse le distiller. Il est plus dense que l'acide sulfurique concentré, car un globule de baryum tombe au fond de ce liquide.

Le baryum est un métal très-avide d'oxygène ; il s'oxyde rapidement à l'air, et décompose immédiatement l'eau à froid.

Les combinaisons du baryum se distinguent par leur grande densité parmi les composés des métaux alcalins, alcalino-terreux et
terreux. C'est cette propriété qui a fait donner son nom à ce métal
(de βαρύς, pesant).

COMBINAISONS DU BARYUM AVEC L'OXYGÈNE.

§ 531. Le baryum forme deux combinaisons avec l'oxygène : le
protoxyde BaO ou *baryte*, et le bioxyde BaO^2.

Protoxyde de baryum ou *baryte*. — On rencontre dans la nature
deux sels insolubles de baryte, le carbonate et le sulfate. Ils peuvent
servir tous deux à préparer la baryte. Le carbonate de baryte, calciné à un violent feu de forge, perd complétement son acide carbonique, et il reste de la baryte. Une température beaucoup moins élevée suffit, si l'on mélange préalablement le carbonate de baryte avec
du charbon ; le carbonate est alors plus facilement décomposé, parce
que le carbone tend à enlever une portion d'oxygène à l'acide carbonique. Il se dégage de l'oxyde de carbone, mais la baryte reste
dans ce cas mêlée à du charbon :
cela n'a pas d'inconvénient si on
doit dissoudre cette base dans l'eau.

Ordinairement, on dissout le carbonate de baryte dans l'acide azotique, on évapore la liqueur ; l'azotate de baryte cristallise à l'état
anhydre. On place ce sel dans une
cornue de porcelaine (fig. 365) dont
on ferme l'ouverture avec un bouchon percé d'un trou. On chauffe la
cornue, successivement, dans un
fourneau à réverbère, jusqu'à ce qu'il
ne se dégage plus de gaz ; la baryte
reste sous la forme d'une masse poreuse, d'un blanc gris, qui a l'air

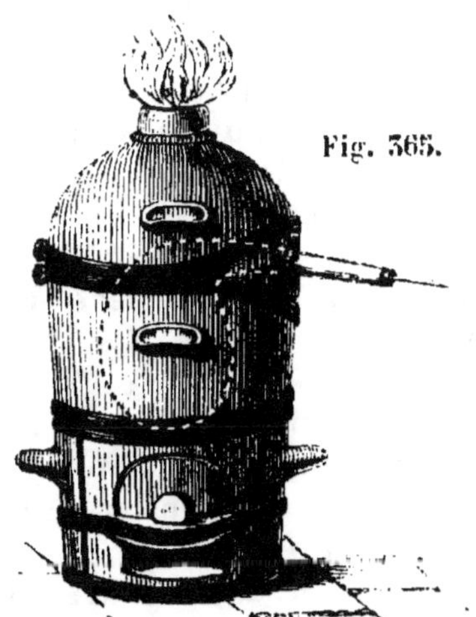

Fig. 365.

d'avoir été fondue. Mais ce n'est pas la baryte qui a éprouvé la fusion, car elle est infusible à la température de nos fourneaux : c'est
l'azotate de baryte. Ce sel s'est fondu sous la première impression de

la chaleur; mais, à mesure qu'il s'est décomposé, sa fluidité a diminué, la matière est devenue pâteuse, et, à la fin, elle est restée boursouflée par les bulles de gaz qui la traversaient La baryte anhydre ne fond qu'aux températures les plus élevées, telles que celles que l'on produit à l'aide du chalumeau à gaz oxygène et hydrogène.

§ 532. Pour préparer la baryte avec le sulfate naturel, on commence par transformer ce sulfate en sulfure par une calcination avec du charbon. A cet effet, on mélange le sulfate, réduit en poudre fine, avec $\frac{1}{10}$ de son poids de charbon; puis on ajoute une certaine quantité d'huile pour former une pâte consistante, que l'on chauffe au rouge dans un creuset d'argile. L'addition de l'huile a pour objet de mettre toutes les particules de sulfate en contact avec des parcelles de charbon. L'huile qui imbibe la masse se décompose par la chaleur, et laisse un résidu de charbon intimement mélangé à la matière.

On peut aussi remplacer le charbon et l'huile par des matières organiques, telles que le sucre, l'amidon, la résine, lesquelles laissent un abondant résidu de charbon, quand elles se décomposent par la chaleur, et qui, en outre, fondent avant de se décomposer. La matière calcinée est traitée par l'eau bouillante, qui dissout le sulfure de baryum. On verse ensuite par petites portions de l'acide azotique dans la liqueur filtrée; le sulfure de baryum se change en azotate de baryte, et il se dégage du gaz acide sulfhydrique. On obtient l'azotate de baryte par l'évaporation de la liqueur. L'azotate de baryte, calciné, donne la baryte caustique et anhydre, dont la densité est environ 4 fois celle de l'eau.

§ 533. La baryte a une grande affinité pour l'eau : en versant une petite quantité d'eau sur un morceau de baryte, il y a une élévation considérable de température, et une partie de l'eau se dégage à l'état de vapeur. La baryte se change en hydrate, lequel tombe en poussière si la quantité d'eau ajoutée n'est pas trop considérable. La baryte, combinée à l'eau, ne peut plus être ramenée à l'état anhydre par la chaleur seule.

L'hydrate de baryte est souvent employé dans les laboratoires. On peut le préparer, en traitant par l'eau la baryte anhydre. On peut aussi l'obtenir immédiatement avec la dissolution de sulfure de baryum dont nous venons d'indiquer la préparation. Il suffit de faire bouillir cette dissolution avec de l'oxyde de cuivre; le cuivre s'empare du soufre; il se forme du sulfure de cuivre insoluble, et l'hydrate de baryte reste dans la liqueur :

$$BaS + CuO = BaO + CuS.$$

Il est facile de reconnaître le moment où le sulfure de baryum est entièrement transformé en oxyde. On prend une petite quantité de la liqueur dans un verre d'épreuve, on y verse une dissolu'ion d'acétate de plomb. S'il ne reste plus de sulfure, il se forme un préc'pité blanc, l'hydrate de protoxyde de plomb. S'il reste encore du sulfure, le précipité est plus ou moins noir, parce qu'il se précipite, avec l'hydrate blanc de protoxyde de plomb, du sulfure de plomb, lequel est noir. Si la dissolution de sulfure de baryum qu'on a soumise à l'expérience est concentrée, il suffit de laisser refroidir la liqueur pour qu'une grande partie de l'hydrate de baryte cristallise. Si elle est plus étendue, il faut la concentrer rapidement par la chaleur.

L'hydrate de baryte cristallise sous la forme de lames, ou en gros cristaux prismatiques si la cristallisation est lente. Il renferme 10 équivalents d'eau, de sorte que sa formule est $BaO + 10HO$. Ces cristaux perdent facilement 9 équivalents d'eau par la chaleur, et sont ramenés à l'état de monohydrate $BaO + HO$, qui ne se décompose plus par la chaleur. Le monohydrate de baryte fond à la chaleur rouge; il n'est pas sensiblement volatil. Il se dissout dans 2 parties d'eau bouillante et dans 20 parties d'eau froide. Sa dissolution exerce une réaction fortement alcaline; elle attire promptement l'acide carbonique de l'air, et se trouble alors, parce qu'il se forme du carbonate de baryte insoluble.

L'hydrate de baryte et tous les composés solubles du baryum sont des poisons énergiques.

§ 534. La composition de la baryte, BaO, se déduit de l'analyse du chlorure de baryum, $BaCl$. Ce chlorure, cristallisé, renferme de l'eau en combinaison, mais il la perd facilement par l'action de la chaleur. On dissout 10 grammes de chlorure de baryum anhydre dans l'eau; puis, après avoir porté la liqueur à l'ébullition, on y verse de l'azotate d'argent en excès : il se précipite du chlorure d'argent insoluble, qu'on recueille et qu'on pèse après dessiccation. Le poids de ce chlorure d'argent sera de $13^{gr},773$, renfermant $3^{gr},406$ de chlore.

Ainsi, dans 10 gr. de chlorure de baryum, il y a :

Chlore............................. $3^{gr},406$
Baryum............................. $6\ ,594$
                                     ──────────
                                     $10\ ,000.$

Pour trouver la quantité d'oxygène qui forme de la baryte avec la même quantité de baryum, il suffit de poser la proportion :

$$443,2 : 100 :: 3^{gr},406 : x; \text{ d'où } x = 0,768$$

Ainsi la baryte est formée de :

Baryum...................................... 6gr,594
Oxygène.................................... 0 ,768
                                         ————————
Baryte...................................... 7 ,362.

L'équivalent du baryum sera donné par les proportions :

$$0,768 : 6,594 :: 100 : x$$
ou $$3,406 : 6,594 :: 443,2 : x$$ d'où $x = 858,0.$

Ainsi l'oxyde de baryum est composé de :

1 éq. baryum...............	858,0	89,57
1 » oxygène............	100,0	10,43
1 » baryte...............	958,0	100,00.

et le chlorure de baryum de :

1 éq. baryum...............	858,0	65,94
1 » chlore...............	443,2	34,06
1 » chlorure de baryum...	1301,2	100,00.

La quantité d'eau qui existe dans l'hydrate de baryte se détermine par le procédé que nous avons décrit pour l'hydrate de potasse (§ 435).

§ 535. *Bioxyde de baryum.* — Le protoxyde de baryum se change en bioxyde quand on le chauffe dans un courant de gaz oxygène ou d'air atmosphérique, à la température du rouge sombre. On place la baryte, sous forme de fragments, dans une cornue de verre vert, au fond de laquelle on fait arriver le courant de gaz oxygène. La baryte absorbe l'oxygène, sans que les fragments changent de forme : leur couleur devient seulement plus grise. Le bioxyde de baryum se combine facilement avec l'eau ; il forme un hydrate blanc, très-peu soluble dans l'eau. Bouilli avec de l'eau, l'hydrate de bioxyde de baryum se décompose, de l'oxygène se dégage, et il se dissout de la baryte. Nous avons vu (§ 89) que le bioxyde de baryum était employé pour préparer l'eau oxygénée.

Le bioxyde de baryum abandonne la moitié de son oxygène à une forte chaleur rouge et se change en baryte anhydre. On peut utiliser cette propriété pour isoler l'oxygène de l'air atmosphérique. En effet, si l'on chauffe de la baryte au rouge sombre dans un courant d'air, elle se change en bioxyde de baryum. Si alors on intercepte le courant d'air et qu'on élève davantage la température, la baryte abandonne tout l'oxygène qu'elle avait précédemment absorbé, et l'on peut recueillir ce gaz.

La baryte hydratée est décomposée au rouge par l'oxygène de l'air atmosphérique et se change en bioxyde de baryum. La vapeur d'eau, à son tour, décompose le bioxyde de baryum à une température moindre, le change en hydrate de baryte et dégage l'oxygène. On peut donc, avec la même quantité de baryte exposée, successivement et à des températures convenables, à l'action de l'air et à celle de la vapeur d'eau, isoler des quantités indéfinies de gaz oxygène.

Sels formés par le protoxyde de baryum, ou baryte

Sulfate de baryte.

§ 536. Ce sel se trouve cristallisé dans la nature; il forme des filons considérables dans les terrains anciens. Il se distingue, parmi les minéraux pierreux, par sa grande densité; les minéralogistes lui ont donné, à cause de cela, le nom de *spath pesant.* Cette densité est de 4, 4. Le sulfate de baryte est insoluble dans l'eau; il ne se dissout pas sensiblement, même dans l'eau acidifiée par l'acide azotique ou l'acide chlorhydrique. On peut donc le préparer facilement par double décomposition, en versant une dissolution d'un sulfate alcalin, ou même d'acide sulfurique, dans une dissolution d'azotate de baryte ou de chlorure de baryum. Nous avons vu qu'on utilisait fréquemment l'insolubilité du sulfate de baryte pour précipiter l'acide sulfurique existant dans une dissolution. Si l'on ne veut pas introduire un autre acide dans la liqueur, on opère la précipitation par une dissolution d'hydrate de baryte. Pour que le sulfate de baryte se rassemble facilement sous la forme d'une poudre lourde qui gagne le fond du vase, il est bon de chauffer préalablement la liqueur jusqu'à l'ébullition; mais cela n'est possible qu'autant que la chaleur ne décompose pas l'acide qu'on veut isoler.

Le sulfate de baryte entraîne ordinairement, en se précipitant, une certaine quantité de sels solubles qui existent dans la dissolution. Cette circonstance exige dans les analyses chimiques qu'on lave le précipité avec beaucoup de soin. Les azotates alcalins sont surtout entraînés en proportion notable. Il faut avoir soin de laisser déposer le précipité, de décanter la liqueur claire, et de faire bouillir le précipité avec de l'eau acidifiée par de l'acide chlorhydrique.

Le sulfate de baryte se dissout dans l'acide sulfurique concentré; mais il se dépose de nouveau quand on étend la liqueur.

Le sulfate de baryte renferme :

1 éq. baryte................	958,0	65,71
1 » acide sulfurique........	500,0	54,29
1 » sulfate de baryte......	1458,0	100,00.

Azotate de baryte.

§ 537. Nous avons vu (§ 551) comment on préparait l'azotate de baryte avec les carbonate et sulfate naturels. L'azotate de baryte cristallise en octaèdres réguliers, anhydres. Ce sel est soluble dans 8 parties d'eau froide et dans 5 parties d'eau bouillante. Il est beaucoup moins soluble dans une liqueur acide, et, quand on verse dans sa dissolution une grande quantité d'acide azotique, il se précipite sous la forme d'une poudre cristalline.

Carbonate de baryte.

§ 538. Le carbonate de baryte cristallisé se rencontre dans la nature ; les minéralogistes lui donnent le nom de *withérite*. On prépare ce corps par double décomposition en versant un carbonate alcalin dans une dissolution d'azotate de baryte ou de chlorure de baryum. Le carbonate de baryte fond à la chaleur blanche ; puis il se décompose en abandonnant son acide carbonique. Ce sel est extrêmement peu soluble dans l'eau : celle-ci en dissout à peine $\frac{1}{4000}$; elle en dissout davantage quand elle renferme de l'acide carbonique.

COMBINAISONS DU BARYUM AVEC LE SOUFRE.

§ 539. Nous avons déjà dit comment on préparait le monosulfure de baryum par la calcination du sulfate avec le charbon. Le résidu, repris par l'eau bouillante, donne une liqueur jaune, qui abandonne des cristaux lamelleux, blancs, de monosulfure de baryum. Ces cristaux, en se redissolvant dans l'eau, donnent une liqueur incolore. La couleur jaune de la liqueur primitive tient à ce qu'elle renferme toujours une petite quantité de polysulfure de baryum.

On peut obtenir des polysulfures de baryum en faisant bouillir avec du soufre la dissolution du monosulfure. Si le soufre est en grand excès, il se forme un pentasulfure de baryum BaS^5. On obtient, de même, des polysulfures en chauffant à la chaleur rouge la baryte avec du soufre.

Le monosulfure de baryum joue le rôle de base avec les sulfacides ; il fournit un grand nombre de sulfosels.

COMBINAISON DU BARYUM AVEC LE CHLORE.

§ 540. On ne connaît qu'une seule combinaison du baryum avec le chlore. On prépare facilement ce chlorure en dissolvant le carbonate naturel dans l'acide chlorhydrique. On peut l'obtenir également avec le sulfate, en commençant par transformer celui-ci en sulfure, par la calcination avec le charbon, puis, décomposant la dissolution du sulfure par l'acide chlorhydrique. La dissolution, évaporée, donne un chlorure cristallisé, qui a pour formule $BaCl + 2HO$. Ce sel abandonne facilement son eau par l'action de la chaleur; le chlorure anhydre fond à la chaleur rouge.

Le chlorure de baryum se dissout dans 2,5 parties d'eau à 16° et dans 1,5 à la température de l'ébullition.

Dans les fabriques, on prépare le chlorure de baryum en calcinan', dans un four à réverbère, du sulfate de baryte pulvérisé, avec la moitié de son poids de chlorure de calcium provenant de la fabrication de l'ammoniaque. La masse, retirée du four, est réduite en poudre fine, puis agitée vivement avec de l'eau froide, qui dissout le chlorure de baryum et laisse du sulfate de chaux; la liqueur est décantée rapidement, puis évaporée. Il est essentiel que cette opération soit faite en peu de temps et à une basse température, sans quoi une décomposition inverse aurait bientôt lieu; il se reformerait du chlorure de calcium et du sulfate de baryte, car ce dernier composé est le plus insoluble de tous ceux qui peuvent se former. On obtiendrait probablement un plus grand produit en ajoutant au mélange une certaine quantité de charbon; il se formerait alors, comme dans la fabrication de la soude artificielle, un oxysulfure de calcium insoluble $(2CaS + CaO)$, qui permettrait de séparer le chlorure de baryum d'une manière plus complète.

Caractères distinctifs des sels de baryte.

§ 541. Les sels de baryte ne sont pas précipités par l'ammoniaque, pourvu que cette dernière base soit parfaitement pure, c'est-à-dire qu'elle ne renferme ni carbonate ni sulfate.

Le carbonate d'ammoniaque et les carbonates alcalins précipitent la baryte à l'état de carbonate insoluble.

L'acide sulfurique et les sulfates donnent avec les dissolutions des composés du baryum un précipité blanc complétement insoluble dans l'eau et dans les acides chlorhydrique et azotique étendus. C'est à l'aide de ce dernier caractère que l'on constate ordinairement la présence d'un composé de baryum dans une dissolution. Cependant les sels de strontiane et de plomb présentent une réaction semblable; mais on distingue les sels de strontiane des sels de baryte par différents caractères que nous indiquerons plus loin. Quant aux sels de plomb, ils se distinguent de ceux que forme la baryte, en ce qu'ils noircissent par l'hydrogène sulfuré, tandis que les composés du baryum restent incolores.

L'acide hydrofluosilicique produit dans les dissolutions de baryte un précipité gélatineux transparent. Les sels de baryte colorent la flamme de l'alcool en jaune verdâtre.

STRONTIUM.

Équivalent = 516,88.

§ 542. Le strontium [*] présente avec le baryum une analogie complète dans toutes ses combinaisons ; on obtient ces combinaisons par des procédés tout à fait semblables à ceux que l'on emploie pour préparer les combinaisons correspondantes du baryum.

Le strontium, de même que le baryum, existe dans la nature à l'état de carbonate et de sulfate. Le carbonate de strontiane est appelé par les minéralogistes *strontianite*, parce que ce minéral a d'abord été trouvé au cap Strontian, en Écosse. C'est de là aussi qu'est venu le nom de *strontium*, donné au métal. Le sulfate de strontiane est appelé *célestine*. On le trouve dans plusieurs localités. Le terrain gypseux de Montmartre renferme des rognons aplatis, composés de petits cristaux de sulfate de strontiane, de carbonate de chaux et de gypse.

On obtient le strontium en décomposant le chlorure de strontium par la pile. On chauffe jusqu'à fusion du chlorure de strontium, mêlé d'un peu de sel ammoniac, dans un creuset de porcelaine. On place dans ce creuset un petit vase poreux rempli également de chlorure de strontium, de manière que le niveau de ce chlorure après fusion soit plus élevé que celui du chlorure extérieur. Un cylindre de fer, communiquant avec le pôle positif de la pile, plonge dans le chlorure fondu remplissant l'espace annulaire qui se trouve entre le vase poreux et le creuset de porcelaine. Le pôle négatif descend dans le vase poreux : il se compose d'un fil de fer très-fin, enroulé autour d'un fil plus gros qui communique avec la pile. Le fil fin plonge seul dans le chlorure fondu. On règle la flamme de la lampe de manière qu'il se forme une croûte solide à la surface du chlorure de strontium liquide. Le métal qui se détache du fil de fer, et tend à venir à la surface, s'arrête alors au-dessous de cette croûte, qui le défend de l'oxydation de l'air.

Le strontium est un métal jaune, malléable et prenant un beau poli. Sa densité est 2,54. Quand on le chauffe à l'air, il brûle avec éclat ; il se combine à chaud avec le chlore, le brôme, le soufre. Il décompose l'eau à la température ordinaire.

COMBINAISONS DU STRONTIUM AVEC L'OXYGÈNE.

§ 543. Le strontium forme avec l'oxygène deux combinaisons : un protoxyde SrO, et un bioxyde SrO^2.

[*] La strontiane a été découverte en 1793 par Klaproth et Hope.

Le *protoxyde de strontium*, ou *strontiane*, se prépare, comme la baryte, au moyen du carbonate ou du sulfate naturel ; nous ne nous y arrêterons pas. La strontiane, préparée par la calcination de l'azotate, se présente sous la forme de masses poreuses d'un blanc gris, semblables à celles de la baryte.

La strontiane se combine avec l'eau, en dégageant beaucoup de chaleur. L'hydrate se dissout dans l'eau, et, comme il est beaucoup plus soluble à chaud qu'à froid, une grande partie de l'hydrate cristallise par refroidissement. L'hydrate de strontiane cristallisé a pour formule $SrO + 10HO$. Soumis à l'action de la chaleur, il perd facilement 9 équivalents d'eau ; mais il retient le dernier équivalent aux températures les plus élevées de nos fourneaux.

On obtient le *bioxyde de strontium* en versant de l'eau oxygénée dans une dissolution d'hydrate de strontiane : le bioxyde de strontium se dépose sous forme de petites paillettes cristallines.

Sels formés par le protoxyde de strontium, ou strontiane.

Azotate de strontiane.

§ 544. On prépare l'azotate de strontiane, comme celui de baryte, au moyen du carbonate ou du sulfate naturel. L'azotate de strontiane cristallise, à la température ordinaire, en gros octaèdres réguliers, qui sont anhydres. Si l'on fait cristalliser ce sel à une basse température, il se dépose sous une autre forme et à l'état hydraté : sa formule est alors $SrO.AzO^5 + 5HO$.

L'azotate de strontiane est employé par les artificiers ; il colore en un beau rouge pourpré la flamme des corps en combustion. Tous les composés du strontium présentent cette propriété. On obtient les feux rouges de Bengale en brûlant un mélange de 40 parties d'azotate de strontiane, 13 parties de fleur de soufre, 10 parties de chlorate de potasse et 4 d'oxysulfure d'antimoine.

Carbonate de strontiane.

§ 545. Le carbonate de strontiane existe dans la nature ; on l'obtient facilement par double décomposition en versant une dissolution de carbonate alcalin dans une dissolution d'azotate de strontiane. Le carbonate de strontiane se décompose complétement à la chaleur blanche ; il ne fond pas, comme le carbonate de baryte, avant de se décomposer.

Sulfate de strontiane.

§ 546. Le sulfate de strontiane est le minéral le plus commun du strontium. On peut préparer ce sel par double décomposition, en versant une dissolution d'un sulfate alcalin dans une dissolution d'azotate de strontiane. Le sulfate de strontiane est très-peu soluble dans l'eau; il est cependant moins insoluble que le sulfate de baryte; car l'eau, qu'on a laissée digérer sur du sulfate de strontiane, se trouble notablement quand on y verse une dissolution d'un sel de baryte.

COMBINAISONS DU STRONTIUM AVEC LE SOUFRE.

§ 547. Le strontium forme plusieurs sulfures, qui correspondent exactement à ceux du baryum, et se préparent de la même manière. Le monosulfure de strontium est une sulfobase puissante, qui forme un grand nombre de sulfosels.

COMBINAISON DU STRONTIUM AVEC LE CHLORE.

§ 548. Le chlorure de strontium se prépare en décomposant par l'acide chlorhydrique le carbonate naturel, ou le sulfure provenant du sulfate naturel. Ce composé est très-soluble dans l'eau, et même déliquescent à l'air. Il se dissout très-notablement dans l'alcool concentré, qui ne dissout pas le chlorure de baryum. On utilise souvent cette propriété pour séparer les deux chlorures mélangés. Le chlorure de strontium cristallisé a pour formule :

$$SrCl + 6HO.$$

Caractères distinctifs des sels de strontiane.

§ 549. Les sels de strontiane ne sont pas précipités par l'ammoniaque pure. Les carbonates alcalins précipitent la strontiane à l'état de carbonate.

L'acide sulfurique et les sulfates donnent, dans une dissolution d'un composé de strontium, un précipité de sulfate de strontiane, qui ressemble complétement à celui que donnent les composés du baryum. Mais les sels de strontium se distinguent facilement des sels de baryum, en ce qu'ils ne sont pas précipités par une dissolution de chròmate de potasse, qui donne un précipité jaune avec les composés du baryum. L'acide hydrofluosilicique précipite les sels de baryte, et ne précipite pas les sels de strontiane. L'alcool concentré dissout le chlorure de strontium et ne dissout pas le chlorure de baryum.

Les composés du strontium communiquent une belle couleur rouge pourpré à la flamme des corps en combustion.

CALCIUM.

Équivalent = 250,0.

§ 550. Le calcium est un métal très-répandu dans la nature. En combinaison avec l'oxygène et l'acide carbonique, il forme le carbonate de protoxyde de calcium, ou *carbonate de chaux*, qui existe en couches puissantes dans tous les terrains de sédiment. Le sulfate de chaux, appelé *gypse*, ou *plâtre*, forme également des masses considérables, intercalées dans les terrains secondaires et tertiaires. Enfin, l'oxyde de calcium, combiné avec l'acide silicique, entre dans la constitution d'un grand nombre de minéraux qui forment nos roches primitives. La chaux existe aussi en abondance dans les corps organisés; les coquilles des mollusques sont formées de carbonate de chaux presque pur, et les os de tous les animaux renferment une quantité considérable de phosphate et de carbonate de chaux.

Le calcium s'obtient en décomposant le chlorure de calcium par la pile. On fond ce chlorure dans un creuset en porcelaine à l'aide d'une lampe à gaz; on plonge dans le chlorure liquide une large lame de graphite communiquant avec le pôle positif de la pile. Le pôle négatif communique avec un fil de fer très-aminci vers son extrémité. On plonge la partie mince dans le chlorure fondu. La surface du pôle négatif étant très-petite dans le bain relativement à celle du pôle positif, l'intensité du courant y est très-énergique, et elle détermine la décomposition du chlorure. Le calcium s'attache au fil de fer, mais il ne peut pas y rester en grande quantité, parce que, étant moins dense que le liquide, il vient nager à la surface et brûler au contact de l'air. On est obligé de retirer le fil de fer au bout de quelques minutes, de broyer dans un mortier la croûte qui y est adhérente; on en sépare ainsi des globules aplatis de calcium.

Le calcium est un métal d'un jaune clair, de la couleur de l'or argentifère; sa densité est 1,58. Il prend un vif éclat à la lime; il est très-ductile, se laisse marteler en lamelles très-fines. Il se conserve sans altération dans l'air sec, mais il s'oxyde promptement à l'air humide. Le calcium fond au rouge, il s'enflamme alors au contact de l'air et brûle avec un vif éclat. Il décompose rapidement l'eau à la température ordinaire. Le chlore, le soufre, le phosphore, se combinent vivement avec le calcium, à chaud.

COMBINAISONS DU CALCIUM AVEC L'OXYGÈNE.

§ 551. On connaît deux combinaisons du calcium avec l'oxygène : un protoxyde CaO, qu'on appelle *chaux*, et un bioxyde CaO^2.

La chaux est d'un usage journalier, non-seulement dans les laboratoires, mais encore dans les arts; elle est le principe essentiel des mortiers employés dans les constructions.

On prépare la chaux en calcinant le carbonate de chaux naturel. Quand on veut obtenir une petite quantité de chaux, dans les laboratoires, on choisit du spath d'Islande ou du marbre blanc statuaire, et on le calcine dans une creuset de terre à un violent feu de forge. Si l'on tient à avoir de la chaux absolument pure, il est préférable de dissoudre le carbonate de chaux dans l'acide nitrique, que l'on fait digérer à chaud avec le carbonate pulvérisé jusqu'à ce qu'il ne se produise plus d'effervescence. On fait bouillir, pendant quelque temps, la liqueur avec un peu de chaux qui précipite les oxydes métalliques étrangers, tels que l'alumine, l'oxyde de fer, s'il s'en trouve. On évapore ensuite à sec, et l'on calcine au rouge l'azotate de chaux qui reste.

La chaux est une matière blanche, amorphe, présentant la forme extérieure des fragments de pierre calcaire qui ont servi à la produire; sa densité est de 2,3 environ. Elle a une saveur caustique, et bleuit énergiquement la teinture de tournesol rougie par un acide. La chaux ne fond pas aux températures les plus élevées que nous puissions produire dans nos fourneaux; mais elle éprouve un commencement de fusion au chalumeau alimenté par un mélange d'hydrogène et d'oxygène.

La chaux se combine avec l'eau; elle dégage beaucoup de chaleur, et une portion de l'eau s'échappe en vapeur. L'élévation de température qui a lieu pendant cette combinaison est souvent assez considérable pour déterminer l'inflammation de la poudre. Le maximum de température a lieu quand on ajoute à la chaux environ la moitié de son poids d'eau. L'opération par laquelle on combine la chaux avec l'eau s'appelle *éteindre la chaux*. On donne le nom de *chaux éteinte* à la chaux hydratée, pour la distinguer de la chaux anhydre qu'on appelle *chaux vive*. La chaux, en s'hydratant, augmente considérablement de volume, on dit qu'elle *foisonne*. Si l'on n'ajoute pas une quantité d'eau trop grande, il se forme un mono-hydrate de chaux, $CaO + HO$, qui reste sous la forme d'une poudre blanche, légère, douce au toucher. En ajoutant une plus grande quantité d'eau, on obtient une pâte laiteuse que appelle *lait de chaux*.

L'eau qui a séjourné sur de la chaux renferme en dissolution une certaine quantité de cette base, et exerce une réaction fortement alcaline; on lui donne le nom d'*eau de chaux*. La quantité de chaux qu'elle renferme est très-petite; car 1000 parties d'eau dissolvent à peine 1 partie de chaux. L'eau de chaux est fréquemment employée dans les laboratoires. Pour en avoir toujours à sa disposition, on place une certaine quantité de chaux éteinte dans un grand flacon, qu'on remplit complétement d'eau distillée, et qu'on maintient bien bouché. On agite le flacon de temps en temps, afin de saturer l'eau. La chaux hydratée en excès se dépose au fond du vase, et il suffit de décanter la liqueur avec un siphon. Si l'on a soin de remplacer chaque fois l'eau de chaux enlevée par une nouvelle quantité d'eau distillée, on a toujours de l'eau de chaux saturée. L'eau de chaux attire promptement l'acide carbonique de l'air, et il se forme à la surface du liquide une pellicule blanche de carbonate de chaux. L'eau de chaux, évaporée lentement sous le récipient de la machine pneumatique, laisse déposer de petits cristaux d'hydrate de chaux $CaO.HO$. La chaux est moins soluble à chaud qu'à froid; car de l'eau de chaux, saturée à froid, se trouble quand on élève sa température.

La chaux vive, exposée à l'air, attire l'eau et l'acide carbonique de l'atmosphère; elle tombe en poussière, et ne s'échauffe plus quand on la mouille avec de l'eau; on dit alors que la chaux se *délite* à l'air. Il s'opère, dans cette circonstance, une combinaison définie de carbonate et d'hydrate de chaux $CaO.CO^2 + CaO.HO$; mais, comme l'air atmosphérique renferme toujours beaucoup plus de vapeur d'eau que d'acide carbonique, il se forme, dans le même temps, beaucoup plus d'hydrate que de carbonate; de sorte que le composé précédent reste mélangé avec une proportion considérable d'hydrate de chaux. Ce n'est qu'à la longue, l'absorption de l'acide carbonique continuant incessamment, que la masse s'approche de la composition définie dont nous venons de donner la formule.

§ 552. La composition de la chaux peut se déduire de l'analyse du chlorure de calcium, de la même manière que celle de la baryte se déduit de l'analyse du chlorure de baryum (§ 552); mais on peut également la conclure de l'analyse du carbonate de chaux. A cet effet, on prend du carbonate de chaux naturel très-pur, par exemple, du spath d'Islande; on le concasse en petits fragments, et on en pèse exactement un poids P dans un creuset de platine. Ce creuset, recouvert de son couvercle, est placé dans un second creuset de terre, sur lequel on lute un couvercle avec de l'argile, et qu'on chauffe, pendant deux heures au moins, à un violent feu de forge, afin d'être sûr que la décomposition du carbonate de chaux soit complète. Après le refroidissement, on pèse le creuset de platine avec la chaux vive qu'il contient. Soit p le poids de la chaux, $(P - p)$ sera le poids de l'acide carbonique qui se sera dégagé. Or le carbonate de chaux est formé de 1 éq. de chaux et de 1 éq. d'acide carbonique $= 275,0$; on aura donc l'équivalent de la chaux en posant la proportion :

$$(P - p) : p :: 275 : x.$$

On en déduit $x = 350,0$. Mais, par hypothèse, 1 éq. de chaux se compose de 1 éq. calcium et de 1 éq. oxygène $= 100$; l'équivalent du calcium est donc 250. Par suite, la composition de la chaux est la suivante :

1 éq. calcium	250,0	71,43
1 » oxygène	100,0	28,57
1 » chaux	350,0	100,00

Il est essentiel de s'assurer si le carbonate de chaux a été transformé complétement en chaux caustique par la calcination. Cela est facile, car la chaux doit se dissoudre dans les acides, sans dégager d'acide carbonique ; or, s'il reste une portion de carbonate de chaux non décomposé, il y aura effervescence pendant la dissolution de la matière dans l'acide.

On peut obtenir une vérification de l'analyse précédente, en transformant la chaux en sulfate. A cet effet, on commence par éteindre la chaux avec une petite quantité d'eau, et l'on ajoute un excès d'acide sulfurique pour la transformer en sulfate. On chauffe doucement pour chasser l'eau, et l'on calcine le creuset jusqu'au rouge pour chasser l'excès d'acide sulfurique. Il reste du sulfate de chaux anhydre $CaO.SO^3$, que l'on pèse. Soit Q son poids. $(Q - p)$ sera le poids de l'acide sulfurique qui s'est combiné avec le poids p de chaux, pour former du sulfate de chaux. Or l'équivalent de l'acide sulfurique pèse $500,0$; on aura donc l'équivalent de la chaux en posant la proportion :

$$(Q - p) : p :: 500 : x.$$

La valeur de x, déduite de cette proportion, devra être la même que celle qui a été calculée d'après la première proportion, fondée sur l'analyse du carbonate de chaux.

§ 553. La chaux est employée pour la confection des mortiers, elle en est l'élément essentiel. On la prépare en grand en calcinant le carbonate de chaux, ou pierre calcaire, dans les fourneaux à cuve, appelés *fours à chaux*. Les pierres calcaires sont rarement du carbonate de chaux pur. Presque toujours elles renferment des proportions plus ou moins considérables de magnésie, d'oxyde de fer, de quartz, d'argile, etc., etc. Les qualités de la chaux dépendent beaucoup du degré de pureté de la pierre calcaire qui sert à la préparer, et de la nature des matières étrangères que celle-ci renferme. Lorsque la pierre calcaire contient des quantités un peu considérables de ces matières, elle donne une chaux qui diffère beaucoup de la chaux pure, dont nous avons donné les propriétés (§ 549). Ainsi elle ne s'échauffe que très-peu avec l'eau; elle ne foisonne que faiblement, et ne forme pas de pâte liante avec ce liquide. On dit alors qu'elle est *maigre*. La chaux fournie par une pierre calcaire qui ne renferme qu'une très-petite quantité de matières étrangères s'approche beaucoup, par ses propriétés, de la chaux chimiquement pure. Elle foisonne considérablement avec l'eau, et s'échauffe beaucoup; on l'appelle *chaux grasse*. Nous verrons, lorsque nous nous occuperons de la théorie des mortiers, que ces deux espèces de chaux reçoivent des applications spéciales. Bornons-nous, pour le moment, à décrire la fabrication de la chaux grasse.

§ 554. La pierre calcaire abandonne son acide carbonique à une température plus basse dans un fourneau à cuve que dans un creuset. Cette circonstance tient à ce que les gaz se dégagent plus facilement de leurs combinaisons dans une atmosphère composée de gaz d'une nature différente. Ainsi un sel hydraté perd facilement, et souvent complétement, son eau d'hydratation lorsqu'on le maintient à une certaine température au milieu d'un courant d'air sec : tandis qu'il n'en perd pas sensiblement si on le maintient à la même température dans une atmosphère de vapeur aqueuse. Le carbonate de chaux, calciné dans un creuset recouvert de son couvercle, se trouve constamment dans une atmosphère de gaz acide carbonique, tandis que, dans le fourneau à cuve, il est dans une atmosphère où l'air, plus ou moins vicié par la combustion, domine beaucoup sur l'acide carbonique. La décomposition est donc nécessairement plus rapide dans le second cas que dans le premier.

Les diverses pierres calcaires ne se décomposent pas toutes avec la même facilité, lors même qu'elles sont formées par du carbonate de chaux au même degré de pureté. Le degré de cohésion de la matière exerce une influence très-notable sur cette décomposition. La craie, qui présente le carbonate de chaux très-peu agrégé, se décompose beaucoup plus facilement que le marbre et le spath d'Islande, dans lesquels le carbonate de chaux est agrégé par la cristallisation.

On distingue les fours à chaux en fours à cuisson continue, et en fours à cuisson discontinue ou intermittente.

La figure 366 représente un four de cette dernière espèce. Ce fourneau a environ 3 mètres de hauteur. Il est bâti en briques; le revêtement intérieur est en briques réfractaires. Le fourneau est ordinairement accolé contre l'escarpement de la pierre calcaire; souvent même, sa place est entaillée dans la pierre elle-même, qu'il suffit de revêtir de briques réfractaires. Ce fourneau porte une ou plusieurs ouvertures inférieures, par lesquelles on retire la chaux quand elle a été suffisamment cuite. On commence par construire, au-dessus de la grille sur laquelle on brûle le combustible, une

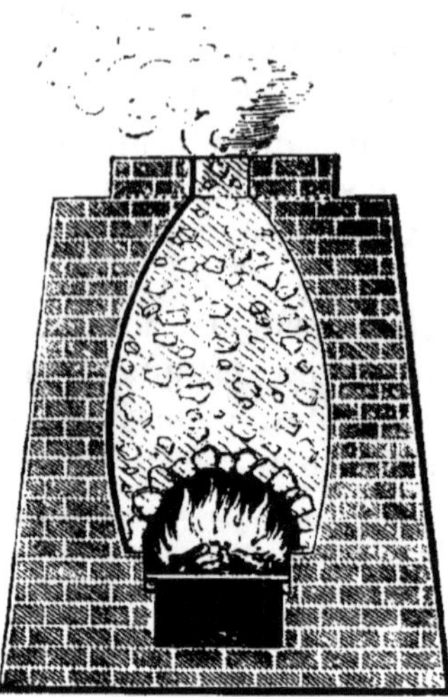

Fig. 366.

espèce de voûte avec de grosses pierres calcaires. Cette voûte supporte toute la charge de pierre calcaire dont on remplit la cuve; on brûle sur la grille des fagots, des broussailles ou de la tourbe. On ménage le feu dans le commencement, afin de donner à toute la masse le temps de s'échauffer. Au bout de 12 heures, on chauffe davantage, et on continue ainsi jusqu'à ce que la pierre calcaire supérieure soit convenablement calcinée. On arrête alors et l'on défourne.

La cuisson de la chaux, dans les fours à calcination continue, est beaucoup plus avantageuse; elle utilise mieux la chaleur du combustible, et on l'emploie exclusivement dans les localités où la chaux trouve un débit assuré. Elle se fait de deux manières :

1° Dans des fourneaux à cuve, où la pierre calcaire et la houille sont chargées par couches alternatives, qui descendent successivement dans le fourneau. On défourne la chaux, à mesure qu'elle est cuite, par des orifices inférieurs, et on superpose de nouvelles charges par l'orifice supérieur;

2° Dans des fourneaux à cuve que l'on remplit entièrement de pierre calcaire et qui sont chauffés par des foyers latéraux. Les figures 367 et 368 représentent un de ces fours. La figure 367 montre une section verticale faite par l'axe de la cuve, et la figure 368 une section horizontale, faite à la hauteur des foyers latéraux g, g', g'' de la figure 367. La cuve de ce fourneau a de 8 à 10 mètres de hauteur; elle est revêtue intérieurement de briques réfractaires. Le fourneau est bâti contre un escarpement, afin qu'on puisse arriver facilement à l'orifice supérieur par une rampe peu inclinée. Trois ouvertures o, o', o'', légèrement inclinées vers l'extérieur, sont pratiquées à la base de la cuve ; elles servent au défournement de la chaux. Trois autres ouvertures c, c', c'' sont ménagées dans la cuve, à une distance d'environ 2 mètres du sol. Ces ouvertures communiquent avec des grilles g, g', g'', sur lesquelles on brûle le combustible. L'air nécessaire à la combustion pénètre par les ouvreaux e ; on en règle la quantité par des registres extérieurs. Les ouvertures o, o', o'' et i, i', i'', sont fermées par des portes en tôle. Le massif du fourneau présente des excavations voûtées B, qui permettent à l'ouvrier d'approcher des orifices de défournement. Pour qu'il ne soit pas trop gêné par la chaleur que la chaux dégage au moment du défournement, on a pratiqué, au-dessus des orifices, des cheminées verticales l, par lesquelles l'air chaud s'élève immédiatement.

Fig. 567.

Au commencement d'une campagne, on remplit de fagots la partie inférieure de la cuve jusqu'à la hauteur des grilles g, g', g'' ; on jette, par-dessus, la pierre calcaire de façon à remplir entièrement la cuve, et l'on met le feu aux fagots. La pierre calcaire qui se trouve immédiate-

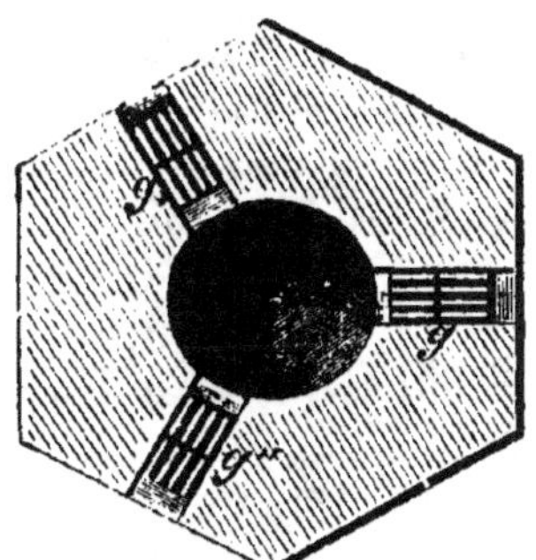

Fig. 568.

ment au-dessus du feu est cuite en peu de temps et descend à mesure que le combustible se consume. On allume alors du feu sur les grilles ; le combustible est de la tourbe, ou une houille de qualité inférieure. La chaleur dégagée cuit la pierre calcaire dans les régions supérieures de la cuve. Toutes les 12 heures, on enlève la chaux qui se trouve au bas de la cuve, et on maintient celle-ci toujours pleine, en ajoutant de nouvelle pierre calcaire par l'orifice supérieur. On continue ainsi indéfiniment jusqu'à ce que les déformations du fourneau forcent à arrêter.

§ 555. On emploie souvent dans les laboratoires la chaux des chaufourniers. Celle-ci est ordinairement mélangée des cendres du combustible qui a servi à la cuisson, et la surface des morceaux de chaux est salie par des chlorures et sulfates alcalins qui peuvent gêner dans les réactions chimiques. On s'en débarrasse facilement en éteignant la chaux vive avec un peu d'eau, de façon à la faire tomber en hydrate pulvérulent. On place cet hydrate dans une chausse filtrante, et on le lave avec de l'eau jusqu'à ce que les eaux de lavage ne manifestent plus de trouble avec une dissolution d'azotate d'argent. On calcine ensuite l'hydrate dans un creuset de terre. La chaux vive ainsi traitée est très-divisée, et suffisamment pure pour la plupart des usages du laboratoire.

On obtient un bioxyde de calcium, CaO^2, en versant de l'eau oxygénée dans de l'eau de chaux; le bioxyde de calcium se dépose sous la forme de petites lamelles cristallines. Ce composé est très-peu stable; il abandonne facilement la moitié de son oxygène sous l'influence de la chaleur.

Sels formés par le protoxyde de calcium, ou chaux.

Sulfate de chaux.

§ 556. Le sulfate de chaux existe dans la nature sous deux états : à l'état de sulfate de chaux anhydre, $CaO.SO^3$; les minéralogistes lui donnent le nom d'*anhydrite;* et à l'état de sulfate de chaux hydraté, $CaO.SO^3 + 2HO$, appelé *gypse, pierre à plâtre.* Ces deux minéraux forment souvent des amas lenticulaires considérables dans les couches du trias, où ils sont ordinairement associés au sel gemme. On rencontre des amas semblables de gypse dans le terrain tertiaire inférieur; c'est dans cette formation géologique que se trouve la pierre à plâtre des environs de Paris. Les couches gypseuses y sont intercalées dans des couches marneuses, supérieures au calcaire grossier qui est la pierre à bâtir de Paris. Le gypse appartenant à cet étage géologique est une formation d'eau douce; on a pu le constater par la nature des coquilles fluviales dont on trouve les restes dans les couches environnantes.

Le sulfate de chaux anhydre, ou anhydrite, a une densité de 2,9. Il forme des masses compactes, à texture cristalline, assez dures. Quelquefois on le rencontre en cristaux définissables, appartenant au quatrième système cristallin. Le sulfate de chaux anhydre fond à la chaleur rouge; si on le laisse refroidir lentement, il prend une texture cristalline dont les clivages conduisent à la forme des cristaux naturels.

Le sulfate de chaux hydraté $CaO.SO^3 + 2HO$ se rencontre quelquefois, dans la nature, à l'état de cristaux bien terminés, reconnaissables, parmi les matières minérales, à leur peu de dureté; on les raye avec l'ongle. Ces cristaux sont ordinairement hémitropes. Leur forme est celle de la figure 119; ils appartiennent au cinquième système cristallin (§ 38). Des cristaux tout à fait semblables, et souvent parfaitement nets, se déposent dans les bâtiments de graduation, sur les fagots où l'on concentre les eaux des sources salées. Un autre mode d'hémitropie produit des masses lenticulaires aplaties, dont les faces extérieures sont légèrement courbes. Ces masses se clivent très-facilement parallèlement aux deux axes obliques, et le résultat du clivage prend la forme d'un fer de lance (fig. 369). Cette propriété a fait donner à ce minéral le nom de *gypse en fer de lance*. On peut le cliver avec un canif en lames extrèmement minces, parfaitement transparentes et incolores. Ces lames se brisent facilement entre les mains, suivant deux autres sens de clivage qui leur donnent la forme rhomboïdale.

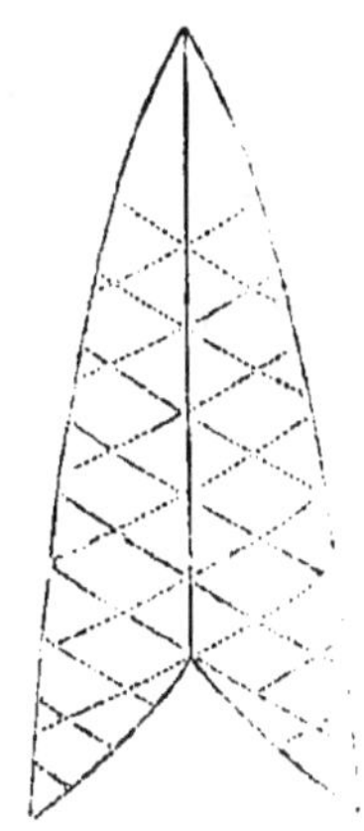

Fig. 369.

Des cristaux de sulfate de chaux hydraté, d'une composition différente de celle du gypse, se forment souvent dans les chaudières des machines à vapeur à haute pression, alimentées par des eaux chargées de plâtre, et que l'on appelle *eaux séléniteuses*. La formule de cet hydrate est $2(CaO.SO^3) + HO$.

Les cristaux de gypse s'entrelacent souvent d'une manière irrégulière les uns dans les autres, et forment, tantôt des masses blanches, tantôt des masses colorées par de l'oxyde de fer hydraté; ils constituent alors l'*albâtre*. Cette matière est employée pour confectionner des objets d'ornement, tels que vases, massifs de pendule, etc. La pierre à plâtre commune est formée également par une agrégation de cristaux de gypse; mais, le plus souvent, il y existe des matières étrangères mélangées : du carbonate de chaux, de l'argile ou du sable.

La pierre à plâtre des environs de Paris renferme :

Sulfate de chaux.................	70,39
Eau...........................	18,77
Carbonate de chaux.............	7,63
Argile........................	3,21
	100,00

§ 557. Le sulfate de chaux est peu soluble dans l'eau, 1000 parties d'eau, à la température ordinaire, en dissolvent environ 2 parties.

La solubilité de ce sel diminue avec la température. Une dissolution saturée à froid se trouble visiblement quand on la chauffe jusqu'à 100°. Ce sel présente même dans sa solubilité une anomalie semblable à celle du sulfate de soude. Sa plus grande solubilité correspond à + 55°. La même anomalie a été reconnue sur le séléniate de soude qui est isomorphe avec le sulfate de soude. Voici quelques nombres qui expriment la solubilité du sulfate de chaux à diverses températures :

100 parties d'eau dissolvent à 0°....	0,205	sulfate de chaux.
» 5°....	0,219	»
» 12°....	0,233	»
» 20°....	0,241	»
» 30°....	0,249	»
» 35°....	0,254	»
» 40°....	0,252	»
» 50°....	0,251	»
» 60°....	0,248	»
» 70°....	0,244	»
» 80°....	0,239	»
» 90°....	0,234	»
» 100°....	0,217	»

La dissolution de sulfate de chaux, évaporée lentement, laisse déposer de petits cristaux brillants, présentant la même forme que le sulfate hydraté naturel.

§ 558. Le gypse, chauffé à 120° ou 130°, abandonne complétement son eau, et se change en sulfate de chaux anhydre; mais, à cet état, il reprend facilement l'eau qu'il a perdue, et s'échauffe alors d'une manière sensible. Cette dernière propriété ne se manifeste cependant que dans le gypse qui n'a pas été trop fortement chauffé. Si on élève sa température seulement jusqu'à 160°, la matière anhydre ne reprend plus son eau que très-lentement. Le sulfate de chaux anhydre de la nature, l'anhydrite, ne se combine pas avec l'eau; il se comporte comme le gypse qui a été calciné au rouge. Le sulfate de chaux fond à la chaleur rouge, et il se solidifie, par le refroidissement, en une masse cristalline dont les clivages sont les mêmes que ceux de l'anhydrite.

C'est sur cette propriété du gypse, de perdre son eau de cristallisation à une température peu élevée, et de la reprendre promptement quand on le mélange avec ce liquide, qu'est fondé l'emploi du plâtre comme mortier dans les constructions, et pour le moulage. En mélangeant avec de l'eau du plâtre déshydraté et réduit en poudre fine, on forme une pâte liquide dans laquelle, au premier moment, les parcelles de sulfate de chaux anhydre sont mécaniquement mélangées à l'eau; mais, bientôt, le sulfate de chaux se combine avec l'eau et se change en sulfate hydraté. Une partie de l'eau mélangée disparaît dans la combinaison; les particules qui étaient désagrégées dans la pâte liquide s'agrégent en petits cristaux au moment où elles se combinent avec l'eau. Ces petits cristaux se *feutrent*, pour ainsi dire, les uns dans les autres; et toute la matière finit par se prendre en une masse solide. Une bouillie de plâtre, versée dans un moule, se répand exactement dans toutes ses cavités; mais, bientôt, le plâtre gâché se solidifie en une seule masse compacte; *il fait prise,* par suite de la combinaison du sulfate anhydre avec l'eau. Si, après quelque temps, on enlève le moule, on en sort un morceau de plâtre solide, présentant en relief toutes les cavités du moule. De même, si on étend sur un mur en pierres irrégulières, une couche de plâtre cuit, gâché avec de l'eau, de façon à remplir toutes les anfractuosités et les vides de la pierre, on obtient une surface parfaitement plane, sur laquelle on peut façonner toutes sortes de moulures tant que le plâtre n'a pas fait prise. On emploie de cette manière une énorme quantié de plâtre dans les constructions pour revêtir les murs, les cloisons intérieures et les plafonds.

§ 559. Le plâtre destiné aux constructions est cuit en tas sous un hangar (fig. 370). On commence par former, avec de grosses pierres à plâtre, une série de petites voûtes sur lesquelles on entasse le plâtre à cuire, en mettant dans le bas les plus gros morceaux. On brûle, sous ces voûtes, des fagots ou des broussailles; la flamme traverse toute la masse. On conduit la combustion lentement, afin que la température ne s'élève pas trop dans les régions inférieures : car nous avons vu que le plâtre,

Fig. 370.

trop fortement calciné, ne faisait plus prise avec l'eau. Lorsque la

14.

cuisson est achevée, ce que le plâtrier reconnaît facilement à l'aspect de la matière, il démolit le tas. Il sépare les morceaux qui paraissent trop cuits, qui sont *brûlés*, et ceux dont la cuisson est incomplète. Le plâtre, convenablement cuit, est réduit en poudre fine par le battage ou sous des meules, puis passé au crible. On l'emballe ensuite dans de petits sacs, et on le livre au commerce.

§ 560. C'est avec le plâtre qu'on prend le plus ordinairement les empreintes des objets dont on veut reproduire un grand nombre d'exemplaires ; on se sert ensuite de ces empreintes en creux pour obtenir de nouvelles empreintes en relief. L'empreinte en creux sert ainsi de moule.

Pour mouler une médaille, il suffit d'entourer cette médaille d'un rebord en carton ou en cire. On enduit ensuite la médaille d'un peu d'huile pour que le plâtre s'en détache facilement ; puis on la frotte avec un pinceau imprégné d'une bouillie de plâtre très-claire que l'on fait pénétrer dans les cavités les plus fines de la médaille, afin d'éviter qu'il ne reste quelques bulles d'air entre la médaille et le plâtre. Cela fait, on verse immédiatement, avec une cuiller, une bouille plus épaisse de plâtre, jusqu'à la hauteur du rebord. Lorsque le plâtre s'est solidifié, on retourne l'ensemble, de manière à mettre la médaille en dessus, et, en frappant quelques petits coups sur la médaille, le plâtre se détache d'une manière nette. Pour le faire servir de moule, on traite ce plâtre comme on l'a fait pour la médaille primitive.

Quand on veut prendre l'empreinte d'un objet en ronde bosse, il faut nécessairement que le moule se compose de plusieurs parties faciles à séparer pour sortir le plâtre moulé. Pour donner une idée de la manière dont on s'y prend pour obtenir ces moules, nous supposerons qu'il s'agisse de mouler une main. La main, préalablement lubrifiée d'une couche très-mince d'huile, est posée sur une serviette, et l'on tend par-dessus un fil de soie un peu fort. On applique, au pinceau, une bouillie très-claire de plâtre, qui pénètre jusque dans les plus petits plis de la peau ; et, avant que ce plâtre ait pu faire prise, on verse, avec une cuiller, une bouillie plus épaisse, que l'on a le soin de faire pénétrer dans toutes les cavités ; on ajoute successivement de nouvelles quantités de bouillie de plâtre, jusqu'à ce que le moule ait acquis partout une épaisseur de plusieurs centimètres. On attend quelques minutes pour que le plâtre ait pris un commencement de consistance ; puis on soulève verticalement le fil de soie par un de ses bouts, et on coupe ainsi le plâtre en deux parties à peu près égales. On attend encore quelques minutes, pour que la consistance soit devenue plus grande, et l'on sépare les deux moitiés du plâtre, afin de pouvoir retirer la main. Les deux moitiés, réunies, sont lubrifiées d'huile, et composent un moule, dans lequel on coule du plâtre gâché pour obtenir la reproduction de la main un aussi grand nombre de fois qu'il en est besoin.

C'est par des moyens analogues que l'on construit les moules dans lesquels on coule en plâtre les statues et autres objets d'art ou d'ornement; seulement, on est obligé de composer le moule d'un plus grand nombre de parties, que l'on maintient par une armature extérieure, ou *coquille*. Les joints d'assemblage des diverses parties du moule se reproduisent sur l'objet moulé par de petits filets saillants qu'on enlève avec un couteau.

Le plâtre destiné au moulage des objets délicats doit être plus pur que celui qu'on emploie dans les constructions; il doit être cuit avec des précautions particulières et hors de contact du combustible. A Paris, on se sert pour cet usage du gypse en fer de lance qui forme des petites couches au milieu du terrain gypseux de Montmartre. On concasse ce gypse en fragments de la grosseur d'une noix, et on le cuit dans des fours dont on règle la température avec grand soin.

§ 561. Le *stuc*, qu'on emploie pour revêtir des murs, des colonnes, et pour confectionner divers objets d'ornement imitant le marbre, s'obtient en gâchant du plâtre choisi avec une dissolution de gélatine ou colle forte. Le plâtre, cuit dans un four, est réduit en poudre sous des meules, tamisé, puis gâché avec la dissolution de colle forte; mais il fait prise plus lentement que quand il est gâché avec de l'eau pure. Si l'on veut avoir un stuc blanc, il faut employer une colle incolore, de la colle de poisson, par exemple. Pour obtenir des stucs colorés, on ajoute des oxydes métalliques, tels que les hydrates de sesquioxyde de fer, de manganèse, de cuivre..., des hydrocarbonates de cuivre, etc., etc. Pour obtenir des stucs rubanés ou marbrés, on mêle des plâtres gâchés à la colle, et colorés avec divers oxydes métalliques. L'ouvrier adroit obtient les dessins qu'il veut en opérant convenablement le mélange. Le plâtre, ainsi gâché, est appliqué en couches sur les objets qu'on veut recouvrir. Quand il a pris la consistance convenable, on en mouille la surface avec de l'eau, et on la frotte à la pierre ponce pour la rendre parfaitement unie et plane. On y applique alors avec un pinceau une couche très-mince de plâtre, gâché avec une dissolution de colle plus chargée de gélatine que celle avec laquelle on avait gâché le plâtre primitif; on l'étale uniformément en frottant avec la main. Lorsque la surface est devenue sèche, on la polit au tripoli avec un tampon de toile fine. De temps en temps on mouille la surface avec de l'huile d'olive, et on continue le polissage jusqu'à ce qu'il soit parfait.

§ 562. Depuis quelques années on a employé, pour mouler des objets d'art, un plâtre cuit avec de l'alun ; on l'appelle *plâtre aluné.* Ce plâtre prend plus de dureté que le plâtre ordinaire ; il présente aussi un plus bel aspect, parce qu'il est moins mat, et jouit même d'une certaine translucidité. Pour préparer le plâtre aluné, on donne au plâtre une certaine cuisson, qui le prive de son eau de cristallisation ; puis, immédiatement après, on le jette dans un bain d'eau saturée d'alun. Au bout de six heures, on le retire, et, après l'avoir laissé sécher à l'air, on lui fait subir une seconde cuisson, dans laquelle on le chauffe jusqu'au rouge brun. On le porte enfin sous des meules qui le pulvérisent. Ce plâtre peut être employé ensuite de la même manière que le plâtre ordinaire ; mais souvent, au lieu de le gâcher avec de l'eau pure, on le gâche avec une dissolution d'alun. La prise du plâtre aluné n'est pas instantanée, comme celle du plâtre ordinaire ; il est encore mou après plusieurs heures. Le plâtre aluné remplace le stuc avec avantage. Mêlé avec une quantité égale de sable, il donne une matière qui prend une extrême dureté, et avec laquelle on a fabriqué des dalles.

Carbonate de chaux.

§ 563. Le carbonate de chaux est une des substances les plus répandues à la surface du globe. On le trouve quelquefois en cristaux isolés et parfaitement terminés ; il affecte alors deux formes incompatibles, et c'est un des premiers cas de dimorphisme qui aient été constatés. La forme la plus ordinaire du carbonate de chaux est un rhomboèdre de l'angle de 105° ; mais on trouve aussi un nombre très-considérable de formes dérivées de celle-ci. Tous ces cristaux présentent trois clivages également faciles, qui conduisent au rhomboèdre de 105°. On trouve en Islande des fragments rhomboédriques de carbonate de chaux, souvent très-volumineux et parfaitement transparents : ces morceaux sont très-recherchés pour les expériences d'optique. On donne à ce carbonate de chaux le nom de *spath d'Islande.* La seconde forme dimorphique du carbonate de chaux est un prisme droit à base rectangle, appartenant au quatrième système cristallin ; les minéralogistes donnent le nom d'*arragonite* au carbonate de chaux qui présente cette forme. On peut obtenir artificiellement le carbonate de chaux sous les deux formes. Si l'on ajoute un carbonate alcalin à une dissolution froide d'un sel de chaux, il se forme un précipité volumineux; au bout de quelque temps ce précipité se change en un précipité grenu, dans lequel on peut reconnaître au microscope de petits rhomboèdres. Si l'on verse, au contraire, une dissolution bouillante d'un sel de chaux dans une dissolution chaude de carbonate d'ammoniaque, on obtient immédiatement une poudre dense, dans laquelle le microscope fait reconnaître des petits cristaux d'arragonite. Si l'on chauffe avec précaution de petits fragments d'arragonite, on les voit bientôt se désagréger brusquement et tomber en poussière. Si la température n'a pas été portée au rouge, la matière n'a subi aucun changement de composition, et elle présente le même poids qu'avant la calcination. La désagrégation n'a été produite que par un changement de système cristallin, et l'on peut constater, à l'aide du microscope, l'existence de petits cristaux rhomboédriques dans la matière désagrégée.

L'eau sucrée dissout une grande quantité de chaux hydratée. Cette dissolution, abandonnée à l'air, absorbe de l'acide carbonique, et le carbonate de chaux se dépose sous la forme de petits cristaux rhomboédriques, d'une transparence parfaite. Si l'on fait cette expérience à une très-basse température, il se dépose des cristaux de carbonate de chaux hydraté; mais ces cristaux se changent promptement en carbonate de chaux ordinaire, à une température supérieure à 0°.

§ 564. Les eaux d'un grand nombre de sources naturelles contiennent du carbonate de chaux, dissous à la faveur d'un excès d'acide carbonique. Ces eaux, en arrivant à l'air, abandonnent promptement leur acide carbonique, et le carbonate de chaux se sépare. Il se forme ainsi des incrustations calcaires qui prennent, à la longue, un développement considérable. La fontaine de Saint-Allyre, auprès de Clermont, produit ces incrustations en très-peu de temps. Il suffit d'exposer, pendant quelques jours, à l'eau qui en tombe, des objets quelconques, pour que leur surface se recouvre d'une croûte de matière calcaire. C'est de la même manière que se forment les *stalactites* et *stalagmites* calcaires (fig. 371) qui tapissent les parois de certaines grottes. Les eaux qui traversent les fentes des rochers tombent, goutte à goutte, de la voûte supérieure; chaque goutte, avant de tomber, reste suspendue pendant quelque temps, abandonne une partie de son acide carbonique, et, par suite, de son carbonate de chaux. La même goutte, en tombant sur le sol, y dépose une nouvelle portion de carbonate calcaire; et, comme les gouttes se forment à peu près constamment au même endroit, il s'y développe une incrustation calcaire en pendentif, une stalactite,

qui descend successivement vers le sol. Immédiatement au-dessous
de cette incrustation suspendue, il s'en élève une toute semblable à partir du sol, une stalagmite. Ces incrustations tendent à se rejoindre, et forment, à la longue, une colonne continue. Le carbonate de chaux est cristallisé dans ces incrustations ; il est facile de le reconnaître dans leur cassure.

Fig. 371.

§ 565. Dans le marbre saccharoïde, le carbonate de chaux est également cristallisé ; mais les cristaux sont fortement agrégés les uns aux autres. Les diverses roches calcaires qu'on rencontre dans tous les terrains de sédiment, et qui forment souvent des couches d'une très-grande épaisseur, présentent le carbonate de chaux à des degrés de compacité très-variés. Les roches calcaires des terrains de transition sont très-compactes ; il en est de même de quelques calcaires des terrains secondaires. Les calcaires de la formation tertiaire présentent, en général, moins de compacité. La plupart de ces roches calcaires renferment un grand nombre d'empreintes de mollusques ; quelques-unes même en sont entièrement formées. La craie est une roche calcaire, très-peu agrégée, qui appartient à la formation tertiaire.

Le test des mollusques, la coquille des œufs d'oiseaux, la carapace des écrevisses, sont formés de carbonate de chaux presque pur. Les os de l'homme et des animaux en contiennent aussi une proportion notable.

§ 566. Le carbonate de chaux, soumis à l'action de la chaleur, se décompose avant de fondre. Mais, si on le chauffe dans un canon de fusil, scellé hermétiquement, la haute pression qui se développe dans le tube empêche le dégagement de l'acide carbonique, et le carbonate de chaux fond sans se décomposer. Si on laisse le tube refroidir lentement, le calcaire fondu prend une texture cristalline, et il ressemble alors complétement à notre marbre saccharoïde.

Le carbonate de chaux ne se dissout pas sensiblement dans l'eau pure; l'eau chargée d'acide carbonique en dissout, au contraire, une proportion fort notable.

Azotate de chaux.

§ 567. L'azotate de chaux s'obtient en dissolvant du carbonate de chaux dans l'acide azotique. La liqueur, concentrée par la chaleur, se prend par le refroidissement en masse cristalline. L'azotate de chaux est un sel déliquescent.

Phosphates de chaux.

§ 568. Les phosphates de chaux qui correspondent à l'acide phosphorique trihydraté, ou acide phosphorique ordinaire, sont les mieux connus. Lorsqu'on traite la cendre des os par l'acide sulfurique, il se forme du sulfate de chaux, qui se sépare parce qu'il est très-peu soluble. La liqueur renferme un phosphate de chaux, appelé improprement *biphosphate de chaux*, et qui se sépare sous la forme de paillettes cristallines, si la liqueur est suffisamment concentrée. La formule de ce sel est $(CaO + 2HO).PhO^5$. Nous avons vu (§ 207) que ce produit était employé à la fabrication du phosphore.

Si l'on verse une dissolution de phosphate de soude ordinaire $(2NaO + HO).PhO^5 + 24HO$ dans la dissolution d'un sel de chaux, on obtient un précipité blanc, gélatineux, qui a pour formule $(2CaO + HO).PhO^5 + 4HO$. Si on laisse digérer ce précipité avec de l'ammoniaque, il abandonne une portion de son acide phosphorique, et il reste un précipité qui a pour formule $3CaO.PhO^5$. Le même phosphate $3CaO.PhO^5$ se précipite immédiatement quand on verse un excès d'acide phosphorique dans une dissolution de chlorure de calcium, et qu'on sursature la liqueur avec de l'ammoniaque.

Les cendres d'os sont formées de $\frac{4}{5}$ phosphate de chaux, et de $\frac{1}{5}$ carbonate de chaux. Le phosphate de chaux des os a pour formule $3CaO.PhO^5$.

Ces divers phosphates de chaux, à l'exception du biphosphate, sont insolubles dans l'eau; mais ils se dissolvent facilement dans une liqueur acide.

On trouve dans la nature le phosphate de chaux cristallisé; le minéral qui le contient se nomme *apatite*. Le phosphate $3CaO.PhO^5$ s'y trouve combiné avec une petite quantité de chlorure et de fluorure de calcium.

Si l'on chauffe le biphosphate de chaux $(CaO + 2HO).PhO^5$ jusqu'à la chaleur rouge, il fond en une matière qui reste vitreuse après le refroidissement. Le sel a changé complétement de nature, car il est devenu insoluble dans l'eau. La chaleur a fait passer le phosphate de la modification tribasique à la modification monobasique; le produit calciné est du *métaphosphate de chaux*.

$$CaO.PhO^5.$$

Chlorate de chaux.

§ 569. On obtient ce sel, mélangé avec du chlorure de calcium, en faisant passer un courant de chlore à travers un lait de chaux. Il se forme d'abord un hypochlorite de chaux et du chlorure de calcium : mais, si l'on continue à faire arriver du chlore, après que la chaux s'est entièrement transformée en ces deux produits, une nouvelle réaction se manifeste, et il se forme du chlorate de chaux, surtout si l'on a soin d'élever la température. On peut se servir de cette liqueur pour fabriquer le chlorate de potasse; il suffit d'y verser du chlorure de potassium; il y a double décomposition, et le chlorate de potasse se dépose.

Hypochlorite de chaux.

§ 570. Ce sel est très-important à cause de ses applications; on l'emploie pour le blanchiment des étoffes. On obtient l'hypochlorite de chaux à l'état de pureté en ajoutant à du lait de chaux une dissolution d'acide hypochloreux; mais il faut laisser un excès de chaux, car, aussitôt que l'acide hypochloreux vient à dominer, l'hypochlorite se décompose en chlorate de chaux et chlorure de calcium :

$$3(CaO.ClO) = CaO.ClO^5 + 2CaCl.$$

La dissolution d'hypochlorite de chaux bleuit, dans les premiers instants, la teinture de tournesol rougie par un acide; mais bientôt elle la décolore.

Le chlore est sans action sur la chaux vive; mais, si l'on fait arriver lentement du chlore sur de la chaux hydratée, il se forme de l'hypochlorite de chaux et du chlorure de calcium :

$$2CaO + 2Cl = CaO.ClO + CaCl.$$

Il est essentiel de laisser toujours un excès de chaux; car, lorsque la chaux s'est entièrement transformée en hypochlorite de chaux et en chlorure de calcium, si on continue de faire arriver du chlore,

une nouvelle réaction se détermine souvent brusquement; l'hypochlorite de chaux se transforme en chlorate de chaux et chlorure de
calcium. Cette réaction se manifeste, surtout si la température s'é-
lève beaucoup, soit parce que le chlore arrive en grande quantité,
soit parce qu'on chauffe la matière.

§ 571. On donne, dans le commerce, le nom de *chlorure de chaux*
à un mélange d'hypochlorite de chaux, de chlorure de calcium,
et de chaux hydratée, qu'on obtient en saturant incomplétement
de la chaux éteinte par du chlore. On fabrique ce produit en très-
grande quantité, car il est presque exclusivement employé pour le
blanchiment.

Le chlore est préparé en faisant réagir, à une douce chaleur, un
mélange de sel marin, de peroxyde
de manganèse et d'acide sulfurique
étendu. On se sert à cet effet d'un
appareil en plomb, composé d'une
cuve *abcd* (fig. 372) renfermée dans
une cuve extérieure en tôle. On
fait arriver de la vapeur d'eau dans
l'intervalle des deux cuves, afin
d'entretenir une température d'environ 60°. La vapeur pénètre par
la tubulure *o*. La tubulure *s* sert
à retirer les matières quand elles

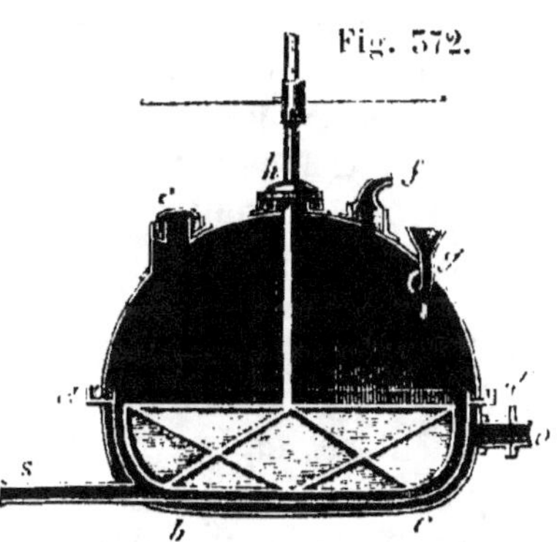
Fig. 372.

ont dégagé tout leur chlore. La cuve est recouverte par un dôme
muni de plusieurs tubulures : une tubulure *e*, qui sert à introduire
les matières ; une tubulure *f*, qui donne issue au gaz ; une tubulure *g*,
sur laquelle est soudé un tube de sûreté, muni d'un entonnoir par
lequel on verse l'acide que l'on met en plusieurs fois ; enfin, une
tubulure *h*, qui est traversée par une tige de fer, recouverte de plomb,
et portant au bas une large palette de tôle *mn*, également recouverte de plomb, et qui sert à agiter le mélange. Les tubulures sont
formées par des rigoles en plomb dans lesquelles on verse de l'acide
sulfurique pour rendre les fermetures hermétiques. Cette disposition se comprend facilement à l'inspection de la figure 372.

Le chlore est amené dans des chambres en maçonnerie où se
trouvent disposées un grand nombre de tablettes de bois, recouvertes d'une couche d'hydrate de chaux, de 2 centimètres environ
d'épaisseur. D'autres fois, les chambres sont très-basses, et l'hydrate de chaux est simplement étendu sur le sol, en couche de 5 à
6 centimètres d'épaisseur. Dans ce cas, il faut agiter continuellement la matière avec des râteaux, afin de renouveler les surfaces.

Lorsque la chaux a absorbé une quantité suffisante de chlore, on retire la matière et on l'emballe dans des tonneaux.

En traitant le chlorure de chaux par l'eau, on dissout l'hypochlorite de chaux et le chlorure de calcium ; la chaux hydratée en excès reste sous la forme d'une bouillie. On peut séparer la liqueur claire par filtration ou par décantation.

Souvent on prépare le chlorure de chaux dans les ateliers où on doit l'employer en dissolution. On fait arriver du chlore dans des espaces cylindriques, remplis à moitié d'une bouillie de chaux qu'on agite continuellement avec un râteau pour activer l'absorption du chlore.

L'hypochlorite de chaux est décomposé par les acides les plus faibles, même par l'acide carbonique. C'est à cause de cela que ce corps répand toujours l'odeur de l'acide hypochloreux ; l'acide carbonique de l'air chasse alors l'acide hypochloreux.

La dissolution aqueuse de chlore exerce une action oxydante sur tous les corps qui peuvent se suroxyder ; nous en avons déjà vu un grand nombre d'exemples. C'est encore en vertu de cette action oxydante que la dissolution de chlore détruit la couleur des matières organiques colorées, agissant, dans ce cas, de la même manière que l'eau oxygénée. L'eau est alors décomposée ; son hydrogène se combine avec le chlore, et l'oxygène, à l'état naissant, oxyde la matière organique, qui, très-souvent, se change en un nouveau corps incolore. En outre, nous verrons plus tard que les matières organiques, soumises à des actions oxydantes, se transforment finalement en acides qu'il est facile d'enlever par les matières alcalines. Les matières organiques colorées, qui étaient fixées sur les étoffes à la faveur d'une affinité spéciale, et qui sont, à cet état, insolubles dans l'eau et dans les lessives alcalines, se changent donc, par une action oxydante, en d'autres substances, douées de propriétés acides, et qu'on peut enlever facilement par les lessives alcalines. Il est facile de voir que 1 équivalent d'acide hypochloreux, ou 1 équivalent d'hypochlorite de chaux, en présence d'un acide, doit exercer la même action oxydante et décolorante que 2 équivalents d'oxygène à l'état naissant ou que 2 équivalents de chlore dissous dans l'eau ; car l'acide hypochloreux libre se décompose très-facilement en 1 équivalent de chlore et 1 équivalent d'oxygène. Or, pour obtenir 1 équivalent d'hypochlorite de chaux, il faut faire réagir 2 équivalents de chlore sur 2 équivalents de chaux hydratée ; donc, la liqueur qu'on obtient en traitant le chlorure de chaux par l'eau doit exercer le même pouvoir décolorant que la quantité de chlore employée pour produire ce chlorure de chaux.

Nous exposerons plus loin, dans l'article destiné à la teinture, les procédés que l'on emploie pour décolorer les étoffes à l'aide du chlorure de chaux.

On emploie aussi le chlorure de chaux pour détruire les miasmes putrides, les mauvaises odeurs. L'acide hypochloreux est chassé successivement par l'acide carbonique de l'air, et il détruit, comme le chlore, les substances qui dégagent ces odeurs. La meilleure manière d'employer le chlorure de chaux pour cet usage consiste à imbiber un linge d'une dissolution concentrée de chlorure de chaux, et à le suspendre dans l'espace dont on veut purifier l'air.

§ 572. Le chlorure de chaux qu'on prépare dans les fabriques présente nécessairement des degrés de richesse très-variables; il est donc important pour l'acheteur de pouvoir en déterminer facilement et exactement le pouvoir décolorant, puisque c'est uniquement lui qui constitue sa valeur vénale. Cette détermination se fait au moyen des *essais chlorométriques* que nous allons décrire avec quelque détail.

Pour comparer les valeurs vénales des diverses qualités de chlorure de chaux qu'on trouve dans le commerce, on cherche quels sont les poids de ces divers chlorures qui décolorent un même volume d'une dissolution titrée de matière colorante organique. Les valeurs des chlorures seront en raison inverse de ces poids.

La matière colorante que l'on choisit est une dissolution d'indigo dans l'acide sulfurique. Pour la préparer, on traite l'indigo du commerce par de l'acide sulfurique de Nordhausen, qui en dissout une proportion considérable, puis on ajoute de l'eau. On obtient ainsi une liqueur colorée en bleu foncé. La décoloration de cette liqueur par le chlore se manifeste d'une manière très-tranchée, parce que la couleur passe immédiatement du bleu foncé au jaune. On étend d'eau la dissolution d'indigo jusqu'à ce que 1 litre de cette liqueur soit exactement décoloré par 1 litre de chlore sec, à la température de 0°, et sous la pression de $0^m,760$.

Pour y parvenir, on commence par préparer une dissolution normale de chlore, à l'aide de laquelle on titre ensuite la dissolution d'indigo. Cette dissolution normale peut être préparée de diverses manières; nous décrirons la plus simple. On remplit un flacon de chlore sec (page 255, t. I); on le ferme avec un bouchon à l'émeri, et on note en même temps la température et la pression barométrique. On transporte ce flacon renversé dans un bain d'une dissolution faible de potasse (fig. 373), on retire tant soit peu le bouchon, afin de laisser pénétrer dans le flacon une très-petite quantité de liqueur alcaline, et on le remet aussitôt. Après quelques secousses données au flacon sans le sortir du bain, il s'y fait un vide par l'absorption

Fig. 375.

du chlore : on retire de nouveau le bouchon d'une petite quantité pour laisser entrer une nouvelle portion de dissolution alcaline, et l'on referme le flacon. On agite et on renouvelle la même série d'opérations jusqu'à ce que l'absorption du chlore soit complète. Si le flacon ne renfermait primitivement que du chlore, il est clair qu'il se remplira entièrement de dissolution de potasse. S'il contient, au contraire, de l'air mêlé au chlore, cet air restera après l'absorption du chlore. Dans tous les cas, le volume du liquide alcalin qui a pénétré dans le flacon est exactement égal au volume du chlore qui a été absorbé. Si donc le chlore se trouvait, au moment où l'on a bouché le flacon, dans les circonstances normales de température et de pression, c'est-à-dire à 0°, et sous la pression barométrique $0^m,760$, la dissolution de potasse renfermerait son volume de chlore dans les conditions normales, et nous dirions que son titre est 100. Mais, si la température ambiante était t au moment où on a fermé le flacon et la pression H, la dissolution de potasse ne renferme qu'un volume de chlore représenté par $\frac{1}{1+0,00367.\,t}\cdot\frac{H}{760}$. de chlore dans les conditions normales, et son titre est représenté par $100.\frac{1}{1+0,00367.\,t}\cdot\frac{H}{760}$.

Il faut maintenant étendre d'eau la dissolution d'indigo, de manière que $50^{c.c}$ de la dissolution soient exactement décolorés par $50.\frac{1}{1+0,00367.\,t'}\cdot\frac{H}{760}$ de la dissolution de potasse décolorante. Afin d'éviter de longs tâtonnements, on commence par faire un essai préliminaire de la dissolution d'indigo. A cet effet, on prend $50^{c.c}$ de cette dissolution avec la pipette D (fig. 374), qui porte un trait γ à l'endroit où doit affleurer le liquide pour former les $50^{c.c}$, et on les reçoit dans un verre disposé sur une feuille de papier. On remplit la burette (fig. 375), jusqu'à la division 0, de la liqueur décolorante titrée, et l'on verse lentement cette liqueur jusqu'au moment de la décoloration. Soit n le nombre

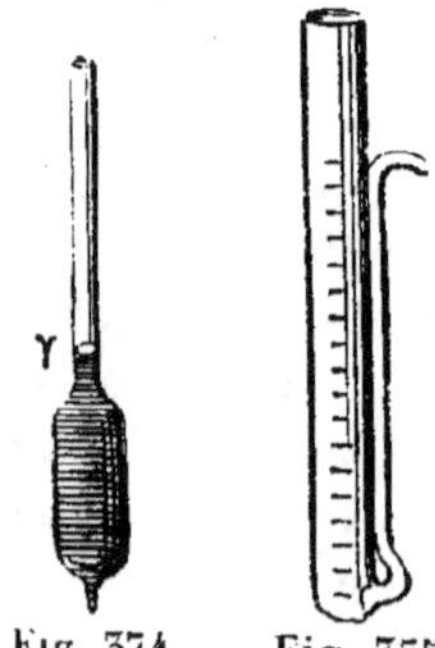

Fig. 374.   Fig. 375.

de divisions versées, il représentera $\frac{n}{2}$ centimètres cubes, puisque notre burette est divisée en demi-centimètres cubes. Le titre de la dissolution d'indigo est donc $n . \frac{1}{1+0,00367.t} . \frac{H}{760}$. Il faudra étendre d'eau cette dissolution, de manière à ramener le titre à 100. Supposons que l'expression précédente, calculée en nombres, donne 175, il faudra ajouter de l'eau à 100 parties de la dissolution d'indigo, jusqu'à ce que le volume soit 175, et l'on obtiendra une dissolution normale d'indigo au titre 100. Il est convenable cependant de vérifier ce titre par un nouvel essai et de le rectifier, si cela est nécessaire. La liqueur colorée normale doit être conservée dans un flacon bien bouché.

Pour faire l'essai d'un chlorure décolorant, on prend dans les diverses parties de la masse à essayer des petits fragments de chlorure, et on en forme un échantillon qui peut être considéré comme représentant la richesse moyenne de la masse. 10 gr. de cet échantillon sont broyés dans un mortier de porcelaine ou de verre, avec une petite quantité d'eau. On ajoute ensuite une plus grande quantité d'eau, que l'on décante dans un filtre placé sur le vase de 1 litre A (fig. 376). On repasse ainsi plusieurs fois de l'eau dans le mortier, et on la verse sur le filtre; enfin, on complète le volume de 1 litre du vase A, en ajoutant de l'eau jusqu'à ce que le liquide affleure au repère α. On agite avec une baguette de verre pour rendre le mélange homogène. On peut éviter la filtration de la liqueur en décantant avec soin.

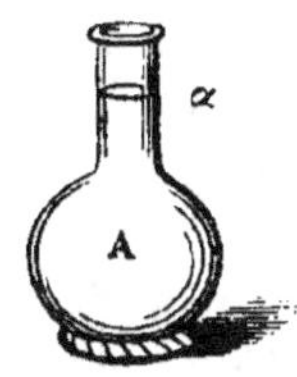

Fig. 376.

La liqueur s'étant éclaircie par le repos ou la filtration, on en remplit la burette jusqu'à la division 0. D'un autre côté, on prend avec la pipette D 50$^{c.c}$ de la dissolution normale d'indigo, on les verse dans le vase B (fig. 377) placé sur une feuille de papier blanc; puis, agitant ce vase avec la main gauche, on y verse lentement la dissolution du chlorure décolorant. Quand on approche du moment de la décoloration, on verse le chlorure goutte à goutte. Supposons qu'il ait fallu 115 divisions de la burette pour produire la décoloration, le titre du chlorure sera $\frac{100}{115} = 86°,9$.

Fig. 377.

Si on pouvait faire l'essai d'une manière inverse, c'est-à-dire verser la dissolution normale d'indigo, avec la burette, dans un volume de 50 centimètres cubes de la dissolution de chlorure décolorant, jusqu'à ce que cette dernière prenne une teinte bleue, il est clair qu'alors le titre du chlorure serait donné immédiatement par le nombre de demi-centimètres cubes de la dissolution d'indigo qu'il aurait fallu verser. Mais on ne peut opérer ainsi, parce que la dissolution d'indigo renferme une grande quantité d'acide, et que les premières portions qui sont versées dans la liqueur décolorante dégagent une quantité de chlore plus grande que celle qui est nécessaire pour décolorer l'indigo qu'elle rencontre immédiatement. On est donc exposé à perdre du chlore. Quand on verse, au contraire, le chlorure dans la dissolution d'indigo, le chlore se trouve toujours en présence d'un excès d'indigo, et il ne peut plus s'en perdre.

§ 573. La dissolution d'indigo présente un inconvénient grave qui a fait renoncer à son emploi. Elle s'altère promptement, et on est exposé à commettre des erreurs quand on opère avec une dissolution un peu ancienne.

On remplace aujourd'hui la liqueur bleue normale par une dissolution titrée d'acide arsénieux dans l'acide chlorhydrique : le chlore devenu libre transforme l'acide arsénieux en acide arsénique. Il est facile de reconnaître le moment où cette transformation est complète, car l'expérience montre que, si l'on colore une dissolution d'acide arsénieux par quelques gouttes de dissolution d'indigo, le chlore ne décolore cette teinture qu'après qu'il a transformé complétement l'acide arsénieux en acide arsénique.

Pour préparer la dissolution normale arsénieuse, on pèse 4^{gr},439 d'acide arsénieux pur, que l'on dissout dans de l'acide chlorhydrique étendu de son volume d'eau ; on ajoute ensuite de l'eau à la liqueur de façon qu'elle occupe le volume de 1 litre. Si l'on avait quelques doutes sur la pureté de l'acide arsénieux, il faudrait vérifier le titre de la dissolution arsénieuse au moyen de la liqueur normale de chlore dont nous avons donné précédemment la préparation.

Il est bon de ne pas s'en tenir à un premier essai, et de ne le regarder que comme donnant un titre approché. On fait un second essai en versant immédiatement, dans les 50$^{c.c}$ de la dissolution arsénieuse non colorée, un volume de dissolution de chlorure un peu plus faible que celui qui avait produit la décoloration dans le premier essai. C'est alors seulement qu'on ajoute quelques gouttes de la dissolution d'indigo pour colorer la liqueur. On verse ensuite le chlorure, goutte à goutte, avec la burette, et on peut saisir très-exactement le moment de la décoloration.

Fig. 578.

Il y aurait quelque danger à remplir la pipette D de la dissolution arsénieuse en aspirant avec la bouche. Il vaut mieux la remplir par immersion, comme dans la figure 578.

COMBINAISONS DU CALCIUM AVEC LE SOUFRE.

§ 574. Le calcium forme avec le soufre un grand nombre de combinaisons. En calcinant du sulfate de chaux avec du charbon, on le transforme en monosulfure de calcium, CaS, matière blanche, presque insoluble dans l'eau. Si l'on fait bouillir du lait de chaux avec de la fleur de soufre, on obtient des sulfures plus sulfurés, qui restent en dissolution avec de l'hyposulfite de chaux. Si le soufre est en grand excès, et qu'on prolonge longtemps l'ébullition, on obtient du pentasulfure de calcium, CaS^5, qui reste dans la dissolution, et qui ne se dépose pas par le refroidissement de la liqueur.

Si l'on fait bouillir moins longtemps et si l'on filtre la liqueur chaude, on obtient une dissolution jaune, qui abandonne, en se refroidissant, des cristaux en aiguilles orangées de bisulfure CaS^2. Ce bisulfure est peu soluble dans l'eau froide; celle-ci n'en dissout que $\frac{1}{400}$ environ de son poids.

COMBINAISON DU CALCIUM AVEC LE CHLORE.

§ 575. On ne connaît qu'une seule combinaison du calcium avec le chlore. On la prépare en dissolvant la chaux hydratée, ou le carbonate de chaux, dans l'acide chlorhydrique. Le chlorure de calcium s'obtient en grande quantité dans la préparation de l'ammoniaque. Nous avons vu (§ 123) qu'on préparait dans les fabriques l'ammoniaque en chauffant un mélange de chlorhydrate d'ammoniaque et de chaux dans de grands cylindres de fonte. Le résidu de cette préparation est du chlorure de calcium, mêlé seulement d'une petite quantité de chaux en excès. On traite ce résidu par l'eau froide, qui dissout le chlorure. La liqueur, amenée par l'évaporation à un grand état de concentration, puis abandonnée au refroidissement, laisse déposer de gros cristaux de chlorure de calcium hydraté, dont la formule est $CaCl + 6HO$. Ces cristaux sont très-déliquescents à l'air. Ils produisent beaucoup de froid en se dissolvant dans l'eau; mais c'est en les mélangeant avec de la glace pilée qu'on obtient le plus grand abaissement de température. Nous avons vu (§ 374) qu'on parvenait ainsi à abaisser la température jusqu'à — 45°. Le chlorure de calcium hydraté fond très-facilement dans son eau de cristallisation. Chauffé jusqu'à 200°, il abandonne 4 équivalents d'eau, et il reste une masse poreuse, très-avide d'humidité, éminemment propre à dessécher les gaz. Chauffé davantage, le chlorure abandonne le reste de son eau, et il fond ensuite à la chaleur rouge. On coule ordinairement ce chlorure de calcium fondu sous forme de plaques, que l'on concasse en fragments, et on le conserve dans un flacon bien bouché. On s'en sert fréquemment dans les laboratoires, soit pour dessécher les gaz, soit pour enlever l'eau qui est mélangée à des liquides d'origine organique.

Le chlorure de calcium anhydre se dissout dans l'eau avec élévation de température. La chaleur dégagée par la combinaison du chlorure avec l'eau est plus grande que celle qui devient latente par le fait de la dissolution du chlorure hydraté. Le chlorure de calcium se dissout en proportion considérable dans l'eau; il se dissout également très-bien dans l'alcool absolu. La dissolution alcoolique, faite à chaud, laisse déposer, en refroidissant, des cristaux d'une combinaison du chlorure de calcium avec l'alcool : un *alcoolate* de chlorure de calcium.

Si l'on fait bouillir une dissolution concentrée de chlorure de calcium avec un excès de chaux hydratée, une proportion considérable de cet hydrate se dissout. La liqueur, filtrée, abandonne, par le refroidissement, une combinaison cristallisée de chlorure de calcium et de chaux, laquelle a pour formule $CaCl + 3CaO + 15HO$.

COMBINAISON DU CALCIUM AVEC LE FLUOR.

§ 576. Le fluorure de calcium se trouve dans la nature; on le rencontre, soit en masses compactes de couleur variée, soit en cristaux très-nettement terminés. Ces cristaux sont des cubes, quelquefois modifiés par les faces de l'octaèdre. Les minéralogistes lui donnent le nom de *spath fluor*. Le fluorure de calcium présente un phénomène de phosphorescence remarquable : quand on le chauffe réduit en poudre dans une cuiller en fer, il devient lumineux longtemps avant la chaleur rouge; il dégage une lumière tantôt violette, tantôt verte, suivant les échantillons. On emploie dans les laboratoires le fluorure de calcium pour la préparation de l'acide fluorhydrique (§ 204). L'eau dissout une très-petite quantité de fluorure de calcium, surtout à chaud.

La chaux se dissout dans un grand excès d'acide fluorhydrique, et la liqueur, abandonnée à une évaporation spontanée, laisse déposer de petits cristaux qui appartiennent à un fluorhydrate de fluorure de calcium, qui a pour formule $CaFl.HFl + 6HO$. L'eau bouillante le décompose en acide fluorhydrique qui devient libre, et en fluorure de calcium qui se précipite.

Caractères distinctifs des sels de chaux.

§ 577. Les sels de chaux ne sont pas précipités par l'ammoniaque; c'est ce qui les distingue des métaux terreux et de notre seconde classe des métaux proprement dits (§ 276).

Ils sont, au contraire, précipités par les carbonates alcalins; caractère qui les distingue des sels fournis par les métaux alcalins.

Si l'on verse de l'acide sulfurique, ou un sulfate, dans une dissolution très-étendue d'un sel de chaux, il ne se forme pas de précipité; dans ce cas, les sels de baryte et de strontiane en donneraient un. Si la dissolution du sel de chaux est plus concentrée, il se forme un précipité de sulfate de chaux hydraté, qui, abandonné quelque temps à lui-même, s'agrége sous la forme de petites paillettes cristallines facilement reconnaissables à la loupe.

Les sels de chaux donnent, avec l'acide oxalique et avec les oxalates, un précipité grenu d'oxalate de chaux, à peu près insoluble dans l'eau, et qui ne se dissout que difficilement dans un excès d'acide. Cette propriété est utilisée, non-seulement pour reconnaître la chaux, mais encore dans les analyses chimiques, pour précipiter cette base des liqueurs qui la renferment.

Les sels de chaux colorent la flamme de l'alcool en jaune rougeâtre.

MAGNÉSIUM.

Équivalent = 150,0.

§ 578. On obtient le magnésium [*] en décomposant le chlorure de magnésium anhydre par le potassium ou par le sodium. On place au fond d'un creuset de platine quelques globules de potassium ou de sodium, et, par-dessus, du chlorure de magnésium en morceaux. On recouvre le creuset avec son couvercle, on attache celui-ci avec quelques fils de fer ; puis on élève la température au moyen d'une lampe à gaz. La réaction se fait à la chaleur rouge ; elle a lieu avec une vive déflagration, qui projetterait le couvercle du creuset s'il n'était pas solidement fixé. Le potassium se combine avec le chlore, et le magnésium devient libre. On laisse refroidir le creuset, et l'on traite la matière par de l'eau aussi froide que possible. L'eau dissout le chlorure de potassium et le chlorure de magnésium non altéré ; le magnésium reste sous la forme de globules métalliques.

On l'obtient plus facilement, et en plus grande quantité, en opérant de la manière suivante : on place dans un creuset de terre un mélange de 6 parties de chlorure de magnésium, 1 partie de spath fluor, 1 partie à équivalents égaux de, chlorure de potassium et de sodium, enfin 1 partie en poids de sodium en morceaux. On chauffe le creuset au rouge, après l'avoir bien couvert ; la réaction se fait avec déflagration. Quand elle est terminée, on agite la masse fondue avec une tige en fer, et on laisse refroidir le creuset. Le magnésium que l'on en retire est en culot d'un blanc grisâtre et à lames cristallines. On peut le purifier par sublimation dans un courant de gaz hydrogène, et il distille, à peu près, à la même température que le zinc.

Le magnésium est doué d'une certaine ductilité, et présente la couleur et l'éclat de l'argent ; sa densité est 1,75. Il s'altère moins promptement à l'air que les métaux précédents, et ne décompose pas sensiblement l'eau très-froide. Mais, à une température supérieure à 50°, la décomposition de l'eau commence ; vers 100°, elle est très-vive. Chauffé au rouge sombre, dans l'air ou dans le gaz oxygène, le métal prend feu et brûle avec une lumière blanche très-vive. Il devient également incandescent dans le chlore.

---

[*] C'est M. Bussy qui a isolé le premier le magnésium, en suivant un procédé par lequel M. Wœhler avait déjà réussi à préparer l'aluminium et le glucinium.

COMBINAISON DU MAGNÉSIUM AVEC L'OXYGÈNE.

§ 579. On ne connaît qu'une seule combinaison du magnésium avec l'oxygène.

On prépare le protoxyde de magnésium, ou *magnésie*, en calcinant l'hydrocarbonate de magnésie, ou *magnésie blanche* des pharmacies. Comme cet hydrocarbonate est très-léger, la magnésie qui en provient est elle-même très-légère, et il faut en prendre un volume considérable pour avoir un poids un peu notable de matière. Cette circonstance est un véritable inconvénient dans plusieurs réactions chimiques, principalement dans celles qui s'opèrent, par voie sèche, dans des vases dont les dimensions sont limitées. Pour ces cas particuliers, on prépare la magnésie par la calcination de l'azotate de magnésie, ce qui donne un oxyde beaucoup plus dense. La magnésie est une poudre blanche, infusible aux plus hautes températures de nos fourneaux. Elle est très-peu soluble dans l'eau ; car elle exige environ 5000 parties d'eau pour se dissoudre. Sa solubilité est cependant suffisante pour que la magnésie mouillée bleuisse la teinture de tournesol rougie par un acide. La magnésie est une base puissante, qui sature bien les acides. Elle est précipitée par la chaux ; mais la cause principale de la précipitation tient à ce que la magnésie est encore moins soluble dans l'eau que la chaux.

La magnésie anhydre ne s'échauffe pas sensiblement avec l'eau ; il y a cependant combinaison, mais elle ne se fait que lentement, de sorte que le dégagement de chaleur est difficile à apprécier. Il se forme, dans ce cas, un monohydrate de magnésie $MgO + HO$, que la chaleur ramène facilement à l'état anhydre. Le même hydrate se précipite quand on verse une dissolution de potasse dans celle d'un sel magnésien.

La magnésie caustique est un contre-poison très-efficace dans les empoisonnements par l'acide arsénieux (§ 234) ; elle se combine avec cet acide, et forme un composé insoluble qui n'exerce plus d'action vénéneuse. Il est bon que la magnésie soit à l'état d'hydrate, ou qu'elle n'ait été que faiblement calcinée. La magnésie ne peut pas être remplacée, pour cet objet, par son carbonate.

§ 580. La composition de la magnésie peut être obtenue par la synthèse du sulfate de magnésie, c'est-à-dire en cherchant, comme nous l'avons fait pour la chaux (§ 552), le poids de sulfate de magnésie donné par un poids connu de magnésie. On peut la déduire encore de l'analyse directe du sulfate de magnésie ; on cherche alors le poids du sulfate de baryte donné par un poids connu de sulfate de magnésie quand on précipite sa dissolution par du chlorure de baryum.

Sels formés par la magnésie.

Sulfate de magnésie.

§ 581. Le sulfate de magnésie existe dans plusieurs eaux minérales, notamment dans celles d'Epsom, en Angleterre, de Sedlitz et de Pullna en Bohême. Ces eaux sont employées en médecine comme purgatif; elles doivent cette propriété au sulfate de magnésie qu'elles renferment. Le sulfate de magnésie des eaux minérales parait provenir de la réaction du sulfate de chaux en dissolution dans l'eau, sur le calcaire magnésien qui constitue le terrain. Les eaux chargées de sulfate de chaux, en séjournant longtemps sur le sol magnésien, réagissent sur le carbonate de magnésie; il se dépose du carbonate de chaux, et le sulfate de magnésie se dissout. Les eaux minérales, abandonnées dans des bassins peu profonds, se concentrent par l'évaporation. L'évaporation complète des eaux magnésiennes donne du sulfate de magnésie cristallisé.

Cette formation du sulfate de magnésie, par la réaction du sulfate de chaux en dissolution sur le carbonate de magnésie, peut être démontrée par une expérience directe. Il suffit de filtrer lentement, et à plusieurs reprises, une eau saturée de sulfate de chaux à travers une couche épaisse d'un calcaire magnésien, pour que cette eau ne renferme plus que du sulfate de magnésie. Mais on peut aussi produire une décomposition inverse en opérant à une température élevée. Si l'on chauffe en effet à 200° environ, dans un tube de verre épais, fermé aux deux bouts, du carbonate de chaux et une dissolution de sulfate de magnésie, il se forme du sulfate de chaux et du carbonate de magnésie. Cette réaction inverse est importante pour la géologie; elle sert à expliquer la formation des calcaires magnésiens naturels : on admet que le carbonate de magnésie s'est formé par la réaction du carbonate de chaux sur du sulfate de magnésie dissous dans des eaux chaudes qui recouvraient le globe sur une grande épaisseur, et qui, par suite, pouvaient avoir une très-haute température dans leurs couches inférieures.

On peut obtenir également du sulfate de magnésie en traitant, par l'acide sulfurique, le carbonate de magnésie naturel, ou des calcaires magnésiens très-riches en carbonate de magnésie, tels que la dolomie; il se forme du sulfate de chaux très-peu soluble dans l'eau, et du sulfate de magnésie, qui y est au contraire très-soluble, surtout à chaud.

Enfin, nous avons vu (§ 498 et 501) que les eaux mères des salines renferment des proportions considérables de ce sel; ces eaux peuvent donner facilement, et à très-bon marché, tout le sulfate de magnésie employé en médecine.

§ 582. Le sulfate de magnésie cristallise, à la température ordinaire, en petits prismes allongés; il a alors pour formule $MgO.SO^3 + 7HO$. Si la cristallisation a lieu à une température élevée, le sel qui se dépose ne renferme que 6 équivalents d'eau. Enfin, si l'on fait cristalliser ce sel à plusieurs degrés au-dessous de 0, on obtient de gros cristaux qui ont pour formule $MgO.SO^3 + 12HO$. Le sulfate de magnésie, chauffé à 240°, retient encore 1 équivalent d'eau; il le perd à une température plus élevée. Le sulfate anhydre fond à la chaleur rouge. A 0°, 100 parties d'eau dissolvent environ 6 parties de ce sel. La planche de la page 71 contient la courbe de solubilité du sulfate de magnésie pour les températures comprises entre 0° et 100°.

Le sulfate de magnésie se combine avec les sulfates alcalins et avec le sulfate d'ammoniaque; il se forme des sels doubles qui cristallisent facilement. Le sulfate double de magnésie et de potasse a pour formule $MgO.SO^3 + KO.SO^3 + 6HO$; il se dépose des quantités considérables de ce sel pendant l'évaporation des eaux mères des salines (§ 502). Le sulfate double de magnésie et d'ammoniaque a pour formule $MgO.SO^3 + (AzH^3.HO).SO^3 + 6HO$; il est isomorphe avec le sel double de potasse.

Azotate de magnésie.

§ 583. Ce sel se prépare en dissolvant la magnésie blanche dans l'acide azotique; il est très-soluble dans l'eau et déliquescent. Il se décompose complétement à la chaleur rouge, et donne un résidu de magnésie pure.

Carbonate de magnésie.

§ 584. Le carbonate de magnésie se trouve dans la nature; le plus souvent, il est en masses compactes; quelquefois cependant on le rencontre cristallisé en rhomboèdres. Le carbonate de magnésie existe aussi dans la nature, en combinaison avec le carbonate de chaux, qui est isomorphe avec lui. Presque tous les calcaires renferment une petite quantité de magnésie. La *dolomie* des minéralogistes, qui forme des roches considérables dans plusieurs contrées, notamment dans les Alpes, est un carbonate double de chaux et de magnésie, dont la formule est $CaO.CO^2 + MgO.CO^2$.

Quand on verse un carbonate alcalin dans la dissolution d'un sel magnésien, il se forme un précipité gélatineux blanc, qui est un hydrocarbonate de magnésie, c'est-à-dire une combinaison d'hydrate et de carbonate de magnésie. Les proportions de ces deux composés varient, suivant la quantité de carbonate alcalin employé, l'état de concentration des liqueurs et leur température. Ce produit est préparé en grand pour les besoins de la médecine ; on lui donne dans les pharmacies le nom de *magnésie blanche*. On cherche à l'obtenir aussi léger que possible ; et, pour cela, on mélange des dissolutions étendues et chaudes de sulfate de magnésie et de carbonate de soude. On filtre ensuite la liqueur dans des paniers de forme rectangulaire, garnis intérieurement d'une toile qui retient le précipité. L'hydrocarbonate de magnésie, bien lavé et séché,, présente alors la forme de briquettes carrées, d'une grande légèreté.

La magnésie blanche se dissout en proportion notable dans une eau chargée d'acide carbonique. La dissolution, abandonnée à l'air, perd son acide carbonique, et il se dépose du carbonate de magnésie hydraté $MgO.CO^2 + 3HO$.

§ 584 *bis*. On peut cependant produire artificiellement le carbonate de magnésie anhydre, semblable à celui de la nature. Pour cela, on place une dissolution de sulfate de magnésie dans un tube de verre à parois épaisses ; on introduit dans ce tube un second tube plus étroit, renfermant une dissolution de carbonate de soude, de manière que les deux dissolutions ne puissent pas se mélanger ; enfin, on ferme le premier tube à la lampe, après y avoir fait le vide. On chauffe l'appareil jusqu'à 160°, et on retourne le tube de manière à opérer le mélange des liqueurs. La magnésie se précipite alors à l'état de carbonate anhydre en grains cristallins.

Phosphate de magnésie.

§ 585. On obtient un phosphate neutre de magnésie en décomposant l'hydrocarbonate de magnésie par l'acide phosphorique. Il est soluble dans 15 à 20 parties d'eau. Le phosphate de magnésie forme, avec le phosphate d'ammoniaque, des phosphates doubles très-peu solubles. Si l'on ajoute à une dissolution chaude de sulfate de magnésie une dissolution de phosphate d'ammoniaque, il se dépose, par le refroidissement, de petits cristaux prismatiques d'un phosphate double, qui a pour formule $[2(AzH^3.HO) + HO].PhO^5 + (2MgO + HO).PhO^5 + 6HO$. Si l'on ajoute, au contraire, à la dissolution du sulfate de magnésie d'abord du chlorhydrate d'ammoniaque, puis de l'ammoniaque qui ne forme pas alors de précipité, ainsi que nous le verrons (§ 589), enfin du phosphate d'ammoniaque, il se dépose un précipité grenu, insoluble dans la liqueur où la précipitation a eu lieu, et qui a pour formule $(AzH^3.HO + 2MgO).PhO^5 + 6HO$. Mais ce précipité est sensiblement soluble dans l'eau pure ; il faut donc le laver avec la plus petite quantité d'eau possible. Ce phosphate double offre de l'intérêt ; c'est très-souvent à cet état de combinaison que, dans les analyses chimiques, on précipite la magnésie de ses dissolutions. Ce phosphate double se présente aussi quelquefois dans l'économie animale : il forme des calculs dans la vessie ; on lui donne le nom de *phosphate ammoniaco-magnésien*.

Silicates de magnésie.

§ 586. On trouve dans la nature des silicates de magnésie en général combinés avec de l'eau. Ils forment, dans quelques localités, des roches entières ou des filons. Le minéral appelé *magnésite* ou *écume de mer* et le *talc* sont composés de silicate de magnésie $MgO.SiO^3$, combiné avec de l'eau. La *serpentine* est formée également par du silicate de magnésie, combiné avec de l'hydrate de magnésie ; sa formule est $2(3MgO.2SiO^3)+MgO.2HO$. La serpentine, qui forme des roches considérables dans certains terrains anciens, s'attaque facilement par les acides ; on peut s'en servir pour préparer du sulfate de magnésie. Elle se laisse couper et travailler au tour, et on en fabrique divers objets d'ornement, remarquables par leurs belles couleurs. Le silicate de magnésie, combiné à d'autres silicates, forme un grand nombre de minéraux qui constituent plusieurs roches anciennes, entre autres : le péridot, le pyroxène et l'amphibole.

COMBINAISON DU MAGNÉSIUM AVEC LE SOUFRE.

Sulfure de magnésium, MgS.

§ 587. La magnésie, chauffée au rouge dans un courant de vapeur de sulfure de carbone, se décompose et se transforme en sulfure de magnésium non volatil. Ce sulfure se décompose par l'eau ; il se forme de la magnésie et de l'acide sufhydrique. On n'obtient pas de sulfure de magnésium par voie humide, en faisant bouillir de la magnésie et du soufre avec l'eau. Cette absence de réaction distingue la magnésie des autres terres alcalines, et la rapproche des terres. La magnésie, par ses propriétés chimiques, forme le passage entre les terres alcalines et les terres.

COMBINAISON DU MAGNÉSIUM AVEC LE CHLORE.

§ 588. On produit du chlorure de magnésium en dissolution dans l'eau quand on traite la magnésie blanche par l'acide chlorhydrique. Cette dissolution, amenée par l'évaporation à un grand état de concentration, abandonne, en refroidissant, des cristaux de chlorure de magnésium hydraté, qui ont pour formule $MgCl+5HO$. Mais, si on continue l'évaporation jusqu'à siccité, le chlorure de magnésium se décompose, de l'acide chlorhydrique se dégage, et il reste de la magnésie libre. Cette décomposition rapproche encore la magnésie des terres, dont les chlorures subissent une altération semblable. On obtient du chlorure de magnésium anhydre en chauffant un mélange de magnésie et de charbon dans un tube de porcelaine traversé par un courant de chlore sec; mais, comme le chlorure de magnésium est très-peu volatil, il reste mélangé de charbon. Pour se procurer du chlorure de magnésium pur, on dissout de la magnésie blanche dans de l'acide chlorhydrique concentré, on ajoute du sel ammoniac, et on évapore à siccité. Le résidu est placé dans un creuset de platine, et chauffé au rouge sur une lampe à gaz. Le chlorure de magnésium se combine avec le chlorhydrate d'ammoniaque, et acquiert ainsi assez de stabilité pour que l'eau puisse être chassée par la chaleur avant de réagir sur le chlorure. La chaleur décompose ensuite le chlorure double desséché; le chlorhydrate d'ammoniaque se dégage, et le chlorure de magnésium reste à l'état d'une matière fondue qui, par le refroidissement, se solidifie en une masse cristalline. Nous avons vu (§ 578) que l'on se servait de ce chlorure de magnésium anhydre pour préparer le magnésium métallique.

Le chlorure de magnésium existe dans les eaux de la mer; nous avons vu (§ 503) que les dernières eaux mères des salines en renferment des quantités considérables, qu'elles laissent déposer à l'état de chlorure double de magnésium et de potassium.

Caractères distinctifs des sels de magnésie.

§ 589. Les sels de magnésie donnent des précipités gélatineux blancs avec les carbonates alcalins; c'est ce qui les distingue des sels alcalins.

L'ammoniaque, versée dans une dissolution d'un sel de magnésie qui ne renferme pas un excès d'acide ni aucun sel ammoniacal, donne un précipité blanc; les sels de baryte, de strontiane et de chaux ne donnent pas, dans ce cas, de précipité. Mais, si la liqueur magnésienne renferme une quantité suffisante d'un sel ammoniacal quelconque, la liqueur n'est plus précipitée par l'ammoniaque, parce que le sel magnésien forme alors un sel double ammoniacal indécomposable par l'ammoniaque. Il n'y a pas non plus de précipité si la liqueur renferme un grand excès d'acide; car, en versant de l'ammoniaque pour saturer la liqueur, on forme une quantité de sel ammoniacal suffisante pour produire le sel double magnésien indécomposable par l'ammoniaque. Le même phénomène se manifeste alors que le sel magnésien existe dans la liqueur à l'état neutre ; une portion seulement de la magnésie est précipitée par l'ammoniaque. En effet, l'acide abandonné à l'ammoniaque par la magnésie précipitée forme une quantité de sel ammoniac suffisante pour produire, avec le sel magnésien qui reste dans la liqueur, le sel double indécomposable par un excès d'ammoniaque. Par cette propriété, la magnésie se place encore entre les terres alcalines et les terres.

Les sels de magnésie sont précipités par l'eau de chaux.

Les sels de magnésie ne sont jamais précipités par les sulfates alcalins, à moins que la liqueur magnésienne ne soit dans un état de concentration extrême ; auquel cas le sulfate de magnésie pourrait cristalliser ; mais il est toujours facile de constater que ces cristaux sont très-solubles dans l'eau. Les sels de baryte et de strontiane sont, au contraire, précipités par les sulfates, lors même que leurs dissolutions sont très-étendues ; les sels de chaux donnent eux-mêmes un précipité de sulfate de chaux, facile à reconnaître à son apparence, à moins que les liqueurs ne soient extrêmement étendues.

Les sels de magnésie, chauffés au chalumeau avec une petite quantité d'azotate de cobalt, donnent un résidu d'une couleur rose.

Dosage des terres alcalines ; méthodes pour les séparer les unes des autres, ainsi que des alcalis.

§ 590. La baryte et la strontiane sont toujours dosées à l'état de sulfates. Lorsque ces bases sont en dissolution, on porte la liqueur à l'ébullition, on y ajoute quelques gouttes d'acide chlorhydrique, puis on y verse une dissolution d'acide sulfurique ou de sulfate de soude. Les sulfates se déposent sous forme d'une poudre grenue, qu'on recueille sur un petit filtre. On lave bien ce précipité à l'eau chaude, et on le sèche sur le filtre. Après la dessiccation, le précipité se sépare facilement du filtre ; on le fait tomber avec précaution dans un creuset de platine, que l'on chauffe au rouge, sur une lampe à alcool, et au-dessus duquel on maintient le filtre fixé à l'extrémité d'un fil de platine. On met le feu au filtre ; il s'incinère complétement au milieu de l'air, et la cendre tombe dans le creuset. On prend, sur la balance, la tare du creuset avec la matière qu'il contient ; puis on retire la matière et on nettoie le creuset. Le creuset est replacé sur la lampe à alcool, et l'on y incinère un second filtre, ayant les mêmes dimensions que le premier, et pris dans la même feuille de papier, très-près du premier. Ce filtre, afin d'être aussi identique que possible au premier, doit avoir été lavé avec de l'eau acidulée par de l'acide chlorhydrique. On replace de nouveau le creuset sur la balance. Les poids qu'on est obligé d'ajouter pour rétablir l'équilibre représentent le poids du sulfate. Il ne faut pas calciner, dans le creuset, le sulfate enveloppé de son filtre, parce qu'il se forme toujours dans ce cas une certaine quantité de sulfure de baryum, et, pour n'avoir à la fin que du sulfate, il serait nécessaire d'arroser la matière avec un peu d'acide sulfurique et de calciner de nouveau.

§ 591. Lorsqu'une dissolution ne renferme que de la chaux combinée à un acide volatil ou à l'acide sulfurique, on peut doser la chaux à l'état de sulfate. A cet effet, on évapore la liqueur à siccité dans une capsule de porcelaine, ou mieux de platine; on arrose le résidu avec un peu d'acide sulfurique; on évapore l'excès d'acide, et l'on chauffe la matière au rouge. On pèse le sulfate de chaux qui reste. D'autres fois, on évapore à sec avec un peu d'acide sulfurique, et l'on reprend par l'alcool faible, qui ne dissout pas sensiblement de sulfate de chaux, mais qui peut dissoudre d'autres matières salines qui existaient dans la liqueur avec le sulfate de chaux. Le sulfate de chaux est lavé à l'alcool, puis pesé après calcination.

On peut précipiter également la chaux par un carbonate alcalin, ou mieux, par un oxalate, parce que l'oxalate de chaux est encore plus insoluble que le carbonate, pourvu que les liqueurs soient rendues alcalines par l'addition d'une petite quantité d'ammoniaque. Le précipité peut être dosé, soit à l'état de chaux vive, soit à l'état de carbonate de chaux, soit enfin à l'état de sulfate de chaux. Si l'on veut le doser à l'état de chaux, il faut calciner l'oxalate à la chaleur blanche, et, après l'avoir pesé, on s'assure si la chaux est complétement à l'état caustique, en l'arrosant avec de l'acide azotique, qui ne doit pas produire d'effervescence. On peut, comme vérification, arroser la matière calcinée avec de l'acide sulfurique, et doser la chaux à l'état de sulfate, après une nouvelle calcination.

Pour doser la chaux à l'état de carbonate, on ajoute du carbonate d'ammoniaque à la matière grillée dans une capsule de platine, et l'on chauffe seulement au rouge sombre pour chasser l'excès de carbonate d'ammoniaque.

§ 592. Lorsque la magnésie existe seule dans une liqueur, en combinaison avec un acide volatil, ou avec l'acide sulfurique, on peut la doser à l'état de sulfate en opérant exactement comme pour la chaux. On peut aussi la précipiter à l'état de carbonate par un carbonate alcalin; mais il est bon d'évaporer la liqueur à sec avec un excès de carbonate alcalin, et de reprendre par l'eau. Le carbonate de magnésie se sépare alors d'une manière complète; on calcine le précipité au rouge, et on le pèse à l'état de magnésie caustique.

Souvent aussi on dose la magnésie à l'état de phosphate. On ajoute dans ce cas à la liqueur, d'abord de l'ammoniaque, puis une dissolution de phosphate d'ammoniaque. Le précipité de phosphate ammoniaco-magnésien est recueilli sur un filtre, et lavé rapidement; on le pèse après calcination. Le phosphate de magnésie ainsi obtenu renferme 36,6 pour 100 de magnésie.

§ 593. Supposons, maintenant, une liqueur qui renferme, à la fois, des bases alcalines, potasse ou soude, et les quatre terres alcalines, baryte, strontiane, chaux et magnésie : supposons de plus qu'elle ne contienne que des acides volatils. On versera dans la liqueur un excès de carbonate d'ammoniaque qui précipitera les terres alcalines à l'état de carbonates; les alcalis resteront seuls dans la liqueur ainsi qu'une partie de la magnésie qui peut rester dissoute à cause des sels ammoniacaux que la liqueur renferme. Cette liqueur sera évaporée à sec, après addition d'un peu d'acide sulfurique. Le résidu, calciné au rouge, et fondu dans un creuset de platine, ne se composera que de sulfates alcalins et de magnésie; les sels ammoniacaux se seront dégagés par la chaleur. Après avoir pesé les sulfates, on les dissoudra dans l'eau, on ajoutera à la liqueur un excès de carbonate de baryte obtenu par voie humide, et l'on fera bouillir pendant quelque temps. La magnésie se précipitera ainsi complétement à l'état d'hydrocarbonate de magnésie; les alcalis resteront seuls dans la liqueur à l'état de carbonates. Cependant, pour que l'acide sulfurique soit complétement précipité par la baryte, il est nécessaire de faire passer à travers la liqueur un courant d'acide carbonique qui transforme les carbonates alcalins en bicarbonates, mais dissout une petite quantité de magnésie et de baryte. Pour séparer ces deux dernières bases, on évapore la liqueur, on calcine le résidu pour transformer les bicarbonates en carbonates neutres, et l'on reprend par l'eau. Les carbonates alcalins se dissolvent seuls; on les transforme en chlorures par l'addition de l'acide chlorhydrique, et l'on précipite la potasse par le chlorure de platine, comme il a été dit (§ 527).

Pour séparer la magnésie des résidus insolubles où elle est mélangée avec le sulfate et le carbonate de baryte, il suffit de traiter ces résidus par l'acide sulfurique faible qui ne dissout que la magnésie; et l'on pèse le sulfate de magnésie qui reste après l'évaporation de la liqueur.

Les carbonates des terres alcalines qui ont été séparés par le carbonate d'ammoniaque au commencement de l'opération sont dissous dans l'acide chlorhydrique; on porte à l'ébullition la liqueur suffisamment étendue, et l'on y verse de l'acide sulfurique ou du sulfate d'ammoniaque : la baryte et la strontiane se précipitent seules à l'état de sulfates. On les pèse après calcination. Reste à savoir dans quelles proportions se trouvent ces deux bases. A cet effet, on les fond dans un creuset de platine avec le triple de leur poids de carbonate de soude pur; puis on reprend par l'eau. La baryte et la strontiane restent à l'état de carbonates insolubles; l'acide sulfurique des sulfates se trouve dans la liqueur alcaline. On sursature la liqueur alcaline par de l'acide chlorhydrique, et l'on précipite l'acide sulfurique par le chlorure de baryum. Le poids d'acide sulfurique ainsi obtenu, comparé au poids des sulfates de baryte et de strontiane qui l'ont produit, permet souvent de calculer la proportion de ces deux bases avec assez d'exactitude, lors, du moins, qu'elles se trouvent dans le mélange à peu près en quantités égales. On opérera pour cela comme nous l'avons expliqué (§ 525 *bis*), pour analyser un mélange de sulfates de potasse et de soude.

Les carbonates de baryte et de strontiane sont traités par de l'acide chlorhydrique, qui les transforme en chlorures. On évapore à sec et l'on reprend par de l'alcool concentré, qui ne dissout pas sensiblement de chlorure de baryum, et dissout, au contraire, facilement, le chlorure de strontium. Les deux bases sont donc séparées; on les dose ensuite à l'état de sulfates.

La liqueur, dont on a séparé la baryte et la strontiane, ne renferme plus que de la chaux et de la magnésie. On la sature par de l'ammoniaque, de manière à lui communiquer une réaction alcaline prononcée; on y verse ensuite de l'oxalate d'ammoniaque, qui donne un précipité d'oxalate de chaux. Dans ce cas, la magnésie n'est pas précipitée, à cause de la présence dans la liqueur d'une grande quantité de sels ammoniacaux. L'oxalate de chaux est dosé comme nous l'avons dit (§ 591).

La liqueur, qui ne renferme plus que de la magnésie et des sels ammoniacaux, est évaporée à siccité; on y ajoute un peu d'acide sulfurique et l'on calcine le résidu au rouge; les sels ammoniacaux sont chassés, et il ne reste que du sulfate de magnésie. On peut aussi précipiter la magnésie par le phosphate d'ammoniaque, et peser le phosphate ammoniaco-magnésien après calcination.

§ 594. On peut faire l'analyse du mélange des sels de potasse, de soude, de baryte, de strontiane, de chaux et de magnésie, en séparant les bases dans un ordre un peu différent. On peut commencer par précipiter la baryte et la strontiane par l'acide sulfurique, la chaux par l'oxalate d'ammoniaque, puis évaporer la liqueur, qui ne renferme plus que les alcalis et la magnésie, que l'on séparera par les procédés que nous avons précédemment indiqués.

III. MÉTAUX TERREUX.

ALUMINIUM.

Équivalent = 175,00.

§ 595. L'aluminium* est un des corps les plus répandus à la surface du globe ; son oxyde, combiné à l'acide silicique et à une certaine quantité d'eau, forme les argiles. Le silicate d'alumine, combiné avec d'autres silicates, constitue des minéraux nombreux, dont les plus importants sont le feldspath et le mica, qui entrent dans la constitution des granites, c'est-à-dire des roches primitives qui forment toute la croûte intérieure du globe accessible à nos moyens d'observation. Le nom d'*aluminium* donné à ce métal lui vient de l'*alun*, qui est un sulfate double d'alumine et de potasse, employé depuis longtemps dans les arts.

On prépare l'aluminium en décomposant par le potassium ou le sodium le chlorure d'aluminium anhydre. On opère d'ailleurs exactement comme pour le magnésium (§ 578). Après le refroidissement du creuset dans lequel on a chauffé le chlorure d'aluminium avec le potassium, on reprend la matière par de l'eau froide, qui dissout le chlorure de potassium, et l'aluminium se sépare sous la forme d'une poudre grise, qui prend sous le brunissoir un éclat métallique.

On obtient l'aluminium plus agrégé et en plus grande quantité en disposant l'opération de la manière suivante : on introduit 300 à 400 grammes de chlorure d'aluminium dans un gros tube en terre cuite de 4 à 5 centim. de diamètre, qui ne doit en être rempli qu'à moitié ; on maintient ce chlorure par deux tampons d'amiante. Par une des extrémités du tube, on fait arriver un courant d'hydrogène sec et l'on chauffe légèrement le chlorure d'aluminium pour chasser l'acide chlorhydrique et les chlorures de soufre et de silicium dont il est toujours imprégné. On introduit ensuite dans le tube, par l'ouverture opposée, des nacelles de porcelaine contenant du sodium, préalablement écrasé entre deux feuilles de papier à filtrer bien sec. Le tube étant plein d'hydrogène, on fond le sodium, on chauffe le chlorure d'aluminium qui distille, et dont la vapeur vient se décomposer au contact du sodium. Le chlorure de sodium qui en résulte se combine avec une partie de chlorure d'aluminium non décomposé et

---

* L'aluminium a été isolé pour la première fois par M. Wœhler.

forme un chlorure double, très-fusible et volatil, dans lequel l'aluminium reste baigné. On retire les nacelles du tube et on les introduit dans un tube de porcelaine muni d'une allonge par lequel on fait passer un courant de gaz hydrogène bien desséché. On chauffe ce tube au rouge vif, le chlorure double d'aluminium et de sodium distille, et l'aluminium métallique reste dans chaque nacelle en un ou deux culots.

L'aluminium est un métal d'un blanc légèrement bleuâtre; il jouit d'une grande ductilité, et peut être réduit à l'état de lames minces et de fils très-fins. Sa ténacité est comparable à celle du fer; son élasticité est considérable, et c'est un des métaux les plus sonores. Il est très-bon conducteur de l'électricité, et comparable, sous ce rapport, à l'argent. L'aluminium fond à une température un peu plus élevée que le zinc; la densité du métal fondu est 2,56; elle s'élève à 2,67 par le laminage.

L'aluminium ne s'altère pas à l'air à la température ordinaire, et il s'oxyde à peine à la chaleur rouge; il ne décompose l'eau qu'à une température élevée. L'acide sulfurique attaque difficilement l'aluminium, même quand il est concentré et chaud; l'acide azotique ne le dissout que quand il est concentré et bouillant. L'acide chlorhydrique est le véritable dissolvant de l'aluminium, il l'attaque vivement à froid; l'acide chlorhydrique attaque le métal à une température peu élevée et le transforme en chlorure volatil. L'acide sulfhydrique n'exerce pas d'action sur l'aluminium. Les alcalis caustiques l'attaquent à peine, même à la température de leur fusion.

L'aluminium forme des alliages avec quelques métaux, notamment avec le fer, le cuivre, l'argent; ces alliages sont durs et prennent un beau poli; il ne se combine pas au mercure. L'aluminium se combine facilement avec le carbone et le silicium, il devient alors dur et cassant et ressemble à la fonte de fer.

COMBINAISON DE L'ALUMINIUM AVEC L'OXYGÈNE.

§ 596. On ne connait qu'une seule combinaison de l'aluminium avec l'oxygène : on l'obtient en précipitant une dissolution d'alun par un excès de carbonate d'ammoniaque. Le précipité gélatineux blanc doit être bien lavé à l'eau bouillante; desséché et calciné, il donne de l'alumine anhydre. On obtient encore immédiatement l'alumine en chauffant à une forte chaleur rouge l'alun ammoniacal; mais l'alumine, ainsi préparée, retient souvent un peu d'acide sulfurique. L'alumine est une poudre blanche, insoluble dans l'eau. Lorsqu'elle n'a pas été chauffée au rouge, elle se dissout facilement

dans une dissolution de potasse, de soude, de baryte et de strontiane; elle se dissout aussi en petite quantité dans une dissolution
concentrée d'ammoniaque. L'alumine joue, dans ce cas, le rôle d'un
véritable acide, et l'on peut obtenir plusieurs aluminates à l'état
cristallisé. Elle se dissout aussi dans les acides, et donne des sels
qui ont toujours une forte réaction acide. L'alumine calcinée, au
contraire, ne se dissout que difficilement dans la potasse et dans les
acides. La combinaison de l'alumine avec les alcalis a lieu, dans tous
les cas, à la chaleur rouge.

On trouve au Groënland un minéral particulier, que les minéralogistes désignent sous le nom de *cryolithe*, et qui se prête très-bien
à la fabrication de l'aluminium. La cryolithe est un fluorure double
d'aluminium et de sodium; on réduit ce minéral en poudre fine, et
on l'introduit par couches avec des plaques de sodium dans un creuset de fer; on recouvre le mélange de chlorure de potassium, qui
sert de fondant. Pour 5 parties en poids de cryolithe, on emploie
2 parties de sodium et 5 parties de chlorure de potassium. On chauffe
le creuset à une chaleur blanche que l'on maintient pendant une
demi-heure. La matière refroidie est concassée dans un mortier, et
on en retire les globules d'aluminium. Pour réunir ce métal en un
culot, on le fond sous une couche de chlorure double d'aluminium
et de sodium. '

L'alumine se rencontre cristallisée dans la nature: elle forme des
minéraux qui présentent souvent de belles couleurs; on les emploie
dans la bijouterie, comme pierres précieuses. La forme cristalline de
ces minéraux appartient au système rhomboédrique; leur forme la
plus ordinaire est le rhomboèdre primitif, ou le prisme à six faces.
On donne à ces minéraux des noms différents, suivant leur couleur.
Ainsi l'alumine naturelle, colorée en bleu, porte le nom de *saphir*;
celle qui est colorée en rouge est appelée *rubis*. Ces couleurs sont
dues à de très-petites quantités d'oxydes métalliques colorants. L'alumine incolore et transparente porte le nom de *corindon hyalin*.
Enfin, on la rencontre plus fréquemment sous la forme de prismes
à six faces, opaques, ou même de cailloux roulés, colorés en brun
par de l'oxyde de fer. L'alumine naturelle a une densité considérable, qui s'élève à 3,9; c'est, après le diamant, la matière la plus
dure. On s'en sert, à cause de cette propriété, pour polir les pierres
précieuses et les glaces. On utilise à cet usage le corindon opaque,
qui prend alors le nom d'*émeri*. On le réduit en poudre fine, et, par
la lévigation, on sépare cette poudre en plusieurs espèces, plus ou
moins fines. La poudre d'émeri est mise en suspension dans l'eau,
les parties les plus grosses gagnent le fond du vase, et la liqueur,

abandonnée au repos pendant un temps plus ou moins long, tient en suspension une poudre plus ou moins fine.

L'alumine est infusible à la température de nos fourneaux; mais elle fond au chalumeau à gaz oxygène et hydrogène, sous forme de globules incolores et transparents, qui prennent souvent en refroidissant une texture cristalline. Pour obtenir l'alumine fondue artificiellement, il suffit de chauffer au chalumeau à gaz oxygène et hydrogène de l'alun potassique ordinaire, après l'avoir déshydraté par la chaleur. Le sulfate d'alumine se décompose, le sulfate de potasse se volatilise à cette haute température, il ne reste que l'alumine, qui fond lorsque la température est suffisamment élevée. En ajoutant à l'alun une petite quantité de chromate de potasse, l'alumine fondue reste colorée en rouge, et imite alors parfaitement le rubis naturel.

L'alumine, précipitée d'une dissolution d'alun par le carbonate d'ammoniaque en excès, forme une matière gélatineuse, qui est un hydrate. L'alumine hydratée se dissout facilement dans les acides et dans les liqueurs alcalines. Elle ne se combine cependant pas avec les acides très-faibles, tels que l'acide carbonique. Elle ne perd pas son eau par l'exposition dans le vide sec, ou à la chaleur de l'eau bouillante; il faut la chauffer jusqu'au rouge pour l'obtenir complétement anhydre. L'alumine calcinée ne se combine plus avec l'eau: mais c'est une matière hygrométrique, qui condense facilement l'humidité de l'atmosphère. On trouve l'alumine hydratée dans la nature : le *diaspore* est un de ces hydrates cristallisés; il a pour formule $Al^2O^3 + 3HO$; la *gibsite* est également un hydrate d'alumine.

En soumettant à une évaporation lente une dissolution d'hydrate d'alumine dans la potasse, on obtient un aluminate de potasse en grains cristallins, qui a pour formule $KO.Al^2O^3$. On obtient avec la baryte une combinaison analogue. Le minéral, appelé *spinelle*, est un aluminate de magnésie, qui a pour formule $MgO.Al^2O^3$. On produit plusieurs de ces aluminates cristallisés, en opérant de la manière suivante : on mêle ensemble des proportions convenables d'alumine et des oxydes métalliques que l'on veut combiner, puis on ajoute au mélange 5 à 6 fois son poids d'acide borique en mêlant bien intimement les matières. On place le tout dans un creuset de platine, et on l'expose pendant plusieurs jours à une haute température dans un four à porcelaine. L'acide borique fond d'abord, et dissout l'alumine et les autres oxydes métalliques. Mais l'acide borique a une tension de vapeur fort notable à cette haute température, il s'évapore lentement. L'alumine et les bases métalliques, qui se trouvent en présence dans le même dissolvant, se combinent. A mesure que le dissolvant s'évapore, la combinaison se sépare, et, comme elle se dépose lentement, elle forme de petits cristaux nettement terminés. Le même procédé peut servir à obtenir, cristallisées, plusieurs autres combinaisons que l'on rencontre dans le règne minéral, et que nous ne parvenons pas à fondre à la température de nos fourneaux.

§ 597. La composition de l'alumine a été déduite de l'analyse de l'alun. L'alun potassique est un sulfate double d'alumine et de potasse, renfermant de l'eau de cristallisation, qu'il perd par une chaleur modérée. On dissout 10 gr. d'alun potassique anhydre dans de l'eau chaude, et l'on précipite l'alumine par un excès de carbonate d'ammoniaque. Le précipité, recueilli sur un filtre, est bien lavé, puis pesé après calcination. On trouve ainsi 1^{gr},986 d'alumine. Les liqueurs sont évaporées; le résidu de l'évaporation, calciné au rouge dans un creuset de platine, se compose seulement de sulfate de potasse, car les sels ammoniacaux ont été volatilisés par la chaleur. Le sulfate de potasse, ainsi obtenu, pèse 3^{gr},373.

On prend ensuite 10 autres gr. d'alun anhydre, on les dissout dans l'eau bouillante, et l'on précipite l'acide sulfurique par un excès de chlorure de baryum. On trouve ainsi 18^{gr},044 de sulfate de baryte, qui contiennent 6^{gr},188 d'acide sulfurique. Or les 3^{gr},373 de sulfate de potasse renferment 1^{gr},547 d'acide sulfurique. Le poids 1^{gr},986 d'alumine est donc combiné avec le poids 4^{gr},641 d'acide sulfurique.

On considère ce sulfate d'alumine comme un sulfate neutre; on suppose que l'oxygène de l'acide sulfurique est le triple de l'oxygène contenu dans la base. Or l'oxygène contenu dans 4^{gr},641 d'acide sulfurique pèse 2^{gr},784. Le $\frac{1}{3}$ de ce poids, c'est-à-dire 0,928, se trouve dans les 1^{gr},986 d'alumine. L'alumine est donc composée de :

Aluminium.	1,058	53,27
Oxygène.	0,928	46,73
Alumine.	1,986	100,00.

Reste maintenant à savoir quelle formule il convient de donner à l'alumine. Si l'on suppose que cette base présente la même formule que les bases étudiées précédemment, il faudra écrire cette formule AlO, et l'équivalent de l'aluminium sera donné par la proportion

$$46,73 : 53,27 :: 100 : x, \quad \text{d'où } x = 113,99.$$

Mais cette formule AlO est contredite par des considérations fondées sur l'isomorphisme. Jamais l'alumine ne se présente comme isomorphe avec un oxyde de la formule RO; toujours, au contraire, elle est isomorphe avec certains oxydes R^2O^3, dont les formules présentent toute certitude. Ainsi on obtient une série d'aluns, ayant exactement la même forme cristalline et des propriétés très-analogues, en combinant le sulfate de potasse avec les sulfates de sesquioxyde de fer Fe^2O^3, de sesquioxyde de manganèse Mn^2O^3, d'oxyde de chrôme Cr^2O^3. L'alumine cristallisée naturelle, ou corindon, présente aussi la même forme cristalline que le sesquioxyde de fer naturel ou *fer oligiste*, et que le sesquioxyde de chrôme. Il n'y a donc aucun doute que la formule de l'alumine doive être écrite Al^2O^3; et, par suite, le sulfate d'alumine neutre doit prendre la formule $Al^2O^3.3SO^3$.

L'équivalent de l'alumine s'obtient alors par la proportion :

$$46,75 : 55,27 :: 500 : 2x, \quad \text{d'où } x = 170,98.$$

Sels formés par l'alumine.

Sulfate d'alumine.

§ 598. Le sulfate neutre d'alumine se prépare en grand depuis quelque temps; on l'emploie dans la teinture, où il remplace l'alun avec avantage. On le prépare en traitant les argiles par l'acide sulfurique; on choisit des argiles qui renferment le moins de fer possible, les kaolins, par exemple. On les calcine à une chaleur rouge sombre dans des fours, on les réduit en poudre fine sous des meules, puis, on les mêle avec la moitié de leur poids d'acide sulfurique à 1,45 de densité. Le mélange est chauffé dans un autre four jusqu'à ce que l'acide sulfurique commence à se dégager. On le retire alors, et on l'abandonne à lui-même pendant plusieurs jours. La masse, traitée par l'eau, donne une dissolution de sulfate d'alumine. Mais, comme cette dissolution renferme presque toujours un peu de sel de fer qui présenterait de grands inconvénients pour la teinture, il est important de séparer le sel de fer. On le précipite au moyen du prussiate de potasse, que l'on ajoute à la liqueur, jusqu'à ce qu'il ne se forme plus de précipité bleu. On évapore ensuite; le résidu sirupeux est versé dans de petits bassins de plomb, où il se solidifie sous la forme de masses blanches. Le sulfate d'alumine est soluble dans le double de son poids d'eau. Une dissolution, saturée à chaud, laisse déposer ce sel sous la forme de petites paillettes cristallines qui ont pour formule $Al^2O^3.3SO^3 + 18HO$.

La dissolution de sulfate neutre d'alumine peut dissoudre une nouvelle proportion d'alumine, quand on la fait digérer avec de l'alumine hydratée. Il se forme alors un sulfate d'alumine basique qui a pour formule $2Al^2O^3.3SO^3$.

Enfin, en versant de l'ammoniaque dans une dissolution de sulfate d'alumine, il se précipite une poudre cristalline, qui est un sulfate d'alumine tribasique, ayant pour formule $Al^2O^3.SO^3 + 9HO$. Ce composé se rencontre dans la nature.

Lorsqu'on mêle à froid une solution concentrée de sulfate d'alumine avec une solution concentrée d'acétate de plomb, on obtient une solution d'acétate d'alumine. La liqueur, abandonnée à elle-même, laisse déposer une croûte dure qui constitue un acétate d'alumine basique $Al^2O^3.2\overline{Ac} + 5HO$; si on la fait bouillir, le même acétate se précipite en petits cristaux qui ne renferment que 2 éq. d'eau.

§ 599. Le sulfate d'alumine est surtout important par les sels doubles qu'il forme avec les sulfates alcalins et avec le sulfate d'ammoniaque. Ces sulfates doubles portent le nom d'*aluns*. Le plus ordinairement, cependant, ce nom est donné au sulfate double d'alumine et de potasse. Ces sels doubles se préparent facilement en mêlant ensemble les dissolutions des deux sulfates, et évaporant les liqueurs pour que le sulfate double cristallise. Les aluns potassique et ammonique sont peu solubles à froid, et cristallisent facilement; l'alun sodique est, au contraire, très-soluble. La meilleure manière d'obtenir l'alun sodique cristallisé consiste à verser, sur une dissolution concentrée de ce sel double, une couche d'alcool absolu, et d'abandonner le tout à lui-même pendant quelques jours. L'alcool se combine successivement avec l'eau, et l'alun sodique se dépose en beaux cristaux octaédriques.

Ces trois aluns cristallisent dans le système régulier; leurs formes ordinaires sont l'octaèdre, le cube, ou des combinaisons de ces deux formes, dans lesquelles domine tantôt l'octaèdre, tantôt le cube. Ils présentent aussi des compositions semblables; ainsi

L'alun potassique a pour formule... $KO.SO^3 + Al^2O^3.3SO^3 + 24HO$,
L'alun sodique..................... $NaO.SO^3 + Al^2O^3.3SO^3 + 24HO$,
L'alun ammoniacal................. $(AzH^3.HO).SO^3 + Al^2O^3.3SO^3 + 24HO$.

Les sesquioxydes basiques, isomorphes avec l'alumine, forment, avec les sulfates de potasse, de soude et d'ammoniaque, des sels doubles tout à fait semblables, auxquels on a donné, par extension, le nom d'*aluns*. Ces nouveaux aluns cristallisent en octaèdres ou en cubes, comme ceux que forme le sulfate d'alumine, et ils présentent la même formule; ainsi le sulfate de sesquioxyde de fer, $Fe^2O^3.3SO^3$, donne :

Un alun ferri-potassique............. $KO.SO^3 + Fe^2O^3.3SO^3 + 24HO$,
Un alun ferri-sodique............... $NaO.SO^3 + Fe^2O^3.3SO^3 + 24HO$,
Un alun ferri-ammonique............ $(AzH^3.HO).SO^3 + Fe^2O^3.3SO^3 + 24HO$.

Le sulfate de sesquioxyde de manganèse, $Mn^2O^3.3SO^3$, donne de même :

Un alun mangani-potassique....... $KO.SO^3 + Mn^2O^3.3SO^3 + 24HO$,
Un alun mangani-sodique......... $NaO.SO^3 + Mn^2O^3.3SO^3 + 24HO$,
Un alun mangani-ammonique...... $(AzH^3.HO).SO^3 + Mn^2O^3.3SO^3 + 24HO$.

Enfin, le sulfate de sesquioxyde de chrôme donne les aluns suivants :

Un alun chrômi-potassique........ $KO.SO^3 + Cr^2O^3.3SO^3 + 24HO$,
Un alun chrômi-sodique........... $NaO.SO^3 + Cr^2O^3.3SO^3 + 24HO$,
Un alun chrômi-ammonique....... $(AzH^3.HO).SO^3 + Cr^2O^3.3SO^3 + 24HO$.

Nous nous appuierons souvent sur l'existence de ces aluns isomorphes pour établir l'isomorphisme des sesquioxydes.

L'alun potassique est le plus employé dans les arts; on s'en sert dans la teinture, et sa fabrication a reçu un grand développement dans presque tous les pays.

L'alun potassique se dissout dans 18,4 parties d'eau froide, et dans 0,75 seulement d'eau bouillante; sa courbe de solubilité est tracée sur la planche annexée à la page 74. Il se dépose par le refroidissement en beaux octaèdres, dont les angles sont souvent tronqués par les faces du cube; on lui donne alors le nom d'*alun octaédrique*. On peut également l'obtenir cristallisé en cubes; il suffit de prendre une dissolution ordinaire d'alun, saturée à 50°, et d'y verser du carbonate de potasse; il se précipite un sous-sulfate d'alumine, qui se redissout par l'agitation de la liqueur. Si on laisse ensuite refroidir la liqueur, l'alun cristallise avec sa composition ordinaire, mais il affecte alors la forme de cubes, quelquefois modifiés par les faces de l'octaèdre, le cube étant toujours dominant. Cet alun est appelé *alun cubique*; il est plus estimé dans le commerce que l'alun octaédrique. Cette circonstance tient à ce que l'alun est souvent mélangé avec un peu de sulfate de fer, très-nuisible dans les teintures, parce qu'il altère les nuances des couleurs. Or l'alun ne cristallise en cubes que dans les liqueurs qui renferment un excès d'alumine, et, par cela, privées d'oxyde de fer; la forme cubique de l'alun est donc un gage de sa pureté.

L'alun a une saveur d'abord sucrée, mais qui devient bientôt très-astringente. Chauffé, il commence par fondre d'abord dans son eau de cristallisation, puis, par le refroidissement, il se solidifie en masses vitreuses, qu'on appelle *alun de roche*. Chauffé davantage, il perd successivement son eau et arrive à l'état anhydre. Lorsqu'on chauffe ainsi l'alun dans un creuset pour le déshydrater, la matière, d'abord liquide, devient de plus en plus pâteuse, à mesure

qu'elle perd de l'eau. Elle se boursoufle beaucoup, s'élève au-dessus
du creuset, et, si l'on chauffe progressivement,
l'alun anhydre reste sous la forme d'une matière
spongieuse, qui a formé un champignon au-dessus du creuset (fig. 379). L'alun déshydraté est
employé en médecine comme caustique; on lui
donne le nom d'*alun calciné*. Enfin, l'alun,
chauffé au rouge, se décompose; un mélange d'a-
cide sulfureux et d'oxygène se dégage; le résidu
se compose d'alumine libre et de sulfate de potasse inaltéré. On peut séparer ce dernier sel
en le dissolvant dans l'eau. L'alun calciné avec

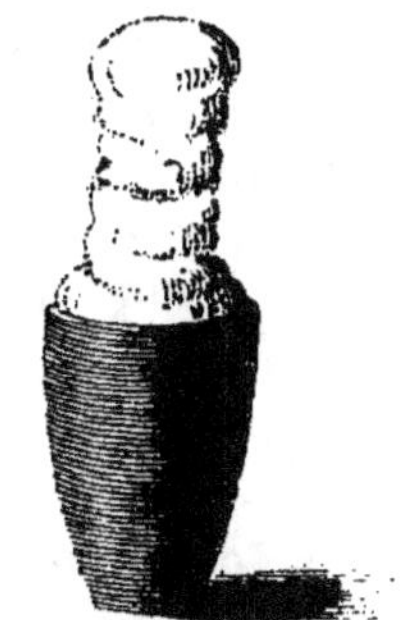

Fig. 379.

du charbon, ou mieux du noir de fumée intimement mélangé, donne
un résidu très-divisé, composé d'alumine, de sulfure de potassium
et de charbon. Ce résidu est un véritable pyrophore; il prend feu
quand on le projette à l'air humide.

§ 600. On emploie dans les arts plusieurs procédés pour préparer
l'alun :

1° On prépare une dissolution de sulfate d'alumine en attaquant
des argiles par l'acide sulfurique, ainsi que nous l'avons dit (§ 598).
On ajoute ensuite du sulfate de potasse ou du chlorure de potassium,
et on laisse refroidir les liqueurs en les agitant continuellement.
L'alun se précipite sous la forme de petits cristaux grenus, qu'on
laisse bien égoutter, et qu'on lave avec une petite quantité d'eau
froide. Ces cristaux sont redissous dans l'eau bouillante; la liqueur,
abandonnée au refroidissement dans des cristallisoirs, donne des
masses cristallines, octaédriques, d'alun. Le chlorure de potassium
doit être préféré au sulfate de potasse, parce qu'il transforme les
sels de fer mélangés au sulfate d'alumine en chlorures de fer, qui
sont beaucoup plus solubles que les sulfates de fer, et par conséquent ne se précipitent pas avec l'alun. Cette méthode est, en général, trop dispendieuse pour qu'on puisse l'employer à la préparation
de l'alun.

2° La plus grande partie de l'alun se prépare par le grillage spon-
tané ou artificiel de certaines roches argileuses, fortement imprégnées de petits cristaux de sulfure de fer. Le sulfure de fer est le
plus souvent du bisulfure de fer FeS^2, ou *pyrite*, quelquefois cependant c'est un sulfure Fe^7S^8, appelé *pyrite magnétique*. Ces roches
argileuses et pyriteuses se rencontrent en abondance dans deux étages géologiques. On en trouve dans les terrains de transition, où elles
forment des schistes ordinairement imprégnés de bitume; on en
rencontre aussi à l'étage inférieur des terrains tertiaires, immédia-

tement au-dessus de la craie. Ces derniers schistes alumineux sont beaucoup moins agrégés; leur grillage est plus facile, et le plus souvent il a lieu spontanément à l'air.

On amoncelle les schistes alumineux en grands tas prismatiques sur une couche de combustible disposée sur une aire imperméable, et à laquelle on ménage une petite inclinaison. On met le feu au combustible; celui-ci le communique bientôt au soufre des pyrites et à la matière bitumineuse dont le schiste est imprégné. On règle cette combustion avec beaucoup de soin, afin que la température ne s'élève pas trop dans certaines parties de la masse; cela est facile en recouvrant le tas de schiste d'une couche de schiste en poussière, ordinairement de schistes déjà grillés et lessivés. En pratiquant, au contraire, des trous dans cette couverte, on appelle facilement le feu dans les parties où la combustion est trop lente. De temps en temps on verse sur le tas de petites quantités d'eau. La combustion continue tranquillement pendant cinq ou six mois; au bout de ce temps elle s'arrête. On démolit alors le tas qui s'est beaucoup affaissé; on arrose la matière avec de petites quantités d'eau, et on la laisse encore exposée à l'air pendant quelque temps. Les eaux qui proviennent de ces lavages, ou des pluies qui ont mouillé le tas, sont amenées dans des réservoirs imperméables. Enfin la matière, soumise à un système de lessivage méthodique, donne des eaux suffisamment concentrées pour l'évaporation par le feu.

Les schistes alumineux des terrains tertiaires sont beaucoup plus altérables. Il suffit de les exposer à l'air, et de les arroser de temps en temps, pour que l'oxydation se fasse spontanément. La pyrite de fer absorbe l'oxygène de l'air, et se change en sulfate de fer et en acide sulfurique. Cet acide se combine, à mesure, avec l'alumine du schiste, et forme du sulfate d'alumine :

$$FeS^2 + 7O = FeO.SO^3 + SO^3.$$

En Picardie, on prépare des quantités considérables d'alun avec des schistes tertiaires qui se délitent très-promptement à l'air. On en fait des tas, que l'on retourne de temps en temps, et qu'on arrose avec une petite quantité d'eau si la saison est très-sèche. L'oxydation marche rapidement, et, quelquefois, la chaleur dégagée est assez forte pour déterminer la combustion vive de la masse. Il faut éviter cette incandescence, parce qu'alors il se dégage beaucoup d'acide sulfureux. Lorsque la sulfatisation est suffisamment avancée, on lessive les matières. Les eaux de lavage, qui marquent de 18 à 20° à l'aréomètre, sont soumises à l'évaporation. Abandonnées au refroidissement, elles laissent déposer une grande quantité de sulfate de protoxyde de fer. Les eaux mères renferment le sulfate d'alumine. On verse du chlorure de potassium dans les eaux chaudes, et on les laisse refroidir. Lorsque l'alun commence à se déposer, on trouble la cristallisation en agitant continuellement la liqueur. L'alun se précipite alors en sable cristallin, qu'on retire à mesure avec un râteau. On laisse égoutter la matière sur une aire inclinée, qui ramène les eaux dans le cristallisoir. Les schistes lavés peuvent donner une nouvelle quantité de sulfates; mais il faut activer le grillage par une chaleur artificielle. A cet effet, on les dispose en grands tas prismatiques, sur une couche de broussailles auxquelles on met le feu. La combustion se propage dans toute la masse, parce que la pyrite et la matière bitumineuse prennent feu. On modère et on dirige cette combustion en pratiquant des ouvreaux dans la couverte peu perméable qui recouvre le tas. Il se forme encore des sulfates solubles, mais principalement du sulfate d'alumine, car le sulfate de fer passe en grande partie à l'état de sous-sulfate de sesquioxyde de fer insoluble. En traitant par l'eau les schistes grillés qui présentent une couleur ocreuse, on dissout le sulfate d'alumine et une certaine quantité de sulfate de protoxyde de fer. On évapore les liqueurs jusqu'à une concentration convenable, puis on les traite de la même manière que les premières lessives pour en retirer de l'alun.

L'alun ainsi obtenu a besoin d'être purifié par une nouvelle cristallisation. A cet effet, le sable cristallin d'alun impur est lavé avec un peu d'eau froide, puis dissous dans l'eau bouillante. On fait rendre la dissolution chaude dans des tonneaux où on la laisse refroidir. L'alun se dépose en gros cristaux sur les parois de ces tonneaux. Lorsque la liqueur, complétement refroidie, ne dépose plus de cristaux, on fait écouler les eaux mères. On défait les tonneaux, en enlevant les cercles en fer qui retenaient les douves, et on sort une masse cristalline d'alun qui présente la forme intérieure du tonneau. On concasse cette masse en gros fragments, on les lave avec un peu d'eau froide et on les livre ainsi au commerce.

3° On trouve dans quelques localités, principalement à la Tolfa, près de Rome, une roche qu'on appelle *alunite* ou *pierre d'alun*, et de laquelle on retire un alun très-estimé, appelé *alun de Rome*. L'alunite a pour formule $KO.SO^3 + Al^2O^3.SO^3$. On la chauffe dans des fours jusqu'au moment où elle commence à dégager de l'acide sulfureux. On la traite alors par de l'eau, qui dissout de l'alun ordinaire et laisse un résidu d'alumine. La liqueur, évaporée, donne des cristaux cubiques d'alun, ordinairement colorés en rose, parce qu'ils sont souillés par un peu de peroxyde de fer. Cet oxyde ne nuit pas d'ailleurs dans les teintures, à cause de son insolubilité dans l'eau. L'alun de Rome a plus de valeur que l'alun ordinaire, parce qu'on est certain qu'il ne renferme pas de fer à l'état soluble; mais on sait, maintenant, fabriquer cet alun artificiellement. Il suffit de verser, dans une dissolution d'alun ordinaire, du carbonate de potasse, qui précipite une certaine quantité de sous-sulfate d'alumine. En agitant la liqueur, et l'abandonnant quelque temps au contact de l'air, le sous-sulfate se redissout, et il se dépose de l'hydrate de peroxyde de fer. La liqueur, évaporée, laisse déposer de l'alun cubique. Mais cet alun est incolore, et, pendant longtemps, les teinturiers ne voulaient pas l'accepter. Pour le rendre semblable à l'alun de Rome, les fabricants le plaçaient dans des tonneaux avec un peu de brique pilée, et faisaient tourner ces tonneaux pendant quelques minutes; ils lui donnaient ainsi la coloration ordinaire de l'alun de Rome.

Si l'on verse du carbonate de potasse dans une dissolution bouillante d'alun, il se précipite un sous-sulfate d'alumine, qui se dissout dans la liqueur. Mais, si l'on continue l'addition du carbonate de potasse, il se forme bientôt un précipité grenu, qui ne se redissout pas par l'agitation. Ce précipité a la même composition que l'alunite de la Tolfa : on lui donne le nom d'*alun insoluble*.

Silicates d'alumine.

§ 601. Les silicates d'alumine existent en grande abondance dans la nature, et présentent un haut intérêt. Quelquefois ils se rencontrent à l'état cristallisé, et forment plusieurs minéraux; mais c'est principalement à l'état d'hydrates qu'ils sont importants. Ainsi nos argiles ordinaires, la terre à porcelaine ou kaolin, les halloysites, ne sont que des hydrosilicates d'alumine qui renferment cependant toujours une petite quantité de silicate de potasse. Ces matières proviennent évidemment de l'altération des roches primitives, principalement de celle des granites. Les silicates alcalins de ces roches ont été dissous, et il est resté du silicate d'alumine, plus ou moins pur, qui a été charrié par les eaux et s'est déposé dans de nouveaux bassins.

Les feldspath sont des silicates doubles, formés par du silicate d'alumine et un silicate alcalin : la formule du feldspath ordinaire, ou *feldspath orthose*, est $KO.SiO^5 + Al^2O^5.3SiO^5$. Mais souvent une partie de la potasse est remplacée par de la chaux ou de la magnésie.

On connaît aussi des minéraux que l'on a longtemps confondus avec les feldspath, à cause de la ressemblance de leurs caractères extérieurs et d'une certaine analogie dans la composition chimique. On leur donne le nom d'*albite*, de *pétalite*, de *triphane* et de *labradorite*, suivant qu'une partie de la potasse est remplacée par de la soude, de la lithine ou de la chaux.

Les argiles se rencontrent dans les divers étages géologiques des terrains. L'argile la plus pure est celle qui forme le kaolin, ou terre à porcelaine. Le kaolin se présente en masses blanches amorphes, friables; il ne forme avec l'eau qu'une pâte peu liante. Le kaolin résulte en général de l'altération qu'une roche feldspathique a subie sur place. Dans quelques localités, on peut suivre cette altération depuis le feldspath intact, qui forme l'intérieur de la roche, jusqu'au kaolin le plus friable de la surface. Les masses de kaolin renferment souvent des petits fragments de feldspath non altéré; on les sépare facilement en soumettant la matière à une lévigation. Le kaolin, ainsi lavé, présente une composition qui diffère très-peu de la formule $Al^2O^3.SiO^3 + 2HO$.

§ 602. Les argiles ordinaires ne s'éloignent pas non plus beaucoup de cette composition; mais elles sont souvent mélangées de proportions variables de sable quartzeux, d'oxyde de fer, de carbonate de chaux qui altèrent considérablement les propriétés physiques et chimiques de l'argile. L'argile pure est éminemment *plastique*, c'est-à-dire qu'elle forme avec l'eau des pâtes liantes que l'on peut pétrir et façonner de toutes les manières. On appelle cette argile *argile grasse*. Lorsque l'argile renferme des proportions notables de matières étrangères, sa plasticité diminue beaucoup, et l'on dit que l'argile est *maigre*. L'argile, mélangée d'une proportion considérable de carbonate de chaux, prend le nom de *marne*. Les propriétés chimiques des argiles ne sont pas moins profondément modifiées que leurs propriétés physiques, par le mélange des matières étrangères. Ainsi, l'argile pure est complétement infusible à la chaleur la plus élevée de nos fourneaux; l'argile mélangée de sable l'est également. Mais elle devient fusible quand elle renferme des proportions notables d'oxyde de fer ou de carbonate de chaux. Nous reviendrons sur ces propriétés de l'argile lorsque nous nous occuperons des poteries.

Certaines espèces d'argile sont employées au dégraissage des étoffes de laine; on les appelle *terre à foulon*. Ces argiles sont préalablement soumises à une lévigation, qui les sépare des grains quartzeux qu'elles peuvent renfermer. La terre à foulon, bien séchée, est répandue en poussière sur le drap que l'on veut dégraisser, et le tout est passé au cylindre. L'argile absorbe, par capillarité, la matière grasse du drap.

On donne le nom d'*ocres* ou de *terres ocreuses* à des mélanges intimes d'argile et d'hydrate de peroxyde de fer. Les ocres sont employées dans la peinture. Elles ont des nuances variées suivant la proportion d'oxyde de fer qu'elles renferment. Lorsqu'elles contiennent en outre de l'hydrate de sesquioxyde de manganèse, elles prennent des teintes brunes. La *terre de Sienne* est une argile de cette nature.

COMBINAISON DE L'ALUMINIUM AVEC LE SOUFRE.

§ 603. Lorsqu'on chauffe de l'alumine à une forte chaleur rouge dans un courant de vapeur de sulfure de carbone, il se dégage de l'acide carbonique, et l'alumine Al^2O^3 se change en sulfure d'aluminium Al^2S^3, qui reste sous la forme d'une masse vitreuse fondue, non volatile. L'eau décompose immédiatement ce sulfure; il se forme de l'acide sulfhydrique et de l'alumine qui se précipite complétement. On ne peut pas préparer du sulfure d'aluminium par voie humide. Quand on verse du sulfhydrate d'ammoniaque dans une dissolution d'un sel d'alumine, il se dégage du gaz acide sulfhydrique, et l'alumine se précipite à l'état d'hydrate.

COMBINAISON DE L'ALUMINIUM AVEC LE CHLORE.

§ 604. En dissolvant de l'alumine dans de l'acide chlorhydrique aqueux, on obtient une dissolution de chlorure d'aluminium que l'on peut faire cristalliser dans le vide sec; il se dépose des cristaux très-déliquescents, qui ont pour formule $Al^2Cl^3 + 12HO$. Si l'on cherche à déshydrater ces cristaux par la chaleur, ils se décomposent; l'acide chlorhydrique se dégage, et l'alumine isolée reste comme résidu. On peut cependant obtenir le chlorure d'aluminium anhydre. A cet effet, on fait agir du chlore sec sur un mélange d'alumine et de charbon, chauffé au rouge dans un tube de porcelaine. Le chlore n'attaque pas l'alumine seule; mais il y a réaction, lorsque l'alumine est mêlée de charbon. Il se dégage du gaz oxyde de carbone, et, comme le chlorure d'aluminium est volatil, il vient se condenser dans un récipient placé en avant du tube de porcelaine. Pour obtenir un mélange intime d'alumine et de charbon, on broie ensemble de l'alumine et du noir de fumée, on ajoute une petite quantité d'huile, et on façonne le mélange pâteux sous forme de boulettes que l'on calcine au rouge dans un creuset de terre. On place ces petites masses poreuses dans un tube de porcelaine, disposé dans un fourneau à réverbère (fig. 380). Par l'une des extrémités du tube, on fait arriver un courant de chlore sec, et on engage l'autre extrémité

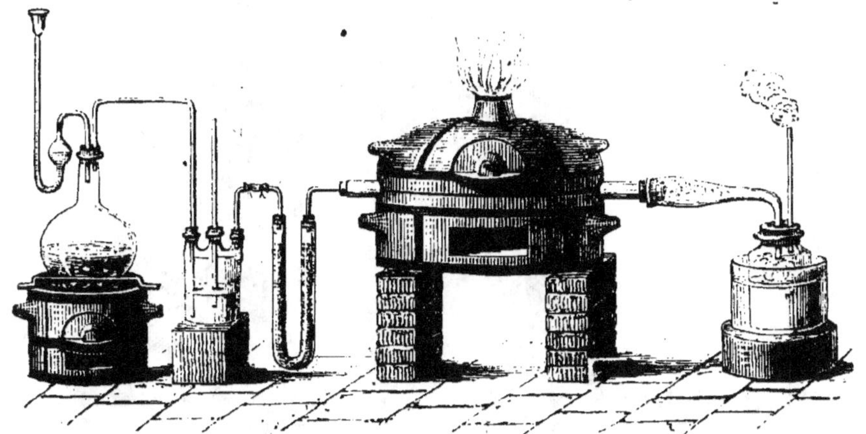

Fig. 380.

dans une allonge qui communique elle-même avec un flacon bien
refroidi. Le chlorure d'aluminium vient se condenser dans l'allonge
et dans le flacon récipient, sous forme de petites lames cristallines
d'un blanc jaunâtre. Si l'on veut préparer des quantités un peu considérables de ce corps, il faut remplacer le tube de porcelaine par
une cornue de grès tubulée, pouvant contenir une quantité beaucoup plus grande de mélange d'alumine et de charbon. On donne
alors à l'appareil une disposition analogue à celle de la figure 265
(page 561, t. I). Le chlorure d'aluminium se volatilise à une température peu supérieure à 100°; il répand des fumées à l'air, et attire très-promptement l'humidité. Ce corps doit être conservé dans
des flacons à l'émeri bien bouchés.

Le chlorure d'aluminium se fabrique aujourd'hui en quantité
considérable pour la préparation de l'aluminium. On l'obtient encore en faisant agir du chlore sur un mélange d'alumine et de charbon chauffé au rouge. La figure 380 *a* représente l'appareil que l'on
emploie, et qui permet d'opérer d'une manière continue et sur des
masses considérables. On prépare l'alumine par la calcination de
l'alun ammoniacal; on la mélange avec du goudron de houille, auquel on ajoute un peu de charbon de bois pulvérisé. Le mélange est
chauffé de nouveau dans des creusets. Le charbon alumineux qui en
provient est introduit, encore chaud, dans l'appareil destiné à la fabrication du chlorure d'aluminium. Cet appareil se compose d'une
cornue formée par un grand cylindre CD en terre cuite, semblable à
ceux que l'on emploie pour la production du gaz de l'éclairage, et que
l'on dispose verticalement dans un fourneau. Le charbon est brûlé

sur la grille F ; la flamme passe par l'ouverture A et circule autour
de la cornue pour s'échapper par le carneau B. La cornue est ou-

Fig. 580 *a*.

verte à la partie supérieure qui sort du four ; c'est par cette ouverture que l'on introduit le charbon alumineux ; on la ferme avec un
disque en terre cuite. Le fond de la cornue est percé d'une ouverture X, par laquelle on fait sortir la matière épuisée ; on la bouche
avec une brique, que l'on maintient par une vis de pression V. Une
ouverture O, pratiquée latéralement au bas de la cornue, reçoit un
tube de porcelaine qui amène le chlore. Enfin l'ouverture Y donne
issue aux vapeurs qui sont conduites par une tubulure en terre dans
une chambre de condensation L.

On n'introduit le charbon alumineux que quand tout l'appareil est
chaud, et, par suite, privé d'humidité ; on ne fait arriver le chlore
que quand la cornue est chauffée au rouge sombre.

COMBINAISON DE L'ALUMINIUM AVEC LE FLUOR.

On obtient le fluorure d'aluminium Al^2Fl^3 en versant de l'acide
fluorhydrique sur de l'alumine calcinée ; l'alumine s'échauffe beaucoup sans changer d'aspect. Le fluorure d'aluminium se volatilise,
sans se décomposer, à une chaleur blanche, surtout dans un cou-

rant de gaz hydrogène. La cryolithe $Al^2Fl + NaFl$ dont nous avons parlé page 275, est un fluorure double d'aluminium et de sodium.

Caractères distinctifs des sels d'alumine.

§ 605. Les dissolutions des sels d'alumine sont précipitées par l'ammoniaque. Ce caractère les distingue des sels alcalins et alcalino-terreux; on peut cependant les confondre sous ce rapport avec les sels de magnésie. Mais nous avons vu (§ 589) que, si l'on ajoute à un sel magnésien une quantité suffisante d'un sel ammoniacal, le sel magnésien n'est plus précipité par l'ammoniaque, tandis que le sel d'alumine est toujours précipité.

La potasse et la soude caustiques précipitent les sels d'alumine; mais un excès de ces réactifs redissout immédiatement le précipité. Ce caractère distingue aussi très-nettement les sels d'alumine des sels formés par les alcalis et par les terres alcalines.

Les sels d'alumine sont précipités par l'eau de chaux.

Les carbonates alcalins et le carbonate d'ammoniaque, versés dans la dissolution d'un sel d'alumine, précipitent de l'alumine hydratée. Le précipité, bien lavé, se redissout dans les acides, sans effervescence. Les sulfhydrates précipitent également de l'alumine hydratée.

Si l'on ajoute du sulfate de potasse à la dissolution concentrée et chaude d'un sel d'alumine, et qu'on laisse refroidir, il se dépose des cristaux octaédriques d'alun, faciles à reconnaître à leur aspect. Si la dissolution est étendue, les cristaux d'alun se déposent par l'évaporation.

Les sels d'alumine, chauffés au chalumeau avec une petite quantité d'azotate de cobalt, donnent une matière d'un beau bleu caractéristique.

GLUCINIUM.

Équivalent = 87,06.

§ 606. L'oxyde de glucinium, ou *glucine*[*], existe dans plusieurs minéraux en combinaison avec l'acide silicique. L'émeraude est le plus commun de ces minéraux; elle est formée de silicate de glucine et de silicate d'alumine; sa formule est $Gl^2O^3.SiO^3 + Al^2O^3.SiO^3$. La forme cristalline de l'émeraude est le prisme régulier à six faces, appartenant au système rhomboédrique. On trouve ce minéral à l'état pierreux, mais présentant cependant une cristallisation très-apparente, dans les environs de Limoges, où il forme des masses considérables. L'émeraude se trouve plus rarement à l'état transparent; quelquefois elle possède des couleurs très-belles, et elle a alors beaucoup de valeur comme pierre précieuse. L'émeraude transparente et colorée en beau vert porte seule le nom d'*émeraude* dans la bijouterie. Lorsqu'elle ne présente qu'une teinte vert pâle, on lui donne le nom de *béryl*. Enfin, quand elle est colorée en vert bleuâtre, elle est appelée *aigue-marine*.

Le glucinium se prépare comme l'aluminium, en décomposant le chlorure anhydre par le potassium ou par le sodium. On place dans un gros tube de verre ou de terre cuite deux nacelles contenant, l'une du chlorure de glucinium, l'autre du sodium bien privé de son huile de naphte. On fait traverser le tube par un courant d'hydrogène, qui passe du chlorure au sodium. Quand l'air est complétement chassé, on chauffe d'abord la partie du tube où se trouve la nacelle de sodium, puis celle qui porte le chlorure de glucinium. La vapeur du chlorure, entraînée par l'hydrogène, est décomposée par le sodium, qui se transforme en sel marin. Quand la réaction est achevée, on laisse refroidir le tube et l'on retire la nacelle antérieure; celle-ci est remplie d'une matière noirâtre, composée de sel marin et de glucinium en petits globules ou en paillettes. On concasse la matière grise, on la mêle de sel marin préalablement fondu, et on la chauffe dans un creuset à une forte chaleur rouge; le glucinium se réunit en un culot.

Le glucinium est un métal blanc, qui peut être forgé et laminé à froid. Sa densité est 2,1. Il fond à une température qui approche celle de la fusion de l'argent.

---

[*] La glucine a été découverte en 1797 par Vauquelin; M. Wœhler fut le premier qui en isola le glucinium.

Le glucinium ne s'altère pas dans l'air à la température ordinaire. Il s'oxyde lentement à la chaleur rouge, mais sa surface se couvre d'oxyde, qui le préserve d'une oxydation complète. Il ne se combine pas avec le soufre, même à la chaleur rouge. Le chlore l'attaque vivement à une température peu élevée et le transforme en chlorure. Le silicium s'unit facilement au glucinium, et donne un composé, dur et cassant, susceptible d'un beau poli.

Le glucinium ne décompose pas l'eau à 100°, mais facilement à la chaleur rouge. L'acide chlorhydrique et l'acide sulfurique étendu d'eau le dissolvent avec dégagement d'hydrogène. L'acide azotique l'attaque plus difficilement, même quand il est concentré et bouillant. La potasse caustique, en dissolution, le dissout à chaud avec dégagement d'hydrogène.

COMBINAISON DU GLUCINIUM AVEC L'OXYGÈNE.

§ 607. On ne connaît qu'une seule combinaison du glucinium avec l'oxygène ; on l'appelle *glucine*. La glucine se prépare avec l'émeraude de Limoges. A cet effet, on réduit l'émeraude en poudre fine, on la mêle avec le triple de son poids de carbonate de potasse, et on fond le tout dans un creuset de platine. On attaque la matière par l'acide sulfurique, et l'on reprend par l'eau, qui dissout des sulfates de potasse, d'alumine et de glucine, et laisse la silice, qu'on sépare sur un filtre. La liqueur est évaporée par ébullition, puis abandonnée au refroidissement. La plus grande partie de l'alumine se sépare à l'état d'alun cristallisé. Les eaux mères sont étendues d'eau, et l'on y verse un excès d'ammoniaque, qui précipite ensemble le reste de l'alumine, le sesquioxyde de fer et la glucine. Le précipité humide est mis à digérer avec une dissolution concentrée de carbonate d'ammoniaque, qui ne dissout que la glucine. On sépare sur un filtre le résidu d'alumine et de sesquioxyde de fer, et l'on fait bouillir la dissolution de carbonate d'ammoniaque. La plus grande partie de ce sel volatil se dégage, et la glucine se précipite à l'état de carbonate. Le carbonate de glucine, calciné, laisse de la glucine pure et anhydre.

La glucine se présente sous la forme d'une poudre blanche, douce au toucher, insoluble dans l'eau, et qui ne fond pas à la température de nos fourneaux ; sa densité est 3,0 environ. Elle se dissout dans une dissolution de potasse et de soude caustiques, mais l'ammoniaque n'en dissout pas sensiblement.

§ 608. La composition de la glucine a été déduite de l'analyse du chlorure de glucinium. On a trouvé que 10 gr. de chlorure de glucinium renferment 8,842 de chlore. Reste à savoir quelle formule il convient de donner à la glucine. Si on lui donne la formule GlO, et, par suite, au chlorure de glucinium la formule GlCl, l'équivalent du glucinium se calculera par la proportion

$$8,842 : 1,158 :: 443,2 : x, \quad \text{d'où} \quad x = 58,04.$$

Si l'on suppose, au contraire, que la glucine a une composition analogue à celle de l'alumine, c'est-à-dire si on lui donne la formule Gl^2O^3, l'équivalent de la glucine sera donné par la proportion

$$8,842 : 1,158 :: 1329,6 : 2x, \quad \text{d'où} \quad x = 87,06.$$

La question est ici beaucoup plus difficile à décider que pour l'aluminium. Pour ce dernier métal, l'isomorphisme nous servait de guide, tandis que pour le glucinium on n'a pu constater jusqu'ici l'isomorphisme d'aucun de ses composés avec un composé correspondant de l'aluminium, ni avec des composés correspondants formés par les oxydes RO. Aussi les chimistes ne sont-ils pas d'accord sur la formule de la glucine. Les uns donnent à cette base la formule GlO, et la placent à côté de la magnésie; d'autres lui donnent la formule Gl^2O^3, et placent le glucinium à côté de l'aluminium

Sels formés par la glucine.

§ 609. La glucine a pour les acides des affinités plus puissantes que l'alumine. Ses sels ont une saveur sucrée qui a fait donner à la base le nom de *glucine* (de γλυκός, sucré).

On obtient l'hydrate de glucine en précipitant les sels de glucine par l'ammoniaque; c'est une matière gélatineuse blanche qui abandonne facilement son eau par la chaleur.

La glucine forme plusieurs combinaisons avec l'acide sulfurique; le sulfate neutre $Gl^2O^3.3SO^3 + 12HO$ donne de beaux cristaux, qui se dissolvent dans un poids égal d'eau à la température ordinaire.

La glucine, soit seule, soit mélangée au charbon, n'est pas attaquée, à la chaleur rouge, par le sulfure de carbone.

COMBINAISON DU GLUCINIUM AVEC LE CHLORE.

§ 610. La glucine hydratée se dissout facilement dans l'acide chlorhydrique; la dissolution, évaporée, laisse déposer des cristaux de chlorure hydraté, qui ont pour formule $Gl^2Cl^3 + 12HO$.

On obtient le chlorure de glucinium anhydre par le procédé que nous avons décrit (§ 604) pour le chlorure d'aluminium. Le chlorure de glucinium se volatilise sous forme de petites paillettes cristallines blanches, qui attirent promptement l'humidité de l'air.

Caractères distinctifs des sels de glucine.

§ 611. Les sels de glucine sont précipités par l'ammoniaque, même en présence d'un excès de sel ammoniacal; les dissolutions de potasse et de soude les précipitent également, mais un excès d'alcali redissout le précipité. Ces deux propriétés distinguent les sels de glucine des sels alcalins et alcalino-terreux, mais elles les confondent avec les sels d'alumine.

Les sels de glucine se distinguent des sels d'alumine en ce qu'ils ne forment pas, comme ceux-ci, un alun avec le sulfate de potasse, et en ce que le carbonate d'ammoniaque, en excès, dissout le précipité de carbonate de glucine qu'il détermine d'abord dans les sels de glucine.

Les carbonates alcalins précipitent également les sels de glucine, mais le carbonate de glucine est sensiblement soluble dans un excès de carbonate alcalin.

Les sels de glucine ne prennent pas une coloration bleue quand on les chauffe avec une petite quantité d'azotate de cobalt.

ZIRCONIUM.

Équivalent = 420,0.

§ 612. L'oxyde de zirconium, ou zircône[*], existe en proportion considérable dans un minéral bien cristallisé, appelé *zircon*, et qui est un silicate de zircône $2Zr^2O^3.SiO^3$, renfermant le plus souvent une petite quantité d'oxyde de fer. Pour extraire la zircône, on chauffe les zircons dans un creuset, et on les jette tout rouges dans de l'eau froide. Par ce refroidissement subit, ils deviennent friables, et on peut les réduire en poudre fine. Le zircon pulvérisé est chauffé à une forte chaleur blanche dans un creuset de platine, avec le triple de son poids de carbonate de potasse. La masse, calcinée, est attaquée par l'acide chlorhydrique; la dissolution est évaporée à sec, puis reprise par l'eau. La silice est séparée par filtration, et l'on verse dans la liqueur du sulfhydrate d'ammoniaque, qui précipite la zircône à l'état d'hydrate, et le fer à l'état de protosulfure de fer. On décante la liqueur surnageante, et on laisse digérer le précipité pendant plusieurs heures avec une dissolution d'acide sulfureux. Le sulfure de fer se dissout à l'état d'hyposulfite, et la zircône reste parfaitement blanche; on la calcine après l'avoir bien lavée.

La zircône est une poudre blanche, insoluble dans l'eau; elle ne fond pas à la température de nos fourneaux. Calcinée, elle ne se dissout que très-difficilement dans les acides; elle s'y dissout au contraire facilement quand elle est à l'état d'hydrate. Chauffée au rouge vif dans une petite nacelle en charbon au milieu d'un courant de vapeur de sulfure de carbone, la zircône se transforme en sulfure Zi^2S^3, qui cristallise en belles paillettes d'un gris d'acier.

Le zirconium s'obtient en décomposant le fluorure de zirconium par le potassium; le métal se présente sous la forme d'une poudre grise, qui prend sous le brunissoir l'éclat métallique.

Caractères distinctifs des sels de zircône.

§ 613. Les dissolutions des sels de zircône sont précipitées par la potasse et la soude caustique, mais le précipité ne se redissout pas dans un excès de réactif; ce caractère distingue la zircône de l'alumine et de la glucine. L'ammoniaque se comporte avec les dissolutions de zircône, comme la potasse et la soude.

Une dissolution concentrée de sulfate de zircône donne, avec le sulfate de potasse, un précipité cristallin blanc, qui se sépare surtout d'une manière complète quand la liqueur est saturée de sulfate de potasse.

[*] La zircône a été découverte en 1789 par Klaproth.

THORIUM.

§ 614. L'oxyde de thorium, ou *thorine* *, n'a été rencontré jusqu'ici que dans deux minéraux fort rares, qui portent les noms de *thorite* et de *pyrochlor*. C'est principalement avec la thorite qu'on prépare la thorine. Ce minéral est réduit en poudre fine, et mis à bouillir avec de l'acide chlorhydrique, il se dégage du chlore; on évapore à sec, et l'on reprend par l'eau. La liqueur, filtrée, est soumise à un courant d'hydrogène sulfuré, qui précipite un peu de sulfure d'étain et de plomb, que l'on sépare par filtration. On verse ensuite dans la liqueur une dissolution d'ammoniaque, qui précipite la thorine mélangée d'oxyde de fer et de manganèse. Le précipité est redissous dans l'acide sulfurique, et la liqueur est concentrée rapidement par ébullition; il se précipite bientôt du sulfate de thorine, qui est très-peu soluble dans l'eau chaude; on le recueille sur un filtre et on le lave à l'eau bouillante.

Le sulfate de thorine est remarquable, parce qu'il est beaucoup plus soluble dans l'eau froide que dans l'eau bouillante. Calciné, il donne de la thorine pure.

La thorine est une poudre blanche très-lourde, car sa densité s'élève à 9,4; ainsi elle est beaucoup plus dense que la baryte. La thorine renferme 11,84 d'oxygène pour 100.

YTTRIUM, ERBIUM, TERBIUM.

§ 615. Ces trois métaux ont été découverts dans quelques minéraux rares, auxquels les minéralogistes donnent le nom de *gadolinite*, d'*orthite*, d'*yttrotantalite*. Leurs propriétés sont encore peu connues, et nous ne nous y arrêterons pas. Les oxydes de ces métaux ont reçu les noms d'*yttria*, d'*erbine* et de *terbine* **.

CÉRIUM, LANTHANE, DIDYME.

§ 616. Ces trois métaux ont été trouvés ensemble dans plusieurs minéraux, dont le plus important est la *cérite* ***. Les trois oxydes

---

* La thorine a été découverte par Berzélius.

** L'yttria fut découverte en 1794 par Gadolin. L'erbine et la terbine ont été découvertes dernièrement par M. Mosander.

*** Le cérium fut découvert en 1809 par MM. Berzélius et Hisinger. Le lanthane et le didyme ont été trouvés récemment par M. Mosander.

métalliques y existent en combinaison avec l'acide silicique. Nous ne décrirons pas les combinaisons de ces métaux; elles sont encore peu connues, et n'ont reçu jusqu'ici aucune application.

Dosage des terres; leur séparation des alcalis et des terres alcalines.

§ 617. Nous ne nous occuperons ici que de l'alumine et de la glucine; les autres terres sont encore trop rares pour que nous ayons besoin d'insister sur leur dosage.

L'alumine et la glucine se dosent toujours à l'état d'alumine et de glucine anhydre. A cet effet, on calcine les bases au rouge dans un creuset de platine. Il est bon de laisser refroidir la matière dans le creuset couvert, et de peser rapidement, parce qu'elle attire promptement l'humidité de l'air.

On précipite ordinairement l'alumine et la glucine de leurs dissolutions par l'ammoniaque; mais il est important de ne pas oublier que ces deux bases hydratées sont sensiblement solubles dans les liqueurs très-chargées d'ammoniaque. Il vaut donc mieux, lorsque cela est possible, opérer la précipitation par le sulfhydrate d'ammoniaque.

§ 618. Lorsque l'alumine et la glucine ont été pesées ensemble après calcination, on les sépare en les attaquant par l'acide sulfurique concentré qui les dissout sous l'influence de la chaleur, quoique lentement, si la matière a été fortement calcinée. On évapore à sec et l'on reprend par l'eau; on précipite ensuite par un excès de carbonate d'ammoniaque, qui redissout la glucine. Le précipité d'alumine doit être digéré à plusieurs reprises avec une dissolution de carbonate d'ammoniaque si l'on veut être sûr de dissoudre toute la glucine.

§ 619. Lorsque l'alumine et la glucine se trouvent dans une dissolution avec des alcalis et des terres alcalines, on les sépare en sursaturant la liqueur par de l'ammoniaque bien caustique; l'alumine et la glucine se précipitent seules. Quelquefois cependant, si la liqueur renferme beaucoup de magnésie, une portion de cette base se dépose, parce qu'il ne s'est pas formé, pendant la saturation, une assez grande quantité de sel ammoniacal pour empêcher complétement la précipitation de la magnésie par l'ammoniaque. Dans ce cas, on redissout le précipité humide dans l'acide chlorhydrique, et l'on verse un excès d'ammoniaque; la magnésie reste alors dans la liqueur.

L'alumine et la plupart des terres, séparées de leurs dissolutions, forment des précipités gélatineux qu'il est très-difficile de laver complétement. On emploie ordinairement pour ces lavages le *flacon laveur* représenté par les figures 381, 382. Ce flacon se compose d'un ballon à fond plat (fig. 381), dont le col est fermé par un bouchon traversé par deux tubes : le tube *abc*, qui débouche à la partie supérieure du ballon, est effilé en *c* ; le tube recourbé *def*, ouvert à ses deux extrémités, descend jusqu'au fond du ballon. Lorsque le flacon est posé sur son fond, il communique avec l'air extérieur par l'intermédiaire du tube recourbé *abc* ; lorsqu'on le renverse, au contraire, comme dans la figure 382, l'air pénètre par le tube *def*, et l'eau s'échappe par le tube *abc* sous forme d'un filet délié, que l'on peut diriger sur les diverses parties du précipité déposé dans le filtre. On augmente la vitesse du filet liquide en donnant une plus grande longueur au tube *abc*, ce qui augmente la différence de niveau *h* sous l'influence de laquelle l'écoulement a lieu. Le lavage des précipités se fait ordinairement plus efficacement par l'eau chaude que par l'eau froide.

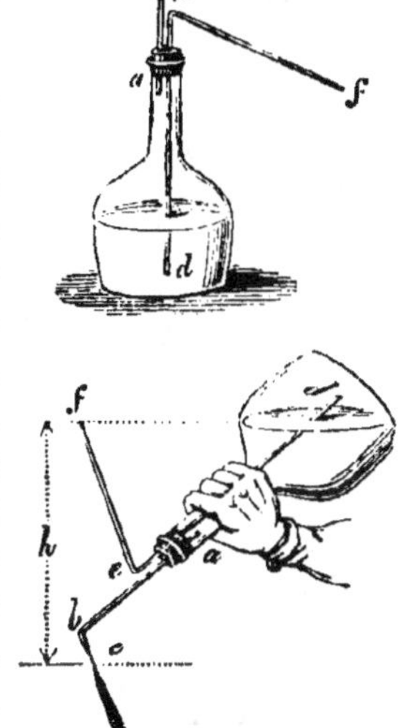

Fig. 381.

Fig. 382.

La figure 383 représente un appareil à l'aide duquel le lavage s'exécute d'une manière continue, sans que l'opérateur ait besoin de s'en occuper. Cet appareil est fréquemment employé pour les lavages des précipités dans les analyses chimiques. Il se compose d'un flacon laveur dont le bouchon est traversé par un tube *abcd*, disposé comme le montre la figure 384. Le filtre étant complétement rempli d'eau, on retourne le ballon A, également plein d'eau, de manière que l'extrémité effilée et recourbée *d* plonge de 1 centimètre environ dans

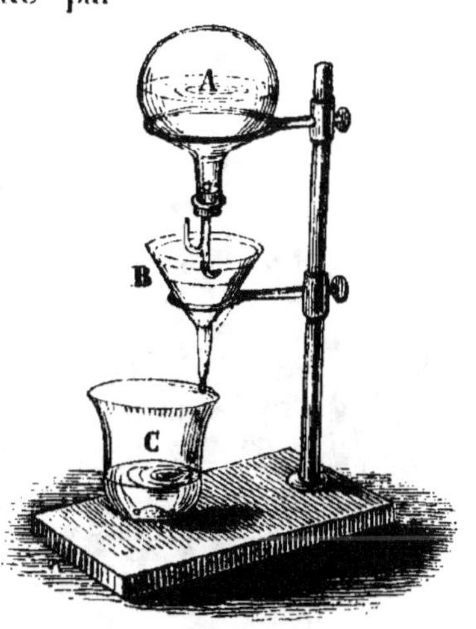

Fig. 383.

l'eau du filtre, et on le maintient dans cette position à l'aide d'un support. La pression de l'atmosphère s'exerce sur le liquide du petit tube latéral *bc*; elle s'exerce également sur le niveau du liquide dans le filtre et par suite sur l'eau du tube *abd*. L'eau du flacon tend à s'é-couler sous l'influence du poids de la colonne liquide *h* comprise entre le niveau du liquide dans le filtre et celui du liquide dans le tube latéral *cb*; mais, comme le tube latéral *cb* est très-étroit, l'action capillaire empêche l'air atmosphérique d'y pénétrer, et équivaut à la pression d'une petite colonne d'eau. L'eau ne s'écoulera donc pas du flacon laveur tant que l'action capillaire en *cb* surpassera la pression hydrostatique exercée par la colonne *h*.

Fig. 584.

Mais, à mesure que le filtre débite l'eau, le niveau s'y abaisse, la hauteur de la colonne *h* augmente, et bientôt, celle-ci l'emportant sur l'action capillaire en *cb*, l'eau coulera du flacon dans le filtre; l'air s'introduira par le tube latéral *cb*, et il s'établira un nouvel équilibre par suite de l'élévation du niveau dans le filtre. A l'aide de cet appareil, le liquide se maintient donc à une hauteur à peu près constante dans le filtre, et l'eau pure forme toujours la couche supérieure, ce qui est une condition très-favorable à un bon lavage.

Lorsqu'on a des quantités considérables de précipités gélatineux, le lavage sur les filtres ordinaires devient presque impraticable, il est bon alors d'avoir recours à la disposition représentée par la figure 385. On prend une cloche tubulée A, dont on ferme la large ouverture par une double feuille de papier à filtrer que l'on maintient au moyen d'une toile assujettie par une ficelle autour du rebord de la cloche. La cloche étant disposée sur un tréteau au-dessus d'une terrine, on y verse successivement la liqueur qui tient le précipité en suspension. Quand celui-ci a été réuni en entier dans la cloche, on fixe dans la tu-bulure *a* un long tube *ab*, par lequel on verse l'eau destinée au lavage.

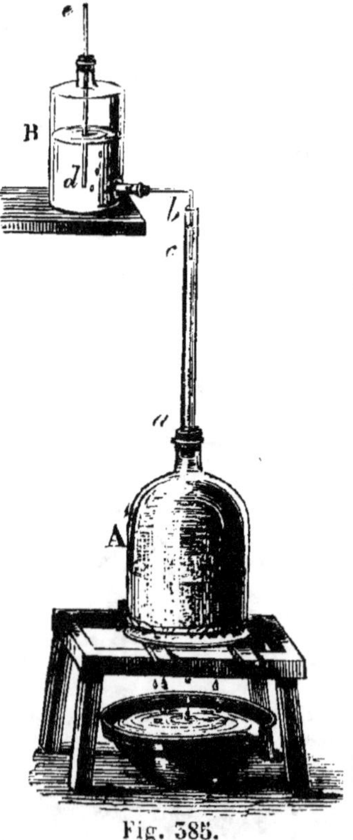

Fig. 585.

La filtration a lieu alors sur une large surface perméable, à travers un précipité qui forme une couche d'égale épaisseur, et sous la pression d'une colonne d'eau que l'on peut augmenter à volonté en donnant plus de longueur au tube *ab*. On peut d'ailleurs rendre le lavage continu en faisant descendre dans le tube *ab* un tube recourbé adapté à la tubulure inférieure d'un flacon de Mariotte B ; le niveau du liquide se maintient alors à une hauteur constante dans le tube *ab*, et le lavage continu se fait dans des conditions très-favorables, parce que les eaux pures, arrivant lentement par en haut, ne tendent pas à se mêler avec les couches inférieures qui sont devenues impures au contact du précipité.

§ 620. A la suite de l'étude particulière des métaux alcalins, alcalino-terreux et terreux, nous décrirons avec quelque détail la fabrication de plusieurs produits importants qui renferment des composés de ces métaux; savoir : la fabrication de la poudre à tirer, celle des chaux et mortiers pour les constructions, la fabrication du verre et celle des poteries.

POUDRE A TIRER.

§ 621. En mélangeant intimement du salpêtre avec du charbon ou avec du soufre, on obtient des matières qui, soumises à une température élevée, déflagrent et développent subitement un volume considérable de gaz. Lorsque la combustion a lieu dans un espace rétréci, une pression considérable s'exerce sur les parois de l'espace, et, si une partie de ces parois est mobile, elle peut être projetée avec plus ou moins de force.

Si l'on mélange, par exemple, 1 équivalent de nitre, $KO.AzO^5$, avec 1 équivalent de carbone, il se produit, par la détonation, 1 équivalent de carbonate de potasse, 1 équivalent d'azote, et 3 équivalents d'oxygène :

$$KO.AzO^5 + C = KO.CO^2 + Az + 3O ;$$

il se dégagera donc 2 volumes d'azote et 3 volumes d'oxygène.

On peut calculer approximativement le volume gazeux que développe le volume 1 du mélange détonant. En effet, 1 équivalent d'azotate de potasse pèse 1264,5; 1 équivalent de carbone pèse 75,0; le mélange pèse donc 1339,5. Supposons que ce mélange pulvérulent occupe le même volume qu'un poids égal d'eau, nous pourrons admettre qu'un poids $1339^{gr},3$ de mélange occupe 1 volume de $1^{lit},339$. Or ce poids de mélange développe 1 éq. $= 175$ d'azote et 3 éq. $= 300$ d'oxygène.

1 litre d'azote... à 0°, et sous la pression de $0^m,760$, pèse $1^{gr},257$,
  » d'oxygène » » » » $1^{gr},429$,

le volume occupé par le gaz azote à 0° et sous la pression $0^m,760$ sera donné par la proportion :

$$1,257 : 1,000 :: 175 : x, \quad \text{d'où} \quad x = 139^{lit},2.$$

Le volume que l'oxygène dégagé occupe dans les mêmes circonstances se déduira de la proportion :

$$1,429 : 1,000 :: 300 : y, \quad \text{d'où} \quad y = 209^{lit},9.$$

Ainsi un volume de mélange détonant, représenté par $1^{lit},339$, donne $349^{lit},1$ de gaz à 0° et sous la pression de $0^m,760$; c'est-à-dire un volume 260 fois plus considérable que celui de la matière explosible. Le volume gazeux, au moment où il se développe, est réellement beaucoup plus considérable que nous ne venons de le trouver, parce qu'il est fortement dilaté par la haute température qui se produit au moment de la combustion, et l'on peut admettre que l'expansion est au moins trois fois plus considérable que celle qui est donnée par le calcul en supposant le gaz à 0°.

Si l'on mélange 1 équivalent d'azotate de potasse avec 2 équivalents de carbone, il se forme 1 équivalent de carbonate de potasse, 1 équivalent d'azote, 1 équivalent d'acide carbonique et 1 équivalent d'oxygène :

$$KO.AzO^5 + 2C = KO.CO^2 + Az + CO^2 + O;$$

l'équivalent d'acide carbonique étant représenté par 2 volumes, on voit qu'il se dégage encore 5 volumes de gaz, c'est-à-dire que l'expansion est la même que dans le cas précédent. La force de projection peut, cependant, être plus considérable, s'il se développe une plus haute température pendant la combustion.

Enfin, si l'on ajoute 4 équivalents de carbone à 1 équivalent de nitre, il se dégage 1 équivalent d'azote et 3 équivalents d'oxyde de carbone :

$$KO.AzO^5 + 4C = KO.CO^2 + Az + 3CO;$$

1 volume d'oxyde de carbone renfermant seulement $\frac{1}{2}$ volume d'oxygène, il est clair qu'il se développera 6 volumes d'oxyde de carbone ; le volume gazeux sera donc égal à **8**. Ainsi, il y aura production d'un plus grand volume de gaz que dans les deux cas précédents. Il pourra, cependant, arriver que la force de projection soit plus faible, si la chaleur dégagée est moins considérable. D'ailleurs, dans le mélange que nous venons de supposer, une grande partie du carbone ne brûle pas.

Les mélanges de nitre et de soufre produisent aussi, par détonation, des volumes considérables de gaz. Ainsi un mélange de 1 équivalent de nitre et de 1 équivalent de soufre produit 1 équivalent de sulfate de potasse, 1 équivalent d'azote et 2 équivalents d'oxygène :

$$KO.AzO^5 + S = KO.SO^3 + Az + 2O,$$

il se forme donc 4 volumes de gaz.

Avec 1 équivalent de nitre et 2 équivalents de soufre, on a :

$$KO.AzO^5 + 2S = KO.SO^3 + Az + SO^2,$$

c'est-à-dire, encore 4 volumes de gaz ; car l'équivalent de l'acide sulfureux est représenté par 2 volumes.

Un mélange de 1 équivalent de nitre avec 4 équivalents de soufre donne :

$$KO.AzO^5 + 4S = KS + Az + 3SO^2,$$

ii se dégagera donc 2 volumes d'azote et 6 volumes d'acide sulfureux : en tout 8 volumes de gaz. Dans le fait, le volume gazeux est moins considérable, car la combustion du soufre n'est pas complète.

Les mélanges de nitre et de charbon produisent donc généralement un plus grand volume de gaz que les mélanges de nitre et de soufre; mais ces derniers sont plus combustibles.

§ 622. L'expérience a montré que les mélanges doués de la plus grande force de projection résultaient du mélange de nitre avec le charbon et le soufre :

Un mélange de

$$
\begin{array}{lllll}
1 \text{ éq. nitre} & \dots & 1264 & \dots & 66{,}0 \\
1 \text{ » soufre} & \dots & 200 & \dots & 10{,}5 \\
6 \text{ » carbone} & \dots & 450 & \dots & 25{,}5 \\
\hline
& & 1914 & & 100{,}0
\end{array}
$$

donne $KO.AzO^5 + S + 6C = KS + Az + 6CO,$

c'est-à-dire 14 volumes de gaz. Mais, en réalité, le volume gazeux est moins considérable, parce qu'une grande partie du carbone échappe à la combustion, et que la température ne s'élève pas beaucoup.

Le mélange suivant donne une force de projection plus grande :

$$
\begin{array}{lllll}
1 \text{ éq. nitre} & \dots & 1264 & \dots & 74{,}8 \\
1 \text{ » soufre} & \dots & 200 & \dots & 11{,}9 \\
3 \text{ » carbone} & \dots & 225 & \dots & 13{,}3 \\
\hline
& & 1689 & & 100{,}0
\end{array}
$$

on a alors . $KO.AzO^5 + S + 3C = KS + Az + 3CO^2,$

et il se dégage 8 volumes de gaz.

On peut calculer approximativement le volume de gaz produit par un volume 1 de ce mélange. Admettons encore que le mélange occupe le même volume qu'un égal poids d'eau. Nous dirons que 1689 grammes de mélange, ou un volume de $1^{lit},689$, dégage 175 grammes d'azote $= 139^{lit},2$, et 825 grammes d'acide carbonique $= 417^{lit},3$: volume gazeux total $= 556^{lit},5$. Un volume 1 du mélange détonant produira donc 329 fois son volume de gaz à 0° et sous la pression de $0^m,760$.

§ 623. Les innombrables essais que l'on a faits dans tous les pays pour arriver empiriquement à la meilleure composition de la poudre ont montré qu'on ne devait pas s'éloigner notablement de la dernière composition théorique que nous venons d'indiquer.

En France, on emploie trois compositions différentes :

Pour la poudre de guerre. Salpêtre..... 75,0
                           Soufre. 12,5
                           Charbon. 12,5
                                         ———
                                         100,0.

Poudre de chasse.. ..... Salpêtre..... 76,9
                          Soufre....... 9,6
                          Charbon. 13,5
                                        ———
                                        100,0.

Poudre de mine.. ...... Salpêtre..... 62,0
                         Soufre....... 20,0
                         Charbon. 18,0
                                       ———
                                       100,0.

La poudre de guerre prussienne renferme :

   Salpêtre. 75,0
   Soufre.... 11,5
   Charbon. 13,5
                               ———
                               100,0.

Les poudres de guerre anglaise et autrichienne :

   Salpêtre. ...., 75,0
   Soufre.......... 10,0
   Charbon..................... 15,0
                               ———
                               100,0.

La poudre de guerre suédoise :

   Salpêtre............... 75,0
   Soufre.................... 9,0
   Charbon..................... 16,0
                               ———
                               100,0.

La poudre chinoise :

   Salpêtre... 75,7
   Soufre.................... 9,9
   Charbon. 14,4
                               ———
                               100,0.

La poudre de mine française est la seule qui s'éloigne notablement
de la composition théorique que nous venons de donner, mais cela

tient à ce que cette poudre n'a pas besoin d'avoir une très-grande force de projection ; et le gouvernement, qui prélève un droit considérable sur la poudre de chasse, cherche à préparer une poudre de mine telle, qu'elle ne puisse pas remplacer cette dernière. Cette poudre a en effet beaucoup moins de force, et elle encrasse rapidement les armes.

§ 624. La poudre doit satisfaire à plusieurs conditions, variables suivant la nature des armes auxquelles on la destine. Lorsqu'elle est trop explosible, que l'explosion de la charge est instantanée, la réaction sur les parois de l'arme est violente et brusque, et l'arme est souvent brisée ; on dit alors que la poudre est *brisante*. Si la poudre n'est pas suffisamment explosible, le projectile est lancé hors de l'arme avant que toute la charge soit brûlée ; une portion de la charge brûle donc en pure perte. La poudre la plus convenable pour une arme déterminée est celle qui, brûlant d'une manière complète dans le temps que le projectile met à parcourir l'âme de la pièce, lui imprime, non instantanément, mais successivement, toute la force de projection dont elle est susceptible. On conçoit, d'après cela, que les qualités de la poudre doivent varier suivant la nature de l'arme dans laquelle elle doit servir. A dosage égal, on fait varier la qualité de la poudre, en employant du charbon plus ou moins carbonisé, en donnant à la matière une compacité plus ou moins grande, ou en variant la grosseur des grains.

Avant d'étudier les procédés de fabrication des diverses qualités de poudre, nous allons indiquer la préparation des matières premières qui entrent dans sa composition.

Choix et préparation des matières premières.

§ 625. *Salpêtre.* — Le salpêtre que l'on emploie à la fabrication de la poudre est le nitre raffiné, dont nous avons décrit la préparation (§ 450). Ce nitre est sensiblement pur ; il renferme rarement plus de 2 à 3 millièmes de sel marin. Tel qu'il vient des ateliers de raffinage, il est en très-petits grains cristallins, et c'est en cet état qu'il est employé à la fabrication de la poudre.

§ 626. *Soufre.* — Les poudreries achètent le soufre raffiné en canons. Il faut le réduire en poudre impalpable. Cette trituration se fait dans des tonnes en bois (fig. 386 et 387), garnies intérieurement de tasseaux en bois *a*, *b*, dirigés le long des arêtes du cylindre. Ces tonnes sont cylindriques, elles ont 1^m,10 de long et un diamètre de 1^m,15 environ. Elles sont traversées par un axe en fer horizontal OO', au moyen duquel on peut leur imprimer un mouvement

de rotation. Une porte *abcd*, munie de deux poignées en fer, *m, m'*,
permet d'introduire les matières. La pulvérisation s'opère au moyen
de petites billes en bronze, appelées *gobilles*, et qui ont de 5 à 8 mil-

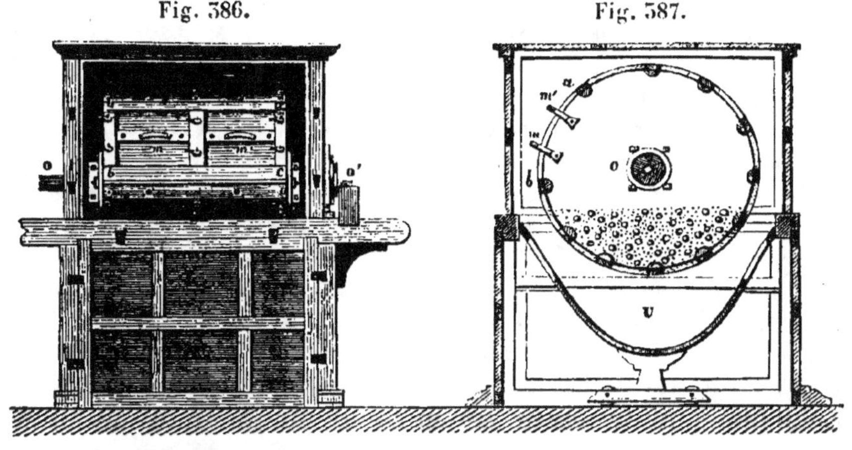

Fig. 386.   Fig. 587.

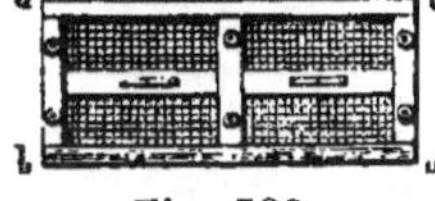

Fig. 588.

limètres de diamètre. Chaque tonne
renferme 150 kilogrammes de gobilles; on y ajoute 30 à 40 kilogrammes de soufre, et l'on fait
tourner pendant 6 heures. Les gobilles, en roulant avec le soufre,
l'écrasent et finissent par l'amener à une ténuité extrême. Pour
sortir le soufre, on enlève la porte de la tonne, et on la remplace
par une porte semblable *abcd*, dont les panneaux sont en toile métallique (fig. 588); en faisant faire à la tonne, munie de cette nouvelle porte, cinq ou six révolutions, le soufre pulvérisé s'échappe à
travers la toile métallique, qui retient au contraire les gobilles. Le
soufre est reçu dans des barils placés au-dessous de la tonne de
trituration.

Le soufre pulvérisé est tamisé dans un blutoir semblable à celui
qu'on emploie pour bluter la farine. On en sépare ainsi les parcelles
qui n'ont pas été suffisamment pulvérisées, ainsi que les petits grains
de sable qui pourraient occasionner des accidents dans la fabrication de la poudre. Le blutoir consiste en un cylindre de 2 à 5 mètres
de long, sur 1 mètre de diamètre, dont la carcasse en bois est recouverte d'un tissu de soie très-serré. Ce cylindre est suspendu par son
axe dans une caisse carrée, que l'on ferme complétement pendant le
blutage afin d'éviter la perte qui résulterait de la projection des
poussières. Il présente une légère inclinaison suivant son axe, et un
ouvrier le met en mouvement au moyen d'une manivelle fixée à

l'extrémité la plus élevée de l'axe. Le soufre pulvérisé est introduit dans le blutoir par la même extrémité, à l'aide d'une trémie qui communique avec l'intérieur du cylindre. Le soufre se tamise en descendant le long du cylindre pendant son mouvement de rotation; les parties les plus fines traversent le tissu, tandis que les plus grossières s'amoncellent à la partie inférieure du blutoir. On les retire de temps en temps pour les renvoyer à l'atelier de trituration. Le soufre tamisé est ramassé avec des pelles en bois et recueilli dans des barils que l'on envoie à l'atelier de composition.

§ 627. *Charbon.* — On doit apporter des soins particuliers au choix du charbon destiné à la fabrication de la poudre. Toutes les essences de bois ne conviennent pas à la préparation de ce charbon; on donne la préférence aux bois tendres et légers qui fournisssent un charbon friable, poreux, et laissant très-peu de cendres.

Les bois les plus estimés sont la bourdaine et le fusain. On peut employer également le peuplier et le châtaignier. Les tiges de chanvre et de chènevottes donnent aussi un charbon de bonne qualité.

On emploie exclusivement en France le bois de bourdaine. On choisit de préférence les branches de 15 à 20 millimètres de diamètre; si l'on emploie des branches plus fortes, ce n'est qu'après les avoir refendues. Dans tous les cas, on ôte l'écorce, parce qu'elle donne trop de cendres. On coupe ces branches en longueurs de 1,5 à 2 mètres, et on en forme des fagots qui pèsent de 12 à 15 kilogrammes.

La carbonisation ne se fait jamais en meules, comme celle du charbon ordinaire, mais dans des fosses ou dans des cylindres.

§ 628. *Carbonisation dans les fosses.* — Les fosses sont creusées en terre et revêtues intérieurement de briques; elles sont cylindriques et ont 1^m,5 de diamètre sur 1^m,2 de profondeur. On y amoncelle le bois coupé en morceaux de 0^m,30 de longueur, de façon que le tas dépasse de quelques décimètres l'ouverture de la fosse. Une ouverture pratiquée à la partie inférieure de la fosse permet de mettre le feu en bas du tas. A mesure que la combustion se propage, on soulève les branches avec une fourche, afin que le feu se répartisse d'une manière uniforme. Le tas s'affaisse successivement, et l'on ajoute de nouveau bois pour maintenir la fosse remplie. Quand il ne se dégage plus de flamme, on abaisse un couvercle en tôle qui bouche hermétiquement l'ouverture de la fosse; la carbonisation s'achève alors à l'abri de l'air. La fosse reste fermée pendant trois ou quatre jours pour que le charbon s'éteigne et se refroidisse complétement. On la découvre alors, on enlève le charbon avec des pelles, et on le porte à l'atelier de triage. Là, il est trié à la main avec le plus grand soin. Les branches qui n'ont pas été suffisamment carbonisées, les fumerons, sont rejetés ; on rejette de même celles dont la carbonisation a été trop complète, et qui ne donneraient qu'une mauvaise poudre. Le charbon qui présente les qualités convenables est porté aux ateliers de composition, où il doit être employé immédiatement ; car une longue exposition à l'air humide le détériore sensiblement.

La carbonisation dans les fosses donne de 18 à 20 de charbon pour 100 de bois employé.

§ 629. *Carbonisation dans les cylindres.* — La carbonisation dans les cylindres donne une proportion de charbon beaucoup plus considérable ; sa qualité est aussi plus constante et plus uniforme, parce que l'on peut régler le feu à volonté, et arrêter la carbonisation au moment où le charbon est arrivé au point convenable.

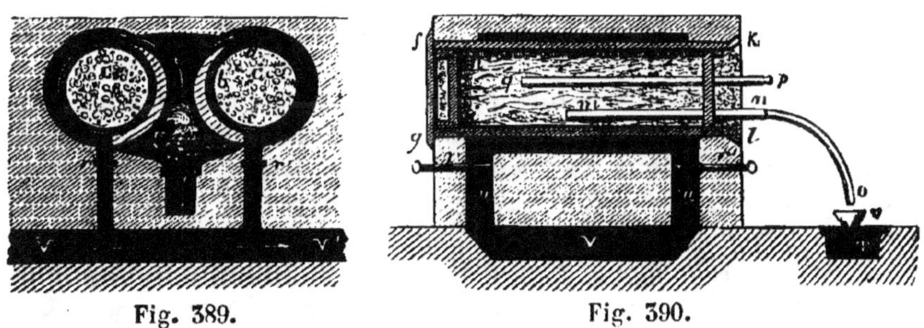

Fig. 389.　　　　　　Fig. 390.

Les cylindres C, C' (fig. 389 et 390) sont placés deux à deux dans un même fourneau ; ils sont en fonte, et ont 2 mètres de longueur et environ $0^m,70$ de diamètre. L'un des fonds de ces cylindres est formé par un obturateur en fonte, percé de quatre ouvertures circulaires, dans lesquelles passent quatre tubes en tôle, tels que pq, nm. Trois de ces tubes sont bouchés extérieurement avec des tampons en bois ; ils servent à introduire des baguettes de bois, que l'on peut retirer à volonté pour étudier la marche de la carbonisation. Le quatrième reste ouvert ; il donne issue aux gaz qui se dégagent pendant la carbonisation. On adapte à son extrémité un tube en cuivre recourbé no, qui débouche au-dessus d'un entonnoir v, communiquant à un conduit horizontal fermé T, qui règne le long des fourneaux et débouche dans la cheminée de tirage. Il y a ordinairement douze fourneaux, disposés en ligne dans un même massif.

Le combustible est placé sur la grille d, la flamme et la fumée s'élèvent entre les deux cylindres, enveloppent toute leur circonférence, et redescendent par les conduits verticaux u et u' dans un canal horizontal VV', qui s'étend sous tous les fourneaux, et se rend dans une cheminée de tirage placée au milieu de l'atelier. Des registres r, r', disposés sur les conduits verticaux u et u', permettent de régler la chaleur autour de chaque cylindre, suivant les besoins de l'opération. La portion *abc* des cylindres, qui est le plus immédiatement exposée à l'action du feu, est recouverte, sur une épaisseur de plusieurs centimètres, d'un lut formé de tuiles concassées et d'argile. Le maximum de température se porte ainsi au sommet des cylindres, ce qui est très-convenable à la bonne marche de l'opération.

Les baguettes de bois à carboniser ont $1^m,5$ environ de longueur; on en remplit entièrement les cylindres, puis on place le fond mobile *fghi*. Ce fond est en tôle, à doubles parois dont l'intervalle est rempli de cendres; on introduit ensuite des baguettes d'essai dans les tubes de tôle *pq*, etc.

Lorsque les cylindres sont chargés, on allume le feu sur la grille; le combustible le plus convenable est la tourbe. La décomposition du bois ne commence à devenir active qu'au bout de quatre ou cinq heures. On juge de la marche de l'opération par l'abondance et la couleur des fumées qui se dégagent par le tuyau *no*. Lorsqu'on suppose que la carbonisation avance, on retire les baguettes d'épreuve; et l'on juge à leur aspect si la décomposition marche d'une manière convenable dans les diverses parties des cylindres. Si l'on reconnaît qu'elle est plus avancée dans certaines régions que dans d'autres, on pousse le combustible du côté où la carbonisation est en retard. On règle également la chaleur au moyen des registres r, r'. Au bout de onze à douze heures, il ne se dégage plus de vapeur par le tuyau *no;* l'opération est terminée. On ferme alors les registres du fourneau; et la carbonisation s'achève toute seule. On défourne le lendemain, et on recueille le charbon dans des étouffoirs en tôle.

La carbonisation dans les cylindres donne de 35 à 40 pour 100 de charbon; on trie ce charbon à la main en le concassant en morceaux.

Lorsque le charbon est destiné à la fabrication de la poudre de chasse, on ne pousse pas la carbonisation très-loin; on retire le charbon à l'état de *charbon roux;* il présente alors une couleur brune. Pour la poudre de guerre, on pousse la carbonisation plus loin, on amène le charbon à l'état de *charbon noir*. Le charbon roux donnerait une poudre trop brisante pour les armes de guerre.

Fabrication de la poudre.

§ 630. On emploie plusieurs procédés pour la fabrication de la poudre ; les principaux sont :

1° Le procédé des pilons ;

2° Le procédé des tonnes et de la presse hydraulique, appelé aussi *procédé révolutionnaire ;*

3° Le procédé des meules ;

4° Le procédé bernois ou de Champy, qui donne de la poudre ronde.

1° *Procédé des pilons.*

§ 631. Le procédé des pilons est le plus ancien ; il donne des poudres de bonne qualité, et il est encore employé dans les poudreries de France pour la fabrication de la poudre de guerre.

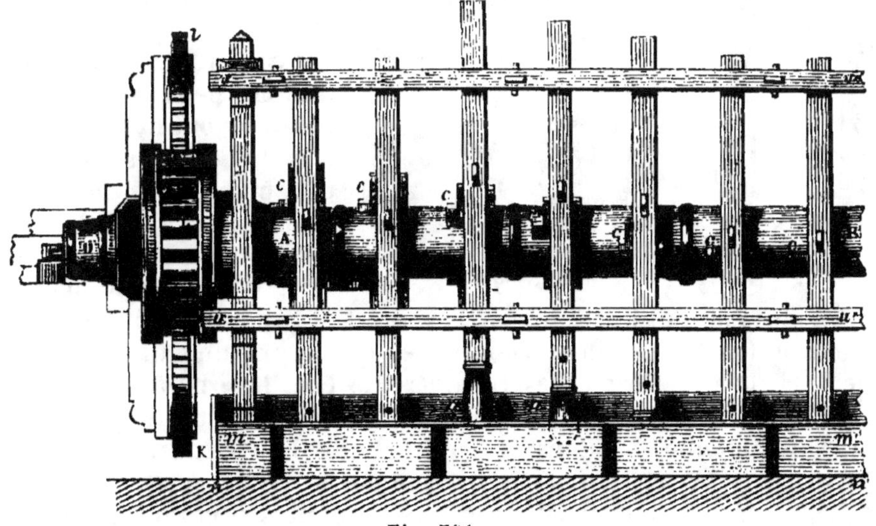

Fig. 391.

Une batterie de pilons (fig. 391) se compose ordinairement de deux rangées parallèles de dix pilons, dont chacun bat dans un mortier particulier. Les pilons sont formés par des pièces carrées de bois *pp* (fig. 392), de 2ᵐ,5 de long et de 0ᵐ,10 environ d'équarrissage, terminées par une partie cylindrique qui s'engage dans une boîte en bronze *a* ayant la forme d'une poire. Leur poids est de 40 kilogrammes.

Les mortiers sont creusés dans une grosse pièce de bois de chêne *mm'*, de 0ᵐ,60 d'équarrissage. On leur donne la forme représentée par la figure 393. La matière, sous le choc du pilon, se soulève le

long des parois, mais elle retombe ensuite au fond, à cause de la
forme que l'on a donnée au mortier. La pièce dans laquelle les mortiers sont creusés a nécessairement ses fibres dirigées longitudina-
lement; mais, comme dans ce sens le bois présente peu de résistance au choc, le fond des mortiers serait bientôt détérioré sous les
coups de pilons, si l'on ne parait à cet inconvénient.
A cet effet, on a enlevé une partie du bois, au fond
de chaque mortier, et on l'a remplacée par une
bille de bois debout z, entaillée convenablement.

Chaque rangée de pilons est mise en mouvement
par un arbre particulier OAB, garni de cames C
(fig. 391). Les deux arbres parallèles engrènent,
au moyen de deux lanternes en bois L, avec une
roue dentée en bois IK, fixée sur l'arbre de couche
de la roue hydraulique qui donne le mouvement à
tout l'atelier. Les arbres
des cames font ainsi qua-
tre tours pendant que l'arbre de la roue hydraulique
n'en fait qu'un seul. Chaque pilon porte un men-
tonnet m (fig. 392), par
lequel les cames le soulèvent. Celles-ci sont distri-

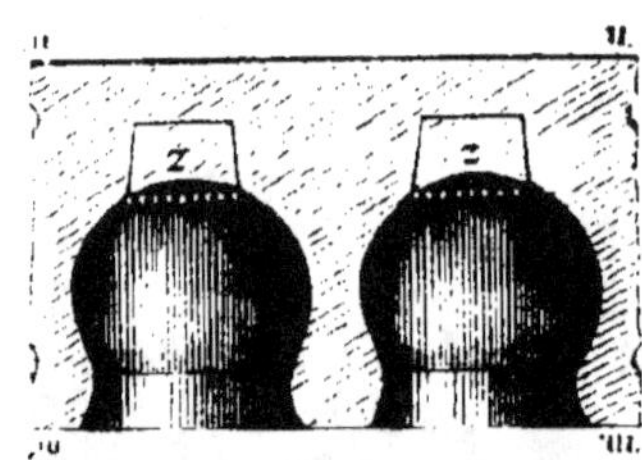

Fig. 392.   Fig. 393.

buées en hélice sur le contour de l'arbre, de façon qu'il y ait toujours
le même nombre de pilons soulevés, et que la machine ait constamment la même charge. Des traverses de bois horizontales uu', vv'
règlent le mouvement des pilons. La traverse inférieure uu' sert
aussi à maintenir les pilons en l'air lorsque l'ouvrier travaille dans
les mortiers. A cet effet, l'ouvrier soulève le pilon, jusqu'à ce que
le trou o arrive au-dessus de la traverse uu'; puis il enfonce, dans le
trou o, la cheville s qui s'arrête sur la traverse.

La composition se fait par portions de 10 kilogrammes; c'est la
charge de chaque mortier. On pèse d'un côté 1^k,25 de charbon en
morceaux, que l'on place dans un petit baquet de bois, et de
l'autre, 1^k,25 de soufre et 7^{k}50 de salpêtre, que l'on met dans un
autre baquet. Toutes ces portions, exactement pesées, sont portées
au moulin.

On commence par mettre dans chaque mortier le charbon qui lui
est destiné, et on l'arrose de 1 litre d'eau, on abat ensuite les pilons, en ôtant les chevilles s, qui les maintenaient suspendus sur la
traverse horizontale uu'. On fait marcher les pilons, en donnant

l'eau à la roue hydraulique. On laisse les pilons battre le charbon pendant 30 minutes ; on arrête alors la roue, on maintient les pilons en l'air au moyen des chevilles, et on met dans les mortiers le soufre et le salpêtre. On mélange les trois matières ensemble avec la main, on les arrose avec $\frac{1}{2}$ litre d'eau, et on les mélange de nouveau. On abat les pilons, et l'on remet la batterie en mouvement. L'ouvrier s'assure, au bout de quelques minutes, si la matière se comporte convenablement sous les pilons. Si la température extérieure est élevée, il est souvent obligé d'ajouter une nouvelle quantité d'eau.

Après une demi-heure de battage, on procède au premier *rechange*, opération qui a pour but de changer les matières de mortier. A cet effet, on arrête la batterie, et l'on met les pilons à la cheville. L'ouvrier détache, à l'aide d'une curette en cuivre (fig. 394), la matière du premier mortier, et la place dans une petite caisse de bois, nommée *layette*. Il enlève de la même manière la matière qui se trouve dans le second mortier, et la reverse immédiatement dans le premier, qu'il vient de vider. La matière du troisième mortier est

Fig. 594.

versée dans le second, celle du quatrième passe dans le troisième, et celle du cinquième dans le quatrième. Enfin, le cinquième mortier reçoit la matière qui a été ôtée du premier, et qui avait été placée dans la layette. Chaque ouvrier n'a que cinq mortiers à surveiller, de sorte qu'il y a quatre hommes attachés au service d'une batterie.

On remet les pilons en mouvement, et on les laisse battre pendant 1 heure ; au bout de ce temps, on fait le second rechange exactement comme le premier. On continue ainsi pendant 12 heures, en faisant un rechange après chaque heure de battage ; on arrose de temps en temps la matière, afin qu'elle conserve l'humidité convenable. Après le dernier rechange, on laisse marcher la batterie pendant 2 heures, pour donner du corps à la matière.

La matière a reçu, pendant ces 14 heures, environ trente mille coups de pilon. Ce nombre a été reconnu nécessaire, pour que la poudre obtienne la compacité convenable. Toutes les fois que l'on a cherché à le diminuer, on a obtenu une poudre peu compacte, qui ne pouvait pas supporter les transports.

§ 652. La matière, retirée des mortiers, est placée dans des baquets en bois, appelés *tines*, et envoyée au grenoir.

Le grenage de la poudre a pour but de mettre la matière qui vient du moulin sous la forme de grains d'une grosseur déterminée. Cette opération se fait dans des espèces de cribles (fig. 395), de $0^m,60$ de diamètre, dont le fond est formé par une peau percée de trous circulaires égaux. On donne à ces cribles différents noms, suivant les diamètres de leurs trous. Le *guillaume* porte des trous de 5 à 10 millimètres de diamètre. Le *grenoir de la poudre à canon* a des trous de 4 millimètres de diamètre; enfin, le *grenoir* de la poudre à mousquet a des ouvertures qui n'ont que 2 millimètres.

Le pourtour de l'atelier de grenage est garni de caisses de bois,

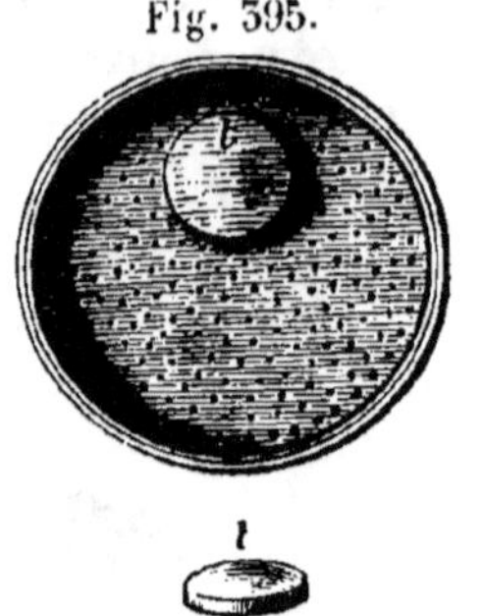
Fig. 395.

appelées *maies* (fig. 396), qui sont traversées dans leur largeur par des barres de bois *ab*, sur lesquelles l'ouvrier appuie son crible.

L'ouvrier place la matière dans le guillaume, puis il appuie ce crible sur la barre *ab*, suivant un de ses diamètres, et il le promène sur cette barre en l'éloignant et le rapprochant de lui tour à tour, sans cesser de le maintenir dans la position horizontale. Une portion de la matière passe à travers les trous; mais, comme le mouvement de va-et-vient ne suffirait pas, à lui seul, pour faire passer la matière à travers les trous du guillaume, on brise les morceaux trop gros, en plaçant dans le crible un disque lenticulaire de bois dur *t* (fig. 395), nommé *tourteau*. Le tourteau a 21 centimètres de diamètre, 55 millimètres d'épaisseur au centre, et 45 millimètres seulement à la circonférence. Par l'effet du mou-

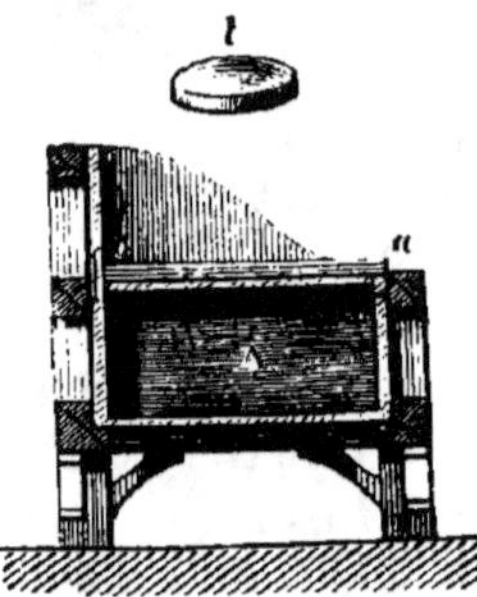
Fig. 396.

vement de va-et-vient imprimé au crible, le tourteau tourne constamment autour de la circonférence du crible; et comme, à cause de sa forme lenticulaire, il y a toujours de la matière interposée entre lui et le fond du crible, il comprime assez fortement cette matière pour la briser et la forcer à passer à travers les trous.

La matière qui a passé au guillaume est placée dans le grenoir à poudre à canon, ou dans celui de la poudre à mousquet, suivant que l'on cherche à fabriquer l'une ou l'autre espèce de poudre. On manœuvre ce grenoir de la même manière que le guillaume, en employant le tourteau. La matière qui a passé à travers le grenoir se compose de grains qui ont la grosseur requise, de grains plus petits, et de poussier. Si l'on veut séparer la poudre à canon, on l'égalise en la passant sur le grenoir à mousquet, sans employer de tourteau. Le grain trop fin passe à travers les trous, et la poudre à canon reste dans le crible. La matière qui a traversé le crible se compose de grains à mousquet et de poussier. On la passe sur un autre crible ou *égalisoir* dont les trous sont plus petits que ceux du grenoir à mousquet, et le poussier passe seul. On peut séparer de ce poussier des grains plus fins, en le passant sur un égalisoir à trous plus petits. On sépare ainsi une certaine quantité de grains qui peuvent être vendus comme poudre de chasse. Les derniers poussiers sont reportés au moulin, où on les rebat après les avoir mouillés avec une petite quantité d'eau.

§ 633. Les grains de poudre ainsi obtenus sont formés de petits fragments anguleux; on leur donne le nom de *poudre verte*. Cette poudre a besoin d'être séchée; on y emploie deux modes : le séchage par l'exposition à l'air libre, et le séchage par l'application d'une chaleur artificielle, dans des séchoirs.

Le séchage à l'air libre ne peut se faire que dans la bonne saison. On étend la poudre humide sur des toiles, en couches de 3 à 4 millimètres d'épaisseur. Ces toiles sont disposées sur des tables, placées le long d'un mur exposé au midi et qui abrite les tables du côté du nord. On renouvelle de temps en temps la surface de la poudre au moyen d'un rabot; on ramène aussi quelquefois la poudre sur chaque toile en un seul tas, et on l'étend de nouveau en couche. Cette dessiccation marche assez rapidement au soleil pendant l'été; mais elle est beaucoup plus lente au printemps et dans l'automne.

Le séchage par la chaleur artificielle a l'avantage de marcher d'une manière plus régulière, et de pouvoir être pratiqué en toute saison. La poudre est étalée en couches minces, sur des toiles tendues dans des boîtes en bois traversées par un courant d'air chaud se rendant dans une cheminée de tirage. Le chauffage de l'air s'effectue au moyen de longs tuyaux qui se développent dans les armoires en bois, et que traverse constamment un courant d'eau chaude.

2° *Procédé révolutionnaire.*

§ 634. Le procédé révolutionnaire a été imaginé pour fabriquer une grande quantité de poudre en peu de temps. Il donnait une poudre de qualité inférieure, et il n'est plus employé maintenant.

On commençait par réduire en poudre fine, dans des tonnes avec gobilles de bronze, d'un côté le nitre seul, de l'autre le mélange binaire de soufre et de charbon. On faisait ensuite le dosage ordinaire des matières, et on introduisait le mélange ternaire dans des tonnes tournantes, renfermant des gobilles d'étain qui produisaient un mélange parfaitement intime des trois matières.

On plaçait ensuite une toile mouillée sur un plateau carré en cuivre sur lequel on disposait un cadre en bois, destiné à maintenir la poudre, puis on remplissait ce cadre du mélange précédent. On enlevait le cadre, on recouvrait le mélange d'une seconde toile mouillée, sur laquelle on plaçait un second plateau en cuivre, une toile mouillée, puis une seconde couche de matière, et ainsi de suite. Quand le chargement était suffisant, on comprimait fortement la pile à l'aide d'une presse hydraulique. L'eau des toiles se répandait dans la matière, et la mouillait d'une manière uniforme.

Les galettes qui provenaient de cette opération étaient exposées quelque temps à l'air, pour les dessécher un peu, puis grenées par les moyens ordinaires.

5° *Procédé des meules.*

§ 635. Ce procédé est appliqué en France à la fabrication de la poudre de chasse ; il donne une poudre **très-compacte et de qualité supérieure.**

Le dosage que l'on adopte est celui-ci :

Salpêtre..................	80,0	ou 76,9
Soufre...................	10,0	9,6
Charbon.................	14,0	13,5
	104,0	100,0

On fait subir au charbon et au soufre une trituration préliminaire qui s'exécute dans des tonnes tournantes par des gobilles en bronze comme nous l'avons dit (§ 626). Le charbon étant plus difficile à réduire en poudre fine, il convient de faire durer sa trituration plus longtemps. On commence donc l'opération sur le charbon seul, et l'on n'ajoute le soufre qu'au bout de quelque temps. On place dans la tonne 21 kilogrammes de charbon roux, tel qu'il vient de l'atelier de triage. On fait tourner pendant 12 heures ; puis on ajoute 15 kilog. de soufre en morceaux, et l'on continue la trituration du mélange pendant 6 heures. On retire alors le mélange binaire, à l'état de poudre impalpable et parfaitement homogène, en opérant comme nous l'avons dit pour la trituration du soufre seul.

On ajoute ensuite, au mélange binaire, la quantité de salpêtre convenable ; puis on place le tout dans une nouvelle tonne, appelée *mélangeoir*, où l'on obtient un mélange intime des trois substances. Cette tonne est formée de trois fonds verticaux en bois de chêne, qui la divisent en trois compartiments et qui sont montés sur un axe en bois dont l'intérieur est en fer. L'écartement des trois fonds est maintenu par 12 côtes en bois qui font saillie à l'intérieur. Ces côtes sont recouvertes par un morceau de cuir de vache, de manière à former un cylindre, dont la surface convexe est en cuir. Une porte, maintenue par des écrous en cuivre, sert à introduire et à enlever la matière. Pour opérer le mélange, on introduit dans la tonne 60 kilog. de gobilles de bronze, de 5 millimètres de diamètre, et 26 kilog. de mélange. On fait tourner la tonne pendant 12 heures, en lui faisant faire de 25 à 30 tours par minute. On extrait ensuite la matière, comme pour les autres tonnes, c'est-à-dire en remplaçant la porte pleine par une autre porte dont les panneaux sont en toile métallique.

On place 50 kilog. de ce mélange dans une caisse appelée *maie*, et, pendant qu'on verse dessus 1 litre d'eau avec un arrosoir percé de trous très-petits, on retourne continuellement la matière. En été, on emploie quelquefois une quantité double d'eau. La matière est ensuite portée aux meules.

Le mécanisme des meules est essentiellement composé de deux meules verticales M, M' en fonte (fig. 397), du poids de 5,500 kilog., reposant sur une plate-forme ou auge en fonte AB, supportée sur un massif en maçonnerie. Le diamètre des meules est de 1^m,50; leur largeur, à la circonférence, de 0^m,50. Le diamètre de la plate-forme horizontale est de 2^m,0. Chaque meule est traversée par un axe en fer CDC', qui emboîte d'un côté dans l'arbre vertical en fonte EF, et qui est maintenu de l'autre par un système en charpente GHH'G', fixement attaché à

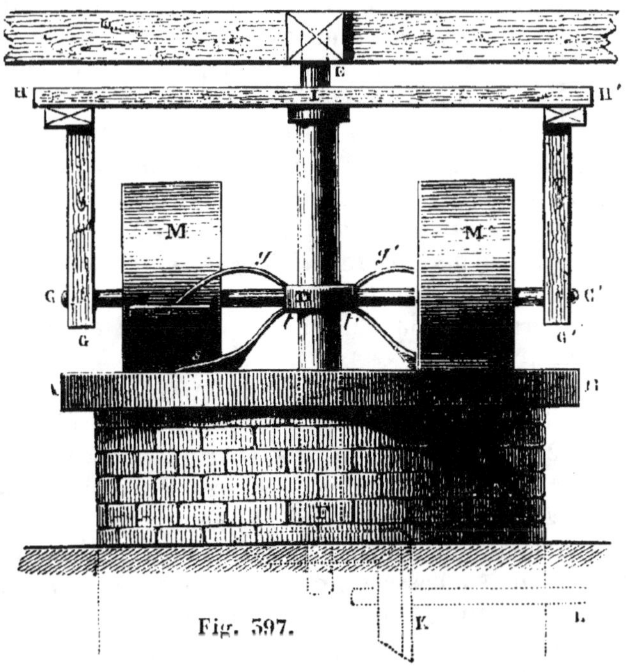

Fig. 397.

l'arbre vertical EF. Un arbre horizontal KL, placé au-dessous du so et communiquant avec la roue hydraulique, met en mouvement l'arbre vertical, au moyen d'un engrenage conique. Deux petits racloirs en bois s, s', garnis de cuivre, sont fixés sur des bras en fer t, t', attachés à l'arbre mobile, et suivent immédiatement les meules. Ils ont pour objet de ramener continuellement sur la piste les portions de matière que la pression aurait fait étendre vers les bords de l'auge. Des grattoirs r, r', garnis de cuivre, frottent constamment sur chaque meule, et en détachent la matière adhérente.

On étend sur l'auge 50 kilog. de matière en une couche d'égale épaisseur, puis on fait marcher les meules ; le mouvement, d'abord lent, s'accélère peu à peu, et l'arbre EF fait bientôt environ 8 tours par minute. Après une heure de ce mouvement, la plus grande partie de l'eau ajoutée s'est évaporée, car la température s'élève notablement pendant cette trituration, la matière est devenue sèche, et il faut l'arroser de nouveau. Cet arrosage doit se faire d'une manière parfaitement égale sur toute la matière. A cet effet, on attache derrière une des meules un récipient V (fig. 398) terminé par un

Fig. 598.

tube horizontal ab percé de très-petits trous. On place dans ce récipient 1 litre d'eau, et, quand on veut arroser, il suffit d'ouvrir un robinet disposé sur le tuyau vertical. L'ouvrier détache aussi la matière sur la piste avec un racloir en cuivre, et sans arrêter les meules. après 1 heure environ de nouvelle trituration, il arrête les meules ; il ramène exactement sur la piste toute la matière, puis il fait tourner les meules très-lentement, de manière qu'elles mettent 8 à 10 minutes pour faire un seul tour de l'auge. Les meules, séjournant ainsi longtemps dans un même point, compriment fortement la matière, et celle-ci acquiert une grande compacité. L'opération est alors terminée, la galette est détachée et envoyée à l'atelier de grenage.

§ 636. Le grenoir dont on fait usage aujourd'hui est essentiellement formé d'un châssis de bois AB (fig. 399), de forme octogone et de 2^m,50 de diamètre. Il est suspendu horizontalement par 8 cordes. Au centre est un collet garni de cuivre, dans lequel s'engage la pièce en fer courbe *defgh*, appelée *signole*, et qui fait partie d'un axe vertical KH, dont l'extrémité supérieure H tourne dans une crapaudine enchâssée dans un madrier. L'extrémité inférieure K de l'axe est munie d'une roue d'angle horizontale, qui engrène avec une roue d'angle verticale montée sur l'axe MN, au moyen duquel on imprime le mouvement à tout le système. Il est clair que, pendant le mouvement de rotation de l'axe KH, la signole fait décrire au châssis un mouvement circulaire.

On fixe sur le châssis 8 grenoirs à 5 compartiments (fig. 400). Le premier fond AB est une plaque en noyer, de 2 centimètres d'épaisseur, percée sur toute la surface de petits trous évasés par le bas.

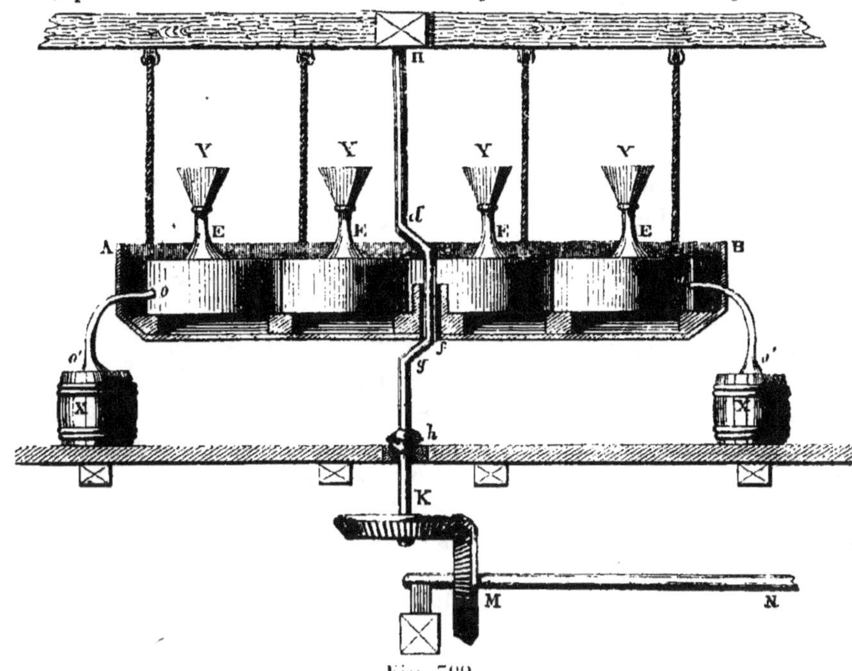

Fig. 399.

Sur cette plaque repose un tourteau de bois de cormier C pesant
2 kilog., et aux deux points opposés sont deux ouvertures de 1 décimètre de largeur, auxquelles sont
adaptés deux plans inclinés en
cuivre, sous forme d'augets, lesquels viennent, par leur extrémité
inférieure, toucher à la surface
du deuxième fond FG. Ce second
fond, distant du premier de 3 cen-
mètres, est formé par une toile
métallique, dont les mailles ont
la grandeur convenable pour le
grain de poudre de chasse. Enfin,
à 3 centimètres de ce second fond,
il y en a un troisième III en étamine de soie, pour l'époussetage.
L'extrémité inférieure du grenoir
repose sur la surface du châssis,

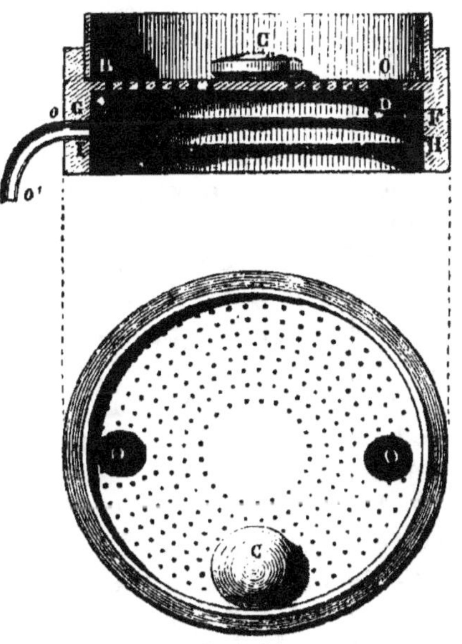

Fig. 400.

qui est garnie de cuir; la sur-

18.

face supérieure est recouverte d'une toile avec une manche en peau E, pour l'introduction de la matière. Sur le côté du tamis, il y a deux ouvertures O, O', garnis également de poches en peau, destinées à conduire le grain et le poussier dans de petites boîtes fermées X, X'.

Le grenoir tamis étant posé sur le châssis suspendu, on y introduit la matière par les petits augets Y, Y...; et l'on met le châssis en mouvement. Le tourteau qui est dans le tamis se meut alors circulairement sur la plaque en bois et concasse la matière. Celle-ci passe à travers les trous du fond de bois AB, et tombe sur le fond en toile métallique FG. Toute la portion qui est en grains assez fins pour traverser les mailles s'échappe, et il ne reste sur la toile métallique que la portion trop grosse pour passer. Mais cette portion, rencontrant le plan incliné des augets, remonte le long de ces augets sur la première plaque, en vertu du mouvement circulaire qui lui est imprimé, et s'y trouve soumise de nouveau à l'action du tourteau. Pendant que cet effet a lieu dans les deux compartiments supérieurs, le mélange de grains et de poussière qui a traversé la toile métallique tombe sur le tissu de soie et y subit un époussetage. Le poussier qui traverse l'étamine tombe sur le fond en cuir du châssis, d'où il est conduit, par une manche de peau, dans une petite boîte fermée; tandis que le grain bien nettoyé qui est resté sur la soie s'échappe par une ouverture opposée et se rend dans un petit baril. L'ouvrier n'a donc qu'à verser de la matière à grener dans les augets, à mesure que le bruit du tourteau lui indique que la matière vient à y manquer.

Le poussier est renvoyé aux meules, où il subit une nouvelle trituration avec arrosage. La galette qui en provient est grenée comme la première.

§ 637. Le grain de chasse subit encore une opération qu'on appelle *lissage*. Elle a pour objet de donner à la poudre une surface polie et brillante qui assure sa conservation et lui donne plus de densité.

Le lissoir est une tonne cylindrique en bois (fig. 401) de 2^m,70 de long sur 1^m,20 de diamètre, et divisée intérieurement en 5 compartiments, par des fonds intermédiaires. Chacun des compartiments a une porte particulière. Un arbre en bois traverse la tonne, et reçoit le mouvement par un engrenage. L'intérieur des tonnes contient, comme les mélangeoirs, 12 côtes en bois faisant saillie.

Au-dessous du lissoir est une grande trémie, divisée en cinq compartiments qui correspondent aux cinq compartiments de la tonne. Chacun de ces compartiments est terminé par un tuyau en cuir qui amène les matières dans un baril placé dessous. On charge 100 kilog. de grains dans chaque compartiment de la tonne. On donne d'abord un mouvement lent de rotation pendant 12 heures. La poudre,

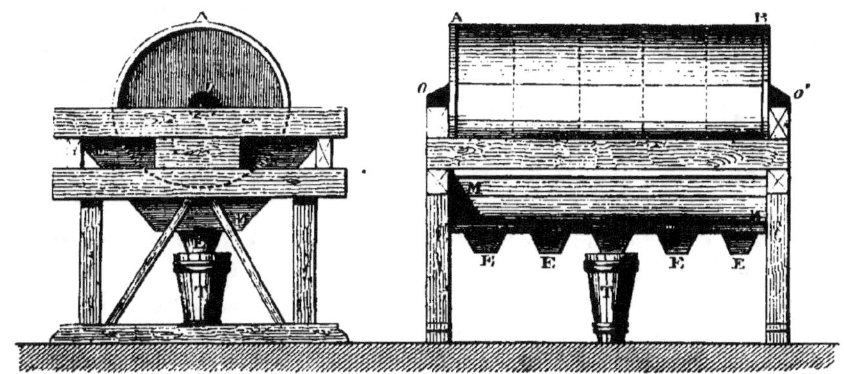

Fig. 401.

par le mouvement du tonneau, roule continuellement sur elle-même, les côtes de bois renouvellent les points de contact; les grains usent leurs aspérités les uns contre les autres et se polissent. On donne alors plus de vitesse, et, après 56 à 40 heures, le lissage est terminé.

La poudre sortie du lissoir est séchée comme à l'ordinaire.

Le lissage donne à la poudre une plus grande densité, mais il diminue son inflammabilité. Aussi convient-il de ne pas le pousser trop loin, et de s'arrêter au point où les grains ont acquis assez de dureté à leur surface pour ne pas s'altérer au transport et ne pas donner du poussier.

§ 638. On obtient une qualité de poudre de chasse supérieure à la précédente en reportant sous les meules la poudre grenée par le procédé que nous venons de décrire, la soumettant à une seconde trituration avec arrosage, puis à une nouvelle granulation. Cette poudre, après le lissage, est supérieure aux meilleures poudres étrangères. On lui donne le nom de *poudre royale*.

4° Fabrication de la poudre ronde par le procédé bernois, ou procédé de Champy.

§ 639. La poudre de mine est fabriquée en France par un procédé particulier, qui a été employé d'abord à Berne, ce qui lui a fait donner le nom de *procédé bernois*. On l'appelle aussi *procédé de Champy*, du nom du directeur des poudres qui l'a établi en France et qui l'a beaucoup perfectionné. On applique également ce procédé à la fabrication de la poudre à canon et à mousquet.

On emploie, pour la poudre de mine, les charbons les plus cuits et tous les morceaux que l'on a mis de côté, comme impropres aux autres poudres. La forte calcination qu'ils ont subie n'est d'ailleurs pas un inconvénient, parce que la poudre de mine ne doit pas avoir une trop grande inflammabilité.

Les opérations sont au nombre de six : la trituration, le mélange, la granulation, l'égalisage, le lissage et le séchage.

La trituration a lieu par les gobilles de bronze, dans des tonnes en fer, exactement comme nous l'avons dit en décrivant le procédé des meules. Seulement, comme le charbon est plus difficile à broyer, on emploie à la fois des gobilles de $4^{mm},5$ et des gobilles dont le diamètre varie de 7 à 15^{mm}. La tonne renferme 120 kilog. de gobilles, dont moitié à $4^{mm},5$ de diamètre, et l'autre moitié de diamètre plus fort. On place dans la tonne $30^{kil},09$ de soufre et 27 kilog. de charbon, ce qui est le dosage pour 150 kilog. de poudre. On ferme la porte et on laisse tourner la tonne pendant 4 heures en lui faisant faire 25 à 28 révolutions par minute. Le mélange binaire est alors suffisamment préparé, et on le retire de la tonne.

Ce binaire est porté à la composition. On en met dans un baril une quantité exactement pesée de $14^k,25$, et on ajoute par-dessus $23^k,25$ de salpêtre. Chacun des barils contient alors $37^k,50$ de composition, savoir :

Salpêtre	23,25	62,0
Soufre	7,50	20,0
Charbon	6,75	18,0
	37,50	100,0.

La composition ainsi faite est portée aux mélangeoirs, qui sont des tonnes en cuir, renfermant d'avance 60 kilog. de gobilles de cuivre de $4^{mm},5$. On y verse les $37^k,50$ de composition, et l'on met le mélangeoir en mouvement, avec une vitesse de 25 à 30 tours par minute. Quand il a tourné pendant 4 heures, le mélange est devenu très-intime, la matière est déchargée dans une maie, puis placée dans des barils que l'on porte à l'atelier de granulation.

§ 640. Le mécanisme (fig. 402) employé pour la fabrication du grain rond se compose de deux grandes tonnes en bois de chêne AEGB, CHFD, de $1^m,75$ de diamètre et de $0^m,63$ de hauteur. Chacune d'elles a un seul fond entièrement plein BE, CF ; le fond opposé AG, HD, est percé, au centre, d'une ouverture circulaire U, de $0^m,60$

de diamètre. Les deux tonnes sont montées sur un même axe en fer IO, supporté sur deux coussinets en cuivre, entre deux fortes poutres verticales. Deux couronnes en cuivre *aa'*, *bb'*, fixées sur l'axe en fer, servent à réunir invariablement l'axe transversal IO, avec les fonds pleins EB et CF des tonnes. Quatre fortes traverses en bois, telles que AB, assurent l'invariabilité du système. A chaque tonne est adaptée une porte M, de 0^m,55 sur 0^m,60, fermant avec quatre boulons en cuivre, et servant à l'introduction et à la sortie des matières. Toute là partie inférieure du système est enveloppée d'une grande maie N, garnie de plans inclinés en cuivre, qui reçoit les matières lorsqu'on enlève les portes, et les conduit dans des barils placés au-dessous

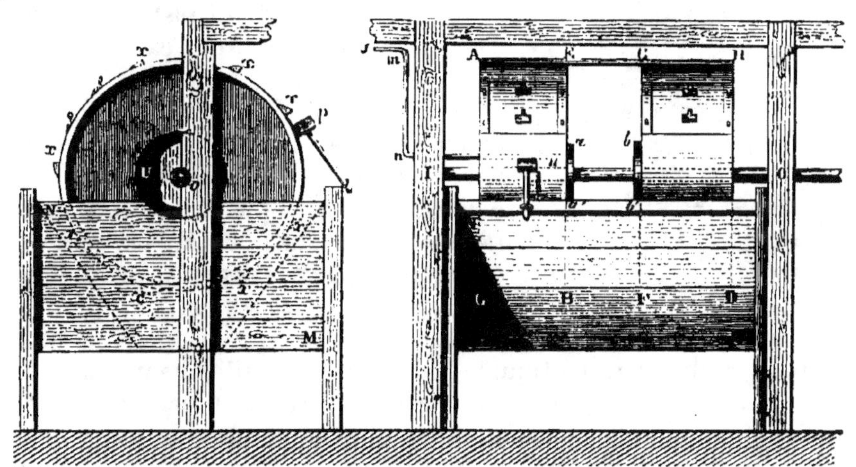

Fig. 402.

L'une des deux tonnes, la tonne AEGB, est destinée à la granulation; la seconde tonne CHFD sert au lissage des grains.

La surface extérieure du granuloir AEGB est garnie de 12 petits taquets *x*, *x*, *x*, qui, pendant que la tonne est en mouvement, soulèvent et font frapper constamment sur ses parois un petit marteau en bois *p*, attaché par une corde sur le côté de la maie N. Ces coups de marteau ont pour objet de détacher les matières qui pourraient adhérer au tonneau. Un tube d'arrosage en cuivre *nu*, de 2 centimètres de diamètre et de 0^m,40 de longueur, percé de trous capillaires suivant une de ses arêtes, pénètre dans l'intérieur du granuloir, un peu au-dessus de l'axe, et communique, par un tube recourbé en cuivre *nms*, avec une pompe foulante. Cette pompe (fig. 403) se compose d'un corps de pompe en cuivre P, dans lequel se meut un piston de même métal parfaitement ajusté. Une tige en fer *tt'*, fixée à ' partie supérieure du piston, glisse entre deux montants de bois. On fait monter le piston au moyen d'une manivelle et d'une corde qui passe sur une poulie fixée à la tige en fer. Le corps de pompe communique par sa partie inférieure, d'un côté, avec un réservoir plein

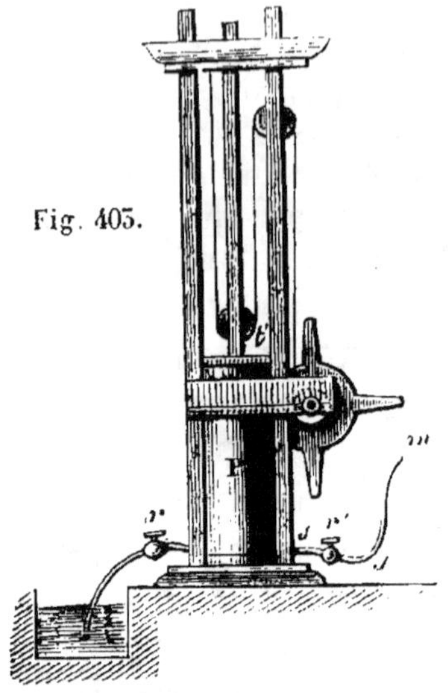

Fig. 405.

d'eau, et, de l'autre, avec le tube à injection *smnu*. Deux robinets *r*, *r′* permettent de fermer à volonté l'un ou l'autre des tubes de communication. Lorsqu'on ouvre le robinet *r*, et qu'on élève le piston, la partie inférieure du corps de pompe se remplit d'eau. Si l'on ferme alors ce robinet et qu'on ouvre le robinet *r′*, le piston descend par son propre poids, et l'eau s'échappe par le tuyau d'arrosage *smnu*.

Pour faire une charge de matière, l'ouvrier enlève la porte M du granuloir et y verse 100 kilogr. de poudre déjà granulée, appelée *noyau*, dont nous indiquerons tout à l'heure l'origine; il replace la porte, et met le granuloir en marche avec une vitesse de 10 tours par minute. Pendant ce mouvement, il fait avec la pompe un premier arrosage à 5 pour 100 d'eau. Le liquide vient ainsi mouiller, sous la forme d'une pluie fine, le noyau qui occupe la partie inférieure du granuloir, et, comme le mouvement de rotation de la tonne renouvelle sans cesse la surface, tous les grains se mouillent d'une manière uniforme.

Lorsque ce premier arrosage est terminé, on introduit avec une palette de bois, et successivement par charge de 1 kilogr. à travers l'ouverture U, 50 kilogr. de mélange, tel qu'il vient des mélangeoirs; on a soin de le répandre à peu près uniformément dans la tonne. Le mouvement du granuloir faisant couler constamment les grains de noyau humide au milieu du poussier sec, celui-ci s'attache à leur surface, et chaque grain grossit ainsi par couches concentriques.

Immédiatement après, on fait un second arrosage semblable au premier; après quoi on ajoute de nouveau, et par petites portions, 50 kilogr. de mélange ternaire. Après un quart d'heure environ de rotation, l'ouvrier s'assure si le poussier est entièrement absorbé : puis il vide le granuloir en faisant tomber la matière dans des barils placés dessous. La durée totale d'une de ces opérations est de 35 à 40 minutes.

§ 641. La matière sortie du granuloir se compose de grains de diverse grosseur ; il faut opérer la séparation de ces divers grains, faire l'*égalisage* des grains.

On l'effectue en agitant le grain sur deux tamis en peau percés de trous ; le premier, appelé l'*égalisoir*, sépare le grain trop gros ; l'autre, le *sous-égalisoir*, sépare le grain trop fin. Le sur-égalisoir, destiné à séparer le peu de grains trop gros qui se trouve dans le mélange, a des trous de $5^{mm},4$ de diamètre. Les grains et morceaux irréguliers, qui ne passent pas, sont mis de côté. Les grains qui ont passé sont tamisés sur le sous-égalisoir dont les trous ont $1^{mm},2$ de diamètre. Il reste sur le tamis des grains dont la grosseur est comprise entre $1^{mm},2$ et $5^{mm},4$, et qui conviennent pour la poudre de mine ; on les met dans un baril pour leur faire subir une opération subséquente. Tout ce qui a passé à travers le sous-égalisoir se compose de grains plus petits que $1^{mm},20$: on le considère comme *noyau*, parce que ce grain n'a besoin que d'être grossi dans la tonne de granulation pour donner un grain de la grosseur convenable. Chaque opération donne la quantité de noyau nécessaire pour une opération suivante. Il suffit donc d'en avoir pour une première opération ; on se sert pour cela simplement de poudre anguleuse, à grosseur de grains de mousquet, préparée par le procédé des pilons.

Les grains trop gros et les morceaux irréguliers, les *galles*, qui sont restées sur l'égalisoir, sont brisées au moyen du tourteau, et on s'en sert comme noyau pour les opérations suivantes.

La poudre de mine reçoit encore un lissage, qui augmente notablement sa densité. Cette opération s'exécute dans la seconde tonne CHFD. On y introduit 200 kilogr. de grain égalisé, et l'on fait tourner pendant 4 heures. On s'assure, par une expérience directe, du moment où le grain a acquis la densité convenable. A cet effet, on pèse exactement 60 grammes de grain en lissage, et on les verse dans une éprouvette de verre divisée. Le grain est suffisamment lissé, lorsque le niveau de la matière s'élève à une certaine division de l'éprouvette.

Le grain lissé est séché par les méthodes ordinaires.

§ 642. La fabrication de la poudre ronde de guerre se fait de la même manière ; mais on emploie le dosage ordinaire de guerre : 75 salpêtre, 12,5 soufre et 12,5 charbon. De plus, on sépare deux espèces de grains égalisés : des grains dont la grosseur est comprise entre $1^{mm},2$ et $2^{mm},1$ et qui forment la poudre à canon ; et des grains à mousquet, dont le diamètre varie de $1^{mm},0$ à $1^{mm},20$.

Épreuve de la poudre.

§ 643. La poudre est soumise, dans les poudreries françaises, à une série d'essais qui ont pour but de constater les qualités physiques et la puissance balistique de chaque espèce de poudre.

Les conditions auxquelles doit satisfaire la poudre de guerre sont les suivantes :

Le grain doit être anguleux, dur, sec, égal. La grosseur du grain variant de $2^{mm},5$, à $1^{mm},4$ pour la poudre à canon, et de $1^{mm},4$ à $0^{mm},6$ pour la poudre à mousquet. Il doit résister à une pression modérée, et ne pas laisser de poussier lorsqu'on le fait glisser sur la main.

La densité apparente de la poudre est prise à l'aide d'un appareil particulier, appelé *gravimètre*. Le gravimètre est une mesure ayant exactement 1 décimètre cube ; on le remplit au moyen d'un entonnoir à soupape, qui s'adapte dessus, et qui verse la poudre d'une manière uniforme. Le poids du litre de poudre, non tassée, que contient cette mesure, est la *densité gravimétrique*. Cette densité est pour la poudre de guerre de $0^k,820$ à $0^k,830$.

§ 644. La puissance balistique de la poudre est constatée concurremment par le *mortier-éprouvette* et par le *fusil-pendule*.

Le mortier-éprouvette consiste en un mortier en fonte (fig. 404),

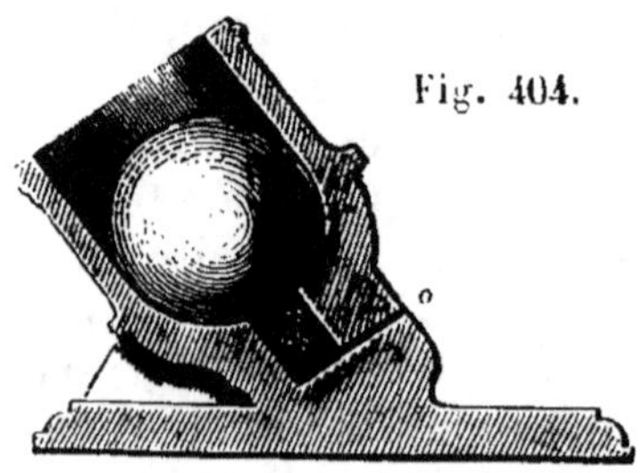

Fig. 404.

dont l'axe est incliné de 45° sur l'horizon. Le diamètre intérieur de ce mortier est de $191^{mm},2$. On introduit dans la chambre a de ce mortier, à l'aide d'un entonnoir coudé, 92 grammes de poudre, et l'on place par-dessus un globe de bronze de $189^{mm},5$ de diamètre, et pesant $29^k,4$. Pour que la poudre soit acceptée, il faut qu'elle porte le globe à la distance de 220 mètres au moins.

§ 645. Le fusil-pendule (fig. 405) se compose de deux parties : le fusil-pendule proprement dit AB, et le récepteur CD, ou *pendule-balistique*. Le fusil-pendule consiste en un canon de fusil d'infanterie ab, dont la culasse est remplacée par une pièce de fer maintenue au bas d'un châssis en fer omn, terminé, à sa partie supérieure, par deux tourillons en couteaux o, formant un axe horizontal. Les tourillons portent sur des sièges en acier fondu, de sorte que le système forme un pendule librement suspendu. Au-dessous du pendule, se trouve un axe mn, sur lequel se meut une masse de plomb p, que l'on peut faire glisser sur une tringle horizontale, qui peut être elle-même fixée

à différentes hauteurs. On place cette masse dans une position telle,
que le centre d'oscillation du pendule composé se trouve sur l'axe
du fusil et sur la verticale qui passe par le centre de gravité. Le
fusil-pendule porte une tige i, qui pousse un curseur mobile sur un
arc de cercle divisé cd. Ce curseur marque le recul du pendule.

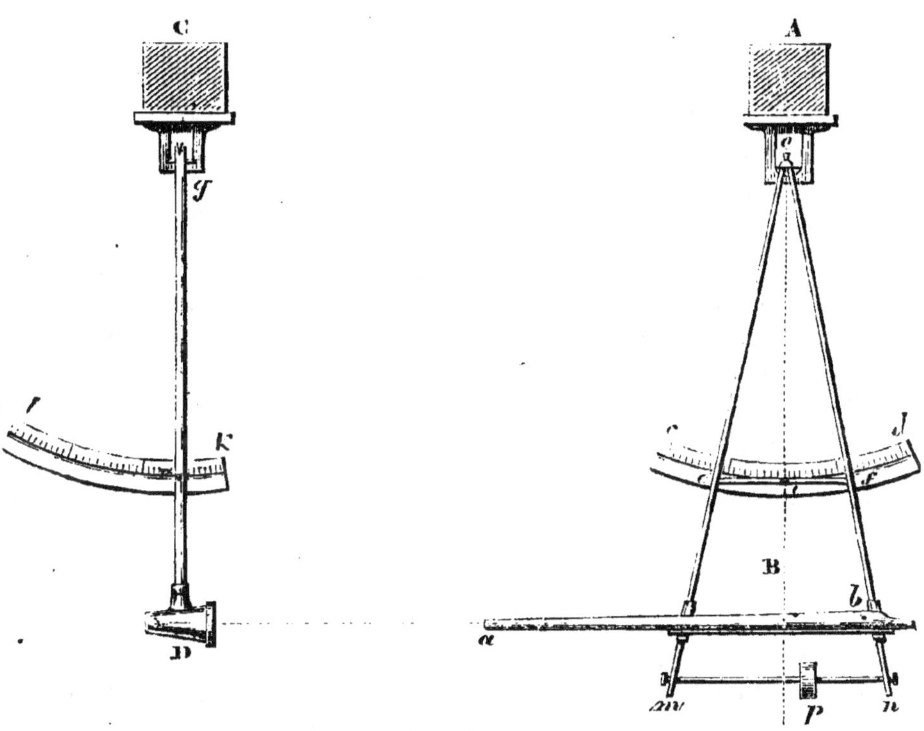

Fig. 405.

Le pendule balistique se compose : d'une boîte conique en bronze D,
suspendue à l'extrémité d'un châssis en fer gh, terminé lui-même, à
sa partie supérieure, par un axe horizontal composé de deux tourillons en couteaux. Ce système forme donc un second pendule, aussi
mobile que le premier. Les axes de suspension de ces pendules
doivent être rigoureusement parallèles. La boîte reçoit une masse
de plomb, dans laquelle la balle s'enfonce. Elle porte également un
appendice r, qui se meut sur un arc divisé kl et pousse un curseur
glissant à frottement sur l'arc. L'amplitude dont le curseur est chassé
au moment de la réception de la balle mesure la force que la balle
imprime au pendule. L'appareil est disposé de façon que le centre
d'oscillation du pendule se trouve placé sur l'axe de la boîte conique.
Des formules mathématiques permettent de calculer la vitesse initiale

de la balle, soit par l'écart du curseur du pendule-récepteur, soit par celui du curseur du fusil-pendule.

Le poids de chacun de ces pendules monté est de 25 kilogrammes.

Le fusil reçoit une charge de poudre de 10 grammes; le diamètre de la balle est de 16^{mm},5. La vitesse initiale de la balle, déduite des deux observations que nous venons d'indiquer, doit être de 450 mètres par seconde.

Pour l'essai des poudres de chasse, on ne met que **5 grammes de poudre**; ils doivent donner les vitesses initiales suivantes :

Pour la poudre fine....... 550 mètres.
　　　 »　　 superfine .. 350　　 »
　　　 »　　 royale..... 575　　 »

Dans plusieurs poudreries françaises on a disposé un *canon-pendule*, exactement sur les mêmes principes que le fusil-pendule. On détermine directement, avec cet appareil, les vitesses initiales qu'une charge donnée de poudre communique au boulet.

§ 646. Les poudres de guerre sont soumises, en outre, de temps en temps, à plusieurs autres essais, qui ont pour but de constater leur dureté, leur résistance au transport, et leur altérabilité plus ou moins rapide par l'humidité de l'air.

Analyse de la poudre.

§ 647. L'analyse de la poudre est une opération longue et délicate, lorsqu'on désire connaître très-exactement les proportions et la nature des substances qui la composent. On commence par déterminer la proportion d'eau hygrométrique que la poudre renferme. A cet effet, on expose dans le vide sec pendant plusieurs jours un poids connu de poudre, et on détermine la perte qu'il subit; ou bien, on place la matière dans un tube en U, maintenu à une température de 60° à 70°, et on le fait traverser par un courant d'air sec. On dispose l'appareil comme nous l'avons décrit (§ 261) pour l'acide oxalique.

On traite ensuite 10 grammes de poudre sèche par de l'eau chaude, qui dissout l'azotate de potasse. Le résidu insoluble, composé de soufre et de charbon, est recueilli sur un petit filtre, que l'on a pesé après l'avoir séché préalablement. Lorsque le résidu a été convenablement lavé, on le dessèche avec le filtre à une température modérée, et on le pèse. En retranchant de ce poids celui du filtre seul, on a le poids du soufre et du charbon. On détache, aussi exactement que possible, la matière du filtre; on la pèse de nouveau dans un petit flacon, puis on la traite par du sulfure de carbone, que l'on peut mêler avec un volume égal d'éther, sans trop diminuer son pouvoir dissolvant sur le soufre. Le charbon reste seul, on le recueille sur un petit filtre préalablement séché, et, après avoir bien lavé au mélange de sulfure de carbone et d'éther, on le pèse après une nouvelle dessiccation. On obtient ainsi le poids du soufre par différence. Mais on peut aussi peser le soufre directement, en évaporant, à une basse température, le dissolvant qui le contient. Le charbon de la poudre n'est pas du carbone pur ; car, la carbonisation ayant toujours été incomplète, il renferme une proportion notable d'hydrogène et d'oxygène. D'ailleurs, la nature chimique de ce charbon exerce une grande influence sur les qualités de la poudre, et, dans une analyse complète, il est important de la déterminer rigoureusement. L'analyse du charbon se fait, comme celle des matières organiques en général, par le procédé que nous avons décrit (§ 260) pour l'analyse de l'acide oxalique. On peut juger de la composition de ce charbon par les nombres suivants, qui ont été obtenus dans une analyse de charbon roux employé à la fabrication de la poudre de chasse.

Carbone.	71,42
Hydrogène.	4,85
Oxygène et azote.	22,91
Cendres.	0,82
	100,00

§ 648. On peut aussi déterminer la quantité de soufre que renferme la poudre en opérant directement sur la poudre elle-même. A cet effet, on dissout 10 grammes de poudre sèche dans une petite quantité d'eau chaude, on y verse de l'acide azotique, et, après avoir porté la liqueur à l'ébullition, l'on y ajoute successivement de petites quantités de chlorate de potasse. Sous l'influence de cette action oxydante, le soufre se dissout à l'état d'acide sulfurique. On filtre la liqueur, et on la précipite par le chlorure de baryum. On laisse déposer le précipité, on décante la liqueur claire sur un filtre, et on fait bouillir le précipité pendant quelques instants avec de l'acide chlorhydrique, pour dissoudre les azotates qu'il a pu entraîner (§ 536). Le sulfate de baryte est recueilli sur le même filtre, et pesé après calcination.

On peut aussi mêler 10 grammes de poudre sèche avec un poids égal d'azotate de potasse, et 4 à 5 fois son poids de chlorure de sodium. Le mélange est projeté, par petites quantités, dans un creuset de platine. La déflagration a lieu lentement, sans projection de matière. On reprend par l'eau, on ajoute de l'acide chlorhydrique pour sursaturer la liqueur, et l'on précipite l'acide sulfurique par le chlorure de baryum.

On a proposé aussi de dissoudre le soufre du mélange de soufre et de charbon, par une dissolution de monosulfure de sodium, ou d'hyposulfite de soude; mais ce procédé ne vaut rien, parce que le charbon, toujours notablement attaqué par ces liqueurs alcalines, abandonne un acide particulier, appelé *acide ulmique*.

§ 649. Souvent on cherche seulement à connaitre la quantité de salpêtre qu'une poudre renferme. On y arrive d'une manière très-simple en traitant 50 grammes de poudre par 200 grammes d'eau chaude; on filtre la liqueur dans une éprouvette portant un trait de repère au niveau qui correspond à 500 centimètres cubes. On lave la matière sur le filtre avec de l'eau jusqu'à ce que le liquide filtré arrive au repère. On refroidit alors la liqueur jusqu'à 15°; on compense, par l'addition d'une petite quantité d'eau, la contraction que la liqueur a éprouvée par le refroidissement. On l'agite bien pour la rendre homogène, et l'on y plonge un aréomètre particulier, gradué de manière que son affleurement marque immédiatement le nombre de centièmes d'azotate de potasse contenus dans les 50 grammes de poudre. On peut facilement déterminer ainsi la proportion d'azotate de potasse, à un demi-centième près.

CHAUX ET MORTIERS.

Matériaux de construction.

§ 650. Les matériaux employés pour les constructions sont de deux espèces : les matériaux naturels ou pierres à bâtir, les matériaux artificiels ou briques. Nous ne nous occuperons ici que des matériaux naturels ; nous reviendrons sur les matériaux artificiels lorsque nous étudierons les poteries.

On choisit, pour les constructions, les pierres qui, dans chaque localité, reviennent au meilleur marché, à pied d'œuvre, en même temps qu'elles présentent une résistance suffisante au choc, au frottement, à l'action des pluies et des gelées. Souvent aussi on donne la préférence à celles qui sont légères, se laissent facilement travailler, et se lient bien au mortier.

La préférence donnée à telle ou telle espèce de pierre dépend beaucoup de la nature de la construction à laquelle on la destine. Ainsi les digues, qui sont constamment battues par les eaux de la mer, ne peuvent être construites qu'avec des pierres très-dures et capables de résister à l'action corrosive des eaux salées. Pour les fondations de maisons dans des terrains humides, il faut des pierres résistantes, qui ne soient pas susceptibles de se salpêtrer.

Sous le rapport de leur nature chimique, on peut distinguer les pierres de construction en trois classes :

1° Les pierres formées par des silicates alcalins et terreux, difficilement attaquables et très-durs, telles que les granites, les porphyres, certains trachytes et basaltes. Comme ces pierres sont très-difficiles à tailler, on ne les emploie à l'état de pierres de taille que pour des constructions spéciales, exigeant une grande solidité, et qui sont soumises à des causes permanentes d'usure, telles que digues à la mer, trottoirs, etc., etc. Elles présentent, d'ailleurs, l'inconvénient de ne pas se lier au mortier. Ces pierres étant susceptibles de prendre un beau poli, et présentant souvent de belles nuances, on s'en sert aussi pour les constructions artistiques, telles que colonnes, piédestaux de statues, obélisques, etc.

Plusieurs roches volcaniques donnent également des pierres à bâtir très-estimées à cause de la légèreté qu'elles joignent à une grande solidité. Certaines ponces et scories volcaniques donnent des matériaux légers, très-précieux pour la construction des voûtes intérieures.

2° Les roches quartzeuses, que l'on rencontre dans tous les étages géologiques des terrains, fournissent souvent aussi de bons maté-riaux de construction. Les plus importants sous ce rapport sont les grès. La grauwacke, le vieux grès rouge, et le grès bigarré donnent des pierres de taille très-belles.

On trouve dans le terrain tertiaire des environs de Paris une ro-che quartzeuse appelée *meulière*. Quoique cette pierre soit très-poreuse et légère, elle présente néanmoins une grande solidité. On l'emploie fréquemment pour les fondations de maisons, parce qu'elle arrête efficacement l'humidité du sol, et qu'elle ne peut pas se sal-pêtrer. On emploie aussi quelquefois, comme matériaux irréguliers, les cailloux quartzeux que l'on trouve par couches dans les diverses assises du terrain crétacé.

5° Les roches calcaires fournissent des pierres de construction très-précieuses. Les marbres blancs, certains calcaires colorés et veinés des terrains de transition, sont employés pour des objets de luxe, tels que chambranles de cheminée, dalles, etc., ou pour des monuments artistiques.

Les calcaires du terrain jurassique et ceux des terrains tertiaires fournissent les plus belles pierres de taille. On peut distinguer ces calcaires, en calcaires compactes et calcaires à grains plus ou moins grossiers. Les calcaires compactes sont très-durs; ils résistent à l'u-sure, se salpêtrent difficilement, et sont susceptibles de prendre un beau poli. Le calcaire de Château-Landon appartient à cette classe: il est employé à la construction des monuments de Paris, surtout dans les parties qui doivent être sculptées.

La pierre à bâtir ordinaire de Paris est un calcaire coquillier, ap-partenant à la formation tertiaire; on l'appelle *calcaire grossier*. Les diverses assises de ce terrain donnent des pierres d'une valeur très-différente. Les qualités inférieures et les couches minces sont employées comme *moellons*, c'est-à-dire comme pierre irrégulière. Le terrain de craie donne aussi quelques pierres à bâtir assez bonnes. La craie tuffau de la Touraine est employée, pour les constructions, dans une grande partie du centre de la France.

Le fameux *travertin* des environs de Rome, qui a été employé pour la plupart des constructions monumentales de l'Italie, est un tuf calcaire d'eau douce appartenant à la formation tertiaire.

Les calcaires compactes peuvent être employés aux constructions, immédiatement après leur extraction. Il n'en est pas de même de la plupart des autres pierres calcaires; comme elles sont plus ou moins poreuses, on est obligé de les laisser exposées à l'air pendant plusieurs mois, ou même pendant plusieurs années, pour qu'elles perdent leur *eau de carrière*. Souvent ces pierres sont très-tendres au sortir de la carrière, et elles durcissent à l'air. La craie tuffau, récemment extraite, se laisse tailler facilement, même au couteau ; mais elle prend plus de dureté après quelques années d'exposition à l'air.

Lorsque les pierres poreuses sont employées trop tôt après leur extraction, elles présentent des inconvénients graves dans les constructions. L'eau dont elles sont imprégnées se gèle pendant l'hiver, se dilate par sa congélation, et occasionne des crevasses dans la pierre. Quelquefois le calcaire devient ainsi friable. Certaines pierres calcaires, peu résistantes, et à pores très-fins, conservent toujours cet inconvénient ; on ne doit pas les employer dans les constructions. On appelle ces pierres *pierres gélives*.

On peut reconnaître les pierres gélives par une expérience très-simple : on suspend un morceau de la pierre calcaire à une ficelle, et on la maintient pendant quelques heures dans une dissolution de sulfate de soude, à un certain état de concentration. On la retire ensuite, et on la maintient suspendue, pendant plusieurs jours, au-dessus d'une feuille de papier. La dissolution de sulfate de soude abandonne des cristaux en se refroidissant, et augmente de volume. Si la pierre est gélive, il s'en détache des fragments qui tombent sur le papier. Il ne faut pas que la dissolution soit saturée, parce que les meilleures pierres se présenteraient alors comme gélives.

Les pierres qui appartiennent à des roches stratifiées doivent, autant que possible, être disposées, dans les constructions, de manière que leur plan de stratification primitif soit horizontal ; elles présentent, en effet, beaucoup plus de résistance perpendiculairement que parallèlement à leur stratification.

§ 651. On distingue les matériaux de construction, sous le rapport de leurs formes, en deux classes : matériaux réguliers, tels que pierres de taille, briques, etc., et matériaux irréguliers, comme moellons et cailloux roulés.

On peut faire des constructions avec des matériaux réguliers, sans interposer une matière destinée à réunir les surfaces de séparation. Il suffit que les faces soient taillées de manière à se joindre à peu près exactement, et que leurs poussées s'équilibrent dans tous les sens. On fait alors une construction en *pierres sèches*. Mais, avec les matériaux irréguliers, on ne peut faire de construction solide qu'en interposant une matière, appelée *mortier*, destinée à boucher les intervalles, considérables dans ce cas, et à relier ces matériaux les uns aux autres. Il est nécessaire que le mortier prenne, au bout de quelque temps, assez de dureté et d'adhérence pour qu'il ne se détache pas, qu'il ne s'use que lentement par le frottement, et ne soit pas enlevé par les eaux. Toutefois, avec les matériaux réguliers eux-mêmes, on a soin d'interposer une couche très-mince de mortier pour boucher les interstices. Mais le mortier n'a pas besoin de satisfaire, dans ce cas, aux mêmes conditions que celui qui est employé avec les matériaux irréguliers; il n'est pas nécessaire qu'il prenne la même dureté, au moins avec les matériaux réguliers de gros volume.

Nous distinguerons les mortiers en trois classes :

1° Les mortiers ordinaires, à chaux non hydraulique;

2° Les mortiers hydrauliques;

3° Les mortiers éminemment hydrauliques ou ciments.

Mortiers ordinaires formés avec de la chaux grasse.

§ 652. Si l'on forme une pâte avec de la chaux et de l'eau, et qu'on l'abandonne à l'air, elle se dessèche au bout de quelque temps : la plus grande partie de l'eau s'évapore, et il reste une masse fendillée et friable de chaux hydratée. Mais, si l'on interpose seulement une couche mince de cette pâte entre deux pierres bien dressées et poreuses, la plus grande partie de l'eau qui imbibe la pâte s'infiltre dans la pierre, et la petite couche de chaux hydratée qui reste prend de la consistance et une grande adhérence pour la pierre. Il ne faut pas que l'infiltration de l'eau dans la pierre soit trop rapide, car, dans ce cas, l'hydrate ait prise trop promptement, et il n'acquiert jamais une grande consistance; c'est pour cela qu'on a soin de mouiller la pierre avant d'y déposer la chaux délayée. L'adhérence que la chaux hydratée contracte avec la pierre est plus grande que celle qu'elle prend pour elle-même; ainsi il convient que la couche n'ait qu'une petite épaisseur. On obtient une matière beaucoup plus consistante en mêlant à la chaux éteinte 2 ou 3 fois son poids de sable quartzeux, ou d'une pierre quelconque broyée, et en gâchant le tout avec de l'eau. On applique ce mélange, avec la truelle, sur la pierre mouillée, et l'on place l'autre pierre par-dessus, en exprimant le mortier aussi complétement que possible pour qu'il n'en reste qu'une couche très-mince. Chaque grain de sable se trouve ainsi enveloppé d'une très-petite pellicule de chaux, qui contracte avec lui une grande adhérence. L'addition du sable présente un autre avantage : il empêche la matière de prendre trop de retrait en séchant, ce qui occasionnerait des fendillements et rendrait la matière friable. La solidification de ce mortier ne tient pas séulement à l'évaporation de l'eau; elle tient aussi à la combinaison de la chaux avec l'acide carbonique de l'air. Les parties qui sont en contact immédiat avec l'air se changent entièrement en carbonate de chaux ; mais les parties intérieures passent seulement à l'état d'une combinaison de carbonate de chaux et d'hydrate, qui acquiert beaucoup de dureté (§ 551). Il faut un temps extrêmement long pour que cette conversion ait lieu d'une manière complète ; car, au bout d'un grand nombre d'années, la chaux existe encore presque complétement à l'état de chaux hydratée dans l'épaisseur des murs. Il convient donc de ne pas placer ces mortiers dans l'intérieur de constructions épaisses, où ils ne peuvent pas sécher.

Il est facile de reconnaitre que le sable quartzeux, mêlé à la chaux, n'a pas exercé d'action chimique ; car, si l'on dissout dans un acide le mortier solidifié, on ne sépare pas de silice gélatineuse, et c'est ce qui aurait lieu si le sable était entré partiellement en combinaison avec la chaux pour former un silicate.

La qualité du mortier dépend beaucoup de la manière dont il a été préparé, de la qualité du sable, de la quantité d'eau avec laquelle la chaux a été gâchée, enfin du mélange plus ou moins parfait des matières. Le sable dont les grains sont rugueux doit être préféré à celui dont les grains sont lisses. Dans tous les cas, il est bon que la solidification du mortier ait lieu lentement. On remarque même que le mortier prend plus de consistance quand il a été appliqué dans l'arrière-saison que pendant l'été, saison où l'évaporation de l'eau est trop rapide.

Le mortier ordinaire à la chaux grasse n'est pas seulement employé pour relier les matériaux réguliers, les pierres de taille ou les briques ; on l'emploie aussi pour les constructions en moellons. Seulement on a soin, dans les points où il existe de trop grands interstices entre les moellons, d'implanter dans le mortier des petits fragments de pierre, qui diminuent son épaisseur. On y introduit même souvent des petits cailloux quartzeux, qui empêchent son usure ; au bout de quelque temps, ces cailloux font saillie et protègent le mortier.

Dans les lieux secs les mortiers ordinaires à la chaux grasse ne font prise qu'après un temps assez long ; mais ils se solidifient difficilement dans les lieux humides, et pas du tout sous l'eau. Dans ce dernier cas, le mortier est promptement délayé par l'eau, et, au bout de quelque temps, il est enlevé complétement. Pour les constructions dans les lieux humides ou sous l'eau, on est obligé d'employer des mortiers particuliers, qui font prise, non par suite de leur dessiccation, mais en vertu d'une action chimique spéciale. On appelle ces mortiers *mortiers hydrauliques*.

19.

Chaux hydrauliques et ciments.

§ 655. Nous avons vu (§ 553) que le carbonate de chaux pur, ou renfermant seulement quelques centièmes de matières étrangères, donnait, par la calcination, une chaux dont les propriétés s'approchaient beaucoup de celles de la chaux pure. Cette chaux, appelée chaux grasse, s'échauffe beaucoup avec l'eau ; elle foisonne considérablement, car son volume apparent devient triple ou quadruple de celui de la chaux anhydre. Mais, lorsque le calcaire renferme des proportions plus considérables de matières étrangères, ses propriétés sont notablement altérées, et il en acquiert de nouvelles dont l'art des constructions a tiré un grand parti. Si les matières mélangées au carbonate de chaux sont de l'oxyde de fer, de manganèse, ou du sable quartzeux, la cuisson de ce calcaire donne une chaux qui foisonne peu, et qui ne forme pas une pâte liante avec l'eau. Cette chaux gâchée durcit à l'air avec le temps ; mais elle se désagrége dans l'eau. Si la matière étrangère mêlée au calcaire est de l'argile, ou de la silice dans un certain état de division, et que sa proportion s'élève au moins à 10 ou 15 pour 100 du poids de calcaire, la chaux qui en résulte est encore une chaux maigre, mais elle présente la propriété remarquable de faire prise sous l'eau après un temps plus ou moins long, pourvu qu'elle n'ait pas été trop fortement calcinée. Cette espèce particulière de chaux porte le nom de *chaux hydraulique*. La prise de la chaux hydraulique tient à une combinaison chimique qui a lieu entre la chaux et la silice de l'argile. La manière dont l'argile et la silice agissent pour communiquer cette propriété à la chaux devient manifeste par les expériences suivantes :

Si l'on maintient pendant quelque temps, dans un flacon bouché, de l'eau de chaux et de l'argile desséchée à une température de 300° à 400°, on trouve que l'argile enlève la chaux à l'eau, et, après un contact suffisamment prolongé, l'eau ne bleuit plus la teinture de tournesol rougie. Si l'on remplace l'argile par de la silice gélatineuse, celle-ci enlève également la chaux, quoique moins énergiquement que l'argile. L'alumine hydratée enlève également un peu de chaux ; tandis que la magnésie, l'oxyde de fer, l'oxyde de manganèse, n'en enlèvent pas sensiblement. Cette expérience montre que l'alumine, la silice, et surtout l'argile, ont pour la chaux une affinité assez grande pour l'enlever à l'eau, et la fixer à l'état de combinaison insoluble : tandis que la magnésie et l'oxyde de fer ne jouissent pas de cette propriété. La silice, à l'état de sable quartzeux, est également sans action.

Si l'on mêle, avec la chaux, de la silice gélatineuse, mais préalablement desséchée sous forme d'une poudre farineuse, qu'on malaxe le tout avec de l'eau, et qu'on abandonne la pâte à elle-même pendant quelque temps, il y a combinaison d'une partie de la chaux avec la silice, car l'eau ne dissout plus la totalité de la chaux; et, si l'on traite la matière par un acide, une portion de la silice se sépare à l'état gélatineux, ce qui prouve qu'elle était en combinaison avec la chaux.

Enfin, en chauffant, à une chaleur ménagée, un mélange très-intime de carbonate de chaux et d'argile, on obtient une matière qui durcit au bout de quelque temps avec l'eau. La chaux y existe, en grande partie combinée avec le silicate d'alumine; car on ne parvient à la dissoudre que partiellement par l'eau, et, si l'on opère la dissolution dans un acide faible, il reste un résidu de silice gélatineuse. L'argile, par la cuisson au contact du carbonate de chaux, est donc devenue attaquable par les acides faibles; tandis que, dans son état primitif, elle était inattaquable par ces acides.

Ces expériences démontrent que la solidification des chaux hydrauliques sous l'eau provient d'une combinaison qui se fait entre l'hydrate de chaux et les silicates d'alumine et de chaux; cette combinaison détermine une nouvelle agrégation de la matière, en même temps qu'elle fait passer la chaux à un état où elle est insoluble dans l'eau.

§ 654. On trouve dans la nature des mélanges intimes de calcaire et d'argile, des *calcaires argileux*, qui donnent immédiatement, par la cuisson, des chaux hydrauliques. L'expérience a montré que, pour qu'un calcaire possède les propriétés hydrauliques, il doit renfermer au moins 10 à 12 pour 100 d'argile. La chaux qui en provient, gâchée avec de l'eau, durcit dans les lieux humides, ou sous l'eau, dans l'espace de 20 jours environ. Les propriétés hydrauliques sont beaucoup plus développées quand le calcaire renferme de 20 à 25 pour 100 d'argile; la chaux gâchée fait prise alors en 2 ou 5 jours. Enfin, si le calcaire renferme de 25 à 55 pour 100 d'argile, la chaux fait prise en quelques heures; cette dernière espèce de chaux a reçu le nom de *ciment romain* ou de *chaux ciment*.

La nature de l'argile exerce une grande influence sur l'hydraulicité des chaux; une grande division de l'argile, et une combinaison peu intime de la silice avec l'alumine, sont des conditions indispensables. Les meilleures argiles sont celles qui abandonnent une portion de leur silice à une dissolution de potasse caustique.

Les premiers ciments romains ont été fabriqués à Londres avec des galets calcaires qu'on trouve sur le lit de la Tamise; on a rencontré plus tard des galets tout semblables sur les côtes de la mer, dans les environs de Boulogne. Depuis, on a découvert en Bourgogne, dans les environs de Pouilly et de Vassy, des couches puissantes de calcaire appartenant au terrain jurassique, qui donnent, par une cuisson ménagée, d'excellents ciments. L'analyse chimique a fait découvrir, dans un grand nombre d'autres localités, des couches de calcaire qui peuvent donner des ciments, ou, au moins, de bonnes chaux hydrauliques. Dans tous les pays ou le terrain jurassique est très-développé, on a pu reconnaître des calcaires semblables en soumettant les diverses assises du terrain calcaire à des analyses chimiques.

Nous donnerons ici les analyses des principaux calcaires à chaux hydrauliques et à ciments qui sont employés dans les constructions.

Calcaires moyennement hydrauliques.

	De Mâcon.	De St-Germain (Ain).	De Bigna.
Carbonate de chaux.....	89,2	85,8	83,0
» de magnésie..	5,0	0,4	2,0
» de fer.......	»	6,2	»
Argile ou silice........	7,8	7,6	15,0
	100,0	100,0	100,0

Calcaires très-hydrauliques.

	De Metz.	De Senonches.	De Lezoux (Puy-de-Dôme).
Carbonate de chaux.....	77,5	80,0	72,5
» de magnésie..	3,0	1,5	4,5
» de fer.......	3,0	»	»
» de manganèse.	1,5	»	»
Argile ou silice........	15,2	18,5	23,0
	100,0	100,0	100,0

Le calcaire de Senonches ne renferme que de la silice très-divisée.

Calcaire à ciment.

	De Boulogne-sur-Mer.	De Londres.	De Pouilly (Côte-d'Or).	D'Argenteuil près Paris.
Carbonate de chaux.....	63,6	65,7	57,2	63,0
» de magnésie..	»	0,5	3,6	4,0
» de fer.......	6,0	6,0	6,6	»
» de manganèse.	»	1,9	»	»
Argile................	23,8	24,6	25,2	27,0
Eau.................	6,6	1,3	7,4	6,0
	100,0	100,0	100,0	100,0

Lorsque les calcaires renferment plus de 35 pour 100 d'argile, ils ne donnent plus de ciments par la cuisson ; la matière ne forme plus alors une pâte suffisamment liante avec l'eau.

La cuisson des calcaires hydrauliques, et surtout celle des ciments, demande à être faite avec des précautions particulières. Si la température s'élève trop, la matière s'agrége par suite d'une combinaison trop intime de la chaux avec le silicate d'alumine, et il ne se forme plus de nouvelle combinaison lorsqu'on la mélange avec l'eau. La chaleur doit être la plus faible possible, et seulement suffisante pour faire perdre au carbonate de chaux la plus grande partie de son acide carbonique, et à l'argile son eau.

§ 655. La silice très-peu agrégée et l'argile ne sont pas les seules matières qui donnent à la chaux les propriétés hydrauliques. La magnésie, en certaine proportion, produit le même effet, quoique à un moins haut degré. Ainsi beaucoup de calcaires magnésiens, certaines dolomies, par exemple, donnent, par la cuisson, des chaux hydrauliques, mais de qualité inférieure. Les propriétés hydrauliques des chaux magnésiennes tiennent évidemment à une combinaison chimique qui se fait, en présence de l'eau, entre l'hydrate de chaux et l'hydrate de magnésie. On a même reconnu qu'un mélange très-intime de chaux vive et de carbonate de chaux présentait les propriétés hydrauliques à un faible degré. Ainsi la pierre à chaux, cuite à une température modérée, de manière qu'une grande partie reste à l'état de carbonate, donne une chaux faiblement hydraulique. Dans la fabrication de la chaux grasse, on trouve toujours des fragments imparfaitement calcinés, qui jouissent de cette propriété. Les chaufourniers les appellent des *incuits*. La propriété hydraulique du mélange intime de chaux vive et de carbonate de chaux doit être attribuée à la formation, dans l'eau, de la combinaison de carbonate de chaux et d'hydrate de chaux dont nous avons parlé (§ 551).

On mélange souvent avec les ciments, et surtout avec les chaux hydrauliques, des sables quartzeux, dans le but d'augmenter leur dureté, et de faire prendre au mortier un plus grand volume.

§ 656. On fabrique très-bien artificiellement les chaux hydrauliques, en calcinant des mélanges intimes de chaux grasse et d'argile. Ce sont des chaux de cette nature que l'on a employées pour la plupart des constructions hydrauliques de Paris. Elles revenaient à meilleur marché que les chaux hydrauliques naturelles qu'il fallait faire venir de loin. On prépare à Paris la chaux hydraulique artificielle en délayant, dans de l'eau, un mélange de 4 parties de craie de Meudon et de 1 partie d'argile de la même localité. Le mélange est écrasé dans des meules verticales qui tournent dans une auge circulaire. La bouillie, partiellement desséchée, est moulée sous la forme de briquettes qu'on laisse sécher à l'air, et qui sont calcinées ensuite dans des fours à une température ménagée.

Mortiers hydrauliques faits avec de la chaux grasse.

§ 657. On prépare aussi des *mortiers hydrauliques* en mêlant la chaux grasse avec des argiles cuites, ou avec certaines roches poreuses qui présentent une constitution semblable à celle des argiles cuites. On trouve dans les environs de Pouzzoles, près de Naples, une roche poreuse, d'origine volcanique, qui jouit à un haut degré de la propriété de former, avec la chaux grasse, des mortiers hydrauliques. On lui a donné le nom de *pouzzolane*, et pendant longtemps on la faisait venir d'Italie pour les constructions qui devaient présenter une grande solidité. Aujourd'hui on connaît plusieurs gisements de roches analogues ; la plupart des tufs volcaniques présentent des propriétés semblables. On en trouve sur les bords du Rhin, en Auvergne, etc. On a donné, par extension, le nom de *pouzzolane* à toutes ces matières. On sait, de plus, que la plupart des argiles cuites, lorsqu'elles n'ont pas été trop fortement calcinées, remplacent parfaitement la pouzzolane d'Italie. Ainsi on obtient d'excellente *pouzzolane artificielle* en pilant les briques ordinaires, les tuiles, la poterie commune.

La réaction chimique par laquelle un mélange de chaux grasse et de pouzzolane acquiert les propriétés hydrauliques devient évidente par l'expérience suivante : une brique ordinaire, abandonnée pendant quelque temps dans de l'eau de chaux, devient complétement blanche à sa surface ; elle se recouvre d'une pellicule de chaux caustique, que l'eau ne peut pas dissoudre. Si on laisse, pendant quelques jours, de la pouzzolane, en poudre fine, dans un flacon rempli d'eau de chaux et bien bouché, elle s'empare de toute la chaux, et, au bout de quelque temps, l'eau ne manifeste plus de réaction alcaline sur la teinture de tournesol rouge. Ces expériences démontrent l'affinité de la pouzzolane pour la chaux hydratée. D'après cela, si un mortier fabriqué avec un mélange intime de pouzzolane pulvérisée et de chaux fait prise, c'est parce que la chaux hydratée s'attache fortement à la pouzzolane, en vertu d'une affinité spéciale, et devient aussi insoluble dans l'eau.

Les mortiers formés de chaux grasse et de pouzzolane acquièrent avec le temps une dureté extrême. On en peut juger par les ruines qui nous restent des constructions romaines dans lesquelles ces mortiers étaient exclusivement employés. Le mortier a acquis une solidité plus grande que celle de la brique, car celle-ci s'est usée à la surface, tandis que le mortier fait souvent saillie de plusieurs centimètres.

Béton.

§ 658. Dans les terrains humides, on est souvent obligé de fabriquer un sol artificiel imperméable, sur lequel on établit la fondation des constructions. On l'obtient en mélangeant des mortiers hydrauliques avec des petites pierres. Ordinairement, on emploie, pour 1 volume de mortier, 2 à 3 volumes de pierres anguleuses concassées. Ce mélange, appelé *béton*, est étendu de façon à présenter une surface plane et horizontale, sur laquelle les pierres de taille s'établissent facilement. Il fait prise au bout de quelques jours, et devient complétement imperméable à l'humidité.

Analyse des pierres calcaires.

§ 659. Nous avons dit qu'on pouvait juger, par la composition chimique d'un calcaire, la nature de la chaux qu'il donne après la cuisson. L'analyse de la pierre calcaire présente donc un haut intérêt, et l'on ne saurait trop recommander aux ingénieurs de faire l'analyse des diverses assises calcaires qui se trouvent dans le voisinage des localités où ils ont de grandes constructions à établir. Ces analyses peuvent leur faire découvrir des chaux semblables à celles qu'ils font souvent venir à grands frais de localités éloignées.

L'analyse des pierres calcaires est facile. On a principalement à rechercher dans ces pierres les carbonates de chaux et de magnésie, les oxydes de fer et de manganèse, l'argile, et la proportion d'eau qui est en combinaison avec l'argile et les oxydes métalliques.

On calcine, à une forte chaleur blanche, dans un creuset de platine, 10 grammes de calcaire en petits fragments. La perte de poids p représente l'acide carbonique et l'eau. On dissout ensuite dans l'acide chlorhydrique faible 10 autres grammes de calcaire pulvérisé; les carbonates de chaux et de magnésie, les oxydes métalliques se dissolvent, l'argile seule et le sable quartzeux restent. On recueille ce résidu sur un petit filtre, et, après l'avoir lavé avec un peu d'eau bouillante, on le calcine. Le poids p' obtenu représente l'argile anhydre et le quartz. Il est facile de reconnaître, à l'aspect, si ce résidu se compose seulement d'argile, parce qu'il forme alors une poudre légère, douce au toucher, ou s'il renferme des grains quartzeux, que l'on reconnaît facilement au toucher. On peut séparer ces grains quartzeux par une lévigation dans un verre. La dissolution chlorhydrique, réunie aux eaux de lavage, est évaporée à une douce chaleur pour chasser l'excès d'acide; on reprend par l'eau, et on verse la liqueur dans un flacon de deux litres, que l'on peut boucher. On remplit ce flacon d'eau de chaux saturée et bien claire; après avoir agité, on abandonne la liqueur au repos : les oxydes de fer et de manganèse, la magnésie, sont précipités. On décante la liqueur claire avec un siphon, après s'être assuré qu'elle présente une réaction alcaline prononcée, ce qui prouve que l'eau de chaux a été employée en excès; on recueille rapidement le précipité sur un filtre, on le lave, puis on le calcine.

On se contente ordinairement de déterminer le poids p'' du précipité, et, d'après sa couleur, on juge s'il est principalement formé de magnésie ou d'hydrate de sesquioxyde de fer. Lorsqu'on ne fait l'analyse du calcaire que sous le point de vue de son application technique, on ne pousse pas les séparations plus loin. Il est clair que si l'on retranche le poids p' du poids $(10-p)$, la différence $(10-p-p')$ représente le poids de la chaux; on détermine alors, par le calcul, 1° le poids q d'acide carbonique qui forme du carbonate de chaux avec cette quantité de chaux; 2° le poids q' du même acide qui forme du carbonate de magnésie avec le précipité p'' donné par l'eau de chaux, si on compte ce précipité comme magnésie : $(q+q')$ représente alors le poids de l'acide carbonique contenu dans le calcaire; par suite, $p-(q+q')$ représente l'eau combinée avec l'argile.

Mais, si l'on désire connaître, d'une manière plus complète la composition du calcaire, il faut soumettre à l'analyse le précipité donné par l'eau de chaux. Ce précipité, outre les oxydes de fer, de manganèse et la magnésie, peut renfermer un peu d'alumine provenant de ce que l'argile du calcaire a été un peu attaquée par l'acide chlorhydrique, si celui-ci a été employé dans un trop grand état de concentration. On dissout le précipité dans l'acide chlorhydrique et on verse dans la liqueur un léger excès d'ammoniaque; la quantité de sel ammoniac qui se forme par la saturation est suffisante pour empêcher la précipitation de la magnésie et de l'oxyde de manganèse; l'oxyde de fer et l'alumine se précipitent seuls. On les recueille sur un petit filtre, afin de séparer la liqueur, et on les redissout immédiatement en arrosant le filtre avec quelques gouttes d'acide chlorhydrique affaibli. On verse ensuite dans la liqueur un excès de potasse caustique qui précipite l'hydrate de peroxyde de fer et redissout l'alumine. Le peroxyde de fer doit être bien lavé à l'eau bouillante, parce qu'il retient avec opiniâtreté une petite quantité de potasse. Quant à la liqueur alcaline qui renferme l'alumine, on la sursature par de l'acide chlorhydrique, et on précipite à chaud l'alumine par du carbonate ou du sulfhydrate d'ammoniaque. Pour séparer la magnésie et l'oxyde de manganèse qui se trouvent dans la même dissolution, on y verse un peu de sulfhydrate d'ammoniaque, qui précipite du sulfure de manganèse; puis, après la séparation de ce sulfure, on verse du phosphate d'ammoniaque, qui précipite la magnésie à l'état de phosphate ammoniaco-magnésien.

§ 660. On peut faire l'analyse du calcaire magnésien d'une autre manière en dosant directement la chaux au lieu de la déterminer par différence, comme dans la méthode précédente. On dissout le calcaire dans l'acide chlorhydrique faible, on sépare l'argile insoluble, et l'on sature la liqueur avec de l'ammoniaque, qui précipite le peroxyde de fer et l'alumine. Mais on ne précipite pas la magnésie ni l'oxyde de manganèse, parce que la liqueur renferme beaucoup de sels ammoniacaux. On laisse déposer le précipité en tenant le vase bouché; on décante la liqueur, et on recueille le précipité sur un filtre. Il est important d'opérer rapidement, afin d'éviter que l'ammoniaque n'absorbe de l'acide carbonique à l'air et ne précipite du carbonate de chaux. On verse, dans la liqueur filtrée, de l'oxalate d'ammoniaque, qui donne un précipité d'oxalate de chaux, et ne précipite pas la magnésie à cause des sels ammoniacaux qui existent dans la dissolution. L'oxyde de manganèse et la magnésie sont ensuite séparés successivement comme dans la méthode précédente.

MASTICS DIVERS.

§ 661. Nous indiquerons ici la composition des principaux mastics employés dans les constructions, dans les fabriques de produits chimiques, et même dans les laboratoires, où ils servent à luter les appareils et à les rendre imperméables aux gaz.

Un des principaux mastics employés dans les constructions est le bitume ou asphalte : on s'en sert pour former des trottoirs, des terrasses, etc., etc. On l'obtient en mêlant du bitume naturel ou artificiel, fondu avec du sable. Ce mastic est coulé sous forme de plaque ; on le rend très-uni, et, au bout de quelques heures, il a pris une assez grande consistance. Le sable a pour effet de rendre le bitume moins cassant, et surtout de s'opposer à son usure trop rapide. Nous indiquerons dans la chimie organique l'origine et la composition du bitume.

On forme un mastic qui prend une grande dureté, en mêlant

8 à 10 parties de brique pilée avec 1 partie de litharge et de l'huile de lin. Ce mastic porte le nom de *mastic de Dhil;* on l'emploie, sur la pierre, pour réparer les cassures et refaire les rejointements. La pierre doit être préalablement mouillée, afin qu'elle n'absorbe pas l'huile du mastic. Le mastic de Dhil devient au bout de quelques jours dur comme la pierre; il est imperméable à l'humidité.

On obtient un autre mastic, qui devient très-dur et qui est hydraulique, en mélangeant 10 parties de sable avec 1 partie de chaux, ou avec 4 à 5 parties de craie, et gâchant le mélange avec de l'huile de lin rendue siccative par la litharge.

On se sert souvent, pour recoller la pierre et surtout le marbre, d'un mastic appelé *mastic au blanc d'œuf,* qu'on obtient en gâchant de la chaux vive pulvérisée avec de l'albumine de l'œuf. On prépare un mastic qui présente des propriétés analogues, en remplaçant le blanc d'œuf par du fromage blanc.

Pour relier entre eux les tuyaux de fonte, on se sert ordinairement de lames de plomb, que l'on serre fortement, à l'aide d'écrous, entre les deux brides qui terminent les tuyaux. Mais quelquefois aussi on fait entrer les tuyaux l'un dans l'autre, et on interpose un mastic qui adhère fortement au bout de quelque temps, et prend une grande dureté. Ce mastic est formé par un mélange de 50 parties de limaille de fer, ou mieux de fonte, de 1 partie de sel ammoniac et de 1 partie de soufre; on mouille le mélange avec de l'eau au moment de l'appliquer. Au bout de quelque temps il s'est effectué une réaction chimique, par suite de la combinaison de la surface de la limaille avec le soufre et le chlore du sel ammoniac, et le mélange se prend en masse solide.

Pour réunir entre elles les diverses parties des machines, on se sert d'un mastic préparé avec du minium et de l'huile de lin. Ce mastic est serré entre les pièces que l'on veut réunir; il devient très-dur au bout de quelque temps. Lorsque les intervalles que l'on veut boucher sont considérables, on se sert de tresses de chanvre imprégnées de ce mastic.

Le *mastic des vitriers* est un mélange de carbonate de plomb, ou céruse, et d'une huile siccative.

Dans les laboratoires de chimie, on emploie plusieurs mastics pour rendre hermétiques les fermetures et jonctions des appareils. Le meilleur est le *mastic de fontainier;* il est formé par un mélange de résine, de suif et de colcothar. On y ajoute souvent de la brique pilée. Ce mastic s'applique à chaud; on le rend aussi fusible qu'on veut en y ajoutant une quantité convenable de suif et de cire. La cire à cacheter peut être employée pour le même objet, surtout pour recouvrir les bouchons de liége, qui deviennent ainsi imperméables aux gaz. Mais la cire à cacheter ordinaire est trop cassante, et il est bon de la mêler avec un peu de cire et de suif.

Le lut gras que l'on emploie ordinairement dans les laboratoires pour recouvrir les bouchons des appareils est préparé en pétrissant de la pâte d'amandes avec de la colle d'amidon.

Dans les fabriques de produits chimiques, on emploie des luts formés de chaux vive, d'argile et de blanc d'œuf; on les maintient sur les tubulures avec un linge. Quelquefois aussi on se sert d'un mélange de plâtre cuit et d'amidon que l'on gâche avec de l'eau.

On emploie dans les appareils de physique, pour graisser les robinets, du caoutchouc fondu ou un mélange de cire et de suif.

§ 662. On ajuste ordinairement les tubes de dégagement des appareils de chimie au moyen de bouchons de liége que l'on engage dans les tubulures des ballons ou des flacons. Il est essentiel de choisir des bouchons fins, exempts de trous et de parties ligneuses trop dures. On les perce à l'aide de limes rondes, légèrement coniques, appelées *queues de rat*. Ces limes doivent avoir un grain assez fin quand l'appareil est destiné à tenir les gaz sans lut. On commence par percer le bouchon, rigoureusement suivant son axe, avec une lime ronde, d'un petit diamètre, et très-effilée à son extrémité. On agrandit ensuite le trou avec une lime d'un diamètre plus grand, jusqu'à ce que le tube n'éprouve plus pour s'y engager qu'un léger frottement.

Lorsqu'on ne veut avoir aucune crainte sur la fermeture hermétique de l'appareil, on recouvre les bouchons de mastic à la résine. Cette précaution est surtout indispensable pour les appareils employés dans les analyses, et dont le poids ne doit pas varier avec les circonstances atmosphériques extérieures. Le mastic appliqué sur les bouchons les préserve du contact de l'air.

On réunit les tubes de verre les uns aux autres au moyen de tubulures en caoutchouc, que l'on serre fortement sur les deux tubes avec des cordons de soie ou des fils de fer fins. On obtient ainsi une fermeture hermétique, qui résiste très-bien à l'action de la plupart des gaz, pourvu que la pression, à l'intérieur des appareils, ne dépasse pas beaucoup celle de l'atmosphère extérieure. On trouve des tubes de caoutchouc tout faits dans le commerce. Le plus souvent cependant on les confectionne dans les laboratoires avec du caoutchouc en feuille (fig. 406); parce

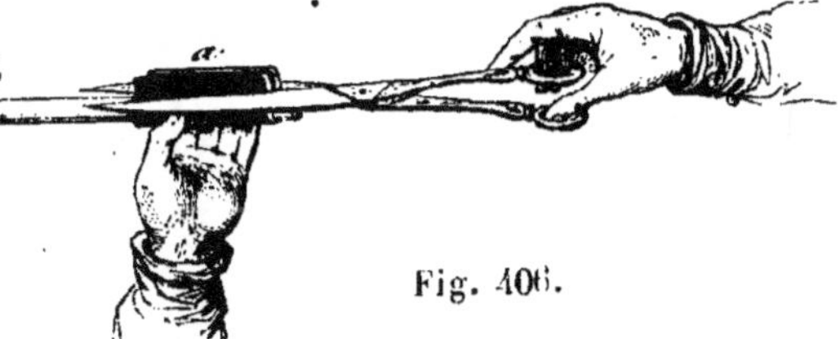

Fig. 406.

qu'on peut leur donner le diamètre que l'on veut. A cet èffet, on applique une petite lame de caoutchouc sur le tube de verre, et, avec des ciseaux longs, très-affilés et bien propres, on coupe les deux bords, qui se réunissent immédiatement suivant leurs coupures fraîches, de manière à former une tubulure exactement appliquée sur le tube de verre. On rend la soudure plus solide en la comprimant légèrement entre les doigts, de manière à presser l'un sur l'autre les bords nouvellement adhérents.

Lorsque le gaz doit acquérir une grande force élastique dans l'intérieur de l'appareil, on ne peut plus se servir de tubulures en caoutchouc; elles seraient promptement soufflées et percées. Pour réunir les deux tubes, on rode leurs extrémités *a*, *c* (fig. 407), afin qu'elles puissent s'appliquer exactement l'une sur l'autre; puis on maintient par-dessus, à l'endroit de la jonction, une tubulure en cuivre *e f*, que l'on colle avec du mastic à la résine, appliqué à chaud, ainsi que le montre la figure 408. Il est bon de recouvrir de mastic fondu les extrémités des tubes, avant de passer par-dessus la tubulure de cuivre; on est plus sûr ainsi d'obtenir une bonne fermeture, et de préserver la tubulure métallique de l'action des gaz corrosifs qui pourraient l'attaquer.

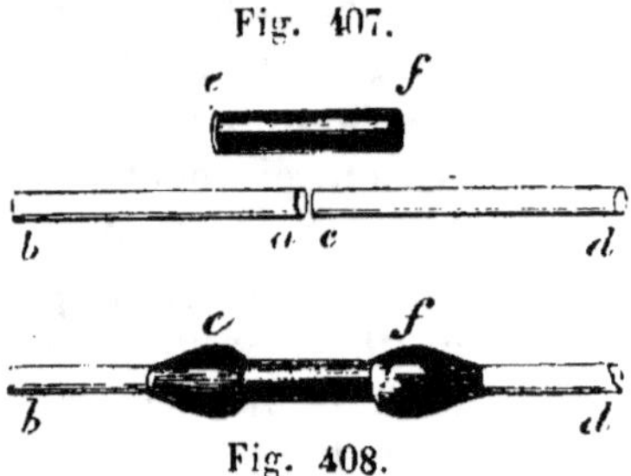

Fig. 408.

VERRES.

§ 665. On donne le nom de *verres* à des substances dures, douées
d'une certaine transparence, et qui présentent une cassure particulière, appelée *cassure vitreuse*. Sous ce point de vue, un grand
nombre de substances fusibles, et qui ne cristallisent pas facilement
par le refroidissement, telles que les acides phosphorique et borique,
doivent être rangées parmi les verres. Mais, dans l'usage habituel,
on réserve le nom de *verres* à des silicates doubles, transparents,
qui se laissent travailler à chaud par le soufflage, et qui sont inaltérables par l'eau.

Les verres sont formés généralement de silicates doubles de chaux
et de potasse ou de soude. Dans plusieurs espèces de verres, comme
dans les verres à bouteille, les silicates alcalins sont remplacés en
partie par des silicates métalliques très-fusibles, tels que les silicates
de fer. Enfin, il en est dans lesquels la chaux est remplacée par de
l'oxyde de plomb ou de l'oxyde de zinc. Ces derniers verres portent
le nom de *cristal*.

Avant d'exposer les propriétés et la composition des diverses espèces de verres employées dans les arts, il est nécessaire que nous
donnions, d'une manière plus complète que nous ne l'avons fait
jusqu'ici, les propriétés des silicates simples qui entrent dans leur
constitution.

Silicates alcalins.

§ 664. Les seuls silicates alcalins employés dans la fabrication du
verre sont les silicates de potasse et de soude. Ce sont les plus fusibles de tous les silicates; mais leur fusibilité varie beaucoup selon
la proportion de la base. Pour exprimer d'une manière nette la composition des silicates simples ou multiples, on indique ordinairement
le rapport qui existe entre l'oxygène de l'acide silicique et l'oxygène
des bases réunies, ainsi que les rapports des quantités d'oxygène con-
tenues dans les diverses bases.

Si l'on fond de l'acide silicique avec 2 ou 3 fois son poids de potasse ou de soude, on obtient une matière, en apparence homogène,
fondant au rouge, et qui se dissout complétement dans l'eau froide.
La silice, fondue avec un poids égal de potasse ou de soude, donne
encore une matière homogène, facilement fusible, mais qui ne se
dissout plus complétement dans l'eau. A mesure que la proportion
d'alcali diminue, la matière vitreuse devient de plus en plus difici-

lement fusible. Un silicate alcalin, dans lequel l'oxygène de l'alcali est à celui de l'acide silicique, comme 1 : 18, ne fond plus qu'à la température la plus élevée du feu de forge.

On a donné le nom de *verre soluble* à un produit vitreux que l'on obtient en fondant ensemble, dans un creuset de terre, 15 parties de sable, 10 parties de carbonate de potasse, et 1 partie de charbon. La matière, traitée par l'eau froide, n'abandonne que les sels étrangers qui étaient mêlés au carbonate de potasse. Si l'on traite, au contraire, cette matière par 4 ou 5 fois son poids d'eau bouillante, on la dissout complétement. On a proposé d'employer cette dissolution pour rendre incombustibles les étoffes, et surtout les décorations de théâtre. En effet, si l'on applique une couche de cette dissolution sur une étoffe, celle-ci reste couverte, après dessiccation, d'un vernis transparent et fusible qui la préserve du contact de l'air, et elle ne brûle alors que difficilement, parce que le silicate empêche l'accès de l'air. L'étoffe ne subit qu'une carbonisation, et ne facilite pas la propagation de l'incendie, comme cela aurait lieu si sa surface était libre. Beaucoup de sels fusibles, et non efflorescents, peuvent rendre le même service ; de ce nombre sont le phosphate et le borate d'ammoniaque.

Les silicates de potasse et de soude se distinguent par la propriété de ne pas cristalliser par le refroidissement après fusion. Cette circonstance tient à ce qu'ils passent de l'état de parfaite liquidité à l'état solide ; non pas brusquement, mais par tous les états pâteux intermédiaires. Cette propriété accompagne les silicates alcalins dans leur combinaison avec les autres silicates métalliques ; elle est très-importante, en ce qu'elle permet de travailler ces silicates multiples par le soufflage ; de plus, la matière conserve sa transparence après le refroidissement.

Silicates de chaux.

§ 605. Les silicates de chaux ne fondent qu'à des températures très-élevées. La combinaison la plus fusible est celle qui résulte de l'union de l'acide silicique avec la chaux en des proportions telles, que l'oxygène de la chaux est à celui de l'acide silicique comme 1 : 3. Ce silicate fond à un violent feu de forge, il prend une texture cristalline par le refroidissement. Les silicates de chaux qui présentent le rapport de 1 : 4, ou celui de 1 : 1, entre l'oxygène de la base et celui de l'acide, n'éprouvent pas une fusion complète ; ils se ramollissent seulement à la plus haute température qu'on puisse produire dans un feu de forge.

Silicates de magnésie.

§ 666. Les silicates de magnésie sont aussi difficiles à fondre que ceux de chaux. Le plus fusible est celui qui a pour formule $MgO.SiO^3$: il fond à un violent feu de forge.

Silicates d'alumine.

§ 667. Les silicates d'alumine sont encore plus infusibles que les silicates de chaux et de magnésie. Le silicate $Al^2O^3.3SiO^3$, qui paraît le plus fusible, n'éprouve qu'un ramollissement au feu de forge. Tous ces silicates fondent facilement au chalumeau à gaz oxygène et hydrogène ; car nous avons vu (§ 596 et 243) que l'alumine et la silice fondaient séparément à la haute température obtenue à l'aide de cet appareil.

Silicates de protoxyde de fer et de manganèse.

§ 668. Ces silicates, qui entrent aussi dans la composition de quelques verres, fondent beaucoup plus facilement que les silicates des terres, et que ceux des terres alcalines. Les silicates $FeO.SiO^3$ et $MnO.SiO^3$ peuvent être fondus dans les fourneaux ordinaires de nos laboratoires. Tous ces silicates cristallisent facilement pendant un refroidissement lent.

Silicates de plomb.

§ 669. Les silicates de plomb sont d'autant plus facilement fusibles, qu'ils renferment plus d'oxyde de plomb. Le silicate $PbO.SiO^3$ fond à une forte chaleur rouge. Les silicates de plomb cristallisent difficilement par le refroidissement ; il faut que le refroidissement soit très-lent pour que la masse présente des indices de cristallisation.

Silicates multiples, formés par les alcalis, les terres alcalines, les terres et les oxydes métalliques.

§ 670. On trouve dans la nature plusieurs silicates multiples, sous forme de beaux cristaux. Nous avons vu (§ 601) que le feldspath est un silicate double d'alumine et de potasse, qui a pour formule $KO.SiO^3 + Al^2O^3.3SiO^3$. Ce minéral fond au feu de forge, il ne cristallise pas pendant le refroidissement, même très-lent, qu'on obtient dans un four à porcelaine. On a, cependant, trouvé des cristaux de cette combinaison dans les fissures des hauts fourneaux à fer. Ces cristaux présentaient la même forme que les cristaux de feldspath naturel.

Lorsqu'on fond des silicates alcalins avec d'autres silicates métalliques, on obtient, en général, après le refroidissement, des matières vitreuses, qui paraissent homogènes, et qui ne cristallisent que si le refroidissement est extrêmement lent. Mais il est difficile de décider si ces matières sont formées par une combinaison chimique homogène, ou si elles résultent seulement d'une dissolution de divers silicates les uns dans les autres; dissolution qui se serait prise en masse, sans cristalliser, pendant le refroidissement.

La température à laquelle un silicate multiple entre en fusion est presque toujours inférieure à la température moyenne de fusion des divers silicates simples qui le composent. Quelquefois même elle est inférieure à la température de fusion du silicate le plus fusible qui entre dans le mélange. Ainsi les silicates simples d'alumine et de chaux sont à peu près infusibles à la chaleur de nos feux de forge; en les combinant ensemble, on obtient des silicates doubles qui fondent très-bien dans ces foyers.

En ajoutant à un silicate qui cristallise facilement par le refroidissement un silicate qui ne présente pas cette tendance, par exemple, un silicate alcalin, on obtient des silicates doubles, qui cristallisent très-difficilement, et conservent l'aspect vitreux après le refroidissement. C'est ainsi que les silicates doubles de potasse ou de soude, et de chaux ou d'oxyde de fer, ne cristallisent pas par voie de fusion. Le silicate d'alumine s'oppose aussi à la cristallisation des silicates multiples dans lesquels il entre, quoique moins efficacement que les silicates alcalins.

Les silicates de potasse et de soude perdent, par volatilisation, une partie notable de leurs bases. On explique par là comment les silicates multiples qui renferment des silicates alcalins deviennent de moins en moins fusibles, à mesure qu'on les laisse séjourner plus longtemps dans des fourneaux à une très-haute température, et comment ils acquièrent, avec le temps, la propriété de cristalliser par un refroidissement lent en perdant leur aspect vitreux.

Nous avons vu que les silicates alcalins qui renferment une forte proportion d'alcali sont solubles dans l'eau. Lorsqu'ils renferment plus de silice, ils sont inattaquables par ce liquide, mais ils peuvent être attaqués par les acides puissants. Enfin, quand ils sont encore plus riches en silice, les acides eux-mêmes ne les attaquent plus. Les silicates de chaux, d'alumine et d'oxyde de plomb sont attaqués par les acides lorsqu'ils renferment une forte proportion de base; mais ils deviennent inattaquables par les acides quand ils contiennent beaucoup de silice. L'acide fluorhydrique, cependant, attaque tous les silicates, quelles que soient les proportions d'acide silicique qu'ils renferment, car il attaque le quartz lui-même (§ 245).

En combinant les silicates alcalins avec du silicate de chaux, on obtient des silicates doubles qui possèdent une fusibilité suffisante pour qu'on puisse les travailler par le soufflage, et qui peuvent contenir cependant assez d'acide silicique pour être inattaquables par les acides.

§ 671. Nous distinguerons les diverses espèces de verre en trois grandes classes :

1° Verres incolores ordinaires, qui sont des silicates doubles de chaux et de potasse ou de soude ;

2° Les verres colorés communs ou verres à bouteille; ce sont des silicates multiples de chaux, d'oxyde de fer, d'alumine, de potasse ou de soude ;

3° Le cristal, qui est un silicate double de potasse et d'oxyde de plomb.

1° *Verres incolores.*

§ 672. Les verres incolores ordinaires, que l'on emploie pour la gobeleterie, les vitres et les glaces coulées, sont des silicates doubles de chaux et de potasse ou de soude. On donne la préférence à la potasse ou à la soude, suivant que l'une ou l'autre de ces bases revient à meilleur marché. En France, le carbonate de soude est beaucoup moins cher que le carbonate de potasse, aussi l'emploie-t-on exclusivement dans la fabrication du verre blanc. Au contraire, en Allemagne et dans les pays du Nord, la potasse est à meilleur marché, et on lui donne la préférence. L'emploi de l'une ou de l'autre de ces bases n'est pas indifférent. La soude donne des verres plus fusibles et plus faciles à travailler; mais ces verres sont toujours un peu colorés. Ils ont une teinte d'un jaune verdâtre, peu sensible sur une petite épaisseur, mais très-prononcée quand on regarde à travers des épaisseurs plus grandes, par exemple, par la tranche des carreaux de vitre.

§ 673. Les plus beaux verres à base de potasse et de chaux sont les verres de Bohême. Ces verres, pour lesquels on choisit des matériaux très-purs, et à la confection desquels on apporte les plus grands soins, sont remarquables par leur légèreté, leur belle transparence et leur inaltérabilité. Le rapport entre l'oxygène de l'acide silicique et celui des bases réunies est de 4 : 1. L'oxygène de la chaux est à celui de la potasse comme $1 : \frac{2}{3}$, dans les verres a gobeleterie les plus estimés de Bohême. Ce rapport est 1 : 1 dans les verres employés pour les glaces coulées, auxquels on cherche à donner une plus grande fusibilité. Le rapport entre l'oxygène de l'acide silicique et celui des bases réunies est souvent plus grand que de 4 : 1; il s'élève quelquefois à 6 : 1. On force la proportion de silice quand on cherche à obtenir des verres durs et peu fusibles. C'est ainsi qu'on fabrique en Bohême des tubes de verre pour la chimie beaucoup moins fusibles que nos verres français, et bien préférables pour les analyses organiques.

La silice employée en Bohême est du quartz hyalin provenant de roches anciennes, et que l'on trouve, sous forme de cailloux roulés, dans les champs ou sur le lit des torrents qui descendent des montagnes. Ce quartz est chauffé à une forte chaleur rouge dans un fourneau à réverbère, puis projeté dans de l'eau froide. Il devient ainsi très-cassant; on le réduit en poudre fine sous des bocards, ou sous des meules verticales tournantes.

Le carbonate de potasse que l'on emploie pour la fabrication du verre de Bohême est du carbonate raffiné; cependant ce sel n'est jamais pur; il renferme presque toujours une certaine quantité de carbonate de soude. On choisit avec soin les potasses brutes, on n'accepte que les plus pures, et on les raffine par voie de dissolution. A cet effet, on traite la potasse brute par la moitié de son poids d'eau, les sels étrangers restent comme résidu, ainsi qu'une proportion notable de carbonate de potasse. La dissolution évaporée donne la potasse destinée à la fabrication des verres de première qualité; le résidu est utilisé pour des verres de qualité inférieure.

La chaux s'obtient en calcinant, dans un fourneau à réverbère, un carbonate de chaux saccharoïde très-pur et souvent parfaitement blanc.

§ 674. Lorsque ces matériaux, malgré les soins que l'on a apportés dans leur choix, renferment une petite quantité d'oxyde de fer, le verre prend une teinte verdâtre qui diminue beaucoup sa valeur commerciale. On détruit sensiblement cette coloration en ajoutant au mélange une petite quantité de peroxyde de manganèse. Le protoxyde de fer donne au verre une couleur d'un vert foncé, quand il y entre en proportion un peu notable. Si l'on transforme le fer en sesquioxyde, il donne une teinte jaune à peine sensible. Le sesquioxyde de manganèse colore le verre en violet; mais une quantité correspondante de protoxyde de manganèse produit à peine une coloration sensible. Si donc on ajoute à un mélange qui donnerait un verre très-coloré par du protoxyde de fer, une quantité de peroxyde de manganèse qui puisse transformer le protoxyde de fer en sesquioxyde, en passant lui-même à l'état de protoxyde de manganèse, on obtient un verre sensiblement incolore; car la coloration n'est due alors qu'à du sesquioxyde de fer, qui produit une teinte jaune à peine sensible, le protoxyde de manganèse ne donnant pas de coloration. Mais il est important de ne pas mettre un excès de peroxyde de manganèse, parce que le verre prendrait une nuance violette, due à l'existence du sesquioxyde de manganèse. Le peroxyde de manganèse, à cause de cet emploi spécial, est appelé *savon des verriers.*

Souvent aussi on ajoute au mélange une petite quantité d'acide arsénieux. Cet acide se volatilise complétement pendant le travail du verre, et il n'en reste pas dans les objets fabriqués. Il est probable que l'acide arsénieux ne sert qu'à rendre le mélange fondu plus homogène, à faciliter l'*affinage* du verre. En se volatilisant à une haute température, il forme des bulles gazeuses qui traversent la masse fluide, en mélangent les diverses parties, et entraînent les matières solides qui y sont disséminées.

§ 675. Le combustible employé en Bohême est du bois résineux qui brûle avec une flamme vive et donne une fusion très-facile. L'air du fourneau est toujours oxydant, et l'on n'a pas à craindre que le verre soit altéré par les poussières charbonneuses ou par les matières fuligineuses de la fumée. Le charbon nuit en effet beaucoup à la qualité du verre; il le colore d'une manière très-marquée. Quand il est en petite quantité le verre prend une belle couleur jaune; on fabrique souvent exprès ces verres enfumés, comme verres de couleur. Lorsque le charbon est en plus grande proportion, le verre prend une couleur d'un beau rouge pourpre. Le peroxyde de manganèse s'oppose aussi à cette coloration du verre par le charbon, coloration qui est assez fréquente quand le fourneau ne tire pas bien. Dans quelques verreries, on la combat par l'addition d'une petite quantité d'azotate de potasse.

On obtient un verre blanc de première qualité en fondant ensemble :

110 parties quartz pulvérisé ;
 64 » carbonate de potasse raffiné ;
 24 » chaux caustique.

Dans d'autres verreries de Bohême on obtient de beaux verres de gobeleterie avec un mélange composé de

120 parties quartz pulvérisé ;
 60 » carbonate de potasse raffiné :
 25 » chaux caustique ;
 $\frac{1}{2}$ » acide arsénieux ;
 2 » peroxyde de manganèse :
 2 » nitre.

§ 676. Le verre blanc de première qualité est fabriqué en France avec du sable quartzeux blanc, de la soude artificielle, de la chaux vive délitée, et une proportion plus ou moins considérable de débris de verres provenant des précédentes fabrications. Dans ces verres, le rapport de l'oxygène de l'acide silicique à celui des bases réunies est ordinairement comme 4 : 1. Cette composition donne un verre facilement fusible, mais un peu tendre. Quand on veut obtenir un verre plus dur, on augmente la proportion d'acide silicique.

On fait choix d'un sable fin, aussi incolore que possible. On le rend quelquefois plus friable en le chauffant au rouge et le projetant à cet état dans de l'eau froide. Les sables de la butte d'Aumont, près Senlis, ceux d'Étampes et de Fontainebleau sont très-estimés; ils sont exclusivement employés dans les verreries des environs de Paris. La chaux est donnée par une pierre calcaire, aussi pure que possible, et que l'on calcine préalablement dans un four pour chasser l'acide carbonique; on l'abandonne ensuite au contact de l'air, où elle tombe en poussière. Quelquefois aussi on l'emploie immédiatement à l'état de carbonate de chaux que l'on réduit en poudre fine. La craie très-blanche, comme celle de Bougival, près Paris, convient parfaitement pour cet objet.

Pour le verre blanc de première qualité, on emploie le carbonate de soude fabriqué par le procédé de la soude artificielle. Pour les qualités inférieures, on se sert de sulfate de soude, qui est à meilleur marché que le carbonate. Mais, comme le sulfate de soude n'est décomposé par l'acide silicique qu'à une température très-élevée, température à laquelle les creusets seraient promptement altérés, on ajoute au sulfate de soude une certaine quantité de charbon; celui-ci facilite la décomposition en enlevant à l'acide sulfurique une portion de son oxygène, et le faisant passer à l'état d'acide sulfureux, dont l'affinité pour la soude est beaucoup plus faible. On emploie ordinairement 1 partie de charbon pour 12 à 14 de sulfate de soude.

§ 677. Le mélange bien intime des matières, avant d'être placé dans les creusets de fusion, subit une calcination préliminaire qu'on appelle *fritte*, et qui a pour but de déterminer un commencement de combinaison, en même temps qu'elle permet d'introduire dans les creusets de fusion la matière chauffée au rouge. On évite ainsi que les creusets ne viennent à casser par un refroidissement subit, et la fusion devient plus rapide. Dans beaucoup de verreries, on se dispense aujourd'hui de faire cette calcination préliminaire, et l'on verse immédiatement les matières mélangées dans les creusets chauds.

Les figures 409 et 410 représentent un four de verrerie, destiné à la fabrication des vitres. La figure 410 donne une coupe horizon-

tale faite à la hauteur de la ligne AB de la fig. 409. La figure 409
représente une section verticale du four, faite suivant la ligne CD

Fig. 409.

de la figure 410. Le four se compose d'un espace voûté M, au milieu
duquel se trouve la grille G, placée au-dessus du cendrier. Des

Fig. 410.

deux côtés de la grille on a construit deux banquettes F, en maçonnerie réfractaire, et sur lesquelles on dispose les creusets ou pots, I I,
la paroi verticale du four est percée de plusieurs portes par lesquelles on introduit les pots, et que l'on ferme ensuite avec une maçonnerie en briques. On ne conserve au-dessus de chaque pot qu'une
ouverture circulaire o, assez grande pour qu'on puisse facilement y
puiser la matière, et introduire dans le four les pièces de verrerie
que l'on veut façonner. La flamme du combustible placé sur la
grille G s'élève dans le four M; elle sort ensuite par des ouvreaux
qui la conduisent dans des fours latéraux N, N, appelés *arches*. C'est

20.

dans les arches que l'on fait la préparation préliminaire, la *fritte* du mélange; c'est dans ces mêmes arches que l'on expose pendant longtemps les creusets neufs, avant de les introduire dans le four principal, afin de les préparer progressivement à recevoir la haute température du four, et de leur donner plus de consistance. La flamme et la fumée, après s'être répandues dans les fours N, se dégagent par des ouvreaux latéraux.

Chaque pot de verrerie est servi par deux ouvriers, un maître verrier et un aide. Le maître verrier, ordinairement monté sur un petit pont en planches L, élevé de 1 mètre à 1 mètre $\frac{1}{2}$ au-dessus du sol, se trouve placé à une hauteur convenable pour puiser dans les creusets et manœuvrer les pièces qu'il veut souffler. Des petits murs n, n, séparent les espaces du travail destinés à chaque pot, afin que le souffleur ne soit pas gêné par la chaleur de l'ouvreau voisin.

§ 678. Les creusets de verrerie doivent être construits avec le plus grand soin. On ne doit employer à leur confection que les argiles les plus réfractaires; nous donnerons, en parlant des poteries, les procédés de fabrication de ces creusets. Ces creusets ont ordinairement de $0^m,7$ à $0^m,9$ de hauteur; ils contiennent environ 400 à 500 kilogr. de mélange fondu.

Les creusets récemment confectionnés sont conservés pendant plusieurs mois dans des chambres chaudes, où ils éprouvent une dessiccation lente. On les introduit ensuite dans les arches d'un four, dont la température est peu élevée, et on les approche progressivement et très-lentement des régions de l'arche où règne la chaleur rouge. On ne les introduit dans le four principal que lorsqu'ils sont portés à une très-haute température. Chaque creuset doit servir pour un grand nombre de fontes, et il est rare que l'on ait à remplacer à la fois tous les creusets d'un four par des creusets neufs. On remplace successivement ceux qui ont é é percés par la matière vitreuse, ou ceux qui présentent une altération assez considérable pour que l'on ait à craindre un accident dans la fonte suivante. On doit toujours avoir, dans les arches, des pots qui y ont séjourné longtemps, pour remplacer ceux qui sont mis hors de service.

§ 679. Le mélange des matières se compose ordinairement de

	100	parties	sable;
35 à	40	»	craie;
50 à	55	»	carbonate de soude, ou une quantité équivalente d'un mélange de sulfate de soude et de charbon;
50 à	150	»	anciens débris de verre ou *calcin*.

Ces matières, intimement mélangées, sont chargées dans les creusets chauds jusqu'à ce que ceux-ci en soient remplis. On attend la fusion complète de ces matières, puis on en ajoute une nouvelle portion jusqu'à ce que les creusets soient à peu près remplis de verre fondu. L'ouvrier donne alors un coup de feu et abandonne la matière à elle-même pendant plusieurs heures, pour qu'elle se débarrasse des bulles d'air et des matières étrangères qui viennent à la surface. Ces matières sont formées par des sels alcalins en excès, qui n'ont pas été décomposés par l'acide silicique ; elles se présentent surtout quand on emploie du carbonate de soude impur, ou qu'on remplace le carbonate de soude par un mélange de sulfate de soude et de charbon. L'ouvrier les enlève ordinairement avec une cuiller en fer. On leur donne le nom de *fiel de verre*. De temps en temps, l'ouvrier prend un peu de verre fondu, à l'extrémité d'une tige de fer un peu aplatie, appelée *cordeline*, il juge de la qualité de la fonte par l'aspect que présente ce verre après sa solidification.

§ 680. Lorsque le verre est suffisamment affiné, on laisse baisser la température du four, afin que le verre prenne le degré de consistance pâteuse convenable à une bonne fabrication. On commence ensuite la confection des pièces. Il nous est impossible de décrire ici d'une manière complète les procédés de fabrication des divers objets de verre. Un séjour de quelques heures dans une verrerie en donnerait une idée beaucoup plus nette que nous ne pourrions le faire dans un grand nombre de pages. Nous nous bornerons à décrire succinctement le procédé employé en France pour la confection des vitres.

§ 681. La *canne* (fig. 411) est l'outil principal de l'ouvrier verrier. C'est un tube de fer de 1^m,50 de long, percé, suivant son axe, d'un trou de 5 millimètres de diamètre. Il est garni en dehors, du côté opposé à celui *a* qui doit plonger dans le verre fondu, d'un petit tuyau en bois *ed*, de 35 centimètres de long, qui le recouvre et empêche que la chaleur du fer ne blesse la main du souffleur.

Fig. 411.

A l'extrémité de chaque pont L (fig. 410), se trouve un petit établi, de la hauteur de 0^m,65, garni d'une plaque de fer. C'est sur cette plaque, appelée *mabre*, que l'ouvrier fait la *paraison*, c'est-à-dire qu'il tourne et retourne le verre pâteux (fig. 412), fixé à l'extrémité de la canne, afin de lui donner la forme qui convient à un bon soufflage. Auprès du mabre, se trouve un billot de bois dans lequel on a pratiqué plusieurs cavités hémisphériques, ou en forme de poires maintenues constamment mouillées.

On échauffe les cannes à un petit ouvreau ménagé à la base du four de verrerie. L'aide-ouvrier en prend une, la plonge dans le

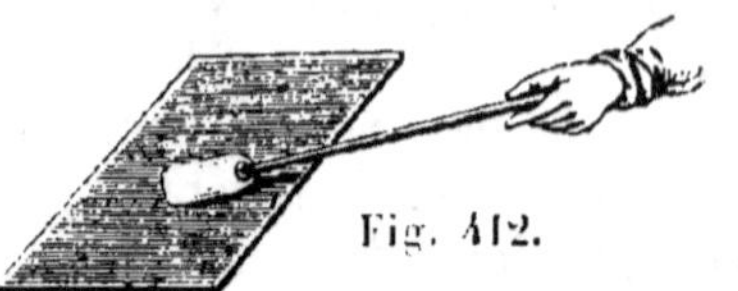

Fig. 412.

verre, en cueille une certaine quantité, la retire, la tourne, pour que le verre liquide ne s'en sépare pas, reprend ensuite une plus forte quantité de matière, et donne enfin la canne garnie de verre au maître. Celui-ci la prend de la main droite, la pose par le bout sur la plaque de fer, toujours en tournant, la replonge dans le creuset, cueille encore de nouvelle matière, puis revient promptement à son établi avec une masse de verre rouge, et la pose en tournant

Fig. 413.

dans l'eau qui remplit la cavité du bloc de bois. Il ramène alors vers l'extrémité de la canne, au moyen d'une petite lame de tôle entaillée (fig. 413), la plus grande partie du verre qui enveloppe les parties latérales.

La masse de verre, refroidie par l'eau, mais convenablement tassée

Fig. 414.

à l'extrémité de la canne, est portée à l'ouvreau pour être ramollie. Lorsque l'ouvrier juge qu'elle a atteint le degré de mollesse convenable, il retire la canne et recommence la même manipulation dans l'eau, mais en soufflant dans la canne, de façon à donner au verre la forme d'un globe de 5 décimètres environ de diamètre (fig. 414). Il relève rapidement la canne en l'air, et souffle la boule au-dessus de sa tête. La partie supérieure de la boule s'affaisse alors par son propre poids (fig. 415), et ne s'étend que dans le

Fig. 415.

sens horizontal. En abaissant brusquement la canne, la boule prend la forme de la figure 416. L'ouvrier fait alors décrire à la canne une ligne courbe, en allant et venant, à la façon d'un battant de cloche. Dans ce mouvement circulaire, il souffle de temps en temps dans la canne; de sorte que, sous l'action simultanée de la pesanteur et du soufflage, le ballon de verre s'allonge et prend la forme d'un cylindre (fig. 417). Il est essentiel que l'ouvrier maintienne constamment la pièce de verre dans un mouvement convenable, afin de lui conserver une forme circulaire, et l'em-

Fig. 416.

pêcher de se déformer par affaissement. Il est rare que l'ouvrier puisse amener, en une seule fois, le cylindre de verre aux dimensions désirées: il est ordinairement obligé de le réchauffer plusieurs fois dans le four. Lorsque le cylindre est achevé, le maître verrier pose la canne sur un crochet portatif que l'aide place dans la direction de l'ouvreau: il introduit le cylindre dans le four, de

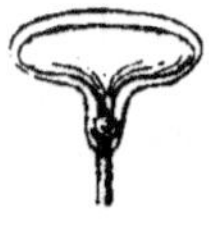

manière que son extrémité atteigne une haute température, il bouche
en même temps avec le doigt l'ouverture de la canne, et il attend
que l'air, par sa dilatation, ait fait crever l'extrémité du cylindre.
On perce souvent aussi le cylindre par un autre artifice : l'aide vient
coller, au moyen d'une canne, une petite quantité de verre très-
chaud à l'extrémité o du cylindre ; le verrier enfonce cette extrémité
dans le four, et souffle fortement dans la canne ou il en bouche
simplement l'orifice avec le doigt. La pression de l'air intérieur
gonfle, sous forme de boule qui crève, l'extrémité o, à l'endroit où
le verre a été très-ramolli par la goutte de verre chaud que l'aide y
a appliquée (fig. 418). Le verrier retire aussitôt le cylindre du feu,
et l'aide coupe avec des ciseaux le dôme du cylindre, de façon à l'ouvrir entièrement (fig. 419). Après le percement du cylindre, le
souffleur tourne la canne avec une grande vitesse, il lui fait faire
le mouvement du battant de cloche, et même le tour entier, en
forme de moulinet. Cette manœuvre refroidit le verre promptement,
et empêche la pièce de se gauchir. Lorsque le verre est devenu solide, le maître donne la canne à l'aide, qui pose la pièce sur un
tréteau en même temps qu'il prend une goutte d'eau avec une tige
en fer recourbée ; il pose cette goutte sur le point où le cylindre s'attache à la canne, et d'un coup de sa tige de fer, appliqué sur le
milieu de la canne, il détache la pièce soufflée.

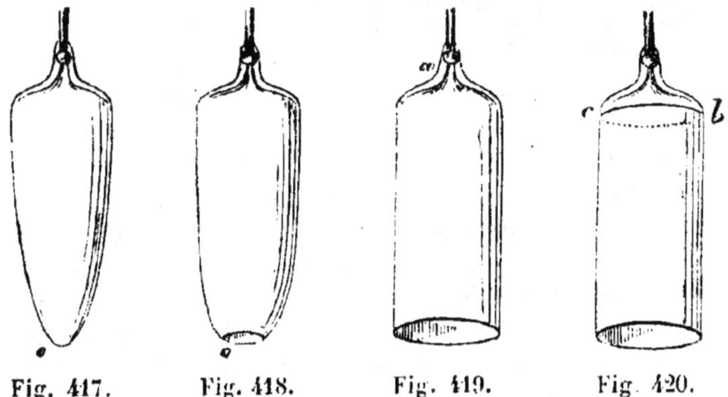

Fig. 417.   Fig. 418.   Fig. 419.   Fig. 420.

Les cylindres, ainsi préparés, sont destinés à faire des carreaux
de vitre : on doit se rappeler qu'ils sont ouverts d'un côté, et fermés de l'autre. Il s'agit de les ouvrir également de ce côté. Comme
les carreaux doivent avoir une grandeur déterminée, le souffleur
pose, le long de l'arête supérieure du cylindre couché horizontalement, un bâton sur lequel est marquée la grandeur du carreau ;
puis, sans bouger le bâton, il prend dans le creuset, avec la corde,

line, une goutte de verre qui s'allonge en filant. Il applique ce fil de verre rouge sur la circonférence *cb* du cylindre (fig. 420), à l'endroit

Fig. 421.

où doit avoir lieu la rupture, et la séparation se fait immédiatement d'une manière très-nette.

§ 682. Les manchons de verre sont portés au fourneau d'étendage (fig. 421 et 422). Ce fourneau se compose de deux fours contigus **V**, **U**, séparés seulement par un petit mur de briques très-peu épais, qui s'étend depuis la sole jusqu'à la voûte. Au bas de ce mur de séparation se trouve une ouverture *ii*, de 1 mètre de largeur et de quelques centimètres seulement de hauteur; elle sert au passage des carreaux qui se sont étendus dans le premier compartiment V, et que l'on fait recuire et refroidir lentement dans le compartiment U. Des foyers, placés au-dessous, donnent la chaleur aux deux compartiments. La chaleur du premier doit être beaucoup plus forte que celle du second. Les cylindres à étendre sont placés horizontalement sur une table, on glisse une goutte d'eau sur l'arête supérieure *ed* (fig. 423), et l'on y passe un fer rougi qui détermine une cassure nette suivant toute la longueur. Après quoi on présente successivement les cylindres à l'orifice O (fig. 422) du fourneau d'étendage; on les pousse peu à peu dans l'intérieur du four, sur deux coulisses qui règlent leur marche, en évitant un échauffement trop brusque qui pourrait les faire rompre. Quand il voit que les cylindres sont près de plier sur eux-mêmes, l'ouvrier étendeur prend, au bout d'une règle de fer, celui qui est le plus chaud, et l'attire dans le milieu du four, vers

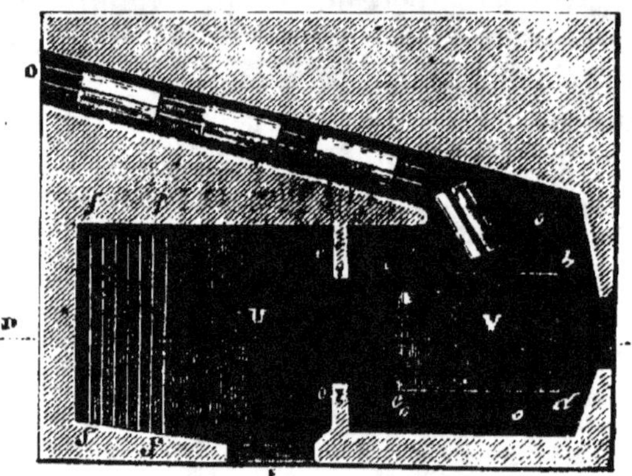

Fig. 422.

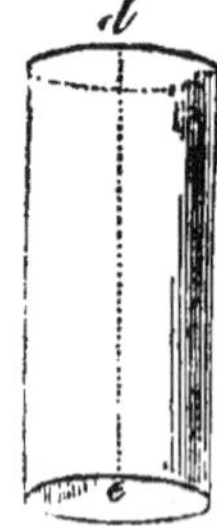

Fig. 423.

le foyer où se trouve la plaque à étendre V (fig. 422). Cette plaque
est souvent en fonte; d'autres fois, on se sert d'une plaque épaisse
de verre, saupoudrée d'un peu de plâtre pour empêcher l'adhérence.
Cette plaque est placée immédiatement en face de l'ouverture longitudinale *ii*, par laquelle le carreau doit passer pour aller dans le
four de recuisson U. La surface supérieure de cette plaque doit
aussi être exactement au niveau de la sole du four, afin que le carreau de verre ne rencontre aucun obstacle dans sa marche.

Le cylindre étant arrivé sur la plaque, l'étendeur, armé de sa
règle, affaisse, à droite et à gauche, les deux côtés, qui cèdent facilement au poids de la règle (fig. 424). Il prend ensuite une autre
barre de fer (fig. 425) terminée par une masse du même métal dont
l'un des côtés est très-poli : il appuie ce côté sur le verre, et le
passe rapidement sur toute sa surface, de façon à l'aplanir parfaitement. Dans quelques verreries, on emploie, pour étendre le verre,
un morceau de bois d'aune enfilé au bout d'un manche. Ce bois se
charbonne lentement sans pétiller; c'est ce qui lui fait donner la
préférence sur les autres bois.

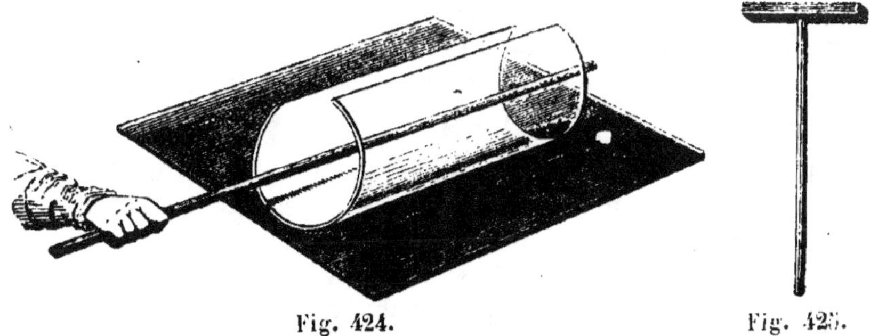

Fig. 424.   Fig. 425.

Le carreau, bien étendu, est poussé, à travers l'ouverture longitudinale *ii*, dans le second compartiment U, où la température est
beaucoup moindre; un ouvrier insinue dessous une règle
en fer mince, terminée en fourche (fig. 426); il soulève le
carreau, qui a pris assez de consistance pour ne pas se déformer, et il l'appuie debout contre une barre de fer *ff*
(fig. 422) qui traverse le four dans sa largeur. On place
ainsi successivement un grand nombre de carreaux les uns
sur les autres, jusqu'à ce que l'on craigne que les premiers
placés ne soient soumis à une trop forte charge. On dispose alors une seconde barre de fer horizontale, sur laquelle on appuie de nouveaux carreaux, et ainsi de suite, Fig. 426.
jusqu'à ce que le compartiment U du four soit presque entièrement

plein. On laisse ensuite refroidir complétement le four, on défourne, et les carreaux sont prêts à être livrés au commerce.

On fabrique avec le même verre les globes de pendule, beaucoup d'objets de gobeleteries, tels que carafes, verres à boire, etc.

Les verreries de qualités inférieures, telles que carreaux à vitre communs, fioles à médecine, etc., sont fabriquées avec des matériaux moins purs; elles sont ordinairement colorées en vert par du protoxyde de fer. On donne quelquefois à ce verre le nom de *verre à pivette*.

§ 683. Les glaces coulées sont fabriquées en France avec un verre qui est également à base de soude et de chaux. L'oxygène de l'acide silicique est à celui des bases réunies comme 6 : 1. On met dans le mélange, pour la même quantité de chaux, une quantité de carbonate de soude double de celle qui entre dans le verre à vitre, parce qu'on a besoin de donner une plus grande fusibilité au verre à glaces.

Dans la fabrique de glaces de Saint-Gobain, qui est la plus importante de France, on prépare le mélange avec :

500 parties sable quartzeux très-blanc;
100   »   carbonate de soude desséché;
43   »   chaux éteinte à l'air;
500   »   rognures de glace.

On apporte le plus grand soin dans le choix des matières premières et dans leur purification; car il est essentiel d'obtenir un verre aussi peu coloré que possible et sans défauts. On se sert de fourneaux de fusion qui présentent beaucoup d'analogie, dans leur construction, avec le fourneau que nous avons décrit (§ 677), mais ils sont toujours chauffés au bois. La matière passe successivement dans deux creusets. On la fond dans un premier creuset conique, dans lequel on verse la matière par petites portions, jusqu'à ce qu'il en soit presque entièrement rempli. Cette fusion exige de 15 à 16 heures; on laisse ensuite le verre s'affiner, par le repos, à une haute température. Des ouvriers enlèvent alors le verre liquide avec des poches en cuivre et le transvasent dans des creusets plus petits, de forme carrée, appelés *cuvettes*. Ces cuvettes sont placées dans le four sur la même banquette et à côté des creusets de fusion. Lorsque le transvasement a été opéré, on ferme les ouvreaux pour redonner de la fluidité au verre. On enlève ensuite les cuvettes à l'aide d'un chariot particulier, et on les amène au-dessus d'une table en bronze, bien unie, et que l'on a préalablement échauffée avec de la braise rouge, posée dessus. Le verre fluide est versé sur cette table, on l'étend et on l'unit à l'aide d'un cylindre ou rouleau. La glace refroidie est placée dans un four, où on la recuit, afin qu'elle supporte facilement les changements de température. On la divise ensuite en plusieurs morceaux de la grandeur demandée, en dirigeant les lignes de division de manière à faire disparaître les parties défectueuses, puis on procède au *polissage*. À cet effet, la glace est fixée avec du plâtre sur une table en pierre, et l'on use par frottement avec du sable quartzeux, au moyen d'une seconde glace, de dimension plus petite, que l'on fait circuler sur la première. Pour les glaces de grande dimension, on fait travailler à la fois plusieurs frottoirs, mis en mouvement par une machine. On donne ainsi à la glace une surface parfaitement plane, mais dépolie. La glace est alors *dégrossie*. On la frotte ensuite avec de l'émeri de plus en plus fin, délayé dans de l'eau; ce qui lui donne le *douci*. Enfin, on achève le *polissage* avec du colcothar délayé dans de l'eau, et en frottant avec de lourds polissoirs, revêtus de feutre.

2° *Verres à bouteilles.*

§ 684. On n'emploie à la confection des bouteilles que des matériaux de peu de valeur, parce qu'il est important qu'elles puissent être livrées à très-bas prix, et qu'on ne tient pas à ce qu'elles présentent une couleur particulière. Les sables les plus ocreux sont souvent ceux que l'on préfère, parce que l'oxyde de fer qu'ils renferment donne de la fusibilité au verre. On n'emploie pas de carbonates alcalins; ils reviennent trop cher. La matière alcaline est fournie par de la soude brute de varech et par des cendres de bois. On ajoute une proportion assez considérable de cendres lavées, appelées *charrées*, et qui introduisent des silicates d'alumine et de potasse. Enfin, on verse dans le mélange une grande quantité de calcin, c'est-à-dire de morceaux de bouteille ou d'autres fragments de verre. Dans le verre à bouteille l'oxygène de l'acide silicique est le double ou le triple de celui des bases réunies.

Voici la composition d'un mélange employé à la confection des bouteilles :

Sable ocreux........................	100
Soude de varech.....................	40 à 60
Cendres neuves......................	30 à 40
Cendres lavées, ou charrées........	150 à 180
Argile ocreuse......................	80 à 100
Calcin..............................	100 à 150

Le verre à bouteilles présente diverses couleurs. Celle des bouteilles françaises est un vert foncé ; elle est produite par du proto-oxyde de fer. Les bouteilles que l'on fabrique dans certaines contrées de l'Allemagne ont une couleur d'un jaune brun due à un mélange de sesquioxydes de fer et de manganèse.

Les fours à verre à bouteilles renferment ordinairement 6 creusets de la plus grande dimension. Il est important que la fusion marche rapidement, afin d'économiser le combustible. Les matières mélangées sont toujours frittées avant d'être introduites dans les creusets. On commence par remplir entièrement les pots de fritte, et on donne un coup de feu pour opérer la fusion. Quand la matière est devenue liquide, on ajoute une nouvelle charge. Il faut environ 7 à 8 heures pour que les pots soient entièrement remplis de verre fondu ; puis on commence immédiatement le travail, après avoir seulement enlevé le fiel de verre. On laisse refroidir le fourneau jusqu'à ce que la matière ait pris le degré de consistance convenable pour le travail.

§ 685. Les cannes ayant été mises à chauffer dans les petits trous ménagés au bas du four, l'aide en prend une, la plonge dans le verre fondu, cueille autant de verre qu'il peut, et la retire en la tournant dans les mains par un mouvement de rotation non interrompu. Quand le verre a pris assez de consistance pour qu'il ne se replie plus sur lui-même, l'aide en cueille de nouveau, et il opère ainsi jusqu'à ce qu'il ait fixé à l'extrémité de la canne une quantité de verre suffisante pour la confection d'une bouteille ; il passe alors la canne au souffleur. Celui-ci appuie le verre sur la face gauche du mabre, en tournant constamment la canne, afin de façonner la partie qui doit former le goulot de la bouteille ; il ramène en même temps la matière à l'extrémité de la canne, à l'aide de la plaque de tôle (fig. 415), puis il souffle dans la canne pour gonfler le verre et lui donner à peu près la forme d'un œuf (fig. 427) ; il remet alors le verre un peu soufflé contre le tranchant du mabre, marque le col de la bouteille, rentre la pièce dans le four pour la réchauffer, la retire, et la souffle en l'introduisant dans un moule conique en bronze ou en terre, qui lui donne la forme et les dimensions convenables. Lorsque la bouteille est bien formée, le souffleur la retire du moule, et, par un mouvement de bascule, il la lève en haut (fig. 428), enfonce le cul de la bouteille au moyen d'un petit instrument (fig. 429), appelé *molette*, et qui consiste seulement en une petite feuille de tôle rectangulaire, dont il appuie un des angles au centre de la base de la

Fig. 427.

Fig. 428.

Fig. 429.

bouteille, pendant qu'il tourne celle-ci avec la canne; puis, prenant une goutte d'eau avec la molette, il l'applique sur le col de la bouteille. Celle-ci est aussitôt portée dans un petit creux, appelée *cachère*, pratiqué dans le mur du fourneau, et, d'une secousse adroitement donnée à la canne, elle est séparée de la canne, au bout de laquelle il ne reste qu'une petite masse de verre.

La bouteille étant ainsi préparée, le souffleur la retourne, l'attache par le fond à la canne qu'il tient de la main gauche (fig. 450), et, prenant de la main droite la cordeline, il puise dans le creuset une petite quantité de verre liquide qui s'allonge en filet; le souffleur présente

Fig. 450.

sous ce filet l'extrémité du goulot de la bouteille, et, tout en tournant la canne, il entoure l'embouchure d'une petite corde de verre. Il remet le goulot dans l'ouvreau, et il façonne l'embouchure avec une pince. La bouteille terminée, un sous-aide la prend des mains du maître ouvrier, et la porte dans le fourneau de recuisson, où, d'une secousse qu'il donne à la canne, il détache la bouteille.

Les bouteilles, rangées avec ordre dans le fourneau à recuire, sont couchées les unes sur les autres. Le fourneau doit rester au-dessous du rouge sombre. Lorsqu'il est entièrement rempli, on ferme les ouvreaux, et on le laisse refroidir lentement. Les fours à recuire modernes sont à feu continu. Ils se composent d'une longue galerie, chauffée vers le milieu par un foyer, et terminée par des portes à ses deux extrémités. Une chaîne en fer sans fin traverse ce four longitudinal; on y accroche des chariots en fer sur lesquels sont disposés les objets à recuire. Ils entrent par une des extrémités et sortent par l'autre, après avoir séjourné dans le four le temps convenable pour obtenir un bon recuit.

3° *Cristal.*

§ 686. Le cristal est une espèce de verre qui n'est employée que pour des objets de luxe. Il doit présenter une grande transparence, une homogénéité parfaite, et être complétement incolore. On apporte donc le plus grand soin dans le choix des matériaux qui le composent. Le cristal est un silicate double de potasse et d'oxyde de plomb; sa composition varie beaucoup dans les diverses fabriques. Le rapport de l'oxygène de l'acide silicique à celui des bases réunies varie depuis 6 : 1 jusqu'à 9 : 1. Le rapport de l'oxygène de la potasse à celui de l'oxyde de plomb varie entre des limites encore plus étendues, savoir de 1 : 1 à 1 : 2,5. En augmentant la proportion d'oxyde de plomb, on donne au cristal une plus grande densité et des pouvoirs réfringent et dispersif plus considérables, lesquels produisent, dans les cristaux taillés, de beaux effets de couleur à la lumière transmise. Mais on ne peut pas augmenter indéfiniment la proportion d'oxyde de plomb, parce que le cristal prend alors une teinte jaune.

On fabrique aujourd'hui un cristal remarquable par sa dureté, sa blancheur et sa limpidité, en remplaçant l'oxyde de plomb, en totalité ou en partie, par de l'oxyde de zinc, mais on ajoute en outre une certaine quantité d'acide borique, qui rend ce cristal plus fusible et en facilite le travail.

On choisit, pour le cristal, le sable le plus fin et le plus pur. Le carbonate de potasse est soumis à un raffinage. Enfin en n'emploie pas l'oxyde de plomb ordinaire, ou *litharge*, parce qu'il renferme toujours quelques parcelles de plomb métallique, qui resteraient disséminées dans le verre et gâteraient les pièces. On ne se sert que de minium, c'est-à-dire d'un oxyde de plomb à un degré d'oxydation supérieur au protoxyde. Cet oxyde ne peut pas renfermer de plomb métallique, et l'oxygène qu'il dégage sous l'influence de la chaleur empêche qu'il n'y ait du plomb réduit par les poussières ou les parcelles charbonneuses qui peuvent tomber dans le creuset.

Le dosage le plus ordinaire pour la gobeleterie en cristal est de :

  300 parties sable pur ;
  200 » minium ;
  100 » carbonate de potasse purifié.

Les fours à cristal sont ordinairement chauffés au bois ; dans quelques-uns cependant on brûle de la houille, mais on est alors obligé de changer la forme des creusets. La houille donne une fumée très-fuligineuse, dont il serait difficile d'éviter l'action désoxydante si le verre fondu restait dans des creusets ouverts On se sert de creusets particuliers (fig. 431), qu'on appelle *creusets couverts*, ou *à moufle*. L'ouverture verticale est placée en face de l'ouvreau du four.

Fig. 431.

On emploie beaucoup de cristal pour confectionner des objets de gobeleterie par soufflage, mais on fabrique aussi un grand nombre de ces objets par moulage dans des moules de bronze, ou même de bois que l'on mouille fréquemment, pour qu'ils ne se carbonisent pas trop promptement.

§ 687. Les tubes de verre employés pour la chimie, ainsi que les tubes de thermomètre qui présentent un vide intérieur capillaire, sont fabriqués par un procédé particulier que nous décrirons en quelques mots. L'ouvrier prend, au bout de sa canne, une certaine quantité de verre qu'il prépare comme à l'ordinaire ; puis il la souffle sous la forme d'une poire (fig. 452), à laquelle il donne un diamètre plus ou moins grand, et plus ou moins d'épaisseur, suivant qu'il désire fabriquer des tubes d'un calibre plus ou moins grand, et à parois plus ou moins

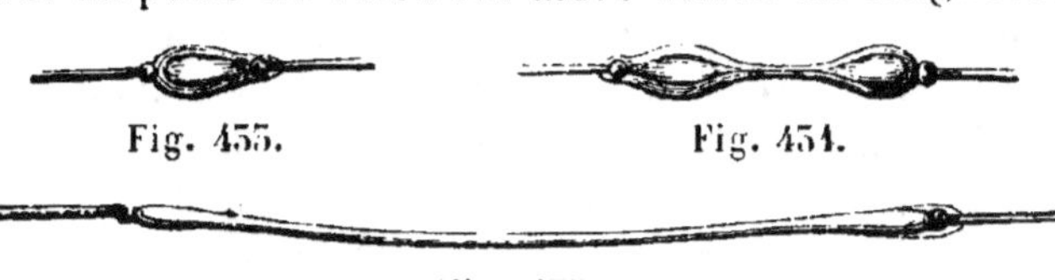

Fig. 452.

épaisses. Un second ouvrier a pris de son côté un peu de verre fondu à l'extrémité d'une canne ; il l'applique contre le fond de la bouteille soufflée (fig. 453), et les deux ouvriers s'éloignent rapidement l'un de l'autre. La poire de verre est alors étirée en longueur, comme le montrent les figures 454 et 455, et elle se change en un tube de verre, terminé à ses deux extrémités par des parties renflées. On obtient

Fig. 453.   Fig. 454.

Fig. 455.

ainsi des tubes de 30 à 40 mètres de longueur ; on les dépose par terre sur des traverses de bois, et on les divise en parties de 1 mètre. On conçoit que le diamètre extérieur de ces tubes ne peut pas être égal dans toute leur longueur ; il est toujours plus petit au milieu que vers les extrémités du tube total. Le calibre intérieur n'est pas non plus régulier ; il est rare d'en rencontrer un seul qui présente exactement le même diamètre intérieur sur une certaine longueur.

Fabrication des verres pour l'optique.

§ 688. On emploie pour les instruments d'optique deux espèces de verre, l'une qu'on appelle *crown-glass*, et qui présente une composition analogue à celle du verre de Bohême ; l'autre, appelée *flint-glass*, et qui est une espèce de cristal. Il est essentiel que ces verres soient aussi incolores que possible, et qu'ils présentent une homogénéité parfaite. On doit donc apporter un soin extrême dans le choix des matières destinées à leur confection, et il est nécessaire de faire l'affinage d'une manière spéciale.

Le flint-glass ordinaire est préparé avec un mélange de

    100 parties sable blanc ;
    100   »   minium ;
    30   »   carbonate de potasse très-pur.

La densité de ce flint est de 3,5 environ. On obtient un flint plus

réfringent, mais légèrement coloré en jaune, avec le mélange suivant :

225 parties sable blanc ;
225   »   minium ;
52   »   carbonate de potasse ;
4   »   borax ;
5   »   nitre ;
1   »   peroxyde de manganèse ;
1   »   acide arsénieux ;
89   »   fragments de flint des opérations précédentes.

Le fourneau de fusion (fig. 456) ne renferme qu'un seul creuset
couvert. On introduit le mélange successivement, et par petites
portions ; on attend chaque fois que la matière mise précédemment
ait acquis une fluidité parfaite. Il faut de 8 à 10 heures pour introduire toute la charge du creuset. On donne ensuite un coup de feu,
que l'on maintient pendant 4 heures pour obtenir une grande fluidité de la matière. Quand cette fluidité est obtenue, on introduit

dans le creuset un cylindre
creux *ab*, en argile réfractaire, chauffé préalable-
ment au rouge blanc, qui
ne s'enfonce pas dans le
verre fondu, à cause de sa
plus faible pesanteur spé-
cifique. Dans le vide de ce
cylindre, on engage une
barre de fer recourbée *fe*,
dont on a chauffé l'extrémité au rouge ; et, ap-
puyant cette barre sur un
chevalet en fer *kl*, on agite
le cylindre d'argile dans
tous les sens, de façon à
mélanger intimement les
diverses parties de la masse
liquide. On facilite ainsi le

Fig. 456.

départ des bulles de gaz et l'on rend le verre parfaitement homogène. Cette opération doit être répétée un grand nombre de fois,
pour que le verre atteigne toute la perfection dont il est susceptible.
On sort alors le cylindre d'argile, et on laisse le fourneau refroidir
lentement pendant 8 jours.

On enlève ensuite le creuset. Après le refroidissement, on le brise de façon à sortir la masse de verre, sur laquelle on taille, de distance en distance, de petites facettes polies, afin de juger de la qualité du verre dans les différents points de la masse. On débite ensuite cette masse en un nombre plus ou moins considérable de fragments, afin de rejeter les parties où existent des stries ou d'autres défauts. Les fragments irréguliers sont chauffés dans la moufle d'un four, pour les ramollir; on les ramasse sous forme de boules avec une pince de fer, puis on les porte dans des moules qui leur donnent des formes lenticulaires. Enfin on les laisse refroidir lentement dans un fourneau à recuire.

Le crown-glass se prépare exactement de la même manière. On emploie un mélange de

<blockquote>

120 parties sable blanc ;
 55   »   carbonate de potasse ;
 20   »   carbonate de soude ;
 20   »   craie ;
  1   »   acide arsénieux.

</blockquote>

C'est en accolant deux lentilles convenablement taillées : l'une de crown-glass, l'autre de flint-glass, que l'on obtient les *lentilles achromatiques*. Ces lentilles donnent sensiblement la même convergence à tous les rayons colorés; de sorte qu'un objet incolore forme, au foyer de la lentille composée, une image également incolore, et dépourvue, sur les bords, des franges colorées que présentent toujours les images obtenues avec les lentilles simples. Cette propriété ne peut cependant être obtenue d'une manière satisfaisante que pour les rayons qui ne s'éloignent pas beaucoup de l'axe de la lentille.

Strass.

§ 689. On fabrique quelquefois une espèce particulière de cristal, très-réfringente et fort dense, qui imite le diamant, lorsqu'elle a été convenablement taillée. En colorant ce cristal avec divers oxydes métalliques, on obtient des verres colorés avec lesquels on imite les pierres précieuses. Ce cristal, auquel on donne le nom de *strass*, doit être fait avec les matières les plus pures, et exige le plus grand soin à l'affinage. Ordinairement, on y fait entrer une certaine quantité de borax. La fabrication des pierres précieuses artificielles a acquis aujourd'hui un haut degré de perfection.

Émail.

§ 690. On donne le nom d'*émail* à une espèce de verre, rendue opaque par certains oxydes métalliques. C'est ordinairement le peroxyde d'étain, ou acide stannique, que l'on emploie pour cet objet. Mais on peut aussi employer l'acide arsénieux, le phosphate de chaux, ou l'antimoniate d'oxyde d'antimoine. On prépare ordinairement l'émail avec un cristal très-fusible. On oxyde, dans un fourneau à réverbère, un alliage de 15 parties d'étain et de 100 parties de plomb. Il se forme ainsi un stannate d'oxyde de plomb, que l'on purifie par lévigation. On mélange ensuite 100 parties de ce stannate plombeux, 100 parties de sable très-pur, et 80 parties de carbonate de potasse. En introduisant dans ce mélange de petites quantités de certains oxydes métalliques, on obtient des émaux colorés.

Des imperfections et des altérations que subissent les verres.

§ 691. Nous avons vu que tous les objets fabriqués en verre étaient maintenus, pendant quelque temps, dans un four à la température du rouge sombre, puis abandonnés à un refroidissement lent. C'est ce que l'on appelle *recuire le verre*. Cette opération est en effet tout à fait essentielle; car le verre refroidi brusquement aussitôt après avoir été soufflé est tellement cassant, qu'il ne pourrait servir à aucun usage. Il arrive souvent que la gobeleterie commune, qui n'est recuite qu'imparfaitement dans les verreries, parce qu'on cherche à économiser le combustible, casse brusquement lorsqu'elle éprouve subitement un petit changement de température. On voit même quelquefois des verres se fendre avec bruit quand ils sont exposés au courant d'air d'une porte entr'ouverte.

Cette propriété est développée au plus haut degré dans les *larmes bataviques*. Ce sont des gouttes de verre solidifiées brusquement, que l'on obtient en puisant avec la cordeline une petite quantité de verre fondu dans le creuset, et la laissant tomber en gouttes dans de l'eau froide. Ces gouttes se solidifient ainsi brusquement, sous

Fig. 437.

la forme de larmes (fig. 437), terminées par une queue allongée. Mais, comme la surface extérieure se solidifie pendant que les parties intérieures sont encore à une haute température, elle conserve à peu près le volume qu'elle occupait à l'état liquide. Les particules intérieures sont maintenues dans un état anomal par les particules de la surface; et, si l'on vient à supprimer, seulement en un point, cette résistance des particules de la surface, toute la masse éclate avec bruit et vole en poussière. C'est ce qui arrive, par exemple, quand on vient à briser brusquement la queue de la larme.

Un effet semblable se produit dans un petit appareil de verre, connu depuis longtemps dans les cabinets de physique sous le nom de *fiole philosophique*. C'est une espèce de tube de verre, à parois épaisses, et un peu renflé sous forme de poire; l'ouvrier verrier en souffle quelquefois à l'extrémité de sa canne, pour essayer le verre de son creuset. Si on laisse tomber dans cette fiole, qui n'a pas été recuite, un corps dur, par exemple une bille, l'ébranlement qui en résulte est suffisant pour faire éclater la fiole en poussière.

Les ouvriers utilisent fréquemment cette propriété qu'a le verre encore chaud de se fendre en un point déterminé quand on le touche avec un corps froid, pour détacher de la canne les objets soufflés, ou pour obtenir une fente dans une direction déterminée.

§ 692. Lorsque le verre reste exposé longtemps à une haute température, il perd, par volatilisation, une portion notable de son alcali, et devient de moins en moins fusible; il acquiert en même temps la propriété de cristalliser facilement par un refroidissement lent. Ainsi on a souvent trouvé, dans le fond des pots de verrerie hors de service qui avaient séjourné longtemps dans le four et s'étaient refroidis lentement, des masses de verre qui avaient pris complétement une structure cristalline. D'autres fois, la cristallisation ne s'est développée que dans certains points de la masse, celle-ci étant restée vitreuse dans toutes les autres parties. La partie vitreuse renferme toujours plus d'alcali que la partie devenue opaque par cristallisation. Cette altération du verre n'a pas seulement lieu à la température de sa fusion, elle s'effectue également à une température moins élevée. Si l'on abandonne pendant plusieurs jours une bouteille ordinaire dans un four, à un degré de chaleur voisin de celui qui produit le ramollissement du verre, et qu'on laisse ensuite le four refroidir lentement, on retire une bouteille qui a perdu complétement sa transparence et qui ressemble à une bouteille de porcelaine. Le verre ainsi altéré, *dévitrifié*, est beaucoup moins fusible que le verre transparent. On a cherché même à fonder sur cette dévitrification un art particulier, qui consistait à préparer des objets en verre soufflé, et à les rendre ensuite difficilement fusibles par la dévitrification. On chauffait dans un four les objets de verre, après les avoir remplis et entourés de sable qui absorbait les vapeurs alcalines, en même temps qu'il s'opposait à la déformation des pièces. On donnait à ce verre dévitrifié le nom de *porcelaine de Réaumur*. Cette fabrication, qui pouvait avoir quelque importance pour les

21.

vases et les tubes employés dans les laboratoires, a été abandonnée.

§ 695. Les verres qui renferment beaucoup d'alcali s'altèrent au contact de l'air humide. Leur surface devient rugueuse et se fendille. Souvent il s'y forme une pellicule excessivement mince de verre altéré, qui produit les mêmes jeux de couleurs que les bulles de savon, ou qu'une goutte d'huile versée sur une grande surface d'eau. Cette altération tient à ce que la surface du verre abandonne à la longue une partie de son alcali; elle est surtout très-notable dans les fragments de verre qui sont restés enfouis pendant quelque temps dans un sol humide. Il n'est pas rare de rencontrer de ces fragments ayant perdu complétement leur transparence, gonflés, et se divisant en petites lamelles très-minces. Ils ressemblent alors à la nacre de perle, dont ils présentent les jeux de couleurs.

Du travail du verre dans les laboratoires.

§ 694. On fabrique dans les laboratoires divers petits objets de verre avec les tubes que l'on trouve dans le commerce. On se sert pour cela d'une lampe à huile, alimentée par un soufflet, et qu'on appelle *lampe d'émailleur*. Cette lampe (fig. 458) est ordinairement en fer-blanc. La mèche est en coton filé et ne sort de l'huile que d'une petite quantité. On fait aller le soufflet avec le pied; le vent est amené par un chalumeau auquel on peut donner diverses inclinaisons. On projette la flamme suivant une

Fig. 458.

direction un peu inclinée, comme le montre la figure. En arrangeant convenablement la mèche, en modifiant l'inclinaison du chalumeau, en terminant ce chalumeau par une ouverture plus ou moins grande, on peut obtenir une flamme plus ou moins étendue, suivant l'opération que l'on veut exécuter et la nature du verre que l'on travaille. Lorsqu'on travaille un verre plombeux, du cristal, il faut rendre la flamme oxydante, en y faisant pénétrer une plus grande quantité d'air par une ouverture plus considérable du chalumeau. Si la flamme était réduisante, l'oxyde de plomb serait ramené sur la surface du verre à l'état de plomb métallique, et le verre se colorerait en noir. Il est important de ne pas chauffer trop brusquement le verre, car il pourrait se casser. On le maintient pendant quelques instants en avant de la flamme, et on l'approche successivement jusque dans la région de la plus haute température. Le travail du verre à la lampe d'émailleur devient beaucoup plus facile et plus régulier, quand on remplace la lampe à huile par la lampe à gaz qui a été décrite tome I, page 405.

§ 695. Pour courber un tube de verre, on le chauffe sur une étendue de 3 à 4 centimètres, des deux côtés du point où l'on veut opérer la courbure, en tournant constamment ce tube entre les doigts, afin qu'il prenne une température uniforme sur tout son contour. Aussitôt que le verre est assez ramolli pour qu'il cède à une légère pression, on commence la courbure; mais il est important de ne pas la faire en un seul point, ni de la faire trop courte, parce que le tube se déformerait et resterait cassant à l'endroit où il a été courbé. On a donc soin de ne pas chauffer le tube au point où on a commencé la courbure, et de diriger la flamme sur le point voisin, de manière à obtenir un arc de cercle un peu étendu. On courbe très-bien les tubes sur une lampe à alcool, et même plus facilement qu'avec la lampe d'émailleur, car il est important pour cette opération que le tube de verre ne devienne pas trop mou.

§ 696. Pour fermer un tube par un bout, on prend un tube plus long, et on le chauffe à la lampe d'émailleur dans le point où on veut le fermer, en tournant le tube constamment dans la flamme. Quand il est bien ramolli, on tire doucement des deux côtés en continuant à le faire tourner entre les doigts. Le tube s'étire ainsi sous la forme de la figure 459. On dirige alors la pointe de la flamme sur le point *a* de la partie effilée, et on sépare ainsi les deux moitiés du

Fig. 459.

tube, qui peuvent servir toutes deux à donner un tube bouché. Il faut commencer par arrondir les extrémités et leur donner une épaisseur à peu près uniforme. A cet effet, on chauffe les bouts fermés dans la lampe, et on souffle de temps en temps dans le tube pour arrondir l'extrémité. Il ne reste plus qu'à *border* les orifices des tubes, c'est-à-dire à fondre les bords du verre, ce qui leur donne beaucoup plus de solidité. On y parvient en tournant pendant quelques instants dans la flamme les bords de l'ouverture, jusqu'à ce que les arêtes tranchantes se soient arrondies par fusion. Si l'on désire que ces bords soient évasés, ou qu'ils portent un bec qui facilite le versement du liquide, on appuie sur les bords ramollis une tige de fer arrondie, et l'on façonne l'ouverture comme on veut (fig. 440).

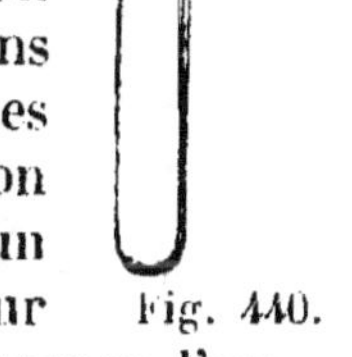

Fig. 440.

Quelquefois on a besoin de fermer un tube à son extrémité; on chauffe alors cette extrémité au rouge sur la lampe, et on en approche un second bout de tube dont l'extrémité a été également chauffée. Les deux tubes se soudent l'un à l'autre, on étire l'extrémité du premier tube en pointe, et on opère ensuite comme il vient d'être dit.

§ 697. On a fréquemment besoin de souder un tube plus petit *cd* (fig. 441) à l'extrémité d'un tube plus gros *ab*. On étire alors le tube le plus gros, à la lampe, en conservant à la partie étirée une épaisseur

Fig. 441.

à peu près semblable à celle du petit tube que l'on veut souder. On ferme le tube *ab* au point *b* de la partie étirée, là où il présente le même diamètre que le petit tube, en plaçant le point *b* dans la pointe de la flamme, et en tournant le tube entre les doigts. On chauffe l'extrémité fermée pour la ramollir, puis on souffle vigoureusement par l'ouverture *a*; on forme ainsi à l'extrémité *b* une boule très-mince qui éclate. A l'aide d'une lime, on détache le verre de façon à ne laisser à l'extrémité *b* qu'un bord évasé. On en fait autant à l'extrémité *c* du petit tube; puis on place les extrémités *b* et *c* dans la flamme, en regard l'une de l'autre, en tournant constamment les deux tubes, et après avoir fermé l'extrémité *a* avec un bouchon. Quand ces extrémités sont suffisamment ramollies, on les presse l'une contre l'autre de manière à les souder. On continue à chauffer la soudure très-également sur tout son contour, et, de temps en temps, on souffle dans le petit tube pour étaler la soudure et l'empêcher de former bourrelet. Enfin, on l'étire un peu, afin qu'il n'existe pas de renflement à l'endroit de la soudure.

§ 698. A-t-on besoin de souder un tube étroit *cd* (fig. 443), latéralement sur un tube plus large *ab*; on dirige sur le point *e* du tube *ab* (fig. 442) la pointe de la flamme, après l'avoir rendue aussi aiguë que possible en disposant convenablement le chalumeau et la mèche

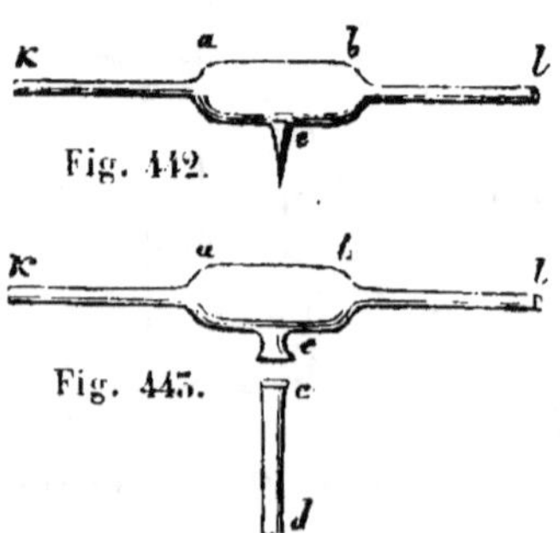

Fig. 442.

Fig. 443.

de la lampe. Lorsque le verre est ramolli en *e*, on y colle l'extrémité d'une pointe de verre que l'on a également chauffée, et on tire vivement en avant. On forme ainsi une pointe *ef* sur le tube *ab*. On ferme cette pointe à la lampe; puis, après avoir bouché l'extrémité *k* avec un peu de cire, on replace la pointe *ef* dans la flamme. Quand elle s'est ramassée par la fusion, on souffle vivement par l'extrémité ouverte *l*, de façon à former une boule très-mince qui éclate. On enlève une partie du verre avec la lime, on fond les bords de l'ouverture (fig. 443), et, après avoir fermé l'extrémité *l* avec un peu de cire, on approche de l'ouverture *e*, chauffée, l'extrémité *c* du petit tube, également chauffée. On étale la soudure en chauffant successivement chacune de ses parties, et soufflant de temps en temps par l'extrémité *d*. La soudure est plus difficile à faire que dans le cas précédent (§ 697), parce que l'on ne peut pas tourner l'appareil dans la flamme pour maintenir tout le contour de la soudure à la même température.

§ 699. S'il faut souffler une boule à l'extrémité d'un tube de verre, on bouche ce tube à la lampe; et, en continuant l'action de la flamme, on amasse à cette extrémité une masse de verre suffisante pour la boule que l'on veut souffler. Cette masse étant bien amollie, on souffle légèrement dans le tube pour étendre successivement la masse. On la réchauffe de nouveau d'une manière uniforme, puis, tournant constamment le tube entre les doigts, on souffle doucement, de manière à donner à la boule les dimensions désirées, tout en lui conservant une forme exactement sphérique.

Lorsque la boule doit avoir des dimensions considérables et qu'elle doit néanmoins se trouver à l'extrémité d'un tube étroit et peu épais, il vaut mieux souffler la boule à part sur un bout de tube plus gros, et souder ensuite la boule à l'extrémité du tube étroit. A cet effet, on étire le gros tube entre deux pointes (fig. 444), en opérant comme il a été dit (§ 696). On ferme à la lampe l'une des extrémité *a*, puis on chauffe la partie A dans la flamme, de façon

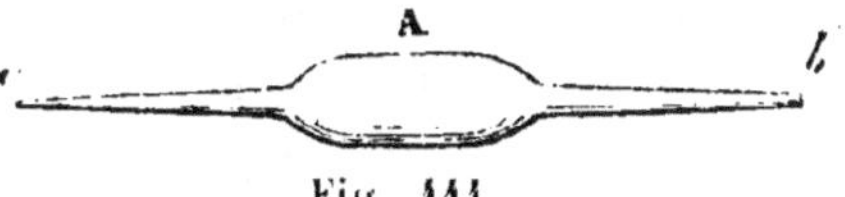

Fig. 444.

à la ramollir complétement. Si la boule doit avoir de très-grandes dimensions, on refoule le verre de la partie A, de manière à diminuer sa longueur et à augmenter son épaisseur. Enfin on souffle par l'extrémité *b*, en tournant constamment entre les doigts, jusqu'à ce que la boule ait acquis les dimensions désirées. Si l'on préfère la forme ovoïde à la forme sphérique, on étire la boule en longueur, en même temps qu'on la souffle. On soude ensuite la boule au tube comme il a été prescrit (§ 697). Mais, comme la boule reste encore terminée par une pointe, on place celle-ci dans l'extrémité effilée de la flamme, on l'enlève, et, en soufflant doucement après avoir ramolli cette partie de la boule, on l'étend pour faire disparaître la petite masse de verre.

Les petites ampoules dans lesquelles on renferme des quantités déterminées de liquides volatils destinés à l'analyse (§ 269) se soufflent de la même manière; seulement on les souffle sur des tubes étroits et minces.

§ 700. Pour fabriquer un entonnoir à l'extrémité d'un tube, par exemple pour les tubes de sûreté, on soude à l'extrémité du tube une boule étirée entre deux pointes (fig 445), comme dans (§ 699): puis on détache la pointe *ab* (fig. 446) par fusion à la lampe. On chauffe

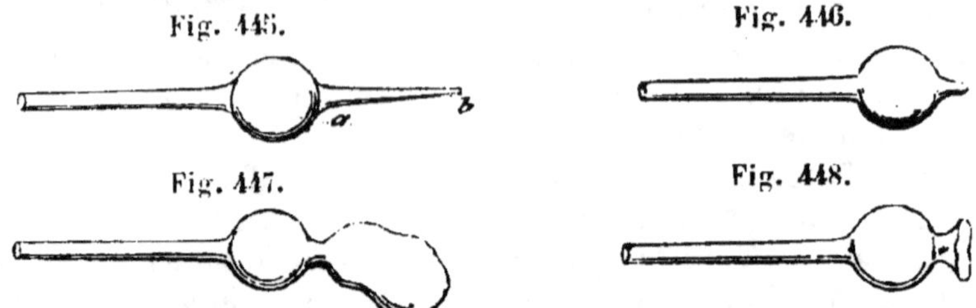

Fig. 445.　　　　　　　　　　　Fig. 446.

Fig. 447.　　　　　　　　　　　Fig. 448.

la partie *a*, ainsi que l'extrémité de la boule, et, quand elles sont fortement amollies, on souffle vivement dans le tube ; on obtient ainsi une seconde boule irrégulière et très-mince (fig. 447), fixée sur la première. On la brise, et on détache le verre avec la lime (fig. 448),

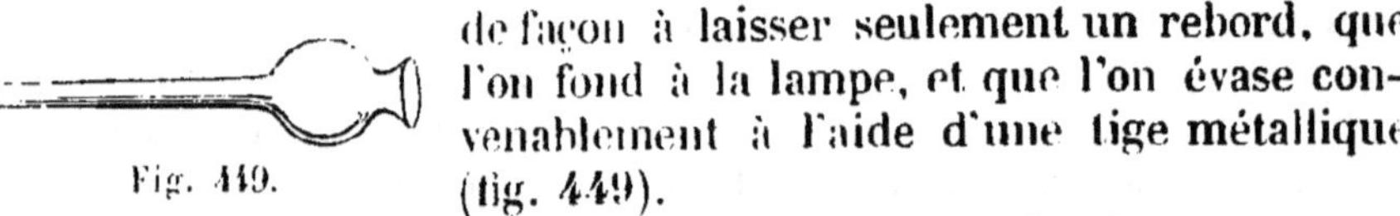

de façon à laisser seulement un rebord, que l'on fond à la lampe, et que l'on évase convenablement à l'aide d'une tige métallique (fig. 449).

Fig. 449.

§ 701. Pour casser, d'une manière nette, un tube de verre en un point déterminé, on y fait une entaille à l'aide d'une pierre à fusil, ou d'une lime très-tranchante. On se sert ordinairement de limes triangulaires très-fines, dont on a aiguisé sur la meule un seul côté de l'arête tranchante. On tire ensuite le tube suivant sa longueur, et il se brise exactement à l'entaille. Si le tube est plus gros, il faut en même temps qu'on le tire en longueur appuyer un peu latéralement, comme si on voulait le courber.

Pour détacher des parties plus épaisses et plus grosses, pour raccourcir le col d'un ballon ou d'une cornue, par exemple, on fait avec la lime une entaille dont on approche un charbon pointu et incandescent; il se fait alors ordinairement une fente dans le sens de l'entaille. On prolonge cette fente tout autour du col, en plaçant le charbon incandescent un peu en avant de la fente et dans la direction où on veut la propager.

Pour les pièces de verre très-grosses, ce procédé ne réussit pas toujours. On recouvre alors le cylindre avec deux bouts de ficelle, enroulés de façon à laisser libre la partie du col où l'on veut déterminer la rupture. On entoure celle-ci d'une forte ficelle disposée comme la corde d'un tour à main, puis, tirant cette ficelle par les deux bouts, on opère une friction rapide sur la partie libre du verre. Cette friction détermine une grande élévation de température, et, si on laisse alors tomber une goutte d'eau froide sur la ficelle qui frotte, le verre se casse ordinairement d'une manière très-nette suivant la circonférence qui a été chauffée par le frottement.

Verres colorés et peinture sur verre.

§ 702. Le verre dissout la plupart des oxydes métalliques, en conservant sa transparence, mais en prenant des couleurs souvent très-belles. C'est sur cette propriété qu'est fondée la fabrication des verres colorés. Il suffit de mêler intimement au mélange qui doit produire le verre une quantité déterminée de l'oxyde métallique, pour obtenir des verres colorés par fusion. Cependant, avec certains oxydes métalliques, il faut des précautions particulières.

Le protoxyde de fer FeO colore le verre en vert foncé, en vert bouteille. Le sesquioxyde de fer Fe^2O^5 le colore en jaune. L'oxyde de cuivre CuO et l'oxyde de chrôme Cr^2O^5 donnent de belles couleurs vertes, mais de nuances différentes. L'oxyde de cobalt CoO donne une belle couleur bleue; le sesquioxyde de manganèse Mn^2O^5 une couleur violette. Un mélange à parties égales d'oxyde de cobalt et d'oxyde de fer colore le verre en noir. L'oxydule de cuivre Cu^2O donne au verre une coloration rouge très-belle, mais tellement intense, que le verre en perd presque entièrement sa transparence, si la proportion d'oxydule de cuivre s'élève à quelques centièmes.

On obtient un verre d'une belle couleur pourpre en mêlant une petite quantité d'oxyde d'étain à du cristal réduit en poudre très-fine, imbibant la masse avec une dissolution de chlorure d'or, et la fondant dans un creuset après l'avoir desséchée.

Lorsque l'oxyde métallique par lequel on veut produire la coloration est susceptible de se désoxyder dans le four, comme le sesquioxyde de manganèse, par exemple, on ajoute au mélange une petite quantité de nitre.

On obtient des verres d'une belle couleur jaune en ajoutant du noir de fumée à un mélange qui donnerait du verre blanc ordinaire. En variant la proportion de noir de fumée, on peut obtenir diverses nuances intermédiaires entre le jaune clair et le jaune pourpré.

§ 703. Lorsqu'on veut obtenir des verres de couleurs claires avec des oxydes métalliques qui ont un pouvoir colorant très-énergique, on réussit difficilement à obtenir la nuance désirée en ajoutant dans le pot de verrerie la quantité convenable d'oxyde colorant. On fabrique alors des verres plaqués, c'est-à-dire des verres qui, dans la plus grande partie de leur épaisseur, sont formés de verre incolore, et ne sont recouverts sur une de leurs faces que par une couche plus ou moins mince de verre coloré. Pour varier à volonté l'intensité de la couleur, on donne aux deux couches des épaisseurs relatives convenables. On fabrique ces verres plaqués de la manière suivante : deux pots sont placés dans le four; l'un est rempli de verre incolore, l'autre de verre coloré. Le verrier prend d'abord à l'extrémité de sa canne une masse convenable de verre incolore; puis, lorsque celle-ci a pris un commencement de consistance, il plonge la masse dans le verre coloré, et il fixe ainsi une enveloppe plus ou moins épaisse de ce verre sur la masse incolore. Il souffle ensuite le tout sous forme de cylindres pour en former des manchons destinés à l'étendage (§ 682). L'intérieur de ces cylindres est nécessairement formé par du verre incolore, et la couche de verre coloré recouvre la surface extérieure.

La peinture sur verre se fait au moyen de verres colorés très-fusibles et réduits en poudre impalpable. La composition de ces verres est différente suivant la nature de l'oxyde colorant. Pour la plupart de ces oxydes on emploie un mélange de deux parties de quartz, $2\frac{1}{2}$ d'oxyde de plomb et 1 partie d'oxyde de bismuth. Mais, comme certains oxydes colorants sont altérés par les oxydes de plomb et de bismuth, on emploie dans ce cas un mélange de 2 parties quartz, $1\frac{1}{2}$ borax fondu, $\frac{1}{4}$ nitre, $\frac{1}{4}$ carbonate de chaux. On ajoute à ces mélanges l'oxyde colorant, et on les fond dans des fourneaux à moufle. Le verre obtenu est réduit en poudre impalpable; on le broie avec de la térébenthine, et la couleur ainsi préparée est appliquée au pinceau. Le verre peint est ensuite chauffé dans un moufle, à une température suffisamment élevée pour fondre le verre coloré, mais insuffisante pour produire la déformation du verre sur lequel la peinture est appliquée.

Pour former le fond du tableau, on se sert ordinairement de verres colorés dans la pâte, et l'on peint les contours et les ombres sur une des faces. Les divers morceaux de verre sont ensuite assemblés avec intelligence, au moyen de petites lames de plomb; chacun de ces petits vitraux recevant des formes en harmonie avec le contour des figures dessinées. La face du verre sur laquelle est appliquée la peinture est placée à l'extérieur, de sorte qu'elle est vue par transparence à travers le verre coloré.

Les chiffres et les divisions tracés sur les cadrans en émail sont appliqués de la même manière.

Analyse du verre.

§ 704. Nous supposerons que le verre soumis à l'analyse renferme ou puisse renfermer de la silice, de la potasse, de la soude, de la chaux, de la magnésie, de l'alumine, de l'oxyde de fer, de l'oxyde de manganèse, de l'oxyde de plomb.

On mêle intimement 5 grammes du verre à analyser, et réduit en poudre impalpable, avec le triple environ de son poids de carbonate de soude pur. On fait la pesée du verre, ainsi que le mélange avec le carbonate de soude, immédiatement dans un creuset de platine. On recouvre ce creuset de son couvercle, et on le chauffe sur une lampe à alcool à double courant d'air, de façon à fondre complétement le carbonate de soude. Il est bon, pour cela, de placer autour du creuset une petite cheminée en tôle qui le dépasse de quelques centimètres. Cette cheminée, en même temps qu'elle augmente le tirage, force la flamme à envelopper le creuset de toutes parts. On maintient le carbonate de soude fondu au moins pendant 20 minutes, et on le laisse ensuite refroidir. En employant un creuset mince, il suffit de le presser légèrement entre les doigts dans plusieurs sens pour que le culot alcalin se détache d'une manière nette. On reçoit ce culot dans une capsule de porcelaine renfermant une certaine quantité d'eau, et on recouvre la capsule d'un entonnoir renversé. On passe dans le creuset de platine, plusieurs fois de suite, de l'eau acidulée par de l'acide azotique, on la verse dans la capsule, et le culot alcalin s'y dissout avec effervescence. Les parois de l'entonnoir empêchent qu'il ne se perde de matière par la projection des petites pellicules liquides enveloppant les bulles gazeuses qui viennent crever à la surface du liquide. On rend, à la fin, la liqueur acide avec un excès d'acide azotique, et on évapore à sec, à une chaleur ménagée. On verse, sur la matière desséchée, de l'eau chaude acidulée avec de l'acide azotique; on laisse digérer pendant quelque temps à chaud, puis on étend d'eau. Tous les oxydes métalliques se dissolvent, la silice seule reste comme résidu insoluble. On la recueille sur un filtre; on la calcine après l'avoir bien lavée, et on la pèse.

On fait passer dans la liqueur un courant d'hydrogène sulfuré, qui précipite seulement le plomb à l'état de sulfure. A la fin, on chauffe la liqueur à l'ébullition, en maintenant le courant d'hydrogène sulfuré, afin de faciliter le dépôt du sulfure. On recueille le sulfure de plomb sur un filtre, et, après l'avoir lavé, on brûle le filtre dans un creuset de platine. On arrose la matière avec de l'acide azotique, mêlé d'un peu d'acide sulfurique pour la transformer en sulfate de plomb; enfin on la calcine au rouge. Le poids de l'oxyde de plomb se déduit, par le calcul, du poids du sulfate de plomb obtenu.

On verse ensuite dans la liqueur du sulfhydrate d'ammoniaque, qui précipite l'alumine et des sulfures de fer et de manganèse. On redissout ce précipité humide dans l'acide chlorhydrique, et on opère la séparation des trois oxydes par le procédé qui a été décrit (§ 659):

La liqueur ne renferme plus alors que la chaux, la magnésie et les sels alcalins. On la fait bouillir pour chasser l'excès du sulfhydrate d'ammoniaque, et, au bout de quelque temps, on y verse de l'acide chlorhydrique pour décomposer le sulfhydrate d'ammoniaque qui reste encore. Enfin, on la sursature par de l'ammoniaque, et on y verse de l'oxalate d'ammoniaque, qui précipite la chaux à l'état d'oxalate de chaux; la magnésie n'est pas encore précipitée, à cause de la présence des sels ammoniacaux dans la liqueur (§ 589).

On concentre alors la dissolution par évaporation, on ajoute un excès de carbonate de soude, et on évapore complétement à sec pour décomposer les sels ammoniacaux et chasser l'ammoniaque à l'état de carbonate; puis on reprend par l'eau, qui laisse la magnésie à l'état de carbonate insoluble.

§ 705. Dans l'analyse que nous venons de décrire, nous avons déterminé successivement les proportions des diverses substances qui constituent le verre, à l'exception des alcalis; ceux-ci doivent être déterminés dans une opération spéciale. On attaque le verre par l'acide fluorhydrique, qui le dissout d'une manière complète. On peut employer pour cela une dissolution d'acide fluorhydrique que l'on a préparée à part; mais, comme il est difficile de conserver cette dissolution dans des vases qui ne soient pas attaqués, il est préférable de préparer chaque fois la quantité d'acide nécessaire pour une analyse. On se sert, à cet effet, d'une petite cornue de platine formée de deux pièces (fig. 450). On place dans cette cornue le spath fluor pulvérisé très-fin et l'acide sulfurique. D'un autre côté, on met 5 grammes de verre en poudre impalpable dans un grand creuset de platine; on y verse en outre une certaine quantité d'eau, et on le recouvre avec une feuille de platine percée de deux ouvertures. L'une de ces ouvertures laisse passer le col de la cornue de platine; l'autre, beaucoup plus petite, est traversée par un fil de platine, aplati sous forme de spatule à son extrémité inférieure, et servant à agiter la matière du creuset. On chauffe doucement la cornue; l'acide fluorhydrique se dissout dans l'eau du creuset, attaque la matière vitreuse, et il se dégage beaucoup de fluorure de silicium. On remue de temps en temps la matière avec la petite spatule. Lorsque le verre a été complétement attaqué, on chauffe doucement le creuset pour chasser l'excès d'acide et évaporer l'eau; on verse ensuite, sur le résidu, de l'acide sulfurique qui chasse complétement l'acide fluorhydrique, et transforme tous les oxydes en sulfates. Quand la plus grande partie de l'acide sulfurique a été

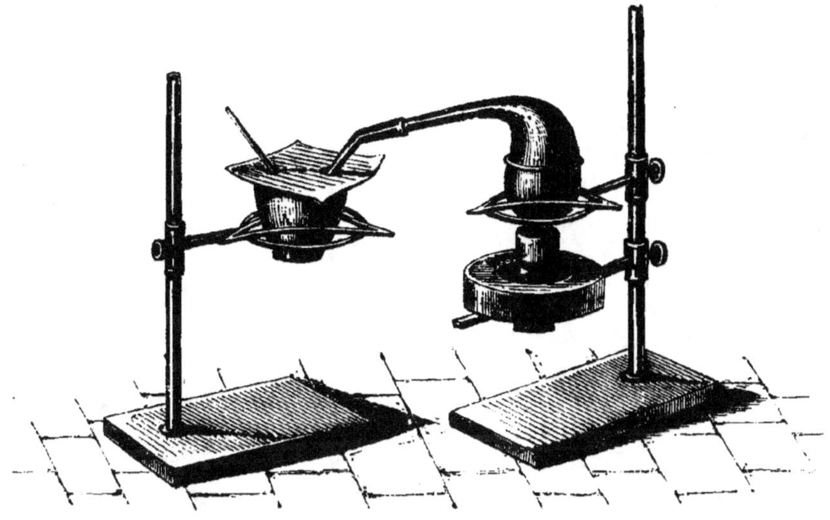

Fig. 450.

chassée par la chaleur, on reprend la matière par l'eau, qui laisse, comme résidu, de la silice et de l'oxyde de plomb à l'état de sulfate. On filtre la liqueur, et on y verse un excès de carbonate d'ammoniaque, qui précipite l'alumine, la chaux, les oxydes de fer, une partie de l'oxyde de manganèse et de la magnésie. On ajoute un peu de sulfhydrate d'ammoniaque, qui achève la précipitation du manganèse. La liqueur filtrée ne renferme plus que les sels alcalins, un peu de magnésie, et les sels ammoniacaux; on l'évapore à sec, on calcine le résidu à une forte chaleur rouge, et on pèse les bases alcalines à l'état de sulfates. On néglige pour le moment la magnésie, que l'on ne cherche qu'à la fin de l'analyse; on sépare la potasse par le perchlorure de platine (§ 527), et on dose la soude par différence.

Mais il est essentiel de rechercher la magnésie dans la dissolution qui reste après la précipitation du chlorure double de potassium et de platine. On précipite alors le platine par le sulfhydrate d'ammoniaque, et l'on évapore la liqueur filtrée avec un excès de carbonate de soude. En reprenant par l'eau, on sépare du carbonate de magnésie. On peut aussi précipiter cette base par le phosphate d'ammoniaque (§ 592).

et devient ainsi compacte et imperméable aux liquides ; les diverses espèces de porcelaines et la poterie de grès appartiennent à cette classe. La seconde classe comprendra toutes les poteries dont la pâte reste poreuse après la cuisson. Ce sont les faïences et les poteries communes, appelées vulgairement *terres-cuites*.

POTERIES DONT LA PATE DEVIENT COMPACTE PAR LA CUISSON.

§ 708. Occupons-nous d'abord de la porcelaine ; c'est la plus belle de toutes les poteries, celle dont la fabrication exige le plus de soins.

Porcelaine.

§ 709. L'argile employée à la fabrication de la porcelaine est appelée *kaolin* ; elle appartient aux roches ignées, primitives par leur origine, mais dont l'épanchement peut être assez récent. Le kaolin provient toujours de la décomposition d'une roche feldspathique ; le plus souvent, il est donné par des granits très-riches en feldspath ; quelquefois par des porphyres, plus rarement par des trachites. Le feldspath a éprouvé dans ces roches une altération plus ou moins profonde. Dans quelques-unes, le silicate de potasse a entièrement disparu : dans d'autres, il en reste encore une petite quantité : le plus souvent alors, on trouve, au milieu de la masse terreuse, des fragments de feldspath non altéré qui augmentent la fusibilité de la matière. Il faut séparer ces fragments, ainsi que les grains quartzeux. Pour cela, on délaye les matières dans l'eau d'une cuve ; cette opération est facile, parce que le kaolin est ordinairement très-friable ; mais, s'il en était autrement, il faudrait le broyer préalablement, soit par le battage, soit sous des meules verticales. On remue la matière avec de l'eau, à l'aide de palettes, mises en mouvement par une machine ; les parties les plus grosses gagnent le fond de la cuve. On décante la boue liquide dans une seconde cuve placée au-dessous de la première ; on l'abandonne au repos pendant quelques instants, pour laisser déposer les petits grains quartzeux ou feldspathiques ; on la décante dans une troisième cuve placée à un niveau plus bas, où les eaux troubles séjournent pendant long-temps, et déposent toute l'argile qu'elles tiennent en suspension : enfin on décante l'eau claire, et l'on dessèche la boue argileuse qui se trouve au fond de la cuve.

Le kaolin de Saint-Yrieix, près de Limoges, qui est à peu près exclusivement employé dans les fabriques de porcelaine de France, présente moyennement la composition suivante, après la lévigation dont nous venons de parler :

Silice	48,00
Alumine	57,00
Potasse	2,50
Eau	12,50
	100,00

Le kaolin lavé de Morl, près de Halle en Saxe, qui est employé dans les fabriques de porcelaine de Berlin, et qui provient de la décomposition d'un porphyre quartzifère, renferme, après calcination :

Silice	71,42
Alumine	26,07
Peroxyde de fer	1,95
Chaux	0,15
Potasse	0,45
	100,00

Il est facile de reconnaître à la loupe que ce dernier kaolin n'est pas homogène, et qu'il renferme une grande proportion de particules siliceuses pures. Il suffit, pour en faire de la terre à porcelaine, d'y mêler une certaine quantité de feldspath réduit en poudre fine.

Le kaolin de Saint-Yrieix doit, au contraire, être mêlé avec du sable quartzeux, réduit en poudre impalpable et avec une certaine proportion de carbonate de chaux. A la manufacture de porcelaine de Sèvres, près de Paris, on emploie les divers dosages suivants, selon la qualité de la porcelaine que l'on veut obtenir :

	Pâte de service	Pâte de sculpture
Kaolin lavé	64,0	62,0
Craie de Bougival	6,0	7,0
Sable d'Aumont	20,0	17,0
Petit sable, ou sable feldspathique	10,0	»
Feldspath quartzeux	»	17,0
	100,0	100,0

§ 710. Le feldspath et le quartz qui doivent être mêlés à l'argile sont d'abord *étonnés* pour les rendre plus friables, c'est-à-dire chauffés au rouge, puis projetés dans l'eau froide ; on les réduit ensuite en poudre impalpable sous des meules verticales tournantes, puis on les soumet à une lévigation qui sépare les grains grossiers.

On mêle, à l'état humide, la pâte de kaolin et celle de quartz ou de feldspath qui proviennent de la lévigation, et l'on cherche à rendre le mélange aussi intime que possible. On dessèche ensuite ces pâtes, afin de les amener à un degré de consistance convenable pour le travail ultérieur. Cette dessiccation s'obtient, soit en comprimant la bouillie liquide, au moyen d'une presse, dans des sacs de toile serrée; soit en la chauffant dans des fours particuliers, soit enfin en l'abandonnant pendant longtemps dans des caisses de plâtre dont les parois poreuses facilitent l'évaporation de l'humidité.

La pâte, qui a pris plus de consistance, doit être malaxée pendant longtemps, pour offrir un mélange parfaitement uniforme des matières. Cette opération s'exécute ordinairement par le *marchage* dans des cuves rondes, c'est-à-dire en faisant piétiner la pâte par un homme qui marche dessus pieds nus. Quelquefois on la bat en outre avec des pilons de bois, après l'avoir divisée en boules. La pâte n'a été suffisamment travaillée que, lorsqu'en la brisant entre les doigts, on n'aperçoit plus aucune bulle de gaz à l'intérieur.

Ces diverses opérations mécaniques exigent beaucoup de soin et de propreté de la part de l'ouvrier. Il doit éviter que des poussières ou d'autres matières organiques ne s'incorporent dans la pâte. Il suffit en effet de la présence d'un cheveu pour gâter complétement un objet de porcelaine : la matière organique se décomposant par la chaleur, les gaz qu'elle dégage produisent des soufflures ou des fentes.

La pâte, ainsi préparée, peut servir à la fabrication de la porcelaine; mais on a reconnu qu'elle gagnait en qualité lorsqu'elle était abandonnée pendant plusieurs années à elle-même dans des caves humides. Elle subit alors ce qu'on appelle la *pourriture;* elle se colore en noir à l'intérieur, et il se dégage une odeur sensible d'hydrogène sulfuré. La matière organique qui existe en très-petite quantité dans la pâte se détruit par une combustion spontanée, sous l'influence de l'air humide; elle réagit en même temps sur quelques traces de sulfates qui s'y trouvent également, les transforment en sulfures, qui dégagent à leur tour de l'hydrogène sulfuré en se changeant en carbonates aux dépens de l'acide carbonique ambiant.

§ 711. Pour mettre la pâte en œuvre, on commence par la malaxer de nouveau à la main; on la comprime énergiquement sous la forme de boules qu'on lance avec force contre la table sur laquelle on exécute ce travail. On fait ainsi dégager les bulles de gaz qui se sont développées dans la pâte pendant sa pourriture.

La confection des pièces se fait par plusieurs procédés. parmi lesquels nous distinguerons :

1° Le travail sur le tour du potier comprenant l'*ébauche* et le *tournassage*, le moulage sur le tour par impression et *à la housse*, et le *calibrage;*

2° Le moulage proprement dit ;
3° Le coulage ;

Fig. 451.

Le tour à potier (fig. 451) consiste en un axe vertical, sur la partie
inférieure duquel est implanté un grand disque concentrique en bois
que l'ouvrier fait tourner avec le pied. Sur l'extrémité supérieure
de cet axe se trouve fixé un second disque de diamètre plus petit,
et qui supporte la pâte que l'ouvrier veut façonner. L'ouvrier est
assis sur un banc ; il place au centre du disque supérieur une certaine quantité de pâte ; il met le tour en rotation avec le pied, et il
façonne la pâte entre les doigts, de manière à lui donner la forme
que l'objet doit avoir. Lorsque les dimensions de l'objet sont un peu
considérables, il superpose plusieurs masses ou *poignées* de pâte les
unes sur les autres jusqu'à ce qu'il arrive à la quantité nécessaire
pour l'exécution de la pièce ; puis, en comprimant fortement sa
pâte sur le tour en mouvement, il l'abaisse et l'élève à plusieurs
reprises, afin que, par un pétrissage successif, toutes ces poignées
de pâte superposées ne présentent plus qu'une seule masse d'une
densité bien égale partout. Enfin, lorsqu'il juge ce pétrissage suffi-

T. II.   22

sant, il appuie les mains au centre de la masse pour percer et ouvrir la pâte, et donner finalement à la pièce la forme et les dimensions qu'elle doit avoir. La figure 451 montre ce travail exécuté par l'ouvrier qui est représenté au premier plan.

Ce premier façonnage s'appelle l'*ébauchage*; il est rare qu'il donne à l'objet une forme assez régulière pour qu'on puisse le soumettre immédiatement à la cuisson. On achève le travail par le *tournassage*. Cette opération s'exécute souvent sur le même tour. L'objet ébauché à la main est abandonné pendant quelque temps à une dessiccation spontanée qui lui donne plus de consistance; puis on le met en rotation sur le tour, et l'ouvrier entame l'objet avec un outil tranchant, en faisant un travail analogue à celui du tourneur sur bois. Il lui donne ainsi des contours très-purs et ne lui laisse que l'épaisseur convenable. L'ouvrier, qui est représenté au second plan de la figure 451, est occupé à terminer un vase par le tournassage. Les copeaux de pâte qui se détachent pendant cette opération sont appelés *tournassures*; on les mêle avec de la pâte fraîche, à laquelle ils donnent des qualités particulières. L'ouvrier se sert toujours d'un patron et de plusieurs mesures pour se guider dans la confection de sa pièce.

§ 712. Ces opérations peuvent être souvent abrégées, en les combinant avec le moulage par impression; étudions pour exemple la fabrication d'une assiette. L'ouvrier, après avoir placé, sur le disque supérieur de son tour, une quantité convenable de pâte, la façonne d'abord entre ses doigts, de manière à lui donner la forme d'un vase cylindrique de peu de hauteur; il rabat ensuite les bords supérieurs de ce vase et lui donne grossièrement la forme d'une assiette. Il arrête alors son tour, et, au moyen d'un fil d'archal (fig. 452), il coupe la base de l'assiette, et la détache de la plate-forme du tour. Il laisse cette assiette grossière se dessécher un peu à l'air.

Fig. 452.

pour qu'elle prenne plus de consistance; puis il la renverse sur un moule en plâtre, qui présente en relief la forme que doit prendre l'intérieur de l'assiette. Il comprime fortement avec une éponge mouillée la pâte contre le moule, pour qu'elle en prenne l'empreinte exacte. Enfin, après démoulage et dessiccation, il la termine en tournassant la partie extérieure. Ainsi, par ce procédé, le moule en plâtre fait l'intérieur, et le tournassage l'extérieur de l'assiette.

Le moulage sur le tour, dit *à la housse*, consiste à ébaucher grossièrement une pièce à la manière ordinaire, puis à introduire cette ébauche toute fraîche dans un moule en plâtre représentant en creux les filets ou ornements qui doivent être en relief. En faisant marcher le tour, on imprime fortement à l'éponge humide la *housse* en pâte contre le moule. Après un commencement de dessiccation, la pièce est démoulée. Quand elle est suffisamment sèche, on la tourne à l'intérieur seulement, car la surface extérieure est donnée par le moule.

Le calibrage employé spécialement à la manufacture de Sèvres pour la fabrication des plats et assiettes est un procédé nouveau qui exige une description spéciale.

Fig. 455.

Le calibre proprement dit est représenté (fig. 455). Il se compose du *porte-calibre* K et de la règle en cuivre RR' appelée *bascule*. Cette règle est portée sur le châssis en bois HH' fixé solidement à l'entablement du tour. Elle se relève ou s'abaisse en tournant sur une charnière et repose sur le mentonnet t'. Sur cette règle-bascule se place au moyen d'une rainure ou coulisseau le porte-calibre K muni de son calibre C, figurant en profil tous les reliefs ou moulures que doit avoir l'extérieur de l'objet à calibrer. Dans les fentes *ff* jouent des vis à écrous attenant au coulisseau, qui permettent de hausser ou de descendre le porte-calibre afin de déterminer l'épaisseur que doit avoir la pièce que l'on veut exécuter.

Ces dispositions prises, l'ouvrier prépare des balles en pâte de grosseur voulue. Il prend une peau chamoisée tendue sur un cercle de cuivre, la place sur un rondeau qu'il a mis sur le tour, et sur cette peau mouillée il ébauche à plat une croûte de pâte à laquelle il donne l'épaisseur convenable avec un autre calibre à coupant rectiligne. Cette croûte, ainsi préparée, est renversée sur le moule fixé sur le tour; au moyen d'une éponge mouillée, l'ouvrier lui fait épouser la forme du moule; puis, abaissant la règle-bascule sur son mentonnet, il place le calibre sur le dos de la bascule, et il rase avec le tranchant du calibre tout ce qui excède dans la croûte l'épaisseur et la forme du plat ou de l'assiette. Enfin, avec le fil d'archal, il enlève l'excédant du diamètre, et prépare le mouvement de retrait de la pâte qui se dessèche, en détachant le bord du marly.

Ce procédé donne des assiettes et des plats d'égale épaisseur, et de diamètre égal. Une dernière opération de tournassage est nécessaire, mais seulement pour arrondir les bords qui sont restés anguleux. Ce moyen diffère des deux autres que nous avons décrits, en ce que le moule donne l'intérieur de la pièce, et que le calibre en termine l'extérieur.

§ 713. Dans le moulage, on applique la pâte céramique sur le moule dont elle doit prendre la forme; les moules sont toujours formés par une matière absorbante, ils sont ordinairement en plâtre. On les confectionne sur un modèle en plâtre, en terre ou même en métal lorsqu'on doit s'en servir pour préparer un très-grand nombre de moules. Souvent le moule se compose de plusieurs pièces que l'on peut séparer pour sortir la pièce fabriquée; on les maintient jusque-là dans une espèce de boîte en plâtre, moulée elle-même sur l'extérieur du moule, et qu'on nomme *chappe*. Comme la pâte céramique éprouve un peu de retrait par suite de l'absorption de l'eau par les parois poreuses du moule, on ne rencontre pas de difficulté pour sortir l'objet moulé, pourvu que les reliefs du moule soient combinés de manière à ne pas former d'obstacles par eux-mêmes. On enlève avec un outil tranchant les filets saillants qui restent aux lignes de jonction des diverses parties du moule. Il est important que ces lignes soient distribuées avec intelligence, de manière qu'elles ne se trouvent pas sur les parties trop en évidence, car elles se montrent encore souvent, d'une manière apparente, sur les pièces cuites.

Les moules destinés à fabriquer des pièces rondes sur tout leur contour, par exemple les anses et les colonnes, se composent de deux parties égales qui se superposent exactement. On moule par impression dans chacune de ces parties la moitié de la pièce; et, pendant que la pâte est encore assez molle pour se coller facilement, on réunit les deux moitiés du moule. On attend quelques instants, pour que la pâte se soit en partie desséchée par suite de l'absorption de l'eau par les parois poreuses du moule; puis on sépare les deux moitiés du moule. On en sort l'objet moulé, et on enlève la couture qui existe sur la ligne de raccordement.

§ 714. Pour coller les unes aux autres les diverses pièces qui doivent former un objet complet, l'ouvrier n'attend pas ordinairement que ces pièces soient fortement desséchées; il trace, sur la pièce principale, la place des deux attaches de la pièce à ajouter, et il grave sur les surfaces d'application des raies croisées, afin de les rendre rugueuses; puis il y applique au pinceau une bouillie épaisse, formée de pâte céramique mise en suspension dans l'eau, et qu'on nomme *barbotine;* il colle alors promptement la pièce, qui adhère d'une manière suffisante. Il faut un ouvrier exercé pour faire ce collage. En effet, les pièces céramiques, travaillées sur le tour, éprouvent un retrait qui se ressent du mouvement circulaire suivant lequel elles ont été façonnées, et même du sens dans lequel la pression a été exercée. La pièce, en cuisant, se retire circulairement sur elle-même; et, si l'anse d'un vase a été appliquée rigoureusement suivant la verticale, elle prend une position inclinée sur la pièce cuite. Il faut donc, pour l'obtenir verticale après la cuisson, coller les pièces crues suivant une direction un peu inclinée, pour détruire l'effet de ce mouvement de torsion. L'inclinaison qu'il convient de donner à la pièce appliquée dépend de sa longueur, et jusqu'à un certain point de la forme du vase. L'ouvrier doit prévoir tous ces effets.

§ 715. Le procédé du coulage, qui, primitivement, n'avait été utilisé que pour la fabrication des tubes, cornues et plaques à peindre, a reçu depuis quelques années, à la manufacture de Sèvres, une extension considérable.

Si l'on verse, ou si l'on fait arriver d'une manière quelconque dans un moule en plâtre une bouillie de pâte à porcelaine délayée dans l'eau (cette bouillie, ou *barbotine,* se compose généralement de 50 pour 100 de pâte sèche et de 50 pour 100 d'eau), le moule soutire une partie de l'eau de cette barbotine, et une portion de la pâte forme à la surface extérieure du moule une couche adhérente, que l'on isole en rejetant la barbotine restée liquide. En laissant la barbotine séjourner plus ou moins longtemps dans le moule, on obtient ou des pièces très-minces, ou des pièces d'une épaisseur assez considérable.

Ainsi, en remplissant de barbotine des moules de tasses, de cafetières, de petits vases, etc., etc., et laissant l'absorption agir seulement pendant quelques secondes, on produit des pièces d'une légèreté qui ne pourrait pas être atteinte par les moyens ordinaires.

Si l'on remplit de barbotine un moule de grande dimension, et qu'on laisse l'absorption se continuer pendant plusieurs heures, on parvient à fabriquer des pièces qui dépassent de beaucoup par leurs dimensions celles que l'on peut obtenir par les procédés de l'ébauche et du moulage.

Comme exemple de cette fabrication, nous décrirons la confection d'un tube de porcelaine. Le moule est formé de deux parties égales (fig. 454) présentant chacune un demi-canal cylindrique, terminé par deux rigoles plus petites, *a, b.* On réunit ces deux parties du moule au moyen de colliers à écrous l, l (fig. 455); et l'on obtient un canal cylindrique, terminé à ses deux extrémités par des ouvertures. On passe, dans chaque partie du moule, avec un pinceau de blaireau, un enduit de barbotine très-claire, et on ajuste les deux parties.

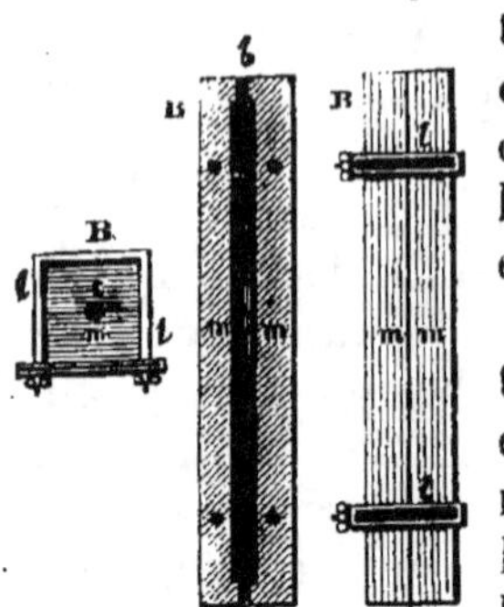

Fig. 454.   Fig. 455.

La barbotine destinée au coulage est contenue dans un baquet muni d'un robinet, au-dessous duquel se trouve un second baquet muni d'une traverse en bois, portant à son milieu un tampon conique en peau. On place l'ouverture inférieure du moule sur le tampon qui la ferme exactement; l'ouverture supérieure se trouve alors immédiatement sous le robinet. On ouvre ce robinet, et le canal se remplit de barbotine. Le niveau baisse promptement dans le moule par suite de l'absorption de l'eau, on le rétablit par l'addition d'une nouvelle quantité de barbotine; puis on enlève le moule de dessus le tampon, et la barbotine non adhérente s'écoule. Comme la couche adhérente n'a pas encore assez d'épaisseur, on abandonne le moule à lui-même pendant quelques minutes, le temps de faire le même coulage dans quatre autres moules; puis on le remplit de nouveau, mais après avoir renversé le moule, de manière que l'extrémité, qui était en bas dans le premier coulage, se trouve en haut pendant le second. Si le tube n'avait pas encore assez d'épaisseur, il faudrait procéder à un troisième coulage, en renversant encore le moule. Au bout de 3 ou 4 heures, on peut démouler. On enlève, avec une lame tranchante, les bavures qui existent au raccordement des deux parties du moule.

§ 716. Les objets de porcelaine fabriqués par ces divers procédés sont soumis à une première cuisson, appelée le *dégourdi*. Cette cuisson les dessèche complétement et leur fait prendre une certaine consistance; mais la matière est encore très-poreuse. On applique alors la couverte ou *glaçure*, et l'on donne la cuisson définitive, le *grand feu*.

Nous avons indiqué (§ 706) l'utilité de la couverte appliquée sur la porcelaine, et les principales conditions qu'elle doit remplir. Nous avons dit que la matière de la couverte devait avoir une certaine affinité pour la pâte céramique, afin qu'elle s'étendît complétement sur les pièces et ne laissât aucune partie à nu; il ne faut pas cependant que cette affinité soit trop forte, car la couverte pénétrerait dans la pâte, et il n'en resterait pas une quantité suffisante à la surface. La couverte doit être plus fusible que la pâte céramique; mais il ne faut pas que la différence de fusibilité soit trop grande, car, si la couverte fondait avant que la pâte fût cuite, elle coulerait vers les parties inférieures des pièces ou pénétrerait dans le corps de la pâte. Une dernière condition, qui est une des plus difficiles à remplir pour les poteries en général, c'est que le vernis présente à peu près la même dilatabilité par la chaleur que la pâte, car sans cela il se fendille et se *tressaille* dans tous les sens.

La couverte de la porcelaine de Sèvres est donnée par une roche feldspathique, mêlée d'une certaine quantité de quartz. On n'y ajoute aucun autre corps ; on choisit seulement la roche de manière qu'elle renferme plus ou moins de quartz, selon que l'on veut obtenir une couverte moins ou plus·fusible.

La pose de la couverte se fait ordinairement *par immersion*. La roche feldspathique est broyée dans l'eau sous des meules, puis purifiée par lévigation. La matière, extrêmement divisée, est mise en suspension dans de l'eau, à laquelle on a ajouté un peu de vinaigre, parce que cet acide s'oppose efficacement à la précipitation de la matière pulvérulente. Cette bouillie claire est placée dans de grands baquets. L'ouvrier plonge rapidement, avec adresse et précaution, la pièce à vernir dans le liquide trouble ; cette pièce absorbe l'eau, en vertu de sa porosité, et la matière vitrescible, que l'eau tenait en suspension, se dépose à sa surface. Par ce procédé simple et rapide, la pièce se recouvre d'une couche de matière vitrescible, qui est d'une épaisseur convenable, si on a eu soin de bien doser le mélange d'eau et de couverte, et de ne mettre dans l'immersion que le temps nécessaire. L'épaisseur de la matière déposée est d'ailleurs la même partout, si on n'a pas laissé dans le liquide une partie de la pièce plus longtemps qu'une autre. On enlève, avec une lame et un morceau de feutre, la glaçure des parties qui ne doivent pas en avoir, telles que le dessous des pieds des pièces, les gorges qui reçoivent des couvercles, etc., etc. Les parties par lesquelles l'ouvrier tient la pièce ne prennent nécessairement pas de glaçure, on y pose de la couverte avec un pinceau.

Pour que la porcelaine dégourdie prenne convenablement la couverte, il est nécessaire que sa surface soit parfaitement propre, et surtout bien débarrassée de matière grasse ; ainsi l'ouvrier doit éviter de la toucher avec la main. On utilise quelquefois cette propriété pour *faire des réserves*, c'est-à-dire pour empêcher certaines parties de la poterie de prendre de la couverte. A cet effet, on les recouvre d'un corps gras, ordinairement d'un mélange fondu de cire et de suif. Enfin, lorsqu'on veut qu'une pièce ou qu'une partie de pièce prenne moins de glaçure qu'une autre, on l'imbibe d'eau plus ou moins fortement avec un pinceau, avant de lui donner l'enduit vitrescible; on diminue ainsi l'action absorbante de la pâte, et il s'y dépose une moindre quantité de couverte.

La pose de la couverte par immersion ne peut se faire que sur des pâtes poreuses, comme celles qui ont subi seulement le dégourdi; mais, si l'on doit mettre cette couverte sur des pièces qui ne présentent plus une porosité suffisante, parce qu'on a été obligé de les cuire à une haute température, on applique la couverte, soit au pinceau, soit par arrosement ou saupoudrage.

§ 717. Les fours dans lesquels on cuit la porcelaine se composent ordinairement de deux ou trois étages. Dans l'étage supérieur, où la température est beaucoup moindre, on donne le dégourdi; l'étage inférieur, ou les deux étages inférieurs si le fourneau est à trois étages, donnent le grand feu ou la cuisson définitive de la porcelaine vernissée.

Les figures 456 et 457 représentent un four à porcelaine à trois étages, de la manufacture de Sèvres. La figure 456 donne une vue extérieure du fourneau, la figure 457 offre une section verticale faite par l'axe du four. Les deux étages L et L' donnent le grand feu, l'étage L'' donne le dégourdi. Chacun des compartiments L, L' est chauffé par quatre foyers extérieurs *f*, accolés au four, et qu'on appelle *alandiers*. Ces foyers sont à flamme renversée; ils se composent d'une cuve rectangulaire *f*, terminée en bas par une grille. La face commune avec le four est percée de plusieurs ouvertures rectangulaires *g*, par lesquelles la flamme pénètre dans le four; les cendriers peuvent être fermés extérieurement, ainsi que les ouvertures *o*. Lorsque la porcelaine est placée dans le four, selon la disposition que nous décrirons bientôt, on commence le feu par la période dite du *petit feu*, qui consiste à brûler des bûches un peu grosses placées dans le fond de l'alandier. Ce feu, qui est conduit avec toute la gradation possible, dure de 16 à 20 heures. Lorsque le four est bien réchauffé par ce petit feu, on commence le *grand feu* en plaçant du bois, coupé sous la forme de petites bûchettes, en travers sur la grille des alandiers de manière à remplir complétement les espaces *f*. Le tirage de l'air a lieu par le four lui-même, qui fait office de cheminée; l'air frais pénètre par l'ouverture supérieure de l'alandier, qui reste découverte, et la flamme renversée s'introduit dans le four par les orifices *g*. La flamme et le courant d'air chaud passent de l'étage inférieur à l'étage supérieur, en traversant les ouvreaux *c* pratiqués dans les voûtes, et s'échappent par l'ouverture supérieure *t*, que l'on peut régler à volonté au moyen d'un registre.

On brûle dans les alandiers du bois de tremble et de bouleau. Cette seconde période de feu qui achève la cuisson de la porcelaine dure de 10 à 12 heures.

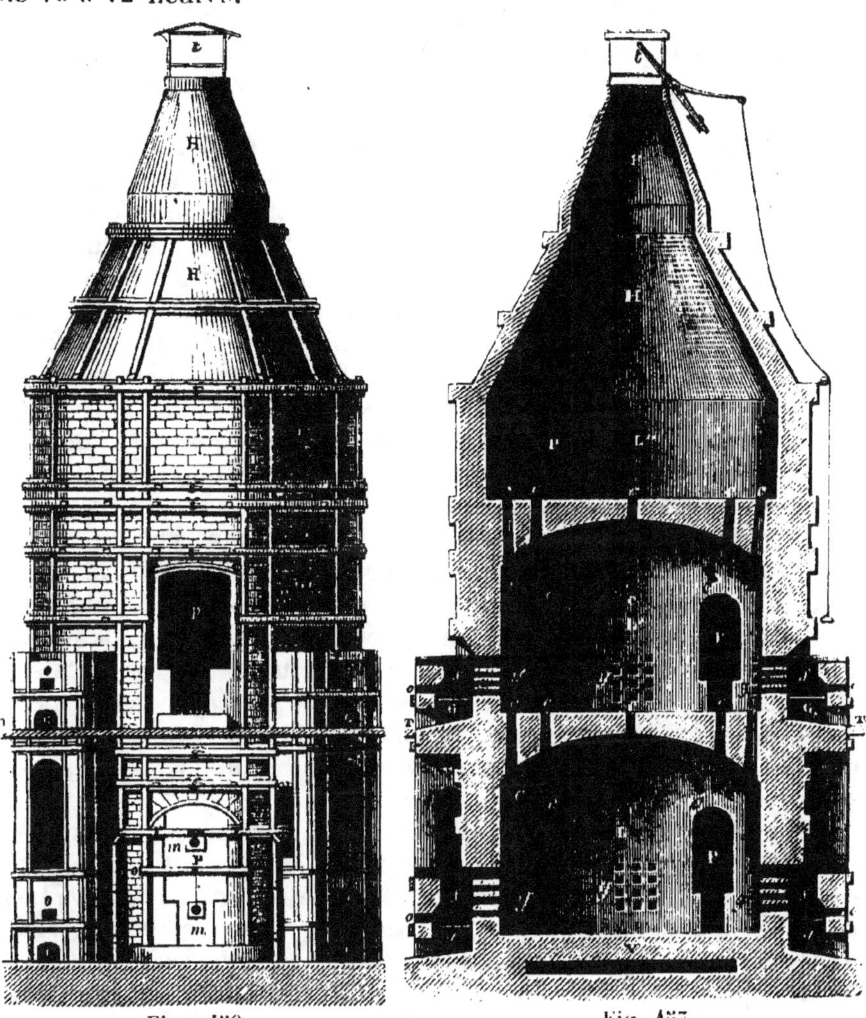

Fig. 456.   Fig. 457.

Le four, en briques réfractaires, est maintenu par une armature extérieure en fer que la figure 456 fait suffisamment comprendre. A chaque compartiment correspond une grande porte P qui sert au chargement du four, et que l'on ferme pendant la cuisson par une maçonnerie en briques. On ménage, dans cette maçonnerie volante, plusieurs petites ouvertures m (fig. 456), par lesquelles on introduit de petites plaques de porcelaine, vernissée non cuite, appelées mon-

tres, que l'on peut retirer à volonté, et qui servent à juger de la marche de la cuisson.

Depuis quelques années, on emploie avec succès, à la manufacture de Sèvres, la houille au lieu du bois pour la cuisson de la porcelaine. Cette substitution procure une économie des $\frac{2}{3}$ sur la dépense du combustible, et les produits ne le cèdent en rien, pour la perfection, à ceux qui ont été cuits au bois. Rien n'a été changé à la construction intérieure du four, mais on a augmenté le nombre des alandiers. Ainsi le four de Sèvres, qui avait quatre alandiers quand il marchait au bois, en possède six au roulement à la houille. La forme des alandiers est celle des fourneaux à réverbère à flamme directe. On obtient une abondance suffisante de flamme, et une atmosphère convenable à la bonne cuisson de la porcelaine en chargeant peu les grilles que l'on maintient constamment libres, et en ouvrant fréquemment et simultanément toutes les portes des alandiers pour introduire de petites charges de combustible. Ces charges, qui ont lieu à des intervalles réguliers et calculés, laissent pénétrer la quantité d'air nécessaire pour maintenir dans le four une atmosphère convenable à la réussite de la cuisson.

§ 718. Les pièces de porcelaine ne peuvent pas être placées à nu dans le four, car leur surface serait exposée immédiatement au courant d'air chaud, qui entraîne une quantité notable de cendre, et cette cendre viendrait se coller sur le vernis fondu. Il faut, de plus, que les diverses pièces ne se touchent par aucun point, car elles se colleraient les unes aux autres. On est donc obligé de renfermer chaque pièce dans un vase appelé *cazette* ou *gazette*, et qui doit avoir une forme particulière en harmonie avec elle. Cette opération s'appelle *encastage*.

Les cazettes sont fabriquées avec un argile réfractaire; elles doivent être encore moins fusibles que la porcelaine. Leur pâte doit être grossière, afin qu'elle puisse résister sans se briser à l'action immédiate et inégale du feu, et que les cazettes puissent servir un grand nombre de fois. On emploie pour leur confection des argiles plastiques très-pures, débarrassées, par une lévigation très-soignée, de tous grains de quartz, grains de calcaire ou pyrites. On ajoute à ces argiles une proportion plus ou moins considérable de débris de vieilles cazettes, préalablement réduits en poudre impalpable, et qui servent de ciment. On emploie généralement à Sèvres 40 parties d'argile plastique lavée et 60 parties de ciment.

La fabrication des cazettes et supports se fait comme celle des pièces, mais plus grossièrement. La pâte est marchée ou travaillée par un pétrisseur mécanique pour y incorporer le ciment et pour mélanger les diverses argiles dont elle est composée. On la modèle ensuite sur le tour à potier, et on la tourne, mais seulement en ébauche. Les cazettes se composent le plus souvent de deux pièces : d'une enveloppe extérieure, ordinairement cylindrique, et d'un fond plat ou *rondeau*, sur lequel pose le vase de porcelaine : mais elles présentent aussi des formes très-variées suivant la nature des pièces. La figure 458 représente l'encastage d'une série d'assiettes : on voit que chaque cazette se compose de deux parties : d'une enveloppe cylindrique t, et d'une espèce de vase i, présentant à peu près la forme de l'assiette et sur le fond de laquelle pose le pied de l'assiette. Toutes ces cazettes sont placées les unes au-dessus

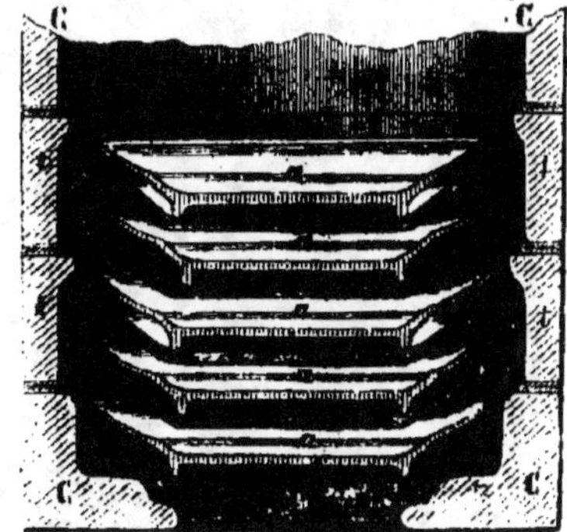

Fig. 458.

des autres, de manière à former dans le four une pile parfaitement verticale.

La disposition des pièces dans l'intérieur du four, l'*enfournement*, exige des soins minutieux de la part de l'ouvrier. Il doit s'arranger de manière à en faire entrer le plus possible, sans boucher les ouvreaux des voûtes, tout en conservant entre les piles les vides nécessaires à une bonne répartition de la flamme dans l'intérieur du four. Il rapproche des ouvreaux g les pièces qui, par leur grosseur ou leur nature particulière, ont besoin de subir une plus haute température. Les piles de cazettes sont reliées les unes aux autres au moyen de petites cales en terre cuite lutées avec de l'argile.

§ 719. La figure 459 donne une idée nette de la disposition des pièces dans un four : on a supposé un certain nombre de cazettes coupées pour faire voir la porcelaine placée à l'intérieur.

Quoiqu'on enlève avec beaucoup de soin, et bien complétement, la couverte des parties qui doivent se trouver en contact avec les supports, la pâte de porcelaine pourrait s'y coller en certains points si l'on ne plaçait pas, entre le support et la partie de la pièce dénudée de couverte, un enduit argilo-sableux, composé de telle manière qu'il doive s'opposer à toute adhérence : c'est ce qu'on appelle le *terrage* des supports.

On bouche les interstices restés entre les cazettes avec un lut argileux, composé de 30 parties d'argile plastique et de 70 parties de sable quartzeux.

Les pièces chauffées en dégourdi sont elles-mêmes placées dans des cazettes ; mais leur encastage est plus simple, parce qu'on n'a pas à craindre qu'elles se collent sur les cazettes, et on peut faire entrer dans le four un plus grand nombre de pièces.

Fig. 459.

L'enfournement terminé, on mure les portes, et on commence à donner le feu. On ferme d'abord les alandiers de l'étage supérieur, et on chauffe seulement ceux de l'étage inférieur. Lorsqu'on juge que la porcelaine du premier laboratoire L est bien cuite, on ouvre, avant de cesser complétement le feu d'en bas, les alandiers du second laboratoire L', et on y fait un petit feu d'environ une heure. On ferme ensuite hermétiquement toutes les ouvertures des alandiers d'en bas, et on couvre partiellement de bois, puis complétement, ceux du second étage. On conduit ainsi le feu avec soin, jusqu'à la parfaite cuisson des pièces du second étage. On laisse refroidir complétement le four, puis on procède au défournement, après avoir enlevé les murs en briques qui ferment les portes P.

La porcelaine cuite est soumise à un triage minutieux. Les pièces qui ne présentent aucun défaut sont regardées comme de première qualité; les autres sont divisées en plusieurs sortes, qui ont plus ou moins de valeur suivant la nature de leurs défauts.

§ 720. La porcelaine dont nous venons de décrire la fabrication est appelée *porcelaine dure* ou *porcelaine chinoise*. On fabrique d'autres qualités de porcelaine, nommées *porcelaine tendre, porcelaine française, porcelaine anglaise*, qui exigent une température moins élevée pour leur cuisson. La pâte de ces porcelaines doit être plus fusible que celle de la porcelaine dure; on lui donne ce caractère en introduisant des proportions plus considérables de matières alcalines, soit à l'état de feldspath, soit à l'état de silicates alcalins préparés artificiellement et que l'on nomme *frittes*. Le vernis de cette porcelaine doit être aussi beaucoup plus fusible que celui de la porcelaine dure; à cet effet, on y introduit une certaine quantité d'oxyde de plomb.

Quelquefois, pour la confection de la pâte de porcelaine tendre, on n'emploie pas l'argile, qui fait la base essentielle des porcelaines dures. Ainsi la pâte de porcelaine tendre fabriquée anciennement à Sèvres, et qui est appelée aujourd'hui *vieux Sèvres*, s'obtenait en frittant d'abord dans un four :

Sable de Fontainebleau.	60,0
Azotate de potasse fondu.	22,0
Sel marin.	7,2
Alun.	5,6
Soude d'Alicante.	5,6
Gypse de Montmartre.	5,6
	100,0

On mélangeait 75 parties de cette fritte avec 17 parties de craie blanche et 8 parties de calcaire marneux d'Argenteuil, et on ajoutait du savon noir ou de la gomme pour donner du liant à la pâte.

La pâte, ainsi formée, présente très-peu de plasticité; elle ne peut pas être ébauchée sur le tour; elle est travaillée par le moulage ou par le coulage.

Le vernis était formé de :

Sable de Fontainebleau calciné.	27
Silex calciné.	11
Carbonate de potasse.	15
» de soude.	9
Litharge.	58

Poterie de grès ou grès-cérames.

§ 721. Cette poterie est une espèce de porcelaine, qui ne diffère de la porcelaine fine qu'en ce que la pâte est toujours plus ou moins colorée, et qu'elle a été travaillée avec moins de soin. La base de cette poterie est l'argile; mais, en général, cette argile est plus fusible que le kaolin, parce qu'elle renferme des proportions notables d'oxyde de fer. Quelquefois on augmente encore cette fusibilité par l'addition d'une certaine quantité de chaux, ou même de produits alcalins. On ajoute, comme ciment, soit des argiles cuites, soit du sable quartzeux. L'argile n'est presque jamais lavée, excepté pour la poterie de luxe : on se contente ordinairement de séparer à la main les fragments grossiers de quartz ou de calcaire. On façonne la pâte à la main sur le tour du potier. Les vases, séchés à l'air, sont cuits dans des fours à une température presque aussi élevée que celle que l'on emploie pour la cuisson de la porcelaine. On n'ajoute pas ordinairement de couverte sur cette poterie, mais on produit une légère glaçure superficielle par un artifice ingénieux : lorsque la poterie est à une très-haute température, on projette dans le four quelques poignées de sel marin humide. Ce sel se volatilise, la vapeur se décompose en présence de l'eau et au contact des parois argileuses; il se forme de l'acide chlorhydrique, qui se dégage ; et les parois se recouvrent de silicate de soude, qui, en se combinant avec le silicate d'alumine, donne un silicate double alcalin très-fusible, formant un vernis à la surface des pièces.

La pâte des grès-cérames est imperméable par elle-même après la cuisson : aussi le vernis n'a-t-il pour but que de donner un aspect plus agréable à la poterie. Cependant on donne à quelques-unes de ces poteries une véritable couverte, que l'on applique soit au pinceau, soit par arrosage, sur les pièces simplement séchées à l'air. La matière de la couverte est ordinairement formée par des scories de forge ou par des laves volcaniques très-fusibles.

POTERIES DONT LA PATE RESTE POREUSE APRÈS LA CUISSON.

§ 722. Ces poteries sont très-variées ; elles comprennent les faïences des diverses qualités, ainsi que les poteries communes, employées pour la cuisson des aliments.

Faïences.

§ 723. On emploie, pour les faïences, des argiles qui appartiennent en général aux formations secondaires. Lorsque ces argiles ne renferment pas d'oxydes métalliques colorants, tels que les oxydes de fer et de manganèse, la pâte reste blanche après la cuisson. Mais les argiles contiennent souvent des proportions considérables de ces oxydes, et la pâte prend alors une couleur rouge ou brune par la cuisson. La faïence reçoit toujours une couverte; cette couverte, transparente et incolore pour les faïences à pâte blanche, doit être opaque pour les faïences à pâtes colorées. Les faïences sont toujours soumises successivement à deux feux. On leur donne une première cuisson à une haute température, toujours inférieure cependant à celle de la cuisson de la porcelaine dure. Après cette première cuisson, qui laisse la pâte poreuse, on applique, par immersion, une couverte facilement fusible, et l'on expose les vases à un second feu, généralement beaucoup plus faible que celui qui a été employé pour la première cuisson.

Comme la pâte de la faïence ne doit pas se ramollir au premier feu, elle doit être très-peu fusible ; on la forme avec une argile plastique qui a été purifiée avec soin par lévigation pour les faïences fines, et à laquelle on ajoute une proportion plus ou moins considérable de quartz réduit en poudre impalpable. La proportion de quartz est souvent beaucoup plus grande que celle de l'argile, car, pour certaines faïences, on emploie un mélange de 70 parties de quartz et de 30 parties d'argile. La pâte de la faïence est plus facile à travailler que celle de la porcelaine, elle est plus plastique ; le façonnage est d'ailleurs, à peu de chose près, le même. La cuisson de la faïence a lieu dans des fours analogues à ceux que l'on emploie pour la porcelaine ; mais l'encastage est plus simple, il permet d'introduire un bien plus grand nombre de pièces, parce que la pâte ne se ramollit pas et qu'on n'a pas de déformation à craindre. Ainsi, dans le premier feu que l'on donne aux assiettes, on peut sans inconvénients placer les assiettes les unes sur les autres, et envelopper seulement la pile par des cazettes cylindriques. Il faut plus de précautions pour le second feu que l'on donne à la faïence vernie, parce que les pièces se colleraient les unes aux autres. On se contente de les supporter par trois points : à cet effet, les cazettes portent trois trous, disposés sur un même cercle horizontal ; on engage dans ces trous des petites fiches en terre cuite sur lesquelles les assiettes portent seulement par leur rebord.

La couverte de la faïence fine est un verre à base d'alcalis et d'oxyde de plomb. On force la proportion d'oxyde de plomb quand on veut obtenir un vernis facilement fusible, et économiser le combustible ; mais la couverte devient alors très-tendre, elle se laisse facilement entamer au couteau, et les assiettes sont rayées au bout de peu de temps. Les couvertes très-plombeuses sont, en outre, facilement attaquables par les agents chimiques, surtout dans les parties qui ont été entamées par le couteau ; elles noircissent promptement au contact des matières qui dégagent de l'hydrogène sulfuré. Il suffit de cuire dans ces vases des œufs ou du poisson un peu avancés pour qu'ils prennent une teinte brune. Aussi, pour les faïences fines, diminue-t-on, autant que possible, la proportion de l'oxyde de plomb ; mais, la couverte devenant alors difficilement fusible, le prix de la faïence augmente beaucoup, et se rapproche de celui des porcelaines communes, qui sont toujours bien préférables.

La couverte de nos faïences communes de France se forme en fondant ensemble dans un creuset :

Sable quartzeux...	100
Carbonate de potasse et de soude..	80
Minium....	120 à 150

On ajoute ordinairement au mélange 1 ou 2 parties de smalt, c'est-à-dire de verre coloré en bleu par de l'oxyde de cobalt, afin de donner à la couverte une nuance légèrement bleuâtre, plus agréable à l'œil que le blanc mat.

Pour les faïences très-fines, comme les belles faïences anglaises, on ne fait entrer dans la couverte qu'une très-faible proportion d'oxyde de plomb.

La couverte des faïences à pâte colorée doit être rendue opaque, afin qu'on ne puisse pas voir la couleur désagréable de la pâte. L'opacité est donnée par l'addition d'une certaine quantité d'oxyde d'étain. Cette couverte est alors un véritable émail (§ 690); on la colore souvent avec des oxydes métalliques.

La faïence va beaucoup moins bien au feu que la porcelaine. La couverte surtout se fendille facilement, et éprouve des tressaillures quand on lave les vases à l'eau chaude, par exemple.

Poteries communes, dites en terre cuite.

§ 724. La poterie très-commune, telle que les pots à fleurs, se fabrique avec des argiles impures, souvent très-ocreuses, et mêlées de proportions plus ou moins considérables de sable. Le plus souvent on emploie ces argiles telles qu'elles sortent de la terre, après avoir enlevé seulement les cailloux et les grumeaux qui ne s'écrasent pas facilement. Il est rare que l'on soumette ces argiles à une lévigation; elle serait trop coûteuse. Elles sont soumises au marchage, et souvent on les laisse pourrir pendant plusieurs années dans des fosses pour augmenter leur plasticité; les objets sont confectionnés sur le tour à potier. On les laisse sécher à l'air, puis on les cuit à une température peu élevée sans les vernir.

§ 725. Les poteries communes employées pour la cuisson des aliments sont formées avec des argiles auxquelles on ajoute une certaine quantité de chaux à l'état de marne, et du sable quartzeux. Ces poteries reçoivent une couverte, qui est, en général, un verre très-plombeux, ordinairement coloré par des oxydes métalliques. La

couverte est formée par un mélange de 6 à 7 parties de litharge, et
de 4 à 5 parties d'argile. Les vases façonnés reçoivent souvent la
couverte par arrosement après une simple dessiccation à l'air : d'autres fois, on commence par les cuire légèrement dans la partie supérieure des fours qui cuisent la poterie vernie.

§ 726. Dans les pays chauds, principalement en Espagne, on fabrique une espèce de poterie très-poreuse avec des argiles mêlées
d'une grande quantité de sable ou d'argile cuite. On fabrique ainsi
des bouteilles, appelées *alcarazas*, qui, lorsqu'elles sont remplies
d'eau, se laissent traverser facilement par ce liquide, et présentent
leur surface extérieure, constamment humide, à l'action desséchante
de l'air. Lorsque ces vases sont suspendus dans un courant d'air, la
vaporisation de l'eau devient tellement active à leur surface, que la
température de l'eau descend de plusieurs degrés au-dessous de celle
de l'air ambiant. Les alcarazas servent dans les pays chauds pour
rafraîchir l'eau; ils ne sont guère utiles dans nos climats tempérés,
où les caves présentent toujours, pendant l'été, des températures
inférieures à celles qui peuvent être obtenues par la vaporisation
spontanée de l'eau.

Briques ordinaires pour les constructions; tuiles.

§ 727. Les briques communes sont formées avec des argiles que
l'on cuit à des températures très-différentes. Dans quelques pays
méridionaux, on se contente de les sécher au soleil; mais elles restent alors toujours très-friables, et ne peuvent être employées que
pour des constructions légères, qui n'ont pas besoin de présenter
beaucoup de solidité. Le plus souvent, on les cuit par le feu, et,
quelquefois, la température est assez élevée pour que la matière
éprouve un commencement de fusion à la surface. Les briques cuites
présentent en général une couleur rouge, due à l'oxyde de fer que
les argiles contiennent souvent en grande quantité.

Presque tous les terrains de sédiment, et tous les terrains d'alluvion, renferment des couches argileuses qui peuvent servir à la confection des briques communes. Lorsque l'argile est trop grasse, on
y ajoute du sable. L'argile, sortie de terre, est ordinairement abandonnée pendant quelque temps à elle-même dans des fosses, au
moins pour les briques de première qualité; on la soumet ensuite
au marchage. On façonne les briques, tantôt à la main, dans des
cadres rectangulaires en bois, saupoudrés de sable, tantôt avec des
machines qui en fabriquent de très-grandes quantités. On les laisse
sécher à l'air, puis on les cuit dans des fours avec un combustible

de peu de valeur. Souvent on n'emploie pas de four pour cuire les briques, mais on les dispose sous forme de tas, facilement perméables à la flamme, et dans lesquels on ménage des espaces où l'on brûle le combustible.

Les tuiles et les carreaux en terre cuite sont fabriqués par des procédés analogues.

Briques réfractaires pour la construction des fourneaux, creusets de fusion.

§ 728. On emploie pour ces briques des argiles réfractaires, qui ne doivent, par conséquent, renfermer ni oxyde de fer en quantité notable, ni carbonate de chaux. Ces argiles sont assez rares dans la nature, et l'on ne fabrique ces briques que dans quelques localités favorisées. Les briques réfractaires les plus estimées en France sont celles de Bourgogne. On dégraisse l'argile avec du sable quartzeux.

On doit apporter le plus grand soin dans le choix de l'argile qui sert à la confection des creusets de fusion ; par exemple, des creusets de verrerie. Ces argiles sont soumises à une lévigation soignée, et on les dégraisse par l'addition d'une proportion considérable de ciment, ordinairement fourni par les débris des creusets mis hors de service ; ces débris sont triés avec soin pour les débarrasser de toutes les parties vitreuses adhérentes. Les pâtes renferment souvent plus de la moitié, et quelquefois les $\frac{2}{3}$ de leur poids de ce ciment. On fabrique de la même manière d'excellents creusets, qui résistent au feu de forge, ainsi que les petits fourneaux en terre de nos laboratoires.

Les creusets de Hesse, qui ont été pendant longtemps les plus estimés pour la fonte des métaux, sont fabriqués avec une argile réfractaire, mêlée avec un sable quartzeux grossier. Ces creusets sont très-réfractaires, et résistent facilement sans se fendre aux variations brusques de température.

On fabrique également des creusets réfractaires, très-estimés pour la fusion de l'acier, avec un mélange de 1 partie d'argile réfractaire, et de 2 parties de graphite ou plombagine. Cette pâte se laisse bien travailler, et on peut donner au creuset un grand poli. Pendant la cuisson des creusets, le graphite ne brûle qu'à la surface, et il ne subit pas d'altération intérieure. La plombagine ne se rencontre que dans un petit nombre de localités ; on a essayé, depuis quelques années, de la remplacer par du coke réduit en poudre très-fine, et l'on a obtenu ainsi des creusets de très-bonne qualité.

Décoration des poteries; peinture sur porcelaine.

§ 729. Les poteries fines reçoivent souvent une décoration qui consiste principalement dans leur ornementation à l'aide de couleurs ou d'enduits métalliques. Tantôt les matières colorantes sont mélangées au corps de la pâte, les poteries sont alors *colorées dans la pâte*. Tantôt la matière colorante est appliquée sur la pâte, mais recouverte par la glaçure; elles sont alors *colorées sous couverte*. Quelquefois encore la matière colorante est uniformément répandue dans la glaçure elle-même; on obtient ainsi des fonds variés, très-glacés et souvent très-riches de ton, qui prennent le nom de *couleurs par immersion*, empruntant cette désignation au procédé dont on se sert pour en couvrir la poterie. Enfin, la décoration consiste principalement dans l'application à la surface des poteries de couleurs variées et d'un grand éclat. La peinture sur porcelaine dure et celle sur porcelaine tendre rentrent dans ce dernier genre d'ornementation. Souvent ces peintures augmentent considérablement la valeur des pièces fabriquées.

Les pâtes colorées se préparent facilement, soit avec des argiles naturellement colorées, soit en mêlant à la pâte blanche des oxydes métalliques qui, sous l'influence de la température et des éléments chimiques de la pâte, produisent des effets de coloration constants et prévus. Ces oxydes doivent satisfaire à cette condition essentielle de donner aux pâtes, *à la température de leur cuisson*, la couleur que l'on veut obtenir. Dans le cas où la température de la cuisson de la pâte serait inférieure à celle à laquelle l'oxyde développe la teinte cherchée, on engage préalablement l'oxyde dans une fritte que l'on chauffe à une température suffisante pour obtenir une fusion complétement vitreuse. C'est ce verre coloré qui est ensuite introduit dans la pâte céramique.

Les matières employées à la décoration des poteries *sous couverte* sont des substances minérales, tantôt sèches et sans plasticité, tantôt au contraire de nature argileuse et formant de véritables pâtes colorées, dont on enduit la surface de la poterie, quelquefois avant toute cuisson, d'autres fois après que la pièce a été préalablement dégourdie. On leur donne le nom d'*engobes*. Elles sont colorées soit par des oxydes métalliques qui y existent naturellement, soit par des oxydes que l'on y introduit, soit par des frittes colorées que l'on a préparées à l'avance.

Lorsque les oxydes colorants n'ont pas de plasticité, on les applique à la main ou par d'autres procédés mécaniques. Ces oxydes ne possèdent généralement qu'une fusibilité très-faible, et la chaleur les fait seulement adhérer à la pièce. Ils reçoivent postérieurement un glacé suffisant par la glaçure qui les recouvre complétement. Ces couleurs sous couvertes sont cuites dans les fours en même temps que la poterie elle-même.

Les fonds par immersion s'obtiennent en faisant fondre, à des températures convenables, les glaçures dont la composition est fixée avec les oxydes qui communiquent à ces glaçures les colorations demandées. Ces fonds sont très-variés pour les poteries qui cuisent à des températures basses; mais ils sont beaucoup moins nombreux pour celles qui exigent une température très-élevée. On est parvenu cependant à en obtenir des couleurs assez variées pour la porcelaine dure. Les colorations obtenues par cette méthode ont de l'éclat, et sont dans de très-bonnes conditions pour recevoir la décoration par les métaux et les enduits métalliques. Ces fonds sont cuits avec la poterie elle-même.

L'application sur la surface des glaçures des matières propres à la décoration des poteries est le cas le plus général de l'ornementation de ces produits. Le décorateur dispose alors de trois sortes de matières qu'on peut ranger dans trois classes différentes.

La première classe contient les couleurs: c'est la plus étendue;

La seconde comprend les métaux;

La troisième les lustres métalliques.

Nous prendrons pour type la décoration de la porcelaine dure par application sur couverte.

Les couleurs appliquées sur la porcelaine sont formées par des oxydes métalliques colorants, mêlés à des matières vitreuses plus ou moins fusibles. Le mélange fondu est réduit en poudre impalpable, puis broyé avec des essences de térébenthine ou de lavande, et appliqué au pinceau, après quoi l'on soumet la poterie à une température assez élevée pour vitrifier les couleurs. Ces couleurs doivent satisfaire à plusieurs conditions; nous énumérerons les plus importantes:

1° Elles doivent fondre à une température qui ne soit pas assez élevée pour déterminer une décomposition chimique qui altérerait la nuance. La fusibilité du fondant vitreux doit donc être plus ou moins grande, suivant le plus ou moins de stabilité de la matière colorante. La température à laquelle on soumet la pièce décorée ne doit pas atteindre celle qui déterminerait l'altération de la couleur la moins stable qui s'y trouve;

2° Elles doivent adhérer fortement à la poterie après la cuisson, et présenter assez de dureté pour résister au frottement;

3° Elles doivent conserver un aspect vitreux après la cuisson;

4° Elles doivent être inaltérables par l'eau, par l'air atmosphérique, et même par les liquides que, d'après sa destination spéciale, la poterie doit contenir ;

5° Elles doivent être en rapport de dilatabilité avec la pâte des poteries, et surtout avec leur couverte.

On distingue trois espèces de couleurs vitrifiables suivant la température à laquelle il convient de les fixer sur les poteries : 1° les *couleurs de grand feu*, qui ne s'altèrent même pas à la haute température à laquelle on cuit la porcelaine vernissée ; 2° les *couleurs de moufle*, qui ne supporteraient pas cette température sans être altérées. On vitrifie celles-ci à des températures beaucoup plus basses, dans des fourneaux particuliers, appelés *fours à moufle* ; 3° entre ces deux séries, on a fait une catégorie de couleurs, dites de *demi-grand feu*, qui cuisent à une très-haute température de moufle, et sur lesquelles on peut appliquer l'or comme sur les couleurs de grand feu : elles sont moins nombreuses que les couleurs de moufle, mais plus nombreuses que les couleurs de grand feu.

Les couleurs de grand feu sont peu variées ; elles se réduisent au bleu de cobalt donné par de l'oxyde de cobalt CoO, au vert de chrôme fourni par l'oxyde de chrôme Cr^2O^5 ; aux bruns donnés par les sesquioxydes de fer et de manganèse ; aux jaunes obtenus avec les oxydes de titane et d'uranium ; aux noirs donnés par l'oxyde d'uranium ou par l'iridium ; au rouge obtenu, dans certaines conditions, par l'oxydule de cuivre Cu^2O.

Les couleurs de moufle sont beaucoup plus nombreuses : le peintre sur porcelaine est parvenu à composer une palette presque aussi riche que celle du peintre à l'huile. Ces couleurs s'obtiennent en fondant dans un creuset ou simplement en mêlant sur une glace les oxydes métalliques avec des verres incolores, appelés *fondants*, et dont on règle la fusibilité d'après la température à laquelle les peintures pourront être exposées sans que la couleur la moins stable soit altérée.

Les matières que l'on fait entrer dans ces fondants sont : le quartz, le feldspath, le borax ou l'acide borique, le nitre, les carbonates de potasse et de soude, le minium et la litharge, l'oxyde de bismuth. A Sèvres, on emploie, pour la peinture sur couverte, sept espèces de fondants qui suffisent pour toutes les couleurs. La plupart de ces fondants sont composés de quartz, d'oxyde de plomb et d'acide borique ; on ajoute à quelques-uns une petite quantité de carbonate de soude. Le fondant pour l'application des métaux est composé d'oxyde de bismuth mêlé avec $\frac{1}{10}$ de son poids de borax fondu.

Nous ne donnerons pas ici la composition et le mode de préparation des diverses couleurs employées dans la peinture sur porcelaine; nous nous bornerons à indiquer la nature chimique des principales matières colorantes.

Les bleus sont toujours donnés par de l'oxyde de cobalt: on fait varier leurs nuances par l'addition d'oxyde de zinc, ou par celle de petites quantités d'oxydes métalliques colorants.

Les verts sont fournis par l'oxyde de chrôme Cr^2O^3, et par l'oxyde de cuivre CuO; mais ce dernier oxyde sert plus particulièrement pour la porcelaine tendre. On fait varier les nuances en ajoutant d'autres oxydes colorants; on les jaunit par les oxydes d'antimoine et de plomb; on les brunit avec les sesquioxydes de fer et de manganèse; on les bleuit par l'oxyde de cobalt, etc., etc.

Les jaunes sont donnés par l'oxyde d'uranium U^2O^3, le chrômate de plomb $PbO.CrO^3$, le sesquioxyde de fer, l'antimoniate de potasse. On les mélange avec des oxydes de plomb, de zinc et d'étain.

Les rouges sont donnés par les sesquioxydes de fer.

Les violets et les roses sont obtenus avec le *pourpre de Cassius*, qui est un mélange intime et à proportions variables d'or métallique et de peroxyde d'étain.

On obtient les noirs avec de l'oxydule d'uranium ou avec des mélanges d'oxyde de cobalt et de manganèse, et les gris avec le platine.

Les blancs sont donnés par de l'émail ordinaire (§ 690).

La classe des métaux renferme ceux de ces corps qui conservent leur éclat à une température élevée au contact de l'air. Ce sont principalement l'or, l'argent et le platine. On les applique à l'état métallique, après les avoir préalablement mélangés avec une petite quantité du fondant qui les fait adhérer à la surface de la poterie. On leur donne ensuite le poli par le brunissage.

L'or est préparé en précipitant une dissolution de perchlorure d'or par du sulfate de protoxyde de fer. On mélange cet or pulvérulent avec $\frac{1}{12}$ de son poids d'oxyde de bismuth mêlé d'un peu de borax, on délaye le tout avec de l'essence, et on applique la pâte au pinceau sur la poterie vernissée. Après la cuisson, l'or a pris l'aspect métallique, mais il est mat. On lui donne le poli en le frottant, d'abord avec un brunissoir en agate, puis avec un brunissoir en sanguine.

La classe des lustres métalliques se compose de métaux très-divisés qui sont appliqués sur les poteries en couches excessivement minces. Ils n'ont pas besoin de brunissage pour avoir de l'éclat, et ils produisent souvent les plus beaux effets de couleurs.

Le lustre d'or s'obtient en précipitant par l'ammoniaque une dissolution d'or dans l'eau régale. Le précipité, appelé *or fulminant*, est mêlé humide avec de l'essence de térébenthine; on l'étend sans fondant sur la surface de la poterie. On passe la pièce au feu, et on donne ensuite au lustre tout son brillant en le frottant avec un linge.

On obtient un lustre remarquable par ses belles couleurs chatoyantes, et qu'on appelle *lustre cantharide*, avec du chlorure d'argent, dont on détermine une décomposition partielle par des vapeurs combustibles. On fait un mélange de verre plombeux, d'un peu d'oxyde de bismuth et de chlorure d'argent. On applique ce mélange au pinceau, et on chauffe la pièce à la moufle. Lorsqu'elle est rouge, on fait pénétrer dans la moufle une fumée fuligineuse, sous l'influence de laquelle le chlorure d'argent se décompose partiellement.

§ 730. La cuisson des porcelaines peintes est une opération extrêmement délicate. Elle se fait dans des espèces de *fourneaux à moufle* en fonte ou en terre cuite (fig. 460), dont on règle le feu avec le plus grand soin; elles cuisent au bois ou à la houille, généralement au bois. L'ouvrier se dirige, dans la conduite du feu, d'après l'examen de petites *montres* en porcelaine qu'il a placées dans la moufle à côté des vases, en les attachant à l'extrémité d'un fil de fer qui passe dans la visière V, et qu'il retire de temps en temps. On a appliqué sur ces montres quelques-unes des couleurs les plus susceptibles qui se trouvent sur les vases, par exemple, des roses : on y a appliqué également les matières qui ne prendraient pas suffisamment d'adhérence si elles n'étaient pas exposées à une température assez élevée, par exemple, un *à-plat* d'or. Il faut

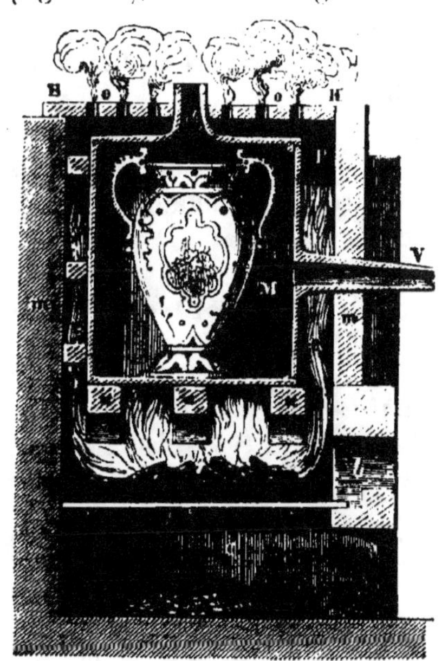

Fig. 460.

donc que l'ouvrier conduise son feu de manière à donner une bonne adhérence à l'or, sans altérer les nuances des couleurs les plus susceptibles.

La porcelaine peinte passe presque toujours à deux feux. Après le premier, on ne la regarde que comme une ébauche, et le peintre la retouche pour corriger les défauts de couleurs; puis elle est repassée à un second feu. Les peintures très-soignées subissent souvent un nombre de cuissons plus considérable.

Les poteries fines, telles que les porcelaines, sont les seules qui reçoivent des peintures délicates; mais on transporte des gravures par impression sur les faïences, même les plus communes. On se sert d'une planche de cuivre ou d'acier, gravée en taille-douce. L'encre est formée par un verre coloré en brun, noir, rouge ou en bleu, etc., réduit en poudre impalpable, puis mélangé avec de l'huile de lin. On imprime la gravure sur une feuille de papier mince; on mouille celle-ci, et on applique le côté imprimé sur la poterie sèche. En enlevant doucement le papier, le dessin s'en détache et reste sur la poterie. On chauffe pour détruire l'huile, et on applique ensuite la glaçure comme à l'ordinaire.

On peut obtenir avec une même planche des impressions plus ou moins développées en remplaçant la feuille de papier par de la gélatine. En mettant l'épreuve en contact avec l'eau, on en augmente la dimension. Au contraire, en la mettant en contact avec de l'alcool on la contracte. L'augmentation et la diminution se font très-régulièrement.

L'or et les autres métaux peuvent être appliqués de même par impression sur les poteries. Mais alors la poterie est recouverte de sa glaçure et les métaux portent avec eux le fondant qui doit les faire adhérer.

Analyse chimique des poteries.

§ 751. La pâte des poteries renferme les mêmes substances élémentaires que les verres; elle ne diffère de ceux-ci que par les proportions de ces substances. L'analyse des pâtes céramiques doit donc se faire par les procédés que nous avons développés (§ 704).

TABLE DES MATIÈRES

DU TOME DEUXIÈME